U0185691

先进自由空间光通信

Advanced Free Space Optics

[美] Arun K. Majumdar 著

刘 敏 刘锡国 胡 昊 刘传辉 张 骁 译

毛忠阳 校

国防工业出版社

·北京·

著作权合同登记　图字：军-2020-042 号

图书在版编目（CIP）数据

先进自由空间光通信 /（美）阿伦·K. 马修达（Arun K. Majumdar）著；刘敏等译. —北京：国防工业出版社，2021.5

书名原文：Advanced Free Space Opticis

ISBN 978-7-118-12348-7

Ⅰ. ①先…　Ⅱ. ①阿…　②刘…　Ⅲ. ①空间光通信—研究　Ⅳ. ①TN929.1

中国版本图书馆 CIP 数据核字（2021）第 066011 号

※

国防工业出版社出版发行
（北京市海淀区紫竹院南路 23 号　邮政编码 100048）
三河市腾飞印务有限公司印刷
新华书店经售

*

开本 710×1000　1/16　插页 4　印张 21¼　字数 372 千字
2021 年 5 月第 1 版第 1 次印刷　印数 1—2000 册　定价 149.00 元

（本书如有印装错误，我社负责调换）
国防书店：（010）88540777　书店传真：（010）88540776
发行业务：（010）88540717　发行传真：（010）88540762

译者序

自由空间光通信既具有类似于微波通信成本低、工程周期短、架设灵活便捷的特点，又具有光纤通信频带高、速率高、容量大、保密性好、功耗小、重量轻的优点，越来越受到广泛的关注和高度的重视。随着激光通信器件的不断发展和各种关键技术的不断突破，自由空间光通信系统在军用和民用领域的大规模工程化应用势在必行。民用方面，作为现有光纤网络的补充和替代，自由空间光通信在解决宽带网络"最后一公里"接入问题、核心城域网、应急通信等方面具有巨大的潜力。军事方面，特别是在复杂的战场电磁环境下，由于具有抗干扰能力强、保密性好等特点，自由空间光通信将成为无线电静默条件下，舰艇编队之间、航母甲板、炮兵阵地等战场环境下的一种有效的高速率高保密通信手段。

本书是一部关于自由空间光通信的基本原理、典型系统和最新进展的书籍，是对作者《自由空间光通信：原理和进展》（Arun K. Majumdar and Jennifer C. Ricklin，Springer，2008）一书的补充和配套。

本书主要分两大部分内容：一是自由空间光通信的基本原理部分，简洁明了地介绍了自由空间光通信的信道特性、调制检测编码技术以及大气影响抑制技术三大方面的内容，为第二部分内容的论述提供基础（第2~4章）。二是先进自由空间光通信技术部分，是本书的核心内容，从系统的角度分别介绍了非视距紫外光通信、室内自由空间光通信、无人机自由空间光通信、移动平台自由空间光通信、基于混沌的自由空间光通信、太赫兹自由空间光通信、基于调制回射器的非对称自由空间光通信、混合自由空间光/射频通信以及自由空间大气量子通信9大类具体的自由空间光通信系统，基本涵盖了该领域目前的所有系统、应用及最新进展（第5~10章）。

本书作者从事自由空间光通信领域的研究多年，是该领域较为著名的专家，研究成果丰硕。本书内容充实、层次分明、特色鲜明，书中涉及了自由空间光通信的基本概念、信道特性、调制解调技术以及大气抑制技术等基础知识，同时还涉及各种实际系统的原理、关键技术和相关实验结论、最新进展，特别适合于自由空间光通信领域的科研人员和研究生使用，既可以作为研究生和相关领域本科生的指导用书，又可以作为本领域科研人员的参考资料。

本书第 1、2 章由刘锡国负责翻译，第 3 章由胡昊负责翻译，第 4、6 章由张骁负责翻译、第 5 章由刘传辉负责翻译，其余章节由刘敏负责翻译。参加本书翻译工作的还有杨凡、杨大伟、龚家荣、李松朗、缪幸吉、塞雷、华博、李寅龙、黄隽逸、杨璐铖等研究生，感谢他们的辛劳付出，祝愿他们在工作和学习中不断进步。

本书由王红星教授和毛忠阳教授负责审校，感谢两位教授为本书的顺利出版所付出的努力。

本书得到了装备科技译著图书出版基金的资助，在此表示感谢！同时要感谢国防工业出版社所提供的各种帮助、支持和鼓励！

由于译者水平有限，疏漏甚至误译实难避免，恳请读者不吝赐教和批评指正。

译者

2020 年 3 月

前　言

写这本书的动机有两个：①近年来自由空间光（Free Space Optics，FSO）通信的巨大发展体现在信息技术的巨大进步上（在各大会议和越来越多的出版物上，公开了许多激动人心的实现和实验演示）；②来自工业界、大学和最近一些会议上的同行、研究人员以及对该领域感兴趣的学生（美国和国外）的鼓励。这些会议包括国际光学工程学会（SPIE）、美国光学学会（OSA）和军事通信技术（MILCOM）会议等，特别是关于自由空间激光通信的会议。本书的某些部分是基于作者在各个专业协会和航天工业会议上提供的短课程，以及在各个大学和技术学院（包括捷克布尔诺工业大学，以及加尔各答、柏德旺、卡纳塔克邦和古吉拉特邦等印度地区）进行的系列讲座和研讨会。

本书全面介绍了FSO通信的原理和应用，主要面向不同层次的科学家、工程师和物理学家，为研究工作者解决当前问题提供参考，并为进一步研究打下基础。学生、通信系统工程师以及该领域的科学家都会在本书中找到感兴趣的内容。

本书是目前该领域最连贯和最全面的著作之一，涵盖了各种最先进的FSO技术及其相关应用，既可以作为教科书，也可以作为研究参考。本书所涉及的内容是对作者著作《自由空间光通信：原理和进展》（Arun K. Majumdar and Jennifer C. Ricklin，Springer，2008）的补充。

过去几年中，FSO通信相关的各个方向都陆续有很多优秀的文章发表于在各种科技期刊。本书旨在把这些丰富的信息资料汇集在一起。本书包括多个主题，但各章之间具有连贯性，确保读者可以交叉引用相似的主题，从而加深理解。

FSO通信正在成为一种主流技术，它不会局限于定址访问应用，也将在核心网络应用中扮演重要角色。它有能力解决由于互联网的巨大成功和不断发展带来的高速网络瓶颈问题。当代互联网社会的成功和未来发展将会加速全球宽带需求的增长，而且多媒体驱动的社会也将适应各种高带宽应用，如下载电影和在线视频会议等。下一代互联网连接将突破现有基础设施的限制，而用高带宽应用程序和网络便携式装置来替代。因此，接入网和边缘网需要达到光容量来满足这些需求。FSO通信将成为服务提供商弥补终端用户和现有高容量光纤基础设施间差距的关键工具。本书将有助于读者更好地了解在各种大气条件下的 FSO 通信技术和应用。

本书从系统方法的角度讨论了这些材料，某一特定的系统是开放的、动态的，可以与其他系统交互。这些系统，如系统、子系统、包含系统等通常用功能来描述，它们都具备各种 FSO 通信功能。这种系统方法不仅对理解和设计系统有效，对于理解 FSO 通信所需的数学公式和抽象的理论原理都有效。

FSO 通信为创建三维的全球宽带通信网络提供了实用的解决方案，其带宽远远超出了射频（Radio Frequency，RF）通信的带宽。然而，其大气湍流性和散射特性一直制约着 FSO 通信链路的可用性和可靠性。先进 FSO 通信技术发展的主要驱动力是：①由于当今类似 IPTV、VoIP 和 Youtube 等互联网应用的增加，增大了对带宽的需求；②信息处理技术的快速提高，使得能够以更小尺寸的设备实现更高的数据速率（如使用 MEMS 和纳米技术）。随着以数据为中心的设备的快速增长和宽带接入网络的普遍部署，迫切需要将数据速率从 10 Gb/s 提高到频率效率更高的 40Gb/s 或 100Gb/s，甚至更高。然而，由于大气信道损伤会造成信号质量的退化，因此想要实现更高的传输速率还存在许多挑战。

本书涵盖了 FSO 通信理论的基本原理和技术上的最新进展，通过大量的应用举例帮助读者加深对各种系统理论的理解。本书应用系统方法来描述各个主题，重点关注对系统性能的影响。读者将通过本书了解到 FSO 通信系统相关的所有重要主题。每章都会包括基础原理（包括必要的方程推导）、操作理论和最新进展示例。本书的最后两章由该领域的一些其他先驱和世界级专家所完成，具体为：L. C. Andrews、R. L. Phillips、Z. C. Bagley、N. D. Plasson、L. B. Stotts 撰写了第 9 章；Ronald E. Meyers、Keith S. Deacon、Arnold D. Tunick 撰写了第 10 章。

本书按照以下方式组织：总共 10 章，每章自身都是单独完整的。

第 1 章讨论了 FSO 通信系统的基本原理和整体激光通信的体系结构，解释了为什么将 FSO 通信作为解决现代互联网带宽需求的方案。FSO 通信系统是解决宽带连接瓶颈问题的最实用的替代方法，是对传统 RF/微波通信方式的补充。这一章为后续章节提供了一般背景。

第 2 章对大气信道中 FSO 通信信号的传播进行了理论分析。通信系统的目标是通过多种方式实现信息的传输。FSO 通信技术取决于光束在各种介质中的传播，这些介质与光信号相互作用，从而影响光信号的质量。了解大气现象以及它们如何影响光的传播是设计有效、智能和经济的 FSO 通信链路以及可靠通信网络的关键，从而能够以预期的质量提供不间断的网络服务。

第 3 章详细阐述了 FSO 通信中的调制技术及其在有损信道（如噪声、干扰、大气湍流和散射引起的衰落信道）下的性能。讨论了用于错误检测和校正（Error Detection and Correction，EDAC）的多种大气信道编码方案，以保证通信的可靠性。

第4章描述了FSO通信大气影响的抑制和补偿技术，深入探讨了大气效应对成功建立自由空间光通信链路的制约。大气信道具有多种特性，这些特性可能导致严重的信号衰落，甚至完全丢失信号。本章首先详细讨论与FSO通信相关的两个主要大气效应——湍流和散射，然后讨论了几种抑制技术。每种抑制技术都通过适当的推导进行了详细的解释，并讨论其对系统性能的增强能力。为了明确这些技术的适用性，以便设计人员能够在大气湍流、雾、海洋环境和气溶胶等存在的条件下对FSO通信链路的性能进行优化，该章通过示例描述了各种重要应用场景下的具体方案。

第5章描述了非视距（Non - Line - of - Sight，NLOS）紫外光通信和室内FSO通信的概念。非视距结构可以利用散射或者与室内通信链路类似的多径传播来实现通信。该章讨论了紫外（Ultra Violet，UV）非视距光通信的具体技术，并且介绍了一种利用近红外光进行室内设备间连接的NLOS无线光通信链路。室内无线光系统可能的配置包括：①定向红外光（Directed Beam Infrared，DBIR）；②漫散射红外光（Diffuse Infrared，DFIR）；③准漫射红外光（Quasi - Diffuse Infrared，QDIR）。该章的内容包括具有多径响应的传播模型、适用于不同配置的各种调制技术、多址技术以及用于多传感器网络的宽带通信链路。该章还讨论了这项新技术对未来FSO通信和各种应用的影响。

第6章讨论了各种FSO通信平台，包括无人机和移动平台。本章描述了基于无人机（UAV）的FSO通信新技术。无人机在民用和军用领域都将有广泛的应用前景，而其产生的大量数据需要高数据速率的通信连接，因此FSO通信非常合适。该章的具体内容包括：UAV FSO通信链路的对准和跟踪、移动UAV的短长Raptor码，以及一个无人机上的调制回射器（Modulation Retro - Reflector，MRR）FSO通信终端。该章的另一部分讨论与移动平台相关的问题，即基于移动平台和万向节的跟踪问题。描述了使用FSO通信的高速移动自组织网（Mobile Ad - Hoc Networks，MANET）的基本构建以及在高移动性下的运行协议。

第7章讨论了两个相关主题：第一个是基于混沌的FSO通信，将混沌应用于通信有望在编码、安全性和超宽带通信领域有新的突破；第二个是光学混沌信号的生成和同步，其中混沌系统可以应用于数字通信系统的加密/解密模块。另外，还描述了在湍流信道下混沌自由空间激光通信的一些实验结果。随着需求的不断增加，人们考虑将太赫兹（THz）频段应用于短距离、高数据率的通信中。因此，基于太赫兹的FSO通信有望为成像、通信、传感器和材料等领域带来新的功能和潜力。这一章介绍了关于太赫兹生成和检测用的量子级联激光器和量子阱光电探测器、具有太赫兹带宽的调制器，以及太赫兹 FSO 通信链路的一些最新成果。

第8章介绍了基于调制回射器的FSO通信，并对基于调制回射器和反射调制器的数据链路进行了描述。反射调制器的功耗很低，并且其形状和质量也很小。这种新颖的光学元器件为FSO通信提供了新的机会，可用于提供各种灵活和机动的应用。新的传感器能够产生大量需要快速传递的信息。在某些情况下，与传统收发器相比，利用半无源光节点进行逆向调制而实现的逆向调制通信技术则更加适合。传统的FSO通信链路两端都使用类似的终端，而逆向调制FSO通信链路则是非对称的。这一概念也为设计点对多点的通信提供了可能，包含激光问询器和许多分布式MRR模块。

第9章介绍了混合光学RF/FSO通信技术。自由空间光通信技术的最新进展给开发使用FSO通信系统带来了希望。面临的主要挑战是要补偿快速变化的传播效应的影响，这种效应会导致接收光信号强度的巨大变化，从而影响链路的稳定性。为了克服这种情况，混合FSO/RF系统概念取得了重大进展。混合系统将FSO通信子系统与传统的定向RF通信系统集合起来，并采用自适应网络机制建立稳定的千兆机载网络系统，从而实现高可靠性和几乎无差错的通信连接。该章将介绍有关链路的一些关键物理因素以及为了实现无差错网络而采用的各种技术。使用混合FSO/RF链路可以为商业和军事应用提供健壮的、高吞吐量的通信网络。

第10章对自由空间量子通信技术进行了概述，介绍了应用于自由空间的大气量子通信的基本原理，并对具有代表性的自由空间大气量子通信实验进行了总结。这一章展示了量子力学如何在经典通信加密之外提供一个量子安全的物理层。为了便于读者更好地理解远距离量子通信，该章还特别介绍了量子退相干和量子存储的相关内容。介绍了用于特殊光源产生和检测的非线性过程：自发参变量下转换（Spontaneous Parametric Down Conversion，SPDC）和上转换。回顾了量子密码学、量子密钥分发（Quantum Key Distribution，QKD），BB84和B92协议，作为过去所关注的QKD方案以及新趋势的示例。由于大气会对量子通信产生较大的影响，因此该章就光子吸收、退相干和相位畸变对量子通信保真度的影响，以及其对量子安全性和破坏性攻击行为的影响进行了讨论，介绍了大气湍流对光子数波动、轨道角动量、纠缠、同步精度和量子比特误比特率的影响。本章还回顾了具有代表性的自由空间大气量子通信实验，并对实验目的和进展进行了讨论，特别分析了地 - 地、地 - 空和空 - 星实验在特定的激光光源、波长、距离、检测方案、量子协议和环境条件下的性能。

我想感谢 Springer 物理编辑 Jace Harker 博士启动了本书的编写项目，并提供很多建议、评论和灵感。同时，我还想感谢 Springer 科学 + 商业媒体（物理学）的 Fan Ho ying 在准备这本书的过程中，给予了许多商业细节上的帮助。感谢 Springer 物理编辑 Amita Raval 博士的支持和鼓励，使得这本书能够顺利地编写完成。衷心感谢电气与计算机工程系教授 Thomas M. Shay 博士，他认真地阅读了本书并给出了许多有用的意见。衷心感谢佐治亚理工学院的 Timothy J. Brother 博士，对本书给出了宝贵的评论。

感谢前面提到的所有专家分享了他们在该领域的专业知识。多年来，我在与光通信领域的学术研究和应用领域的许多同行的技术讨论和非正式对话中受益匪浅，对此深表感谢。感谢 Hasmukh Raval 博士翻译的《薄伽梵歌》。他完美而简洁地捕捉到了知识的强大力量和本书所述光之间的关系。感谢我的妻子 Gargi 的支持，并完成 3 章内容的打字和公式插入工作。感谢我的女儿 Sharmistha 在本书的编写过程中对我不断的鼓励和启发。最后，对我的猫朋友 Rocky 和 Sasha 表示永远的怀念，它们总是给予我无条件的陪伴，陪伴我完成了本书大部分内容的编写工作。

Arun K. Majumdar
加利福尼亚里奇克莱斯特

目 录

第1章 自由空间光通信系统概述

第2章 FSO 通信信号在大气信道中的传输理论

第 3 章　FSO 通信的调制、解调和编码

第 4 章　改进 FSO 通信性能的抑制技术

第5章 非视距紫外光通信和室内自由空间光通信

第6章 FSO 通信平台：无人机（UAV）和移动平台

第7章 其他相关主题：基于混沌和太赫兹的 FSO 通信

第 8 章　基于逆向调制器的 FSO 通信

第 9 章　混合无线光/射频通信

第 10 章 自由空间量子通信

第1章　自由空间光通信系统概述

1.1　引言

自由空间光（Free-Space Optical，FSO）通信是满足现代互联网带宽需求的解决方案之一。FSO通信是解决宽带连接瓶颈问题最实用的替代方案，是对传统射频（Radio Frequency，RF）/微波链路的补充。FSO目前受到了广泛的关注，面临许多令人兴奋的基础和技术挑战，以提高其在一系列场景中的应用性能。FSO链路所能提供的数据速率在远距离和近距离应用中都在不断增加。在过去10多年里，由于互联网的巨大成功和持续发展，高速网络出现了互联互通的瓶颈，FSO将是解决这一瓶颈最独特和最强大的工具之一。下一代互联网的互联互通将突破现有基础设施在高宽带应用（如视频会议、流媒体内容和便携式网络设备等）中的限制。清除这些瓶颈对于当代互联网社会未来的发展和成功至关重要，光通信宽带接入和边缘网络可用来满足这些需求。图1.1所示为一种不同用户间利用无线光连通的FSO通信技术方案。

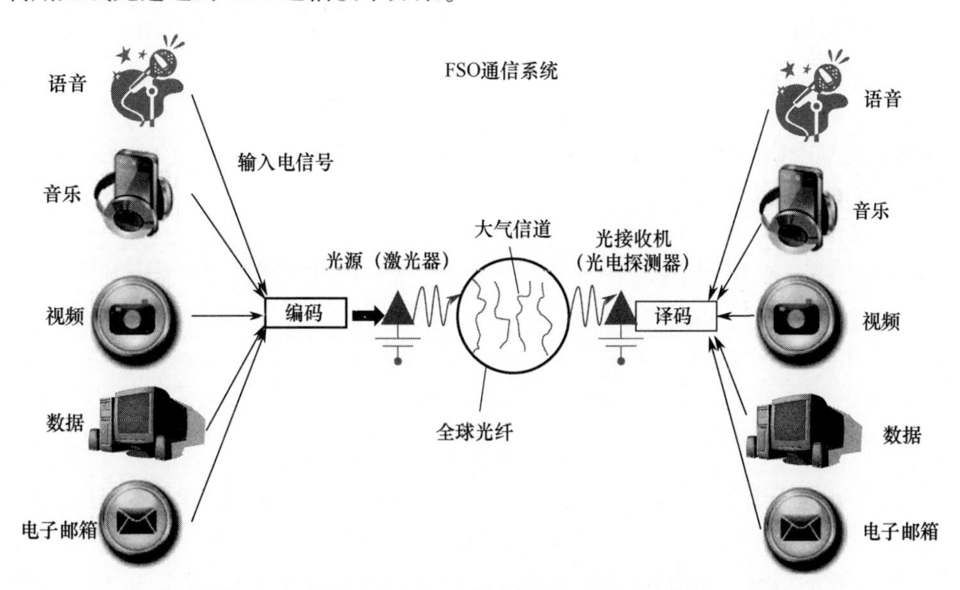

图1.1　不同用户间利用无线光连通的FSO通信技术方案

移动平台和机载平台，如无人机（Unmanned Aerial Vehicle，UAV）之间的远程 FSO 通信仍然是一个热点研究和发展方向。FSO 远程通信面临的关键问题之一是大气湍流引起的剧烈闪烁，会导致严重的信号衰落，对光束对准而言是一个极大的挑战。一个有待解决的问题是，自适应光学可以在多大程度上提高 FSO 通信链路的性能，以及这些性能的提高多大程度上取决于链路长度。自由空间光通信的性能也可以通过前向纠错和分组纠错码来提高。智能收发机的实现和高效的调制方案也可以提高链路性能。利用日盲紫外线（Ultraviolet，UV）的散射来实现从发射机到接收机的非视距通信开创了 FSO 通信的一种有趣的应用场景。不同的 FSO 通信场景需要满足不同的系统需求，包括不同的信道传输特性、不同的发射技术和检测技术。在室内空间中的短距离保密通信和传感器网络传输中，无线光通信作为射频通信的一种无干扰替代方案，正引起人们的注意。多输入多输出（Multiple Inputs and Multiple Outputs，MIMO）概念为 FSO 通信在各种大气条件（湍流和散射）下的应用开辟了新的可能性。量子通信是实现自由空间光安全通信的一个热门课题。

FSO 通信技术的增长速度非常快，远超过了任何书本内容的更新。本书将系统地介绍 FSO 通信的所有新技术，使人们了解其令人兴奋的潜力。本章主要讨论 FSO 通信的基本原理和问题。

通信系统研究的是将信息从信源发送给接收端的技术，因此通信系统的目的是传递信息。不论是对于模拟通信还是数字通信，FSO 通信最强大的特点是其光波所具有的巨大带宽。1μm 波长对应的频率为 3×10^{14}Hz（$=300000$GHz），因此一个 16GHz 的信道仅对应 3×10^{-16}μm 的波长扩展。

通信系统包含两类：数字通信系统和模拟通信系统。数字通信系统是将信息从数字信源（产生一组有限的可能的信息集合）传输到接收端，而模拟通信系统将信息从模拟信源（产生连续信息）传输到接收端。通信系统（光学或射频）的基本框图如图 1.2 所示。

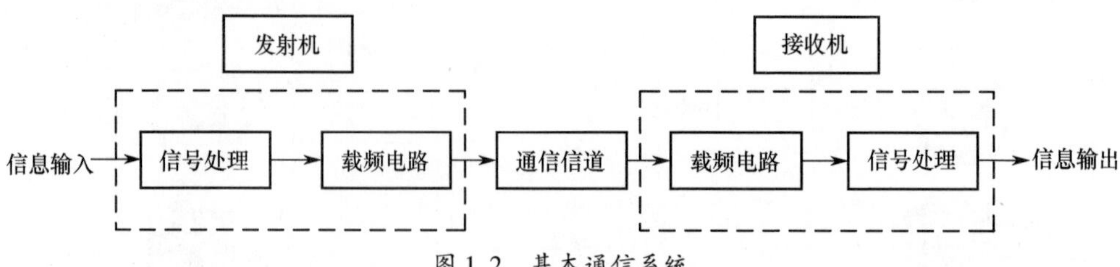

图 1.2　基本通信系统

图 1.2 所示为一个点对点系统，在多路复用系统中，可能有多个输入和输出信息以及接收端（或称终端）。发射机信号处理模块的目的是为了调节信源，以实现更有效的传输（如在数字系统中可以对信源进行冗余度压缩）。信号处理模块还可以提供有效的信道编码，使接收端信号处理单元可以进行检错和纠错，以

减少由于信道噪声引起的误码。其中，模拟信号处理单元可以是模拟低通滤波器。在混合（模拟和数字组合）系统中，信号处理器还要对模拟输入信号进行采样和量化后再传输。发射机信号处理模块的输出通常是一个复信号（包括振幅和相位），且其频谱集中在$f=0$（0Hz，直流，DC）附近。该信号称为基带信号，将通过载波电路转换为更高的频率，从而适用于信道传输，最终到达接收端。载波电路输出信号的频谱包含一个频率在$f=f_c$附近的频带，f_c称为载波频率。通信系统的目的是在给定的距离（如1m～350000km）内，将信息安全（加密）、快速、经济有效且尽可能减少误差地（以最高的质量）传输到指定的接收端。

在数字系统中，误差的大小通常用误比特率（给定比特组中的错误比特数除以总比特数，或在一定时间间隔内错误的比特数与传输总比特数的比值）来衡量。在模拟系统中，性能的优劣可以用接收端输出的信噪比（Signal to Noise Ratio，SNR）来衡量。

1.2　什么是消息，如何衡量消息？

当传输第j条消息时，数字信源发送的信息定义为

$$I_j = \log_2\left(\frac{1}{P_j}\right)(\text{bit}) \tag{1-1}$$

式中：P_j为发送第j条消息的概率。

事件A发生的概率用$P(A)$表示，可以用n次试验中事件A发生的相对频率来定义：

$$p(A) = \lim_{n\to\infty}\left(\frac{n_A}{n}\right) \tag{1-2}$$

式中：n_A为n次试验中事件A发生的次数。

概率函数具有如下特性：

$$0 \leqslant p(A) \leqslant 1 \tag{1-3}$$

信息的度量取决于消息发生的可能性。由于采用以2为底的对数，信息的单位为比特。某一数字信源m个消息的平均信息测度为

$$H = \sum_{j=1}^{m} P_j I_j = \sum_{j=1}^{m} P_j \log_2\left(\frac{1}{P_j}\right) \tag{1-4}$$

平均信息量称为熵。信源的信息速率可描述为

$$R = \frac{H}{T}(\text{bit/s}) \tag{1-5}$$

式中：T为发送消息所用的时间；H如式（1-4）定义。

评价“理想”FSO通信系统性能的指标取决于诸多因素，如成本、发射机功率利用率、信道带宽、系统各点的信噪比以及数字系统的错误概率等。优化数字

通信系统的一种方法是在光传输能量和大气信道带宽受限的情况下将输出误比特率降到最小。信道容量 C（bit/s）可由下式计算：

$$C = B\log_2[1 + S/N] \tag{1-6}$$

式中：B 为信道带宽，单位赫兹（Hz）；S/N 为数字接收机输入端信噪比。

在信号叠加高斯白噪声的情况下，香农[1,2]指出，如果信息速率 R（bit/s）小于信道容量 C，错误概率可以趋近于零。需要注意的是，香农给出的仅是通信系统的理论性能边界。而对于以接收输出端可达信噪比作为系统性能衡量标准的模拟系统而言，该边界意味着当信道存在噪声时，可以在输出端获得无限信噪比。

1.3 带宽：认识数据传输速率的概念和传输需求

由于数字媒体和新技术的巨大优势，信息的传递现在变得尤为重要。如前所述，在电通信和无线光通信中，比特率是由单位时间内传输或处理的比特数来定义的。换句话说，比特率或数据传输率是数据传输系统中设备之间在单位时间内传输的平均比特数、字符数或块数。比特率的单位为比特每秒（bit/s 或 bps），通常与国际单位制（International System of Units，SI）前缀一起使用，如 Kilo-（Kb/s 或 kbps）、Mego-（Mb/s 或 Mbps）、Giga-（Gb/s 或 Gbps）或 Terra-（Tb/s 或 Tbps）。

在实际应用中，带宽由许多因素所决定，包括信号的压缩率和所期望的质量。下面举例列出了各种应用下的数据流的典型速率。

1）音频 MP3

- 32Kb/s，96Kb/s，100 ~ 160Kb/s，192Kb/s（当从光盘翻录时，大多数 MP3 编码器所支持的最高速率）；
- 224 ~ 320Kb/s——MP3 最高质量。

2）视频

- 16Kb/s——可视电话质量；
- 128 ~ 384Kb/s——使用视频压缩的商用视频会议质量；
- 最高 1.5Mb/s——最大 VCD 质量（用 MPEG-1 压缩）；
- 3.5Mb/s——标准电视质量（用 MPEG-2 压缩降低比特率）；
- 9.8Mb/s——最大 DVD 质量（用 MPEG- 2 压缩）；
- 8 ~ 15Mb/s——典型的高清电视（HDTV）质量（用 MPEG-4 高级视频编码（Advanced Video Coding，AVC）压缩降低比特率）；
- 约 19Mb/s——HDTV 720（用 MPEG-2 压缩）；
- 约 25Mb/s——HDV 1080 I（用 MPEG-2 压缩）；
- 29.4Mb/s，高清 DVD；

- 40Mb/s——蓝光光盘（用 MPEG-2、AVC 或视频压缩（VC）-1 压缩）。

3）互联网技术

- 综合业务数字网（Integrated Services for Digital Network，ISDN）——128Kb/s；
- T1——1.544Mb/s；
- 数字用户线路（DSL）—— 512Kb/s ~ 8Mb/s；
- T3——44.736Mb/s；
- 千兆以太网——1Gb/s；
- OC-256——13.271Gb/s；
- 手机——约 10Gb/s。

4）计算机技术

- 通用串行总线（Universal Serial Bus，USB）——12Mb/s；
- 火线（又称“IEEE 1394”或“i-Link”）—— 400Mb/s；
- Ultra-3 小型计算机系统接口（SCSI）——160Mb/s。

1.4　现代互联网如何保证数据传输速率?

光信道分类：

在 FSO 通信中，信道可以分为三类：

（1）自由空间信道；

（2）自由空间大气信道；

（3）自由空间水下信道。

FSO 通信信道是“非导向性的”或“自由的”信道。“导向性”（如光纤）和“自由”信道的根本区别在于：在自由信道中，辐射从光源向外传播时会发生衍射；而在导向信道中，辐射被限制在其导向结构中（如光纤波导）。

在这种情况下，通信网络可以被看作能够在两个或多个个体之间传输和交换语音、视频和数据的基础物理设施。光网络以其固有的巨大容量和处理数据/语音/视频的能力在全球通信网中发挥着重要作用，以应对下一代互联网（如 3D 图形、实时音频和视频流媒体、远程医疗等）的需求。为了了解当今全球通信行业及其未来的发展方向，首先要了解北美同步光网络（Synchronous Optica lNET-work，SONET）和同步数字体系（Synchronous Digital Hierarchy，SDH；欧洲和日本），这两类网络基本均采用多路复用方法，而这种方法会使得通信速率越来越高。常用的 SONET 的标准名称和相应的数据速率有：OC-1（52Mb/s）、OC-3（155.5Mb/s）、OC-12（622Mb/s）、OC-24（1.24Gb/s）、OC-48（2.5Gb/s）和 OC-192（约 10Gb/s）。可以将多路复用的电信号转换成光信号进行传输（通过光纤或自由空间）。SONET 盒包含电子硬件，其结构非常复杂且不灵活。利用全光网络，可以完全替代 SONET 盒，使宽带通信网络更加高效、通用和灵活。实现这一目标的光电元器件包括光放大器、密集型波分复用器（Dense Wavelength Division Multiplexing，DWDM）和高速光学开关。通信流量每年翻一番的增长趋势清晰地表明互联网的发展对带宽需求的爆炸性增长，这一点可以从图 1.3 看出，图 1.3 所示为 1994—2013 年的互联网主机数量。

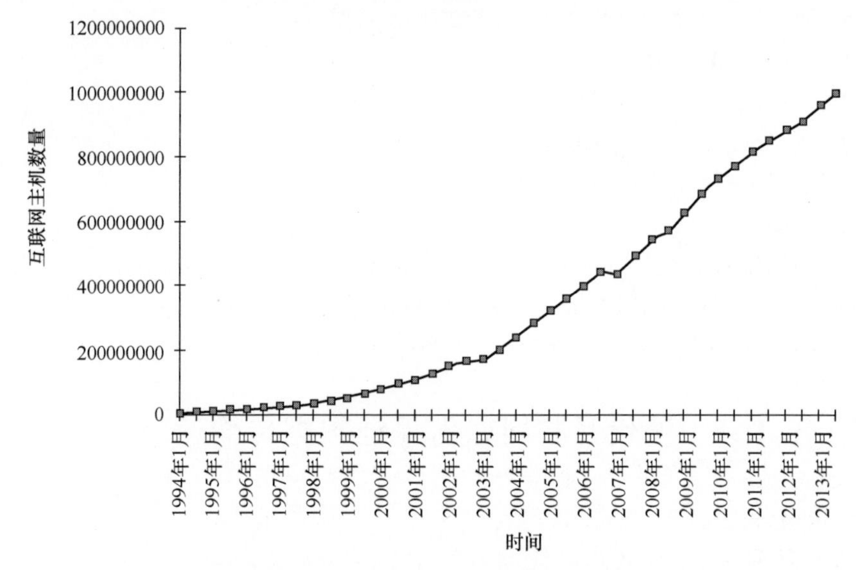

图 1.3　1994—2013 年的互联网主机数量

（isc. org 许可转载；资料来源：互联网系统联盟，www. isc. org）

2007 和 2011 年度全球宽带用户数目见表 1.1。

表 1.1　2007 和 2011 年度全球宽带用户数目

	2007 年	2011 年
全球用户数	66 亿	70 亿
固定宽带	5.3%	8.5%
发展中国家	2.3%	4.8%
发达国家	18.3%	25.7%
移动宽带	4.0%	17.0%
发展中国家	0.8%	8.5%
发达国家	18.5%	56.5%
文献来源：维基百科		

与此同时，随着全球宽带用户数量的增长以及互联网主机数量的增加，对带宽的需求也在不断增长。图 1.4 所示为 1975—2015 年（预计）核心和接入网的比特率对带宽的巨大需求。

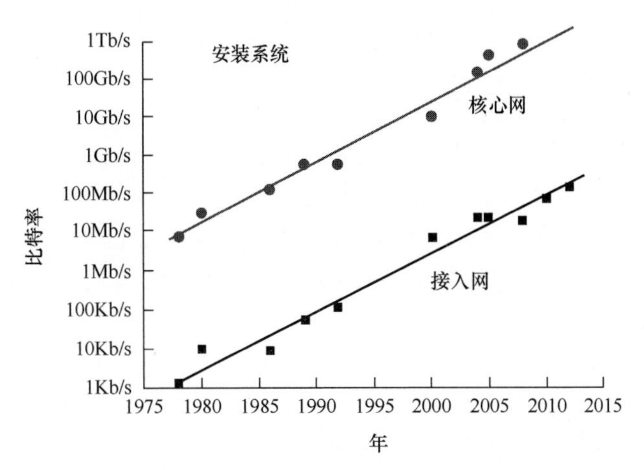

图 1.4　1975—2015 年（预计）核心和接入网的比特率

下面简要介绍互联网是如何工作的。了解互联网是如何工作的非常重要，这是由于 FSO 通信在现在和未来的互联网连接中都非常重要。

互联网是由相互连接的计算机组成的全球网络，使用户能够通过多种渠道共享信息。

从用户的角度来看，假设一个人在得克萨斯州的家中有一台便携式计算机，并且想与加利福尼亚洲（或欧洲及其他任何地方）的大型服务器交换信息。每台计算机必须有一个唯一的标识（互联网协议，IP 号或 IP 名称），而且必须能够进行数据交换（通过光信号或电信号）。其中每个人必须使用同一种语言，即 TCP/ IP。该协议是双方商定的公约或标准，用于控制和实现两个计算机节点间的连接、通信和数据传输。

通过互联网移动数据的基本方法是通过 TCP/IP 协议来控制。TCP / IP 协议下，一个文件被文件服务器分解成更小的部分，称为“包”。每个数据包都被指定一个它要到达的计算机的 IP 地址。由于数据包通过全球网络移动，它被沿途很多服务器和路由器“交换”。

互联网上的通信通常发生在一个客户端和一个服务器程序/计算机之间。

下面介绍电子邮件如何工作。

电子邮件系统使用两个服务器程序和两个协议。由于所有的互联网流量都是公共的，为了保护用户安全，必须对 IP 数据包的数据部分进行加密。

1.5 FSO 通信的光网络基础

迄今为止，光纤是解决带宽不足、满足带宽需求最可靠的光通信手段。但光纤的成本很高（如挖掘、铺设成本）。此外，在一些诸如市中心、丘陵或山区地带，铺设光纤几乎是不可能的，或者说不切实际的。而对于成熟的射频技术而言，则需要昂贵的投资来获得频谱许可，并且在满足巨大带宽需求方面无法与光通信相比拟。FSO 通信技术在带宽可扩展、部署便捷、安全灵活和低成本等方面提供最优的解决方案。值得注意的是，在单位传输距离上，要达到一定的传输带宽需求，光通信网络所需的架设成本最低，这使得光网络极具吸引力。

无线局域网（Local Area Network，LAN）、广域网（Wide Area Network，WAN）和城域网（Metropolitan Area Network，MAN）都可以基于 FSO 通信技术来构建。局域网通常只局限于一个特定的区域，比如办公楼、家庭网络或大学校园。广域网跨越多个地理位置，通常由多个局域网组成。例如，在洛杉矶的一个办公室有 50 台电脑，通过 FSO 连接在一起，形成一个局域网。假设这家公司在得克萨斯的奥斯汀有另一个办公室，该办公室的网络也是一个局域网。如果两个办公室想共享信息，可以将这两个局域网连接在一起，形成一个广域网。MAN 指在一个城市或市区，连接两个或更多不同建筑物的网络。

点对点 FSO 通信（如两个室外建筑物间的通信），可以提供高达 1Gb/s 的通信速率。采用波分复用（Wavelength Division Multiplexing，WDM）技术后，可增加到每链路 10Gb/s，甚至具有达到 50Gb/s 或 120Gb/s 的潜力。WDM 是一种将多路光信号进行光学复用后，耦合到一条光纤中的光学技术。最近，有一个基于 WDM 系统的、传输速率为 1.7Tb/s 的光网络设备的现场演示。该系统使用 8 个信道传输数据，单个信道的容量为 216.4Gb/s，传输距离为 1750km，采用的是一个标准的单模光纤光缆。另一家供应商进行了下一代 WDM 系统的演示，所展示的原型系统单个信道能够达到 400Gb/s 的数据速率，总容量为 20Tb/s。目前，现有的运营商网络已经达到每通道 40 ~ 100Gb/s 的速率。

1.6 现代网络的 FSO 连接

FSO 通信是一种通过在大气中传输调制后的可见光或红外光束（Infrared，IR）来建立通信连接的视距（Line-of-Sight，LOS）传输技术。在一些诸如室内通信的场景下，FSO 也可以使用基于散射或反射的非视距（Nonline-of-Sight，NLOS）技术，接收机在光束所能覆盖的空间内检测辐射，并对其进行调制，以进行数据传输。FSO 通信有许多优势：工作于无需授权的太赫兹频谱范围内

（波长为800～1700nm），相比于射频（RF）信号的带宽提高了几个数量级；FSO信道不受电磁干扰（Electro Magnetic Interference，EMI）；具有低截获概率和低检测概率（Low Probability of Interception，LPI/Low Probability of Detection，LPD）等。FSO通信系统还具有安装便捷、成本低、支持不同平台和接口的独立协议等优势。基于这些优势，FSO通信被认为是下一代宽带通信和无线网络最可行的技术之一。FSO通信最大的不足是受气候影响严重。当通信链路中包含大气、晴空湍流以及可能的边界层湍流（例如，通信链路的一端在飞机上）时，会导致链路出现严重的相位畸变和衰落。由大气湍流导致的低可用度和低可靠性，也可能会影响FSO网络。雾、烟尘、雪、雨、灰尘颗粒等天气条件会影响FSO通信的性能。云层之间、云层与地球表面之间的大气电能可以形成闪电，每次闪电的持续时间在20～130ms之间。如果闪电影响了接收端的信号，对于速率为1Gb/s的FSO通信，100ms的闪电的时间延迟对应10^8 bit（12.5Mb/s），会导致大量的数据丢失[3]。如果阳光照射到光电探测器上（视距范围（Field-Of-View，FOV）内），则必须考虑日光干扰效应对FSO链路性能的影响。

1.7　光网络：FSO通信的集成

FSO通信系统提供最灵活的网络解决方案，以实现最高的宽带能力。FSO通信提供将信息传输到光纤主干网所需的基本特征：几乎无限带宽、低成本、易于部署和速度快。FSO通信网络传输中，数据可以通过加密连接进行传输，从而提高了特定条件下所需的安全性。

1.7.1　FSO的基本拓扑结构

目前主要有3种基本的FSO体系结构。

（1）点对点：这种结构能够提供高带宽的专用连接，但是可扩展性较差。

（2）网格：这种架构具有冗余性和更高的可靠性，并且易于添加节点，但与其他方案相比，距离受限。

（3）点对多点：连接成本更低，便于节点添加，但代价是带宽低于点对点方案。

图1.5所示为这3种基本的FSO通信体系结构。

需要注意的是：这些FSO通信体系结构需要任意两个收发信机能够在视距（LOS）条件下建立全双工通信链路，并且不能存在任何障碍物。在给定的位置，FSO通信收发器通过电缆与放置在建筑物机柜里并连接到公共或个人网络的电口路由器相连接。

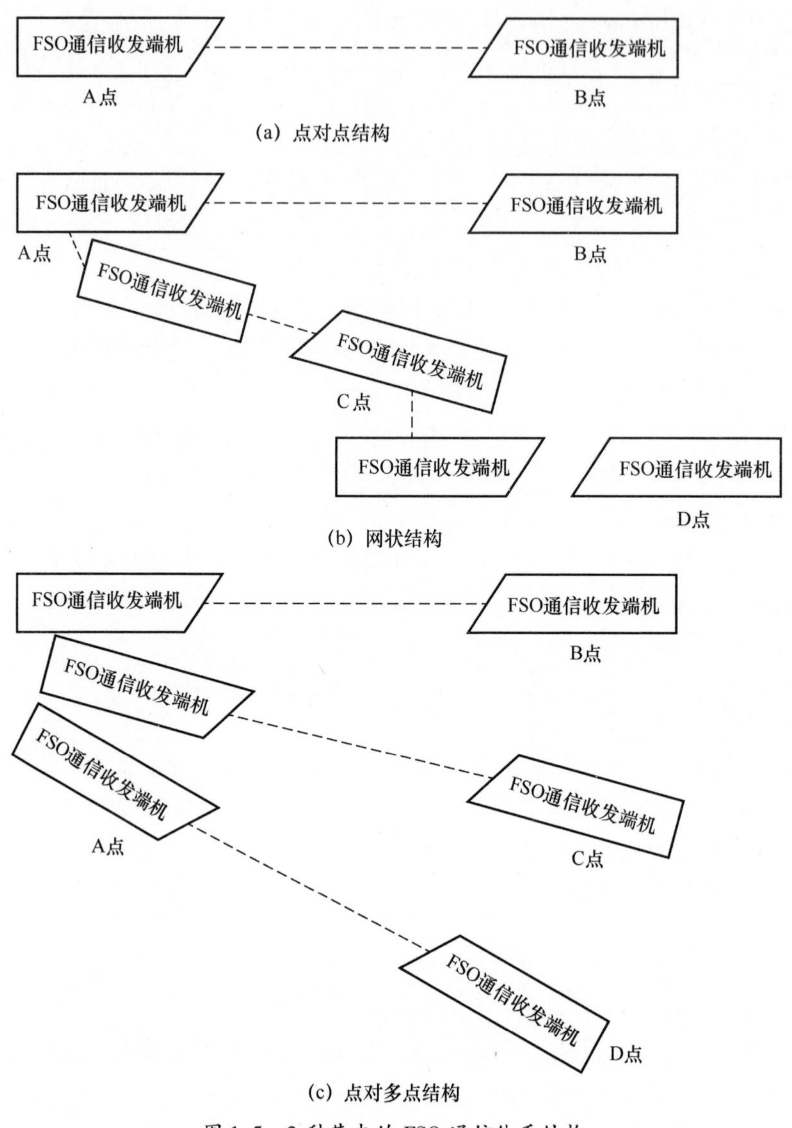

图 1.5 3 种基本的 FSO 通信体系结构

1.7.2 FSO 通信网络：如何实现？

图 1.6 展示了大容量宽带光网络的基本层次概念。接入网由连接到光纤环状骨干基础设施的基站（Base Station，BS）组成，每个基站都配备了一系列光收发器（最多 4 个），作为指向下一个联网建筑的冗余接入点和中继点。网格式配置克服了点对点和点对多点式配置下单点故障的弱点。客户终端设备（Customer Premises Equipment，CPE）节点可以通过光纤连接到网络终端设备（Network Termination Units，NTU），终端网络中的多个设备/用户可以共享 CPE 节点。核心网

络由 4 部分组成：①网络运营中心（Network Operation Center，NOC）；②异步传输模式（Asynchronous Transfer Mode，ATM）交换机；③分插多路复用器（Add-Drop Multiplexers，ADM）；④作为骨干基础设施的光纤 SONET/SDH 环网。网络运营中心（NOC）使用的网络管理软件（Network Management Software，NMS）对特定客户区域进行管理和性能监控操作，分插多路复用器（ADM）在各种网络连接上执行数据的复用和去复用，异步传输模式（ATM）交换机执行数据调节和控制。

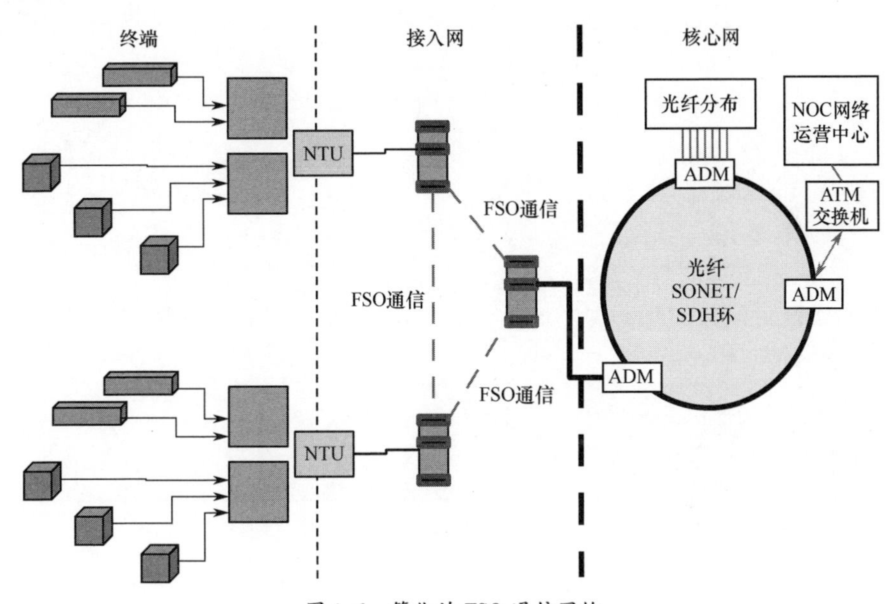

图 1.6　简化的 FSO 通信网络

1.7.3　卫星、地面和家庭的集成 FSO 通信网络

由于前面讨论的诸多优点，FSO 通信被认为是下一代宽带通信的可行技术之一。各种多媒体服务，例如像 Net-flex 一样的音频点播（Audio on Demand，AOD）、视频点播（Video on Demand，VOD）以及点对点（Peer-to-Peer，P2P）数据共享，都需要更高的数据传输网络。FSO 通信网络应用范围广泛，从家庭到卫星，距离从几米到几千千米，为各种应用提供了潜在的光链路可用性。包括光无线、卫星、地面和家庭网络在内的各种 FSO 通信网络可以集成并作为一个整体运行，如图 1.7 所示。从图 1.7 可以清楚地看出，通过将 FSO 链路和网络连接到使用光纤实现的主干网上，便可实现全球全光网络。然而，全球一体化全光网络的一个重要问题就是 FSO 通信链路和 FSO 通信网络的可靠性和可用性。建立一个可靠的全球光学网络系统的复杂性是由以下两个因素造成的：①作为地理范围广、用途广泛的综合网络的组成部分，物理链路的特性必须与网络体系结构相匹

配；②各层协议的传播介质不同。例如，对于星间链路，介质中实际上没有大气（类似于真空链路），对信道的唯一影响是传播损失（由于衍射造成的光束扩展）。在包含大气的地面链路中，当多个用户共享同一光学介质时，信道的随机性与上层协议相互作用，结果大大降低了网络的吞吐量性能。因此，全球光网络的设计必须考虑到各个网络层。

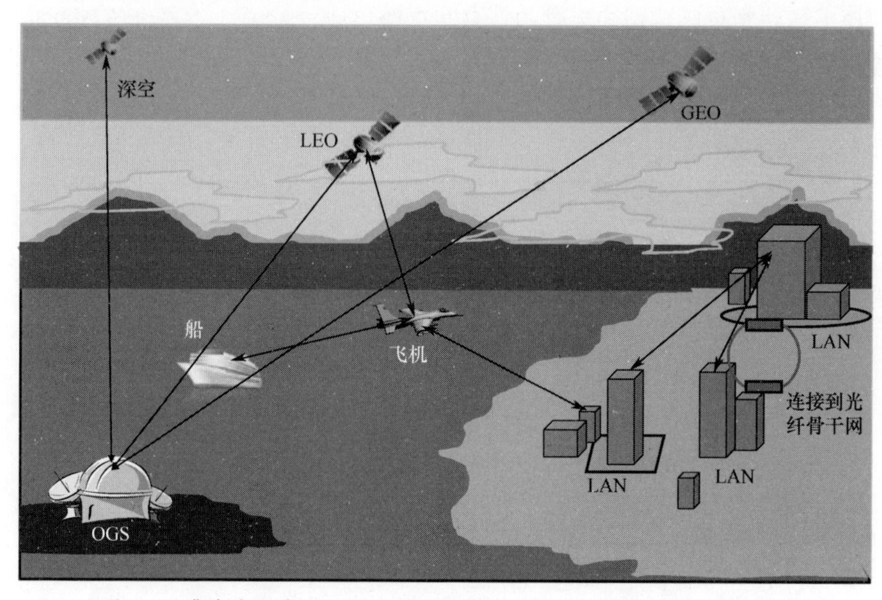

图 1.7　集成光无线、卫星、地面和家庭网络的全光网络的拓扑概念

由于能够覆盖地球上的广大地区，FSO 通信卫星网络能为终端用户提供高带宽的光无线网络接入。卫星间、卫星与飞机、飞机与飞机或者飞机与地面间（上行或下行）的光学网络，可以提供非常高的数据速率（≥10Gb/s）。在商业上，骨干节点还可以由地球静止轨道（Geostationary Earth Orbit，GEO：高度约 40000km）、中地球轨道（Medium Earth Orbit，MEO：高度约 5000 ~ 15000km）和近地轨道（Low Earth Orbit，LEO：高度约 1000 ~ 2000km）卫星提供服务。FSO 通信星间网络的一些其他重要特点是：

（1）可替代现有的有线互联网（包括海底光纤通信系统）实现跨大洋通信（潜在的 FSO 全球宽带互联网）；

（2）可以为任何偏远地区或在可移动平台上的用户提供互联网服务。图 1.8 所示为一个连接小规模区域的 FSO 通信链路。

地面 FSO 通信网络将大气（湍流、散射）作为通信信道，用于在收发器之间建立光无线连接，视距传输距离从几百米到几十千米不等。这种类型的通信场景为宽带互联网接入带来了极大的灵活性。地面 FSO 通信网络的一些重要应用有：①它可以为光纤主干网到所有高宽带业务连接中的“最后一公里”问题提供解决方案。在美国，只有不到5%的建筑能直接连接到高速的（2.5～10Gb/s）光纤主干网，然而超过75%的业务都在光纤主干网的1英里[①]范围内，这些建筑物中存在高速的数据网络，如快速以太网（100Mb/s）或千兆比特以太网（1.0Gb/s）。通过现有的铜线基础设施，如T-1（1.5Mb/s），电缆调制解调器（5Mb/s）、DSL（单向6Mb/s）等，只能为互联网接入提供较低的带宽。因此，FSO通信链路是解决“最后一公里”瓶颈问题的唯一解决方案。②建筑物之间、船舶之间、社区间及移动终端间的通信建立，无需铺设光缆。③可与无线电网络集成，从而克服射频通信在容量和可扩展性方面的不足（光/射频混合通信）。地面FSO通信的主要问题是，光路的可靠性和可用度受当地气象条件的影响，其中主要是雾的影响。FSO通信网络结构设计应考虑如何处理由大气湍流和散射带来的信号衰落，以达到所要求的服务质量水平（Quality of Service，QoS）。地面FSO通信网络的目标是设计FSO通信收发器和网络，以在数百米到几十千米传输距离内实现几百兆比特每秒到几吉比特每秒的传输速率。已经有许多克服大气影响的抑制技术，将在后续章节中讨论。

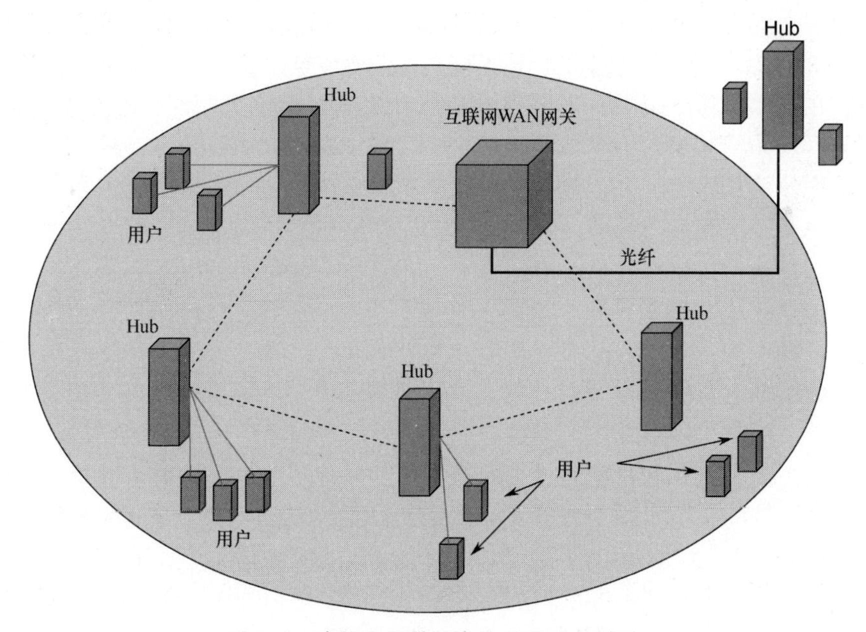

图1.8　连接小规模区域的FSO通信链路

FSO通信家庭网络用于住宅和办公室内部的无线宽带通信。局域网可以由位于建筑物内不同空间的许多单元组成，每个单元有一个基站，利用红外和发光二极管（LED）等短距离光学链路连接多个终端，从而将单个单元连接并集成到宽带主干

---

① 1英里（mile）=1.60934千米（km）。

基础设施中。室内 FSO 通信链路可以是视距链路，也可以是非视距链路。红外数据组织（Infrared Data Association，IrDA）标准是室内视距链路的典型例子，支持从几千比特每秒到几十兆比特每秒的数据速率。IrDAIr Simple 是一种专为移动设备设计的新型高速红外通信协议，旨在提供 100Mb/s 的数据速率。吉比特红外通信协议（Giga-IR）可以提供 1Gb/s 的数据速率。室内 FSO 通信将在后续章节中详细介绍。

FSO 通信网络覆盖范围广泛，从家庭到卫星的各类链路中，均可提供吉比特每秒量级的数据传输速率，且易于部署。要完全实现随时随地的全球 FSO 通信网络还存在着许多具有挑战性的难题。

1.8 FSO 通信移动自组织网

无线光通信技术和各种应用的发展催生了巨大的无线通信需求。智能手机对移动网络需求的急剧增加，凸显出无线节点正在逐步主导互联网。因此迫切需要新的动态光网络来满足不断增长的移动无线通信需求。FSO 通信移动自组织网（MANET）是一组形成动态自主网络的无线移动节点，是一种没有接入点的无线网络。在许多实际应用中，当接入点和现有基础设施不可用时，MANET 是绝对必要的。例如，在紧急情况以及战场上，没有时间建立接入点，但在诸如火灾、地震或炸弹等紧急情况下，建立一个快速的网络连接是非常重要的。在这样的紧急行动中，警察和消防员可以通过 MANET 实现通信，从而在没有无线覆盖的情况下开展行动。在新兴的高定向网络中，在链路不稳定的情况下，构建和管理动态 FSO 通信链路将导致在每个链路上形成一个具有巨大容量的间歇性网络连接。通信流量在未来几十年的巨大增长涉及人、大量有人和无人移动传感器以及无人机与地面车辆之间的 FSO 通信连接，这意味着两个节点或用户之间的点到点通信是不够的。图 1.9 描述了一个场景，该场景显示了在崎岖地形上进行远程和机动多级动态指向、获取和跟踪的极端困难。为了保持多用户间的可靠通信，需要构造一个大容量的、稳定的 FSO 通信移动自组织网络链路（FSO Mobile and Ad Hoc Network，FSO MANET）。为了构建高可靠的骨干 MANET，需要光纤和 FSO 通信网络具有自动保护和恢复方案/算法。FSO MANET 可以通过光纤和 FSO 通信骨干网的集成来实现。为了可靠地建立 MANET，必须解决动态分配和媒体访问控制（Medium Access Control，MAC）的问题，这是所有网络面临的共性问题，因为所有通信设备都必须在任意时刻了解访问情况。MANET 的路由协议算法根据特定的指标（如最短的时延），确定发送方和接收方之间的最优路径（图 1.10）。路由协议应具有高度的适应性、快速性和高能量/带宽效率。

最近，研究人员报道了一种多收发机球形 FSO 通信结构[5]，它是移动自组网中实现光通信的一种基本构件。他们提出了一种由等间距六边形的球形结构形成全向光学天线。一个由廉价FSO通信收发器（如LED/垂直腔面发射激光器（Vertical Cavity Surface-Emitting Laser，VCSEL）和光检测器对）构成的3D球形结构，通过每个节点的多个收发器来解决移动性和视距问题。

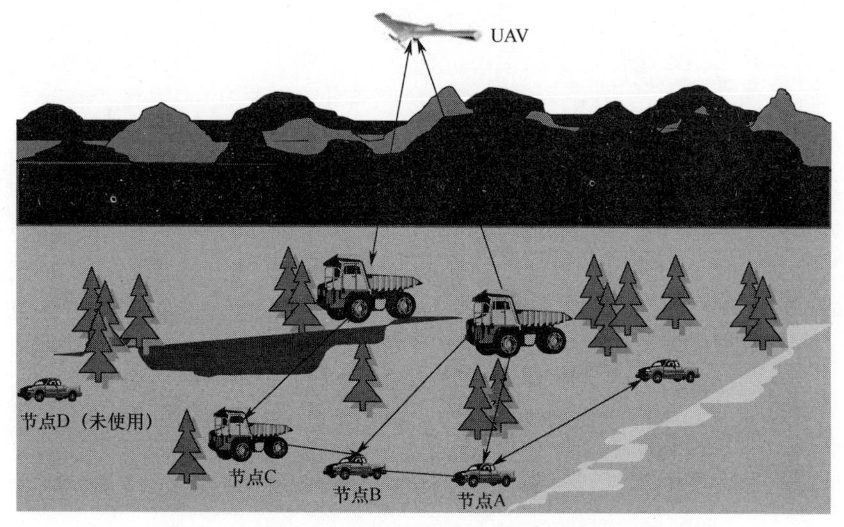

图1.9　自由空间光移动ad hoc网络（MANET）方案

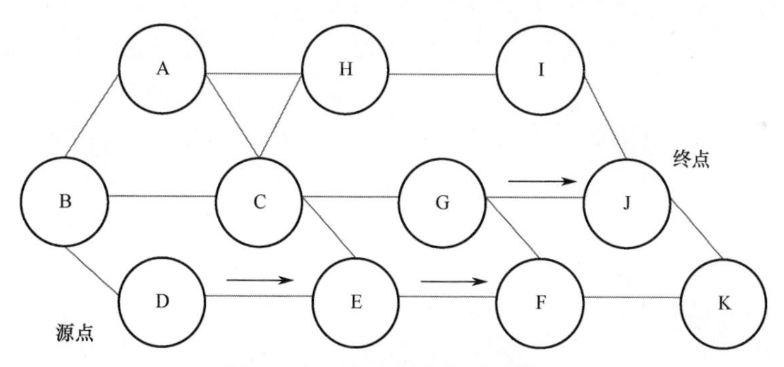

图1.10　MANET典型路由算法

除了上述提到的一些应用之外，FSO MANET还可以支持诸如小组集会、展览、会议、演示会议和讲座等事先不存在接入点的应用中。基于FSO通信的移动自组织系统的具体应用将在后续章节中讨论。

1.9　水下FSO通信网

水下FSO通信在建立水下连接方面具有非常重要的应用前景，如海底探测（检测水下油田和确定海底光缆的铺设路线），环境检测（监测洋流和大风，从而在各类天气条件跟踪鱼类或微生物），防灾（远程测量地震活动，向沿海地区提供海啸警报)，用于监视、侦察、攻击、入侵检测领域的分布式战术监视（无人水下航行器（Unmanned Underwater Vehicle，UUV））和水下传感器。与现有通信标准相比，陆地到潜艇的射频无线通信技术由于地面站尺寸需求大、带宽低，因此效率极低。声通信由于频率选择性衰减和表面反射引起的脉冲扩展损失，频率被限制在亚兆赫兹数据速率范围内。在1km范围内，声通信的数据速率约为几十兆比特每秒，而到达100km范围后，速率将小于1000Kb/s。此外，远程声学通信在实时响应、同步和多用户协议方面也存在问题。因此，声学技术不适用于实时的高速通信网络。而另一方面，水下FSO通信可以提供高带宽的实时网络连接。然而，海水的吸收和散射是引起光信号受到强波长选择性衰减的主要原因。由于散射引起的空间色散导致光束空间扩展，从而降低了在水下接收端的光子密度。可以用小于100m的有限光学链接来换取信息带宽的增益。从实验室和现场的FSO演示研究表明，在数十米范围内的数据传输速率可以达到1Gb/s以上。FSO可以为水下无线传感器网络（Wireless Sensor Networks，WSN）提供宽带通信，如在短时间内进行视频流传输或执行大容量存储数据的下载。这对于需要在短时间内，从特定位置对传感器进行不定时按需询问的情况是非常有用的。图1.11

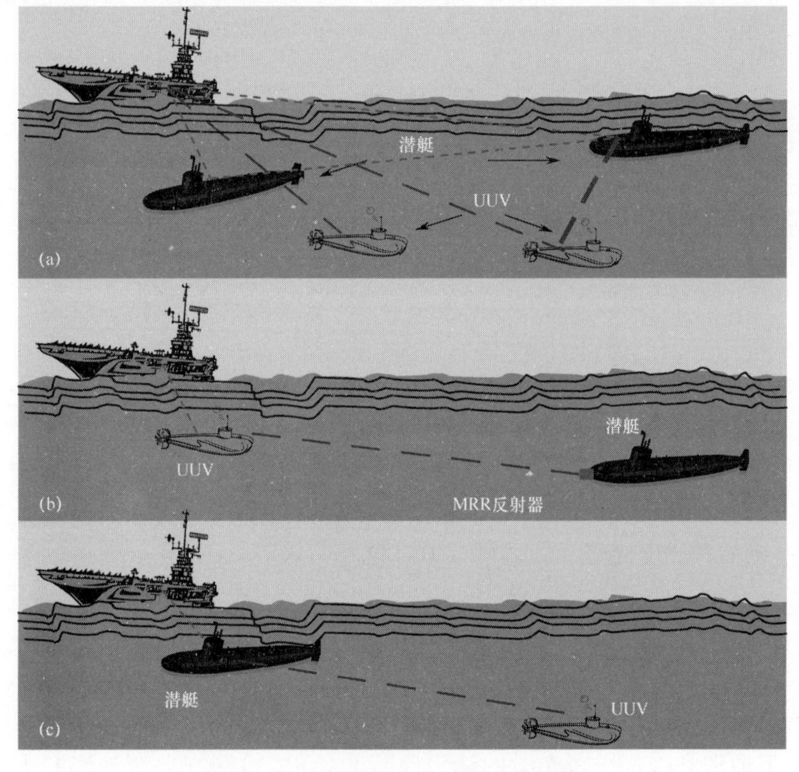

图1.11　不同的水下FSO通信场景

(a) LOS；(b) 调制反射器链路；(c) 水面反射通信链路。

所示为3种水下FSO通信场景，分别为：LOS；逆向调制器（Modulating Retro-Reflector，MRR）链路；水面反射通信链路。

图1.12所示为全球水下FSO通信网络的概念，其中无人机、卫星和船舶是基于水下平台（如无人潜航器（UUV）、潜艇、潜水员和传感器）的FSO通信系统的组成部分。需要注意的是，从局域网（LAN）、城域网（MAN）到超长距离的宽带光传输网络的每一种链路都可以采用类似地面FSO通信系统的相关技术来实现。

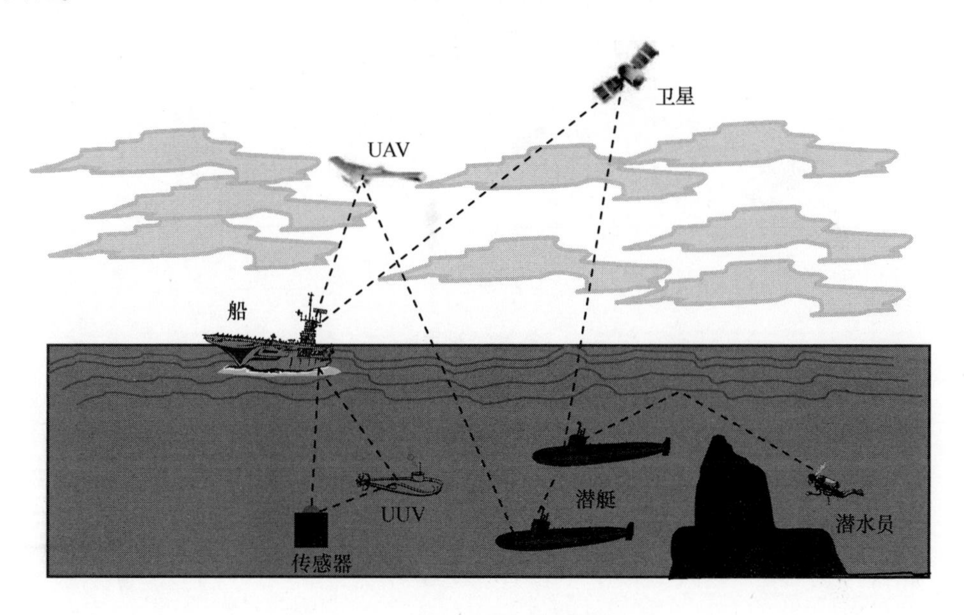

图1.12　全球水下FSO通信网络概念

用于更高网络层次设计的水下FSO通信还可以包括移动自组织网（MANET）、波分复用/时分复用（WDM/TDM）、码分多址（CDMA）、集群或SONET/SDH环设计。可以采用点对多点的通信链路实现节能的宽带视频通信。

1.10　室内FSO通信

使用FSO通信概念的另一种无线光通信技术是室内无线光通信，如图1.13所示。发射器可以由LED阵列组成，发射器与位于不同位置的不同接收终端之间的通信链路可以通过视距传输或室内墙壁的反射（或散射）传输两种方式来实现。两个房间也可以通过硬件实现连接。室内FSO通信将在第5章单独介绍。

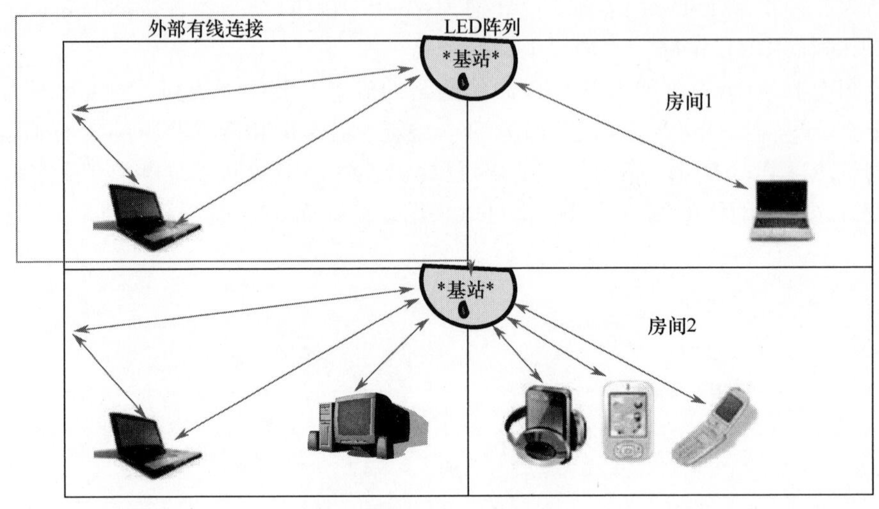

图 1.13 室内 FSO 通信

参考文献

1. C.E.Shannon, A mathematical theory and communications. Bell Syst.Tech. J. 27, 379 – 423 and 623 – 656 (July and October 1948)
2. C.E.Shannon, Communications in the presence of Noise. Proc.IRE 37, 453 – 456, (1949)
3. S.V.Kartalopoulos, Free Space Optical Networks for Ultra – Broad Services (Wiley, New Jersey, 2011)
4. http://www. infoworld. com/print/188763
5. Multi-Transceiver Optical Wireless, IEEE 2009

第2章 FSO通信信号在大气信道中的传输理论

2.1 引言

通信系统的目的是通过各种方式传递信息。FSO通信技术依赖于光束在大气介质中的传播，这种介质与光信号相互作用并影响其质量。掌握大气现象及其对传输光束的影响，对于设计有效的、智能化的和经济高效的FSO链路和可靠的网络至关重要，从而以预期的质量提供不间断的服务。FSO通信在过去10年受到越来越多的重视，大量应用于提供高带宽的无线通信链路中，包括星-星交叉链路，空间平台与飞机、轮船和其他地面平台间的上下行链路，以及用于解决最后一公里问题的移动或固定终端间的链路。然而，大气信道的很多不利因素会造成信号的严重衰落，甚至完全丢失信号。

大气是由大气分子、水蒸气、气溶胶、灰尘和污染物组成的，这些粒子的尺寸与典型的光载波波长是可比拟的，这就使得光载波的传输不同于无线电（Radio Frequency，RF）系统。大气颗粒物造成的吸收和散射会显著减弱传输光信号，而承载信号的激光束经过大气传输后其波前质量会严重退化，从而导致光强衰落、误码率增加以及接收端信号的随机损失。大气湍流引起的接收光强的随机起伏常称为闪烁效应。因此，大气是实现可靠的高速FSO通信链路的一个重要制约因素。研究光波和大气的相互作用对于预测大气信道中FSO通信系统的性能来说是至关重要的。

2.2 随机过程和随机场的统计描述

本节简单介绍随机过程和随机场的统计描述，有助于理解影响光传播的大气成分的随机属性。

2.2.1 随机变量和随机过程

在自然界中，有许多物理量，如风速、海浪、空气温度、地震信号，其振幅和频率会显示出非常不规则的随机波动。数学中的概率论就是研究在相似条件下可以多次重复的现象和观察（实验，试验）。概率论描述所研究现象的数值特征，不同的观察结果会有不同的取值，这样的值称为随机变量[1]。前面提到的自然现象的场用随机函数来描述，它是一个泛化的随机变量的概念。

随机过程就是行为无法完全预测的过程（如时间或一维空间的变化），可以用统计规律描述。

图 2.1 所示为随机过程 $X(t)$ 的概念，描述了样本空间 S 中的随机试验到简单函数集 $X(\lambda_i,t)$ 的映射。对于每个固定的时刻 t_1，$X(t_1)$ 表示一个随机变量。随机变量是这样一个数量，以一定的概率决定很多取值（甚至是无穷多个）中取某一个的可能性。随机变量可以是离散的（仅有限个可能的离散取值），也可以是连续的（可以取连续区间内的任何一个值）。随机过程是随机变量在时间上的扩展，因此随机变量变成了随机试验的可能输出（取值）$\boldsymbol{\lambda}_i$ 和时间 t 的函数，所有这些函数的集合就构成随机过程。图 2.2 说明了随机过程的层次结构。

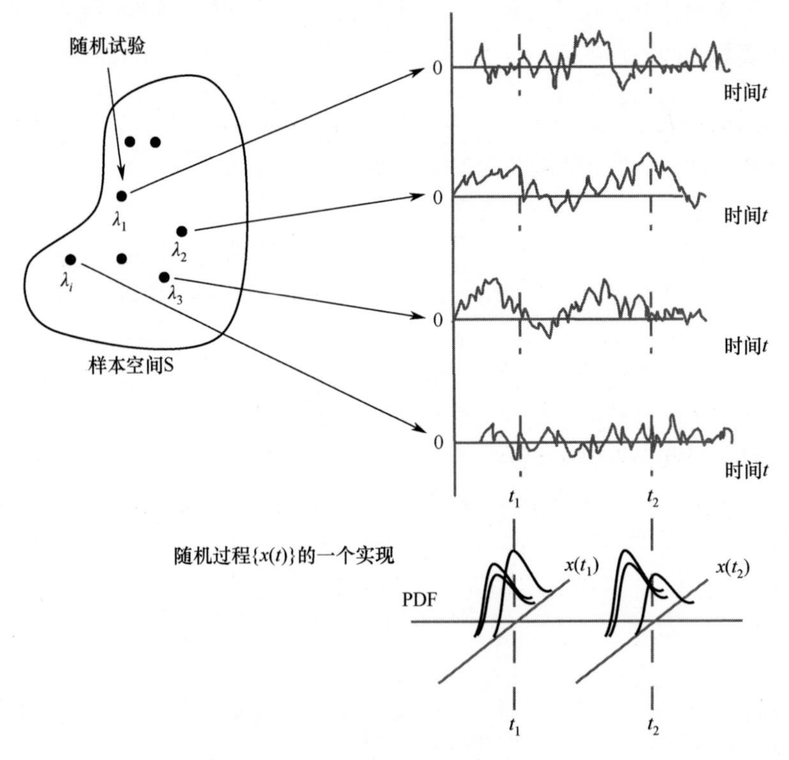

图 2.1　随机过程的概念

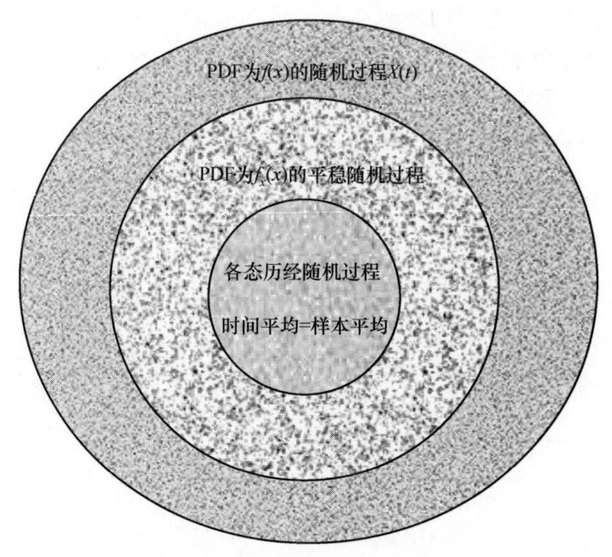

图2.2　随机过程的层次结构

2.2.2　随机过程的特征

随机变量是通过概率支配的，以概率确定变量取值的可能性[2]。对于确定的时间 t，$X(t)$ 是一个随机变量，其分布函数为

$$F(x,t) = P[X(t) \leqslant x] \tag{2-1}$$

式中：函数 $F(x,t)$ 定义为随机变量 $X(t)$ 的一阶分布函数。

其关于 x 的导数为

$$f(x,t) = \partial F(x,t)/\partial x \tag{2-2}$$

式（2-2）是 $X(t)$ 的一阶密度函数，称为概率密度函数（Probability Density Function，PDF）。

1. 随机过程的均值和方差

随机过程的一阶密度函数 $f(x,t)$ 给出了随机变量 $X(t)$ 在所有时间点的概率密度函数。随机过程任一时刻的平均值（均值或期望值）、方差等可以通过对样本函数 $X(\lambda_i,t)$ 的计算得到。因此，随机过程的均值 $m_X(t)$ 是时间的函数，具体为

$$m_x(t) = E[X(t)] = E[X_t] = \int_{-\infty}^{\infty} x_t f(x_t,t)\,\mathrm{d}x_t \tag{2-3}$$

当 $X(t)$ 的均值不依赖于时间 t 时，有

$$m_x(t) = E[X(t)] = m_x(\text{常数}) \tag{2-4}$$

随机过程的方差也是时间的函数，定义为

$$\sigma_x^2(t) = E\{[X(t) - m_x(t)]^2\}$$
$$= \int_{-\infty}^{\infty} |x - m_x(t)|^2 f(x_t, t)\mathrm{d}x_t = E[X_t^2] - [m_x(t)]^2 \tag{2-5}$$

2. 随机过程的二阶密度函数

当有两个随机变量 $X(t_1)$ 和 $X(t_2)$ 时，随机过程的二阶概率密度函数定义为 $f(x_1, x_2; t_1, t_2)$ 。

3. 随机过程的 N 阶密度函数 $X(t)$

在时间 $t_1, t_2, \cdots, t_n$ 处的 n 阶密度函数定义为 $f(x_1, x_2, \cdots, x_n; t_1, t_2, \cdots, t_n)$ 。

4. 时间平均

前面论述中，$X(t)$ 的均值和方差都是基于概率密度函数 $f(x_t, t)$ 计算得到的。但在实际试验中，随机过程的概率密度函数常常是未知的，并且在很多情况下，只能得到一个样本函数 $X(\lambda_i, t)$ 。因此，用时间平均来代替样本平均是非常有用的。

均值：

$$m_{x(\lambda_i)} = \lim_{T\to\infty} 1/T \int_{-T/2}^{T/2} X(\lambda_i, t)\mathrm{d}t \tag{2-6}$$

方差：

$$\sigma_{X(\lambda_i)}^2 = \lim_{T\to\infty} 1/T \int_{-T/2}^{T/2} (X(\lambda_i, t) - m_{X(\lambda_i)})^2 \mathrm{d}t \tag{2-7}$$

5. 各态历经

当每一个样本函数 $X(\lambda_i, t)$ 的时间平均以百分之百的概率趋同于该随机过程的均值时，这样的平稳随机过程 $X(t)$ 称为各态历经的。在实际情况下，当试验仅能得到一个样本函数而无法进行样本平均时，常假设其是各态历经的。

6. 自相关和自协方差函数

我们往往关注随机过程 $X(t)$ 在 t_1时的取值对其在 t_2时刻取值的影响。在 t_1和 t_2时刻，随机变量分别用 X_1和 X_2来描述，X_1和 X_2的关系可以用联合概率密度函数 $f_{x_1x_2}(t_1t_2)$ 来描述。两个随机变量 $X(t_1)$ 和 $X(t_2)$ 的线性关系可以描述为 $E[X(t_1)X(t_2)]$ ，一般是 t_1和 t_2的函数，定义为随机过程 $\{X(t)\}$ 的自相关函数：

$$R(t_1, t_2) = E[X(t_1)X(t_2)] = R(t_2, t_1)$$
$$= \int_{-\infty}^{\infty}\int_{-\infty}^{\infty} x_1 x_2 f_{x_1x_2}(x_1, x_2)\mathrm{d}x_1\mathrm{d}x_2 \tag{2-8}$$

随机过程 $\{X(t)\}$ 的自协方差函数定义为

$$
\begin{aligned}
C(t_1,t_2) &= E[(X(t_1)-m_X(t_1))(X(t_2)-m_X(t_2))] \\
&= \int_{-\infty}^{\infty}\int_{-\infty}^{\infty}(x_1-m_X(t_1))(x_2-m_X(t_2))f_{X(t_1)X(t_2)}(x_1,x_2)\mathrm{d}x_1\mathrm{d}x_2 \\
&= R(t_1,t_2)-m_X(t_1)m_X(t_2)
\end{aligned}
\tag{2-9}
$$

归一化自协方差函数定义为

$$
\rho(t_1,t_2) = C(t_1,t_2)/\sqrt{C(t_1,t_1)C(t_2,t_2)} \tag{2-10}
$$

7. 平稳随机过程

当随机变量组 $X(t_1),X(t_2),\cdots,X(t_n)$ 和 $X(t_1+\Delta),X(t_2+\Delta),\cdots,X(t_n+\Delta)$ 对所有的 t_1、n 和 Δ 都具有相同的概率密度函数时，随机过程 $\{X(t)\}$ 称为严格平稳的（Strictly Stationary，SSS），即

$$
f(x_1,x_2,\cdots,x_n;t_1,t_2,\cdots,t_n) = f(x_1,x_2,\cdots,x_n;t_1+\Delta,t_2+\Delta,\cdots,t_n+\Delta) \tag{2-11}
$$

广义平稳过程（Wide - Sense Stationary，WSS）在所有时刻 t 的均值都为常数，即

$$
\begin{cases}
E[X(t)] = m(\text{常数}) \\
R(t_1,t_2) = R(|t_2-t_1|) = R(\tau) \\
C(t_1,t_2) = C(t_2-t_1) = C(\tau)
\end{cases}
\tag{2-12}
$$

式中：$\tau = t_1 - t_2$。

方差是常数并且是有限的：$\sigma^2 = C(0) = R(0) - m^2 < \infty$。

例如，对于二阶 PDF，当 t_1 和 t_2 都增加一个常数 Δ 时，平稳随机过程的联合概率密度函数不变：

$$
f_{X_1X_2}(x_1,x_2) = f_{X(t_1)X(t_2)}(x_1,x_2) = f_{X(t_1+\Delta)X(t_2+\Delta)}(x_1,x_2) \tag{2-13}
$$

这时，自相关函数仅与 t_1 和 t_2 之差 τ 有关：

$$
\begin{aligned}
R_{XX}(t_1,t_2) &= E[X(t_1)X(t_2)] = \int_{-\infty}^{\infty}\int_{-\infty}^{\infty}x_1x_2f_{X(t_1)X(t_2)}(x_1,x_2)\mathrm{d}x_1\mathrm{d}x_2 \\
&= \int_{-\infty}^{\infty}\int_{-\infty}^{\infty}x_1x_2f_{X(0)X(t_2-t_1)}(x_1,x_2)\mathrm{d}x_1\mathrm{d}x_2 = R_{X,X}(0,t_2-t_1) = R_{XX}(\tau)
\end{aligned}
\tag{2-14}
$$

自协方差函数为（注：均值为常数）

$$
\begin{aligned}
C_{XX}(t_1,t_2) &= E\{(X(t_1)-m_X)(X(t_2)-m_X)\} \\
&= \int_{-\infty}^{\infty}\int_{-\infty}^{\infty}(x_1-m_X)(x_2-m_X)f_{X(t_1)X(t_2)}(x_1,x_2)\mathrm{d}x_1\mathrm{d}x_2 \\
&= \int_{-\infty}^{\infty}\int_{-\infty}^{\infty}(x_1-m_X)(x_2-m_X)f_{X(0)X(t_2-t_1)}(x_1,x_2)\mathrm{d}x_1\mathrm{d}x_2 \\
&= C_{X,X}(0,t_2-t_1) = C_{XX}(\tau)
\end{aligned}
\tag{2-15}
$$

平稳随机过程自相关函数的性质如下。

(1) 对称性：$R_{xx}(\tau) = R_{xx}(-\tau)$。

(2) 非负性：$R_{xx}(0) = E\{x(t)^2\} \geq 0$。

(3) 极值性：$R_{xx}(0) \geq |R_{xx}(\tau)|$。

(4) 周期性：当 $R_{xx}(0) = |R_{xx}(t_0)|$ 时，$R_{xx}(\tau)$ 是以 t_0 为周期的周期函数。

各态历经随机过程的自相关和自协方差函数为

$$\begin{cases} R_{XX}(\tau) = \lim\limits_{T\to\infty} 1/T\int_{-T/2}^{T/2} X_T(\lambda_i,t)X_T(\lambda_i,t+\tau)\mathrm{d}t \\ C_{XX}(\tau) = \lim\limits_{T\to\infty} 1/T\int_{-T/2}^{T/2} (X_T(\lambda_i,t)-m_X)(X_T(\lambda_i,t+\tau)-m_X)\mathrm{d}t \end{cases} \tag{2-16}$$

注：$X_T(\lambda_i,t)$ 是随机过程 $X(t)$ 的一个样本函数，时间长度为 T（从 $-T/2$ 到 $T/2$）。

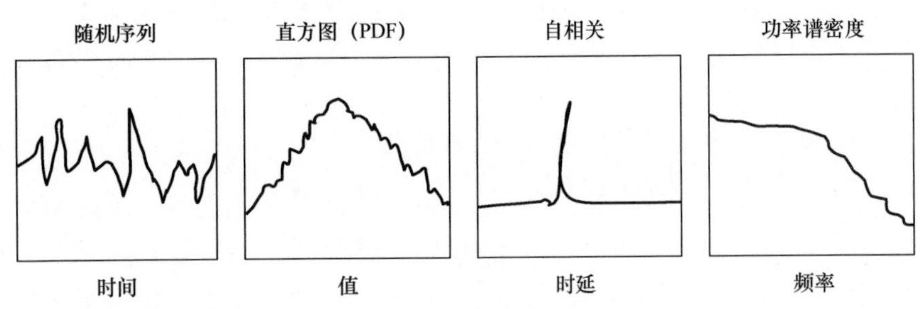

图 2.3　随机序列、直方图（PDF）、自相关函数和功率谱密度函数示意图

图 2.3 简单描绘了随机序列、直方图（PDF）、自相关函数和功率谱密度函数。

2.2.3　随机过程的功率谱密度

随机过程是离散时间信号的集合，有必要对其进行频域分析。随机过程的傅里叶变换无法直接计算。假设随机过程是平稳的或者至少是 WSS 的，WSS 随机过程的自相关是时延的确定函数，其随机过程 $X(t)$ 的功率谱密度（Power Spectral Density，PSD）定义为自相关函数 $R_{XX}(\tau)$ 的傅里叶变换：

$$S_{XX}(f) = \mathrm{F.T}\{R_{XX}(\tau)\} = \int_{-\infty}^{\infty} R_{XX}(\tau)\mathrm{e}^{-\mathrm{j}2\pi f\tau}\mathrm{d}\tau \tag{2-17}$$

式中：F. T 为傅里叶变换符号，其反变换为

$$R_{XX}(\tau) = \int_{-\infty}^{\infty} S_{XX}(f)\mathrm{e}^{+\mathrm{j}2\pi f\tau}\mathrm{d}f \tag{2-18}$$

式（2-18）称为维纳 - 辛钦关系。

功率谱密度的性质如下。

各态历经随机过程 $X(t)$：

$$\begin{cases} S_{XX}(f) = S_{XX}(-f),\ S_{XX}(f) \geqslant 0 \\ I_m\{S_{XX}(f)\} = 0 \end{cases} \tag{2-19}$$

自相关函数：

$$R_{XX}(\tau) = \lim_{T\to\infty} 1/T \int_{-T/2}^{T/2} X_T(\lambda_i,t)X_T(\lambda_i,t+\tau)\mathrm{d}t = \lim_{T\to\infty} 1/T \int_{-T/2}^{T/2} X_T(t)X_T(t+\tau)\mathrm{d}t \tag{2-20}$$

功率谱密度：

$$\begin{aligned} S_{XX}(\tau) &= \int_{-\infty}^{\infty} R_{XX}(\tau)\mathrm{e}^{-\mathrm{j}2\pi f\tau}\mathrm{d}\tau = \int_{-\infty}^{\infty} \lim_{T\to\infty} 1/T \int_{-T/2}^{T/2} X_T(t)X_T(t+\tau)\mathrm{d}t\mathrm{e}^{-\mathrm{j}2\pi f\tau}\mathrm{d}\tau \\ &= \lim_{T\to\infty} 1/T \int_{-T/2}^{T/2} X_T(t) \int_{-\infty}^{\infty} X_T(t+\tau)\mathrm{e}^{-\mathrm{j}2\pi f\tau}\mathrm{d}\tau\mathrm{d}t = X_T(f) \lim_{T\to\infty} 1/T \int_{-T/2}^{T/2} X_T(t)\mathrm{e}^{-\mathrm{j}2\pi f\tau}\mathrm{d}t \\ &= \lim_{T\to\infty} X(f)X_T^*(f)/T \\ &= \lim_{T\to\infty} |X_T(f)|^2/T \end{aligned} \tag{2-21}$$

2.2.4 随机场中随机过程的概念

随机场 $x(\boldsymbol{r},t)$，可以用随机过程的概念来理解，随机过程是时间 t 和空间矢量变量 $\boldsymbol{r} = (x,y,z)$ 的函数。为了完整地描述随机场，需要知道随机场各阶的联合概率分布。由于无法获取完整的概率函数族，实际应用中仅需要知道低阶场矩就足够了。在许多应用中，如光在随机介质中的传播，如果随机场参数评估的时间内，随机介质不发生显著变化，则随机场可以用 $x(\boldsymbol{r})$ 来描述。

1. 空间协方差函数

当随机场 $x(\boldsymbol{r},t)$ 的时间因素可以忽略时，随机场的均值 $m(\boldsymbol{r})$ 定义为

$$m(\boldsymbol{r}) = \langle x(\boldsymbol{r}) \rangle \tag{2-22}$$

式中：括号 $\langle\rangle$ 表示统计平均，即均值。

因此，随机场 $x(\boldsymbol{r})$ 的空间协方差函数 $B_X(\boldsymbol{r}_1,\boldsymbol{r}_2)$ 定义为（其中 $\boldsymbol{r}_1$ 和 $\boldsymbol{r}_2$ 是三维空间矢量）

$$B_X(\boldsymbol{r}_1,\boldsymbol{r}_2) = \langle [x(\boldsymbol{r}_1) - m(\boldsymbol{r}_1)][x^*(\boldsymbol{r}_2) - m^*(\boldsymbol{r}_2)] \rangle \tag{2-23}$$

式中：x^* 为 x 的复共轭；用空间协方差函数 $B_X(\boldsymbol{r}_1,\boldsymbol{r}_2)$ 足以描述平稳随机过程，其中 $m(\boldsymbol{r}_i)$ 为 $x(\boldsymbol{r}_i)$ 的期望，$\langle\rangle$ 表示统计平均。

注意，随机场的均值 $m(\boldsymbol{r})$ 与其空间位置 $\boldsymbol{r}$ 有关。也就是说，场中任一具体位置的值可以看成是一个随机变量。一般来说，随机场中任意两个位置 $\boldsymbol{r}_1$ 和 $\boldsymbol{r}_2$ 的均值不同，这意味着它们是具有不同概率特性的随机变量。在特殊情况下，当随机场的均值不依赖于其空间位置 $\boldsymbol{r}$ 时，称其为统计均匀的场，其均值记为 $m = \langle x(\boldsymbol{r}) \rangle$。这时，统计均匀随机场的空间协方差函数简写为

$$B_X(\boldsymbol{r}) = \langle x(\boldsymbol{r}_1)x^*(\boldsymbol{r}_2) \rangle - |m^2| \tag{2-24}$$

式中：$\boldsymbol{r} = \boldsymbol{r}_2 - \boldsymbol{r}_1$ 。

均匀性即时间平稳的随机过程在空间上相等。统计均匀随机场如果只与标量距离 $r = |\boldsymbol{r}_2 - \boldsymbol{r}_1|$ 有关，而与具体的位置 $\boldsymbol{r}_1$ 和 $\boldsymbol{r}_2$ 无关，则称其为统计各向同性的。空间协方差函数记为 $B_X(r)$ 。

2. 三维空间功率谱

如果随机场统计均匀且均值为0，随机场取决于向量 $\boldsymbol{r} = \boldsymbol{r}_2 - \boldsymbol{r}_1$ ，可以用 Riemann - Stieltje 积分来表示：

$$x(\boldsymbol{r}) = \int_{-\infty}^{\infty} \mathrm{e}^{\mathrm{i}\boldsymbol{k}\cdot\boldsymbol{r}} \mathrm{d}\boldsymbol{\nu}(\boldsymbol{k}) \tag{2-25}$$

式中：$\boldsymbol{k} = (k_x, k_y, k_z)$ ，为矢量波数；$\mathrm{d}\boldsymbol{\nu}(\boldsymbol{k})$ 表示场 $x(\boldsymbol{r})$ 的随机振幅。

空间协方差函数可写为[3]

$$B_x(\boldsymbol{r}) = \langle x(\boldsymbol{r}_1) x^*(\boldsymbol{r}_2) \rangle = \iiint\iint\int_{-\infty}^{\infty} \exp\ \mathrm{i}(\boldsymbol{k}\cdot\boldsymbol{r}_1 - \boldsymbol{k}'\cdot\boldsymbol{r}_2) \langle \mathrm{d}\boldsymbol{\nu}(\boldsymbol{k}) \mathrm{d}\boldsymbol{\nu}^*(\boldsymbol{k}') \rangle \tag{2-26}$$

为了满足统计平均，要求：

$$\langle \mathrm{d}\boldsymbol{\nu}(\boldsymbol{k}) \mathrm{d}\boldsymbol{\nu}(\boldsymbol{k}') \rangle = \delta(\boldsymbol{k} - \boldsymbol{k}') \boldsymbol{\Phi}_x(\boldsymbol{k}) \mathrm{d}^3\boldsymbol{k} \mathrm{d}^3\boldsymbol{k}' \tag{2-27}$$

式中：$\delta(x)$ 为狄拉克函数；$\boldsymbol{\Phi}_x(\boldsymbol{k})$ 为随机场 $x(\boldsymbol{r})$ 的三维空间功率谱。

统计均匀条件下，式（2-26）可简化为

$$B_x(\boldsymbol{r}) = \iiint_{-\infty}^{\infty} \mathrm{e}^{\mathrm{i}\boldsymbol{k}\cdot\boldsymbol{r}} \boldsymbol{\Phi}_x(\boldsymbol{k}) \mathrm{d}^3\boldsymbol{k} \tag{2-28}$$

进行傅里叶反变换，空间功率谱密度 $\boldsymbol{\Phi}_x(\boldsymbol{k})$ 可写为

$$\boldsymbol{\Phi}_x(\boldsymbol{k}) = \left(\frac{1}{2\pi}\right)^3 \iiint_{-\infty}^{\infty} \mathrm{e}^{\mathrm{i}\boldsymbol{k}\cdot\boldsymbol{r}} B_x(\boldsymbol{r}) \mathrm{d}^3\boldsymbol{r} \tag{2-29}$$

进一步假设随机场是均匀各向同性的，式（2-28）和式（2-29）可进一步简化为

$$\boldsymbol{\Phi}_x(k) = \frac{1}{2\pi^2 k} \int_0^{\infty} B_x(r) \sin(kr) r \mathrm{d}r \tag{2-30}$$

$$B_x(r) = \frac{4\pi}{r} \int_0^{\infty} \boldsymbol{\Phi}_x(k) \sin(kr) k \mathrm{d}k \tag{2-31}$$

式中：$k = |\boldsymbol{k}|$ ，为波数的大小。

作为一种特殊情况，统计平均各向同性随机场可用 Riemann - Stieltje 积分表示：

$$x(r) = \int_{-\infty}^{\infty} \mathrm{e}^{\mathrm{i}kr} \mathrm{d}\boldsymbol{\nu}(k) \tag{2-32}$$

式中：$\mathrm{d}\boldsymbol{\nu}(k)$ 为随机复振幅。

假设随机场的均值为零（$m = 0$），空间协方差函数可定义为

$$B_x(r) = \int_{-\infty}^{\infty} e^{ikr} V_x(k) dk \tag{2-33}$$

式中：k 为空间频率；$V_x(k)$ 为随机场 $x(r)$ 的一维谱。

一维谱 $V_x(k)$ 可通过对式（2-33）进行傅里叶反变换得到：

$$V_x(k) = \frac{1}{2\pi}\int_{-\infty}^{\infty} e^{-ikr} B_x(r) dr \tag{2-34}$$

从式（2-34）和式（2-31），可得到三维功率谱和一维空间谱的关系：

$$\Phi_x(k) = -\frac{1}{2\pi k}\cdot\frac{dV_x(k)}{dk} \tag{2-35}$$

3. 结构函数

在很多实际应用中，随机场在很大空间距离上都没有恒定的均值，并且一般很难看成是严格均匀的。场中两点上表示随机场（如湍流介质中的速度场）的物理参数的差异通常可以假定为统计上的均匀场。局部均匀的随机场可以表示为一个变化的均值和一个统计平均起伏量的叠加：

$$x(\boldsymbol{r}) = m(\boldsymbol{r}) + x_1(\boldsymbol{r}) \tag{2-36}$$

式中：$m(\boldsymbol{r})$ 为变化的均值；$x_1(\boldsymbol{r})$ 为统计平均的起伏，在所有矢量位置 $\boldsymbol{r}$ 处的均值为零。

当随机过程 $x(\boldsymbol{r})$ 的均值是慢变的时，可以用协方差函数来表示。因此，可以用三维结构函数完整地描述该过程，记为

$$D_x(\boldsymbol{r}_1,\boldsymbol{r}_2) = D_x(\boldsymbol{r}) = \langle [x(\boldsymbol{r}_1) - x(\boldsymbol{r}_1+\boldsymbol{r})]^2\rangle \approx \langle [x_1(\boldsymbol{r}_1) - x_1(\boldsymbol{r}_1+\boldsymbol{r})]^2\rangle \tag{2-37}$$

功率谱和结构函数的关系为

$$D_x(\boldsymbol{r}) = 2\iiint_{-\infty}^{\infty} \boldsymbol{\Phi}_n(\boldsymbol{k})[1-\cos(\boldsymbol{k}\cdot\boldsymbol{r})]d^3\boldsymbol{k} \tag{2-38}$$

如果随机场是局部均匀且各向同性的，标量间距 $r = |\boldsymbol{r}_2 - \boldsymbol{r}_1|$，等于矢量距离。各向同性时，结构函数由下式决定：

$$D_x(r) = 8\pi\int_{-\infty}^{\infty} k^2\Phi_x(k)\left(1-\frac{\sin kr}{kr}\right)dk \tag{2-39}$$

其反变换给出了局部均匀各向同性情况下的功率谱：

$$\Phi_x(r) = \frac{1}{4\pi^2k^2}\int_{-\infty}^{\infty}\frac{d}{dr}\left[r^2\frac{d}{dr}D_f(r)\right]\frac{\sin kr}{kr}dr \tag{2-40}$$

2.3 大气中的 FSO 通信

在 FSO 通信中，当光束经过大气传输时，很多特性都会受到影响。大气是气体、大气分子和粒子的混合物，连续不断地吸收和释放能量（热量）。空气气团

的不断运动造成热湍流，其特点是折射率、密度和空气浓度不均匀且动态变化。因此，FSO 通信光束的大多特性都会受到大气的严重影响，包括偏振折射、吸收、散射和衰减的变化，最终会导致光束的随机起伏，起伏频率为 10～200Hz，甚至更高[4]。在 FSO 通信中，当光束经过湍流大气时，由于路径中气团的随机起伏，其极性和相关性会发生起伏，并且由于路径中气团引起的功率损耗不一致，导致其衰减不断起伏。从通信的角度来看，当信号到达接收端时，其强度起伏是由于光束强度在时间和空间上的起伏造成的，因此，信号会随机聚焦或散焦到光电探测器上。大气湍流引起的信号起伏称为闪烁，激光束的闪烁是千兆数据速率和远距离光通信的主要制约因素[5,6]。在 FSO 通信链路中，掌握闪烁特性（用闪烁指数来衡量）对于确定系统性能非常重要。大气信道的多种不利因素会导致信号的严重衰落，甚至完全丢失，而大气湍流并非是导致接收信号衰落的唯一因素。FSO 通信链路常常需要建立在有雾、气溶胶、烟和灰尘等存在的散射介质中，大气颗粒物的吸收和散射会造成发射光信号的严重衰减，而大气湍流引起的大气随机起伏会降低光束的波前质量，最终导致接收信号强度的衰减和随机起伏[6,7]。

除了这些包含湍流和散射的大气信道外，自由空间水下通信正在成为一个具有挑战性的研究领域[8,9]。在过去几年中，无线水下连接在环境监测、监控等领域的应用显著增加。本书将单独用一章来介绍高速水下通信技术。

2.3.1 FSO 通信场景

FSO 通信是一种室外无线通信技术，具有单链路超过 10Gb/s，甚至 50Gb/s 或 120Gb/s 的潜在高速率和带宽。

图 2.4 所示为几种不同的 FSO 通信场景。

1. 水平链路

如高层建筑从楼顶到楼顶、从窗户到楼顶、从窗户到窗户以及某些安装在高杆上的 FSO 通信节点。这些 FSO 通信链路可能包含基站收发器、回程线路和蜂窝站点。典型的水平链路通信距离能达到几千米，用于连接市区的办公大楼（图 2.4（a））。在计算接收信号的强度起伏时，通常假设水平链路的湍流强度为常数。物理障碍物，如鸟类、昆虫、树木、人体或其他因素，可以暂时或永久性地阻断激光的视距传输。此外，由于风、温差、建筑物摇摆或地面移动引起的建筑物运动，都会导致固定 FSO 通信系统的严重错位。

2. 倾斜 FSO 通信链路

当 FSO 通信路径不太水平或者湍流强度沿传输路径不是常数而是变量时就出现倾斜链路的情况。具体的例子会在本书的其他章节提到，包括无人飞行器（Unmanned Aerial Vehicle，UAV）或山顶到地面的链路（图 2.4（b））。

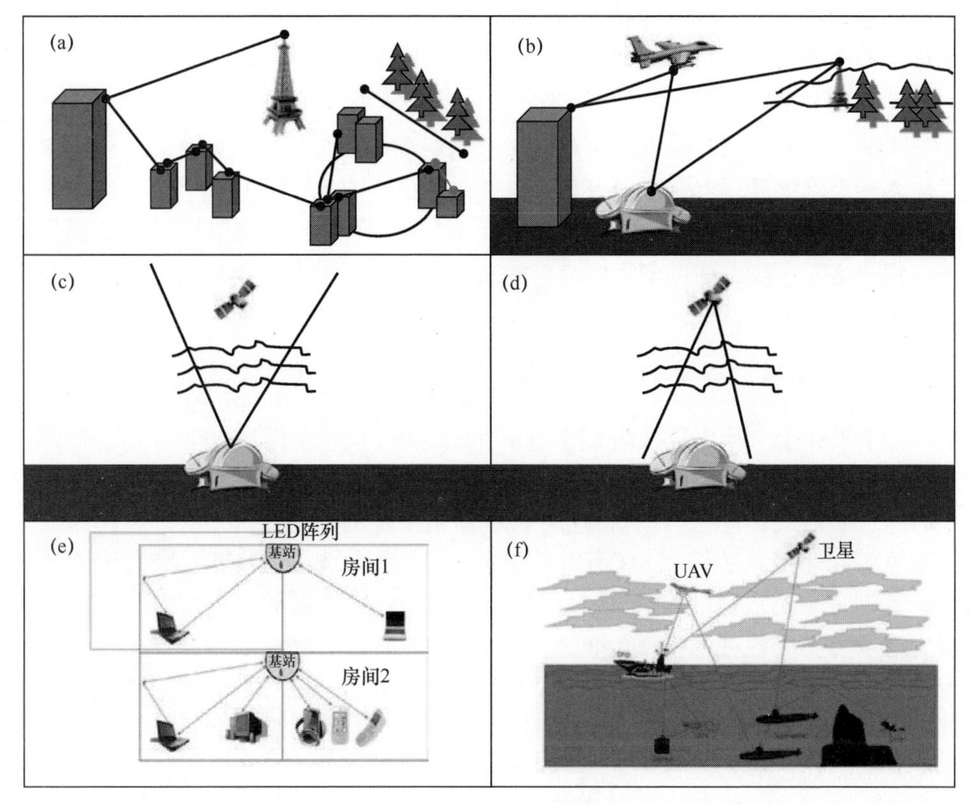

图2.4　FSO通信场景

3. 上行链路

典型的上行链路是地－空传输路径，如地面站到卫星。为计算接收端接收信号强度的起伏，必须考虑湍流强度参数的高度廓线（图2.4（c））。

4. 下行链路

空－地链路是典型的下行FSO通信链路，如卫星－地面站链路。计算接收FSO通信信号强度的起伏，必须考虑湍流强度参数的高度分布（图2.4（d））。

5. 室内通信

由于在日常工作中便携计算机和多媒体终端等新兴技术的发展，短距离室内无线光通信技术正在受到越来越多的关注。典型的便携式设备包括便携式计算机、手机，而房间内的基站通常通过一台计算机与外网连接（图2.4（e））。已经有一些使用红外发光二极管（Light-Emitting Diode，LED）的室内光通信系统。目前报道了一种使用纯漫射链路、高速、低功耗且结合编码手段的室内无线红外通信系统，该系统采用了多发射机、窄视场以及分集接收的技术。目前已经有关于使用可见光通信（Visible Light Communication，

VLC）的室内无线光通信系统的报道。本书将单独用一章来讨论室内光通信的信号传输和损失。

6. 水下 FSO 通信

水下无线光通信在水下观测和海洋监测系统中的应用越来越重要。水下 FSO 通信系统可以提供几百兆比特每秒的光通信速率，应用于船只、潜艇、水下无人航行器和固定数据节点间的通信（图 2.4（f））。水下 FSO 通信可以提供低延迟高带宽的定向连接，降低多径效应，实现实时网络。本书将单独用一章来详细地描述水下 FSO 通信。

2.3.2 FSO 通信系统性能评估流程

接下来介绍一种用于评估 FSO 通信性能的切实可行的系统方法。与任何其他系统分析一样，必须首先建立任务集，这些任务通常来自于特定研究者或客户（项目资助者或最终用户）所指定的 FSO 通信系统的目标。由于必须工作在大气湍流等恶劣天气条件下，FSO 通信系统非常复杂，包含很多变量，此时的大气信道是随机的（动态变化的），来自发射机的光场在到达接收端之前，其中传输的通信信号会发生各种时间和空间变化。系统分析必须从通信场景（图 2.4）开始，确定了场景，掌握了大气湍流引起的信号畸变后，就可以确定 FSO 通信收发端机（包括发射机和接收机）的设计。确定了大气湍流的类型（弱、中等或强湍流）后，通过解光波方程（将在 2.3.3 节介绍）就可以得到随机光场的二阶矩和四阶矩，从而推导出平均光强、闪烁指数和协方差函数，最终得到光束漂移、到达角起伏、相干长度等 FSO 通信参数。再结合闪烁统计特性/PDF（随后讨论）和合理的抑制技术（如孔径平均、编码、自适应光学等），就可以评估 FSO 通信性能指标，如误比特率（Bit-Error-Rate，BER）、信噪比（Signal-to-Noise，SNR）和衰落概率等。图 2.5 给出了完整的 FSO 通信系统性能评估流程图，2.3.3 节将详细介绍系统框图中的符号、重要参数之间的关系以及它们与光波方程解的关系。

2.3.3 FSO 通信传输光束类型

激光束在湍流大气中的传输在 FSO 通信中有许多应用。湍流引起的探测器接收信号强度的起伏，决定了 FSO 通信系统的性能。发射端光源在平面波、球面波和高斯光束等基本模式下的闪烁已经得到了广泛的研究。然而，随着使用 FSO 通信链路的电信基础设施的快速发展，对于研究除平面波、球面波和高斯光束外的其他激光束下的湍流闪烁指数的需求也越来越大。寻找最优的发射端光源的宗旨就是最大程度地降低湍流对大气 FSO 通信性能的影响。图 2.6 所示为目前常用的 FSO 通信发射光束类型。

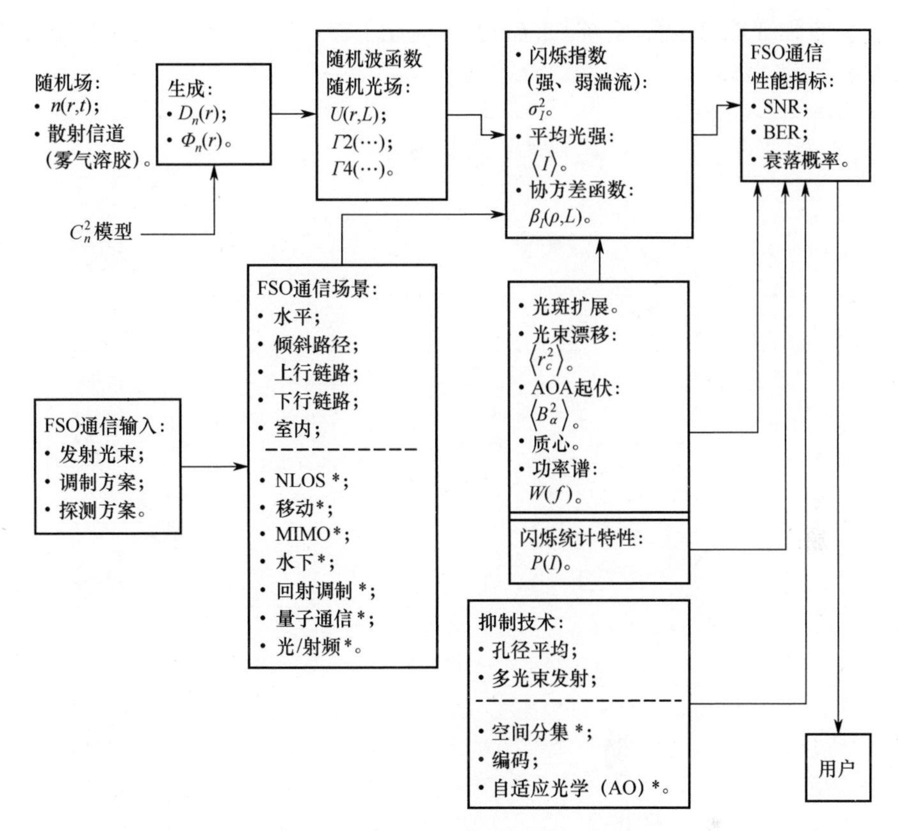

图 2.5　FSO 通信系统性能评估流程图

1. 平面波

FSO 通信中平面波的定义是：从源点（发射端）发出的电磁波经过大气传输时，其波前是平行的，其数学描述为

$$U_0(r,z) = A_0 e^{i\varphi_0 + ikz} \tag{2-41}$$

式中：U_0 为光波在自由空间中沿 z 轴正向传输到距离 z 处的复振幅；A_0 为光场振幅，为常数；φ_0 为相位；k 为光波数，与波长的关系为 $k = 2\pi/\lambda$ 。

注意，式（2-41）描述的是平面波在自由空间中的传播。FSO 通信必然工作于随机的大气湍流信道中，平面波经过随机介质到达探测器表面时，其振幅和相位都会产生起伏，图 2.6（a）定性地描述了该起伏。

2. 球面波

球面波是指波前服从球面分布的波，距离 z 处光波的复振幅为

$$U_0(r,z) = \frac{A_0}{4\pi z}\exp\left(ikz + \frac{ikr^2}{2z}\right) \tag{2-42}$$

相位 $\varphi = k\left(z + \frac{r^2}{2z}\right)$，具有横向径向依赖性。当 FSO 通信的光源可以近似为点光

源时，一般假设其为球面波，图 2.6（b）描述了球面波在湍流大气中传输的强度分布。

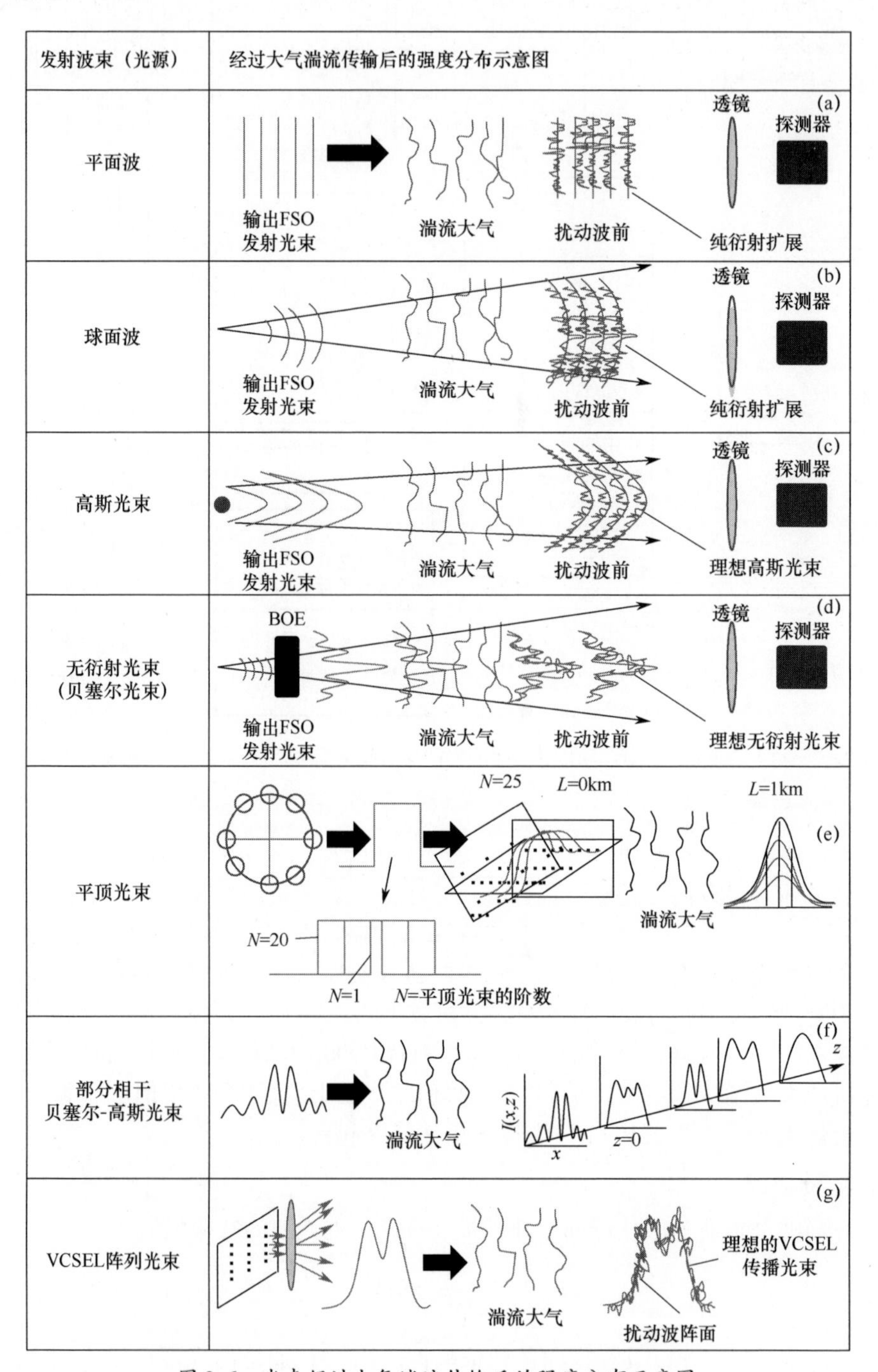

图 2.6　光束经过大气湍流传输后的强度分布示意图

3. 高斯光束

高斯光束的横向电场和强度分布近似为高斯函数。许多激光器的光学谐振腔工作于基横（TEM_{00}）模式，发射近似的高斯分布。发射高斯光束经过透镜后仍然变成另一种高斯光束。

数学描述：距离光源 z 处的高斯光束的复振幅为[3]

$$U_0(r,z) = \frac{1}{1+\mathrm{i}a_0 z}\exp\left(\mathrm{i}kz - \frac{1}{2}\left(\frac{a_0 k}{1+\mathrm{i}a_0 z}\right)r^2\right) \tag{2-43}$$

式中：r 为离光束中心线的径向距离；α_0 为与光斑大小和相位曲率半径相关的复参数，即

$$a_0 = \frac{2}{kW_0^2} + \mathrm{i}\frac{1}{F_0} \tag{2-44}$$

式中：W_0 为场振幅下降到光轴处场振幅的 1/e 处的半径；等相位前沿是曲率半径为 F_0 的抛物线，$F_0 = \infty$(准直的)，$F_0 > 0$（会聚的），$F_0 < 0$（发散的）。

图 2.6（c）描述了高斯光束经过湍流大气后的光强分布（见文献［12］）。

4. 无衍射光束

一种完全消除衍射的理想光场称为无衍射光束，在无线光通信中具有广阔的应用前景。无衍射光束受大气湍流的影响比其他光束小得多[13]，这意味着无衍射光束适用于远距离 FSO 通信。然而，实际上只有近似理想的无衍射光束是可实现的，称为伪无衍射（Pseudo-Non-Diffractive，P-N）光束[14]。此时，光束强度取决于传播坐标，但在一定约定长度的传播范围内，光束廓线基本保持不变。无衍射光束有多种实现方式：文献［14］的方法为将一个薄圆环放置在傅里叶透镜的前焦面，并由准直光束对其进行照射，经过空间滤波产生 P-N 光束，同时文献［14］还讨论了利用轴棱镜产生 P-N 光束的方法。文献［13］的方法为用二元光学元件（Binary Optical Element，BOE）将入射平面波或散射球面波整形成无衍射光束。

数学描述：文献［13］给出了由球面波产生的无衍射光束在不同传输距离时的强度分布。BOE 放置在 $(x,y,0)$ 坐标系（$z=0$），计算 (x',y',z) 平面各点处的光强。两个坐标系之间的变换关系为 $x=\rho\cos\theta$，$y=\rho\sin\theta$；$x'=\sigma\cos\phi$，$y'=\sigma\sin\phi$。光强分布由入射到 BOE 和 (x',y',z) 平面上的波振幅计算得出：

$$I(\sigma,\varphi,z) = \frac{A^2}{\lambda^2 z^2}\left|\int\int_{-\infty}^{\infty}\exp\left(\mathrm{j}\frac{k\rho^2}{2f}\right)\times\exp\left(\mathrm{j}\frac{\pi R^2}{\lambda(d_2-d_1)}\ln\left(\left(\frac{z_{d_2}-z_{d_1}}{R^2}\right)d_1 + \left(\frac{d_2-d_1}{R^2}\right)^2\rho^2\right)\exp\left(\mathrm{j}\frac{k}{2z}[\rho^2+\sigma^2-2\rho\sigma\cos(\theta+\varphi)]\right)\right)\right|^2\rho\mathrm{d}\rho\mathrm{d}\theta \tag{2-45}$$

式中：A 为初始波振幅的常数振幅；$k=2\pi/\lambda$，为光波数；λ 为波长；z 为离 BOE

元件的距离；f 为源点到 BOE 元件的距离；R 为元件半径；d_1 和 d_2 为光轴上的两点；无衍射光束在 z_{d_1} 和 z_{d_2} 之间传输。利用数值积分可以分析无衍射光束随传播距离的强度分布。注意，这里的强度分布仍然会受到大气湍流的影响，图 2.6（d）给出了其强度分布示意图。在 FSO 通信中，无衍射光束受大气湍流扰动后的强度分布将最终决定其通信性能。

5. 贝塞尔光束

在 FSO 通信中，贝塞尔光束的电场可以用第一类零阶贝塞尔函数（J_0）明确描述。理想贝塞尔光束是无衍射的，这意味着其在传输过程中不产生衍射扩展。贝塞尔光束也是自愈性的，也就是说，如果光束在某点被部分阻挡后，将在光轴稍远处重新形成。贝塞尔波束的性质使得其对无线光通信很有用。由于理想的贝塞尔光束是无限的，需要无限大的能量才能实现，因此是物理上不可实现的。可以通过用轴棱锥或圆锥透镜元件聚焦高斯光束的方法来实现一种近似贝塞尔光束——贝塞尔高斯光束。

数学描述：描述贝塞尔光束的数学函数是贝塞尔微分方程的一个解，源于在圆柱坐标系下分别求解拉普拉斯方程和亥姆霍兹方程。高斯贝塞尔光束的强度分布为[15]

$$I(r,z) = 2k\pi(\tan^2\alpha)(n-1)^2 zI_0 \mathrm{e}^{-2(n-1)z\tan\frac{\alpha}{w_0}} J_0^2(kr(n-1)\tan\alpha) \tag{2-46}$$

式中：r 和 z 为径向和纵向坐标；I_0 和 w_0 为发射高斯光束的强度和束宽；k 为波矢量；n 为轴棱锥材料的折射率；α 为衍射角。因为与无衍射光束类似，图 2.6 中并未单独给出贝塞尔光束的示意图。

6. 平顶光束

平顶光束是一种强度分布在大部分覆盖区域都是平坦的光束。当激光经过湍流大气传输时，会产生闪烁、光束扩展、光束质量下降和光束漂移效应，制约了远距离 FSO 通信的应用，而最新研究的平顶光束阵列可以克服湍流引起的这些衰减。

数学描述：文献［16］详细描述了平顶光束的平均接收光强，这里不再赘述。该文献还给出了锁相径向平顶光束阵列在弱湍流大气中传输的闪烁指数公式，这些结论对远距离 FSO 通信很有价值。图 2.6（e）给出了平顶光束经过湍流大气传输的强度分布。

7. 部分相干贝塞尔高斯光束

部分相干（空间）光源的产生方法有很多种，其中一种方法就是在准单色光源的激光发射端放置一个散射器。可以用高斯谢尔模型描述光束的相干性[17,18]。最近，很多研究表明部分相干光束比完全相干光束受大气湍流的影响小，如文献［18-20］就描述了完全相干和部分相干光束经过湍流大气传输的统计特性。可以通过引入高斯指数作为窗函数，以限制光束能量的方式来构造贝塞尔高斯光束[21]。

数学描述： 从 $z=0$（光源平面）传输到距离 z 处的部分相干贝塞尔高斯光束的强度分布为（接收端平面的强度分布）

$$I(\rho,z)=\frac{k^2}{4\pi^2z^2}\sum_{l=-\infty}^{\infty}\iint J_n(\alpha r_1)J_n(\alpha r_2)J_1\left(\frac{kr_1\rho}{z}\right)J_1\left(\frac{kr_2\rho}{z}\right)I_{n+1}\left[2r_1r_2\left(\frac{1}{L_C^2}+\frac{1}{\rho_0^2}\right)\right]\cdot$$
$$\exp\left[-\left(\frac{1}{L_C^2}+\frac{1}{\rho_0^2}+\frac{1}{w_0^2}\right)(r_1^2+r_2^2)\right]\exp\left[\frac{\mathrm{i}k}{2z}(r_2^2-r_1^2)\right]r_1r_2\mathrm{d}r_1\mathrm{d}r_2 \tag{2-47}$$

式中：r_1 和 r_2 为横向平面内位置矢量 $\boldsymbol{r}_1$ 和 $\boldsymbol{r}_2$ 的模；L_C 为横向相干长度；J_n 为贝塞尔函数；α 和 w_0 为束宽参数；$k=2\pi/\lambda$，为波数；ρ_0 为湍流介质中传输的球面波的相干长度。

8. 垂直腔面发射激光器（Vertical-Cavity Surface-Emitting Laser，VCSEL）阵列光束

最近人们提出了一种使用VCSEL阵列的小型自由空间光通信的概念。该系统无机械运动部件，紧凑型终端可以将多个光通信光束传输到计数器终端，同时接收来自多个光学平台的光通信信号。目前已经开发出了能同时驱动4、9和16个850nm点源的大功率VCSEL设备[22]。由于其高速调制（能达到2.5Gb/s数据速率）和高光功率下的高可靠性，这种光源在FSO通信中是非常有用的。VCSEL特性中涉及每个器件场模式的光束轮廓是一个多重圆锥体，其中心倾角在20%～40%之间，远场图样各不相同。在FSO通信应用中，当使用多锥远场模式的VC-SEL时，中心倾角就是一个非常重要的参数。文献［22］给出的4×4 VCSEL阵列的远场模式为单锥体模式。为了获得更高的功率，需要对远场模式的中心倾角进行进一步的研究，这对远距离FSO通信非常有用。图2.6（f）给出了VCSEL阵列和其远场光强分布的定性描述，该光强分布包含了由大气闪烁引起的强度起伏。

2.3.4　大气湍流的随机特性

早期的湍流研究是研究黏性流体中的速度起伏，处于湍流状态的速度场可被看成是发展的随机场，称为湍涡，可用来定性描述湍流大气。这些湍涡以连续的空间尺度存在，较大的湍涡上升变成连续的小湍涡，能量在这些湍涡之间以速度的形式转换。该上升过程中产生各种尺度的湍涡：存在一个最大的涡旋尺寸 L_0，称为湍流外尺度，以及一个最小的涡旋尺寸 l_0，称为湍流内尺度。处于外尺度和内尺度间的区域称为惯性区域，小于内尺度的区域为耗散区，能量以热量的形式耗散。层流到湍流转变的判据用雷诺（Reynolds）数来描述，$Re=Vl/v$，其中，V 是速度尺度，l 是与流动有关的特征长度，v 是运动学黏性系数。地面风速的典

型值 $Re \approx 10^5$ 属于强湍流。大气中的流体流动是高度不稳定的，由于湍涡尺度的随机变化，导致小尺度湍涡的上升，最终湍涡变得足够小，黏性力克服了初始动力，从而湍涡不再减小。湍流能量的重新分配可以看成有一个初始的能量输入区、惯性区和耗散区[23,24]。当特征长度达到指定外尺度 L_0 时，能量开始级联，湍涡的能量开始重新分布到较小的湍涡，直到等于内尺度 l_0 为止。Kolmogorov 指出在惯性区域 $L_0 > l > l_0$ 内，湍流可以认为是各向同性的。到达 l_0 后，湍涡的能量在黏滞过程中以热能的形式耗散[23]。

大气风速场的统计特性与折射率起伏有关。大气折射率可以看成随机场，大气中任一时间、任一空间的折射率都可以看成一个随机变量，即折射率是空间和时间的随机函数。在光学研究中，通常忽略折射率的时间依赖性，并假设波在传播过程中保持单一的频率，从而大气湍流引起的折射率起伏可以写为（可见式(2-36)）

$$n(\boldsymbol{r}) = n_0 + n_1(\boldsymbol{r}) \tag{2-48}$$

式中：$\boldsymbol{r}$ 为空间中的一点；$n_0 = \langle n(\boldsymbol{r}) \rangle \approx 1$ ，为大气压力下空气折射率的平均值；$n_1(\boldsymbol{r})$ 为与其平均值的随机偏差，均值为零，即 $\langle n_1(\boldsymbol{r}) \rangle = 0$ 。

光波的大气折射率为

$$n(\boldsymbol{r}) = 1 + 79 \times 10^{-6} \frac{P(\boldsymbol{r})}{T(\boldsymbol{r})} \tag{2-49}$$

式中：P 为以 mbar 为单位的大气压力；T 为热力学温度。可见光到近红外谱段的折射率起伏主要是由随机温度起伏引起的。

$n_1(\boldsymbol{r})$ 的协方差函数为（可见式（2-23））

$$B_n(\boldsymbol{r}_1, \boldsymbol{r}_2) = B_n(\boldsymbol{r}_1, \boldsymbol{r}_1 + \boldsymbol{r}) = \langle n_1(\boldsymbol{r}_1) n_1(\boldsymbol{r}_1 + \boldsymbol{r}) \rangle + n_0^2 \tag{2-50}$$

式中：$\boldsymbol{r}_1$ 和 $\boldsymbol{r}_2$ 为空间的两点，且 $\boldsymbol{r} = \boldsymbol{r}_2 - \boldsymbol{r}_1$ 。如果介质是均匀各向同性湍流，协方差函数简化为标量距离 $r = |\boldsymbol{r}_2 - \boldsymbol{r}_1|$ 的函数。

均匀场一般不用协方差函数[3]，而是用结构函数来描述：

$$D_n(r) = \langle [n(r_1 + r) - n(r)]^2 \rangle = 2[B_n(0) - B_n(r)] \tag{2-51}$$

从式（2-50）和式（2-51）可以确定折射率起伏的结构函数，Kolmogorov-Obhukov 的三分之二定律为[3]

$$D_n(r) = C_n^2 r^{2/3}, \quad l_0 \ll r \ll L_0 \tag{2-52}$$

式中：l_0（内尺度）和 L_0（外尺度）如前所述；C_n^2 为折射率结构常数。在水平链路 FSO 通信中，C_n^2 基本为常数；而在上行、下行和倾斜链路的 FSO 通信中，C_n^2 是高度的函数。C_n^2 的典型取值范围为$10^{-17}\mathrm{m}^{-2/3}$（弱湍流）~$10^{-12}\mathrm{m}^{-2/3}$（强或极强湍流）。与利用傅里叶变换方法确定时变电信号中的各频率分量类似，可以应用不同的湍涡尺度研究随机介质中的折射率起伏。随机场 $\boldsymbol{\Phi}_n(\boldsymbol{k})$ 的三维空间功率谱与协方差函数构成傅里叶变换对（式（2-28）和式（2-29））：

$$B_n(\boldsymbol{r}) = \iiint_{-\infty}^{\infty} e^{i\boldsymbol{k}\cdot\boldsymbol{r}} \Phi_n(\boldsymbol{k}) d^3\boldsymbol{k} \tag{2-53}$$

$$\Phi_n(\boldsymbol{k}) = \left(\frac{1}{2\pi}\right)^3 \iiint_{-\infty}^{\infty} e^{i\boldsymbol{k}\cdot\boldsymbol{r}} B_n(\boldsymbol{r}) d^3\boldsymbol{r} \tag{2-54}$$

式中：$\boldsymbol{k}$ 为波数矢量。

上述关系对于均匀各向同性介质可简化为（式（2-30）和（2-31））

$$\Phi_n(k) = \left(\frac{1}{2\pi^2 k}\right)\int_0^{\infty} B_n(r)\sin(kr) r\mathrm{d}r \tag{2-55}$$

$$B_n(r) = \left(\frac{4\pi}{r}\right)\int_0^{\infty} \Phi_n(k)\sin(kr) k\mathrm{d}k \tag{2-56}$$

一维谱 $V_n(k)$ 和三维谱 $\Phi_n(k)$ 的关系为（式（2-35））

$$\Phi_n(k) = -\frac{1}{2\pi k}\cdot\frac{\mathrm{d}V_n(k)}{\mathrm{d}k} \tag{2-57}$$

结构函数和功率谱的关系为（式（2-39）和式（2-40））

$$D_n(r) = 8\pi\int_0^{\infty} k^2\Phi_n(k)\left(1-\frac{\sin(kr)}{kr}\right)\mathrm{d}k \tag{2-58}$$

$$\Phi_n(k) = \left(\frac{1}{4\pi^2 k^2}\right)\int_0^{\infty}\frac{\sin(kr)}{kr}\frac{\mathrm{d}}{\mathrm{d}r}\left[r^2\frac{\mathrm{d}}{\mathrm{d}r}D_n(r)\right]\mathrm{d}r \tag{2-59}$$

利用 $D_n(r) = C_n^2 r^{2/3}$，波数谱为（在惯性区域内）

$$\Phi_n(k) = 0.033 C_n^2 k^{-11/3} \quad 1/L_0 \leqslant k \leqslant 1/l_0 \tag{2-60}$$

为评估 FSO 通信的性能，有必要计算探测器内接收信号的统计特性，如强度起伏、平均光强、时间功率谱等。对这些参数的评估都需要掌握适用的折射率谱，下面介绍几种常用的谱。

Tatarskii 谱。考虑内尺度和外尺度的影响，Tatarskii 给出了改进的 Kolmogorov 谱，利用高斯函数将覆盖范围扩展到小湍涡影响的耗散区（$k > l/l_0$）：

$$\Phi_n(k) = 0.033 C_n^2 k^{-11/3}\exp(-k^2/k_m^2) \tag{2-61}$$

其中 $k_m = 5.92/l_0$。

Von Karman 谱。这是一种基于 Tatarskii 谱的改进谱，对内外尺度参数都有效：

$$\Phi_n(k) = 0.033 C_n^2 \frac{\exp(-k^2/k_m^2)}{(k^2+k_0^2)^{11/6}} \tag{2-62}$$

式中：$k_0 = 1/L_0$（或 $k_0 = 2\pi/L_0$），$0 \leqslant k \leqslant \infty$。

Hill 谱（修正大气谱）。该谱在接近高波数 l/l_0 处有一个“突起”：

$$\Phi_n(k) = 0.033 C_n^2\left[1+1.802(k/k_1)-0.254(k/k_1)^{\frac{7}{6}}\right]\frac{\exp(-k^2/k_L^2)}{(k^2+k_0^2)^{11/6}} \tag{2-63}$$

$(0 \leqslant k \leqslant \infty)$

式中：$k_1 = 3.3/l_0$。

2.4 FSO 通信中光在大气湍流中的传输理论

对于 WOC 或 FSO 通信链路而言，大气并非理想的通信信道。各种大气湍流效应会造成接收信号电平的起伏，从而增加数字通信系统的误码率。为量化 FSO 通信的性能界限，有必要更好地掌握这些效应。已知的大气湍流效应包括：

（1）光强闪烁——接收平面内的空间光功率起伏。与典型的 FSO 通信传输速率相比，闪烁频率较低。

（2）光束漂移——光束与初始视线（Line of Sight，LOS）的角偏差，会造成接收光束的丢失。

（3）原像抖动——由于接收机处光束波前的到达角（Angle of Arrival，AOA）起伏，造成接收的光束焦点在成像平面内的移动。

（4）光束扩展——散射引起的发射角增大，会导致接收光功率密度的降低。

（5）其他衰落，包括：①光束形状偏离原来时间相关时的形状（如偏离圆对称高斯光束）；②光束中心的偏离；③光束分离成形状和位置随时间变化的散斑点。

（6）空间相干性退化——湍流也会导致光束相位前沿相干性的退化，作为非相干接收机，对于成像混合是有害的。

传播光束振幅和相位的随机起伏可以通过解波动方程及其各阶矩得到，从波动方程可以导出用于传播电磁波的电场：

$$\nabla^2 \boldsymbol{E} + k^2 n^2(\boldsymbol{r})\boldsymbol{E} + 2\nabla[\boldsymbol{E}\cdot\nabla \log n(\boldsymbol{r})] = 0 \tag{2-64a}$$

式中：$k = 2\pi/\lambda$，为电磁波的波数；λ 为波长；$n(\boldsymbol{r})$ 为忽略了时间起伏的折射率；$\nabla^2 = \partial^2/\partial x^2 + \partial^2/\partial y^2 + \partial^2/\partial z^2$，为拉普拉斯算子。折射率的时间变化非常缓慢，因此可以用准稳态的方法，将 $n(\boldsymbol{r})$ 仅看成位置的函数。式（2-64a）左边的第三项是去极化项，可以忽略，因此式（2-64a）可以写为

$$\nabla^2 \boldsymbol{E} + k^2 n^2 \boldsymbol{E} = 0 \tag{2-64a}$$

式（2-64）中的矢量 $\boldsymbol{E}$ 可以分解成 3 个标量方程，其中一个标量分量记为 $U(r)$。该标量 $U(r)$ 沿正 Z 轴方向横向传播，其随机亥姆霍兹方程可写为

$$\nabla^2 U + k^2 n^2(r) U = 0 \tag{2-65a}$$

由式（2-48），有 $n(r) = n_0 + n_1(r)$ 且 $n_0 = \langle n(r) \rangle = 1$，$\langle n_1(r) \rangle = 0$。

为了求式（2-65a）在弱湍流情况下的解，可以使用 Rytov 近似，其电磁场可写为

$$U(r,L) = U_0(r,L)\exp[\varphi(r,L)] \tag{2-65b}$$

式中：$U_0(r)$ 为光波通过自由空间到达接收端的非扰动场；φ 为湍流引起的复相位扰动，可表示为

$$\varphi(r,L) = \varphi_1(r,L) + \varphi_2(r,L) + \cdots \tag{2-65c}$$

式中：$\varphi_1(r,L)$ 和 $\varphi_2(r,L)$ 分别为一阶和二阶扰动。

FSO通信应用中所关注的是探测器接收信号的数量和质量。在距离发射端 L 处的探测器上以光场 $U(\boldsymbol{r},L)$ 的形式接收信号，然后由光电探测器转换成电信号再进行进一步的通信处理，$\boldsymbol{r}$ 为接收平面内垂直传播轴的矢量。场的相干部分由一阶矩 $\langle U(\boldsymbol{r},L)\rangle$ 表示，其中 $\langle\,\rangle$ 表示系综平均值。波的互相关函数（Mutual Coherence Function，MCF）由二阶矩定义：

$$\mathrm{MCF} \equiv \Gamma_2(\boldsymbol{r}_1,\boldsymbol{r}_2,L) = \langle U(\boldsymbol{r}_1,L)U^*(\boldsymbol{r}_2,L)\rangle \tag{2-66}$$

式中：$\boldsymbol{r}_1$ 和 $\boldsymbol{r}_2$ 为接收平面内的两点；$U^*(\boldsymbol{r}_2,L)$ 为 $U(\boldsymbol{r}_2,L)$ 的复共轭。当检测接收机平面同一点的光场时，可以通过二阶矩得到平均光强。四阶矩或场的交叉相关函数表示为

$$\Gamma_4(\boldsymbol{r}_1,\boldsymbol{r}_2,\boldsymbol{r}_3,\boldsymbol{r}_4,L) = \langle U(\boldsymbol{r}_1,L)U^*(\boldsymbol{r}_2,L)U(\boldsymbol{r}_3,L)U^*(\boldsymbol{r}_4,L)\rangle \tag{2-67}$$

从四阶矩可得到光强的二阶矩，从光强二阶矩和平均光强可以得到闪烁指数 σ_I^2。设 $\boldsymbol{r}_1 = \boldsymbol{r}_2 = \boldsymbol{r}_3 = \boldsymbol{r}_4 = \boldsymbol{r}$ 为接收机平面的一点，则

$$\langle I^2(r,L)\rangle = \Gamma_4(\boldsymbol{r}_1,\boldsymbol{r}_2,\boldsymbol{r}_3,\boldsymbol{r}_4,L) \quad \langle I(\boldsymbol{r},L)\rangle = \boldsymbol{\Gamma}_2(\boldsymbol{r},\boldsymbol{r},L) \tag{2-68}$$

从而得到闪烁指数的理论表达式：

$$\sigma_I^2(\boldsymbol{r},L) = \frac{\langle I^2(\boldsymbol{r},L)\rangle}{\langle I(\boldsymbol{r},L)\rangle^2} - 1 \tag{2-69}$$

2.3.4节讨论了FSO通信下弱湍流和强湍流区域下的各种折射率谱。可以通过Rytov方差来区分弱或强湍流，记为 σ_R^2（或 σ_I^2）：

$$\sigma_R^2 = 1.23C_n^2k^{7/6}L^{11/6} \tag{2-70}$$

式中：C_n^2 为折射率结构常数。σ_R^2 取值的不同范围对应不同的湍流条件，具体如下：

$$\begin{aligned} &\sigma_R^2 < 1 && (\text{弱起伏}) \\ &\sigma_R^2 \approx 1 && (\text{中等起伏}) \\ &\sigma_R^2 > 1 && (\text{强起伏}) \\ &\sigma_R^2 \gg 1,\ \sigma_R^2 \to \infty && (\text{饱和区域}) \end{aligned} \tag{2-71}$$

对于高斯光束而言，上述基于 σ_R^2 的标准不完整，具体应为

$$\sigma_R^2 < 1 \text{ 和 } \sigma_R^2\Lambda^{5/6} < 1(\text{弱起伏})$$

式中：$\Lambda = 2L/kW^2$，W 为接收端的光束半径。如果上述两个条件都不满足，则属于中等到强起伏区域。

传统的用于求解随机标量亥姆霍兹方程式（2-65）的方法有两种：Born近似和Rytov近似。在Born近似中，式（2-65）的解可以看成是下列很多项的和：

$$U(r) = U_0(r) + U_1(r) + U_2(r) + \cdots \tag{2-72}$$

式中：$U_0(r)$ 为光在自由空间中传播的非扰动场；$U_1(r)$ 和 $U_2(r)$ 为一阶、二阶扰动，以此类推。这些扰动是由折射率随机项 $n_1(r)$ 的不均匀性造成的。另一种

Rytov 近似，假设式（2-65）的解由非扰动项乘以复相位扰动项构成：

$$U(r) = U_0(r)\exp[\varphi_1(r) + \varphi_2(r) + \cdots] \tag{2-73}$$

式中：$\varphi_1(r)$ 和 $\varphi_2(r)$ 为一阶和二阶相位扰动项，定义为

$$\begin{aligned} \varphi_1(r) &= \Phi_1(r) \\ \varphi_2(r) &= \Phi_2(r) - \frac{1}{2}\Phi_1^2(r) \end{aligned} \tag{2-74}$$

式（2-74）中的新函数 $\Phi_m(r)$ 与 Born 扰动有关：

$$\Phi_m(r) = \frac{U_m(r)}{U_0(r)} \tag{2-75}$$

在弱起伏理论中，二阶矩或 MCF 的定义如式（2-26）（见 Andrew and Phillips，2005[25]中的公式 36）：

$$\Gamma_2(r_1,r_2,L) = \Gamma_2^0(r_1,r_2,L)\exp[\sigma_r^2(r_1,L) + \sigma_r^2(r_1,L) - T]\cdot \exp[-1/2\Delta(r_1,r_2,L)] \tag{2-76}$$

$$\Gamma_2^0(r_1,r_2,L) = U_0(r_1,L)U_0^*(r_2,L)\langle\exp[\varphi(r_1,L) + \varphi^*(r_2,L)]\rangle \tag{2-77}$$

$$\sigma_r^2(r,L) = 2\pi^2k^2L\int_0^1\int_0^\infty k\Phi_n(k)\exp\left(\frac{-\Lambda Lk^2\xi^2}{k}\right)[I_0(2\Lambda r\xi k) - 1]\mathrm{d}k\mathrm{d}\xi \tag{2-78}$$

$$T = 4\pi^2k^2L\int_0^1\int_0^\infty k\Phi_n(k)\left[1 - \exp\left(\frac{-\Lambda Lk^2\xi^2}{k}\right)\right]\mathrm{d}k\mathrm{d}\xi \tag{2-79}$$

$I_0(x) = J_0(ix)$ 为修正贝塞尔函数，高斯光束参数为

$$\theta_0 = 1 - \frac{L}{F_0}$$

接收平面 $z = L$ 处的输出参数为

$$\Theta = 1 + \frac{L}{F} = \frac{\theta_0}{\theta_0^2 + \Lambda_0^2} \tag{2-80}$$

$$\Lambda = \frac{2L}{kW^2} = \frac{\Lambda_0}{\theta_0^2 + \Lambda_0^2} \tag{2-81}$$

式中：W 和 F 分别为接收平面内的光束半径和波阵面曲率半径。

1）湍流引起的平均光强和光束扩展

式（2-68）的均值为

$$\langle I(r,L)\rangle = \Gamma_2(r,r,L) = \frac{W_0^2}{W^2}\exp\left(-\frac{2r^2}{W^2}\right)\exp[2\sigma_r^2(r,L) - T] \tag{2-82}$$

对于 Kolmogorov 谱（式（2-60）），有

$$\Phi_n(k) = 0.033C_n^2k^{-11/3}$$

可以得到式（2-78）中的 $\sigma_r^2(r,L)$[26]

$$\begin{aligned} \sigma_r^2(r,L) &= 0.066\sigma_R^2\Lambda^{5/6}\left[1 - {}_1F_1\left(-\frac{5}{6};1;\frac{2r^2}{W^2}\right)\right] \\ &\approx 1.11\sigma_R^2\Lambda^{5/6}\frac{r^2}{W^2} \quad (r < W) \end{aligned} \tag{2-83}$$

式中：$\sigma_R^2 = 1.23C_n^2k^{7/6}L^{11/6}$，为 Rytov 方差；${}_1F_1(a;c;x)$ 为合流超几何函数。

式（2-82）可以用高斯函数近似为

$$\langle I(r,L)\rangle \approx \frac{W_0^2}{W_{\mathrm{LT}}^2}\exp\left(-\frac{2r^2}{W^2}\right)[W/m^2] \tag{2-84}$$

W_{LT} 为有效长期光斑半径，表示为

$$W_{\mathrm{LT}} = W\sqrt{1+T} = W\sqrt{1+1.33\sigma_R^2\Lambda^{5/6}} \tag{2-85}$$

2）强起伏下的平均光强和光束扩展[26]

强起伏条件下 Rytov 方差标准为

$$\sigma_R^2 \gg 1 \text{ 或 } \sigma_R^2\Lambda^{5/6} \gg 1$$

$\Lambda = 2L/kw^2$，其中 w 为接收端高斯光束的光斑大小，此时平均光强为

$$\langle I(r,L)\rangle = \frac{W_0^2}{W_{\mathrm{LT}}^2}\exp\left(-\frac{2r^2}{W_{\mathrm{LT}}^2}\right) \tag{2-86}$$

W_{LT} 为有效长期光斑半径：

$$\begin{cases} W_{\mathrm{LT}} \approx W\sqrt{1+1.63\sigma_R^{12/5}\Lambda} = W\sqrt{1+4q\Lambda/3} \\ L \ll z_i = (C_n^2k^2l_0^{5/3})^{-1} \quad q = 1.22\sigma_R^{12/5} \end{cases} \tag{2-87}$$

式（2-87）对于传输距离 $L \ll z_i$ 时有效，该条件在大多数实际情况下都成立。

闪烁指数：大气湍流最终会限制 FSO 通信的性能，因此当高带宽数据在湍流大气中传输时，闪烁指数对于确定通信系统的性能至关重要。本节所使用的符号和数学公式来源于文献 Andrews and Phillips，2005[26]，该文献给出了弱湍流和强湍流条件下的结论。

3）四阶交叉相关函数

由式（2-67）和式（2-65），光束的四阶交叉相关函数的一般形式为

$$\begin{aligned} \Gamma_4(r_1,r_2,r_3,r_4,L) &= U_{o(r_1,L)}U^*_{o(r_2,L)}U^*_{o(r_3,L)}U^*_{o(r_4,L)} \cdot \\ &\langle\exp[\varphi(r_1,L)+\varphi^*(r_2,L)+\varphi(r_3,L)+\varphi^*(r_4,L)]\rangle \end{aligned} \tag{2-88}$$

闪烁指数 $\sigma_I^2(r,L)$ 由式（2-69）给出，可记为

$$\sigma_I^2(r,L) = \frac{\Gamma_4(r,L)}{[\Gamma_2(r,L)]^2} - 1 = \frac{\langle I^2(r,L)\rangle}{\langle I(r,L)\rangle^2} - 1 \tag{2-89}$$

在 Kolmogorov 谱条件下，文献 Andrews and Phillips，2005[26]给出了闪烁指数的一般表达式：

$$\sigma_I^2(r,L) = 3.86\sigma_R^2R_e\left[i^{5/6}\,{}_2F_1\left(-\frac{5}{6};\frac{11}{6};\frac{17}{6};\overline{\Theta}+i\Lambda\right)\right] - 2.64\sigma_R^2\Lambda^{5/6}\,{}_1F_1\left(-\frac{5}{6};1;\frac{2r^2}{W^2}\right) \tag{2-90}$$

式中：${}_2F_1(a;b;c;x)$ 为高斯超几何函数；${}_1F_1(a;b;x)$ 为第一类合流超几何函数。

闪烁指数的一个简单的近似代数形式为[26]

$$\sigma_I^2(r,L) \approx 4.42\sigma_R^2\Lambda^{5/6}\frac{r^2}{W^2} + 3.86\sigma_R^2 \cdot \left\{0.40\left[(1+2\Theta)^2+4\Lambda^2\right]^{5/12}\cos\left[\frac{5}{6}\arctan\left(\frac{1+2\Theta}{2\Lambda}\right)\right] - \frac{11}{16}\Lambda^{5/6}\right\} \quad (r < w) \tag{2-91}$$

式中：σ_R^2 为平面波的 Rytov 方差。对于平面波（$\Theta = 1, \Lambda = 0$）和球面波（$\Theta = \Lambda = 0$），Kolmogorov 谱的闪烁指数可以简化为

$$\begin{aligned} \sigma_I^2(L) &= \sigma_R^2 = 1.23C_n^2k^{7/6}L^{11/6} \quad (\text{平面波}) \\ \sigma_I^2(L) &= 0.5C_n^2k^{7/6}L^{11/6} \quad (\text{球面波}) \end{aligned} \tag{2-92}$$

4）考虑内尺度影响的闪烁指数

可以用 von Karman 谱计算闪烁指数，其中包含内尺度 l_0 和外尺度 L_0 的影响：

$$\Phi_n(k) = 0.033C_n^2\frac{\exp(-k^2/k_m^2)}{(k^2+k_0^2)^{11/6}}, \quad k_m = 5.92/l_0 \quad k_0 = 2\pi/L_0 \tag{2-93}$$

考虑内尺度影响下的平面波和球面波的闪烁指数为[26]：

$$\sigma_I^2(L) = 3.86\sigma_R^2\left[\left(1+\frac{1}{Q_m^2}\right)^{11/12}\sin\left(\frac{11}{6}\arctan Q_m\right) - \frac{11}{6}Q_m^{-5/6}\right]$$

$$\sigma_I^2(L) = 9.65\beta_0^2\left[0.40\left(1+\frac{9}{Q_m^2}\right)^{11/12}\sin\left(\frac{11}{6}\arctan\frac{Q_m}{3}\right) - \frac{11}{6}Q_m^{-5/6}\right]$$

其中

$$Q_m = \frac{Lk_m^2}{k} = \frac{35.04L}{kl_0^2}, \quad \beta_0^2 = 0.5C_n^2k^{7/6}L^{11/6} \quad (\text{球面波的 Rytov 方差}) \tag{2-94}$$

强湍流情况：上述关于闪烁的结论局限于 $\sigma_R^2 < 1$ 的弱起伏情况。当湍流参数 C_n^2 较高或通信传输距离较远时（如约为 5km 或更远），就会出现强起伏情况。强湍流区域闪烁指数的典型值为 $\sigma_R^2 \approx 1$ 到 $\sigma_R^2 > 1$，$\sigma_R^2 \to \infty$定义为饱和区域。最近的研究中采用修正的 Rytov 理论来分析中等到强湍流区域的光强起伏，该理论假设折射率的“有效”随机组成部分如下：

$$n_{1,e}(r) = n_x(r) + n_y(r) \tag{2-95}$$

式中：$n_x(r)$ 和 $n_y(r)$ 分别为均匀介质中的大尺度和小尺度湍涡。光波的接收光强是小尺度起伏（衍射）被大尺度起伏（折射）相乘调制的结果。

此时，扰动光波可表示为

$$\begin{aligned} U(r) &= U_0(r,L)\exp[\phi_x(r,L) + \phi_y(r,L)] \\ &= U_0(r,L) \cdot \exp\phi_x(r,L) \cdot \exp\phi_y(r,L) \end{aligned} \tag{2-96}$$

扩展 Rytov 理论还假设大气谱的表达式为一“有效”谱，记为

$$\Phi_{n,e}(k) = \Phi_n(k)G(k,l_0,L_0) = 0.033C_n^2k^{-11/3}G(k,l_0,L_0) \tag{2-97}$$

式中：$G(k,l_0,L_0)$ 为振幅空间滤波器。

在“有效”随机折射率项和“有效”谱的假设下，文献 Andrew and Phillips, 2005[26]得到了中等到强到饱和区域的闪烁指数。详细的闪烁指数公式的推导见文献 Andrew and Phillips, 2005[14]。

2.5　FSO 通信信号的时间谱

在 FSO 通信中，光波在湍流大气中传输造成的光强起伏是主要噪声之一，因此有必要研究光轴以及距光轴一定距离处的光强起伏的时间功率谱。对光强时间特性的定量分析是对光链路的一种非常有用的描述方式。在没有详细时间信息的条件下，FSO 通信链路的总体性能基本上是不完整的。信噪比或误比特率的平均值（将在 2.6 节讨论）是没有什么参考价值的，但其随时间变化的瞬时值非常重要。为了评估 FSO 通信系统的突发错误概率和整体可用度，有必要掌握这些瞬时值的统计特性[27]。同样，掌握 FSO 通信系统的时间特性对于开发和设计良好的探测和编码是很有必要的。

Tatarskii[28]和 Ishimaru[29]通过对时间协方差函数的傅里叶变换来定义光强起伏的时间谱，即功率谱密度（Power Spectral Density，PSD）$S(\omega)$：

$$S(\omega) = 2\int_{-\infty}^{\infty} B_I(\tau,L)\mathrm{e}^{-\mathrm{j}\omega\tau}\mathrm{d}\tau = 4\int_{-\infty}^{\infty} B_I(\tau,L)\cos(\omega\tau)\mathrm{d}\tau \tag{2-98}$$

式中：$B_I(\tau,L)$ 为时间协方差函数。之前的式（2-67）和式（2-66）分别给出了一般四阶交叉相关函数和互相关函数（Mutual Coherence Function，MCF）的定义，光强的协方差函数是一个归一化的两点统计量：

$$\begin{aligned} B_I(r_1,r_2,L) &= \frac{\Gamma_4(r_1,r_1,r_2,r_2,L) - \Gamma_2(r_1,r_1,L)\Gamma_2(r_2,r_2,L)}{\Gamma_2(r_1,r_1,L)\Gamma_2(r_2,r_2,L)} \\ &= \frac{\Gamma_4(r_1,r_1,r_2,r_2,L)}{\Gamma_2(r_1,r_1,L)\Gamma_2(r_2,r_2,L)} - 1 \end{aligned} \tag{2-99}$$

当 $r_1 = r_2 = r$ 时，

$$B_I(r,L) = \frac{\Gamma_4(r,L)}{[\Gamma_2(r,L)]^2} - 1 \tag{2-100}$$

Andrew 和 Phililps[26]计算出了光强时间谱的具体公式，表 2.1 所列为其具体结论[26]。

Andrew 和 Phililps 在文献［26］中总结和计算了平面波在强湍流条件下光强的时间谱，这里不再赘述。

表 2.1　光强的时间谱

平面波（Kolmogorove 谱，弱湍流）	$S(\omega)=\frac{6.95}{\omega_t}\sigma_R^2\mathrm{Re}\left\{\left(\frac{\omega}{\omega_t}\right)^{-8/3}\left[1-{}_1F_1\left(-\frac{5}{6};-\frac{1}{3};-\frac{i\omega^2}{2\omega_t^2}\right)\right]-0.72i^{4/3}\right.$ $\left.{}_1F_1\left(\frac{1}{2};\frac{7}{3};-\frac{i\omega^2}{2\omega_t^2}\right)\right\}$，$\sigma_R^2=1.23C_n^2k^{7/6}L^{11/6}$ $\omega_t=V_\perp\Big/\sqrt{\frac{L}{k}}$ 为特征频率，其中 $V_\perp$ 为横向风速，${}_1F_1(a;c;x)$ 为合流超几何函数
球面波（弱湍流）	$S(\omega)=\frac{5.47}{\omega_t}\sigma_R^2\mathrm{Re}\left\{\left(\frac{\omega}{\omega_t}\right)^{-8/3}\left[1-{}_1F_1\left(-\frac{5}{6};-\frac{1}{3};-\frac{2i\omega^2}{9\omega_t^2}\right)\right]\right.$ $\left.-0.24i^{4/3}{}_1F_1\left(\frac{1}{2};\frac{7}{3};-\frac{2i\omega^2}{9\omega_t^2}\right)\right\}$，$\sigma_R^2$、$\omega_t$ 定义同上 $S(\omega)=S_l(\omega,r)+S_r(\omega,r)$
高斯光束（弱湍流）	$S_l(\omega,r)=\frac{3.90}{\omega_t d_t^{5/6}}\sigma_R^2\mathrm{Re}\left\{\left(\frac{\omega}{\omega_t}\right)^{-8/3}\left[{}_1F_1\left(-\frac{5}{6};-\frac{1}{3};-\frac{\omega^2}{4a_2\omega_t^2}\right)\right]\right.$ $\left.-{}_1F_1\left(-\frac{5}{6};-\frac{1}{3};-\frac{\omega^2}{4a_1\omega_t^2}\right)\right\}+0.29i^{4/3}\left[\frac{1}{a_2^{4/3}}{}_1F_1\left(\frac{1}{2};\frac{7}{3};-\frac{\omega^2}{4a_2\omega_t^2}\right)\right.$ $\left.-\frac{1}{a_1^{4/3}}{}_1F_1\left(\frac{1}{2};\frac{7}{3};-\frac{\omega^2}{4a_1\omega_t^2}\right)\right]$ 为功率谱的纵向分量 其中 $a_1=\frac{1}{4id_t[1-(\bar{\Theta}+i\Lambda)\mathrm{d}t]}$，$a_2=\frac{1}{4\Lambda d_t^2}$，$d_t=0.67-0.17\Theta$ 高斯光束参数定义如本章其他部分

2.6　FSO 通信系统的光强起伏 PDF 模型

由于具有高带宽和高速传输数据的能力，FSO 通信系统近来受到各应用领域的广泛关注。在大气中传输的激光通信系统的性能会受到大气湍流引起的光强闪烁和相位起伏的影响。衰减或闪烁会损害或降低 FSO 通信系统的性能，特别是在 1km 及以上范围，甚至在晴朗天气下也会存在。FSO 通信系统的可靠性取决于探测、漏报、虚警概率以及衰落概率，这些参数都需要精确掌握接收光功率的 PDF。很难得到能够完整描述整个湍流区域接收光信号 PDF 的精确数学模型。从概率论可知，随机变量在一定积分区间内的积分值即该随机变量在该区间内取值的概率。

在 FSO 通信系统中，假设光探测器接收功率的 PDF 等效于接收机光瞳面内某一点的光强 PDF[26]。在过去的几十年中，人们提出了不同湍流区域内光强起伏 PDF 的多种统计模型。根据湍流的强弱和传输距离，PDF 模型的形式不同。

本节主要讨论几种常用的光强起伏 PDF 模型的闭式解（理论或启发推导的）、有效湍流区域、PDF 参数个数，以及这些参数与物理量之间的关系。光强统计特性的早期研究集中在单一分布上，但在很多实际大气条件下，由于传输路径中湍流的不稳定性，单一分布形式已经无法准确描述光强的统计特性。这时，需要将一阶 PDF 作为一个随机参数来建立二阶 PDF。二阶 PDF 包含一个用于描述一阶 PDF 均值起伏的随机参数。光强起伏的绝对 PDF 通过条件统计特性得到。此外，可以通过接收光强起伏实验数据计算得到高阶矩，用来重建一种新的 PDF (2.7 节具体讨论)。另外，理论分布的参数可以通过比较理论分布的高阶矩和实验数据计算的高阶矩的方法得到[30]，通过比较高阶矩还可以判断 PDF 模型的精确度。基于物理参数的启发式模型的优点是其模型参数不需要通过观察矩得到[31]。要在弱湍流条件下得到一个在整个饱和区域都有效的单一分布是不可行的。目前还没有能够完整描述孔径平均下整个湍流区域光强起伏的封闭解。表 2.2所列为常用模型的函数形式及其在不同湍流区域的适用性。

表 2.2 已有的归一化（$\langle I\rangle=1$）光强起伏概率密度函数（PDF）

PDF	数学表达式，$P(I)=\cdots, I>0, \langle I\rangle=1$	参数
Nakagami 分布	$\frac{1}{2\sigma_5^2}\exp\left(-\frac{I+A_0^2}{2\sigma_5^2}\right)I_0\left(\frac{A_0\sqrt{I}}{\sigma_5^2}\right)$ $I_0(\cdot)$ 为第一类零阶修正贝塞尔函数	σ_5^2 —方差 A_0 —常数
对数正态分布	$\frac{1}{I\sqrt{2\pi\sigma_{\ln I}^2}}\exp-\left\{\frac{\left[\ln(I)+\frac{1}{2}\sigma_{\ln I}^2\right]}{2\sigma_{\ln I}^2}\right\}$ $=\frac{1}{I\sqrt{2\pi\sigma_I^2}}\exp-\left\{\frac{[\ln(I)+\frac{1}{2}\sigma_I^2]}{2\sigma_I^2}\right\}$	$\sigma_{\ln I}^2$ —对数光强方差 σ_I^2 —闪烁指数
K 分布	$\frac{2\alpha}{\Gamma(\alpha)}(\alpha I)^{\frac{(\alpha-1)}{2}}K_{\alpha-1}(2\sqrt{\alpha I}), I>0, \alpha>0$ $K_n(\cdot)$ 为第二类 n 阶修正贝塞尔函数	α —有效离散散射体数
Universal 分布[32]	$\frac{m\Gamma(m)}{b\Gamma(M)}e^{-mI/b}\sum_{k=0}^{\infty}\frac{(-1)^k}{k!}L_k(mI/b)$ $\sum_{j=0}^{k}\begin{bmatrix}k\\j\end{bmatrix}^2\frac{\Gamma(M+j)(rm/M)^j}{\Gamma(m-k+j)}$ $L_n(\cdots)$ 为 n 阶拉盖尔多项式，$\begin{bmatrix}k\\j\end{bmatrix}$ 为二项式系数	b—散射场漫反射分量的平均强度 c—散射场镜面反射分量的平均强度 $r=c/b$ M—与镜面反射分量振幅方差的倒数相关的参数 m—与漫反射分量振幅方差的倒数相关的参数

（续）

PDF	数学表达式，$P(I)=\cdots, I>0, \langle I\rangle=1$	参数
I-K 分布[33]	$\left\{2\alpha(1+\rho)\left[\frac{(1+\rho)I}{\rho}\right]^{\frac{(\alpha-1)}{2}}K_{\alpha-1}[2\sqrt{\alpha\rho}]I_{\alpha-1}\right.$ $[2\sqrt{\alpha(1+\rho)I}], I<\frac{\rho}{1+\rho}$ $2\alpha(1+\rho)\left[\frac{(1+\rho)I}{\rho}\right]^{\frac{(\alpha-1)}{2}}I_{\alpha-1}[2\sqrt{\alpha\rho}]K_{\alpha-1}$ $[2\sqrt{\alpha(1+\rho)I}], I>\frac{\rho}{1+\rho}$ $K_n(\cdot)$ 为第二类 n 阶修正贝塞尔函数，$I_p(x)$ 为第一类 p 阶修正贝塞尔函数	α—有效散射体个数 ρ—相关参数
一般 K 分布[34]	$\frac{1}{2}I_0\left(\frac{vI^{1/2}}{\alpha}\right)\int_0^\infty\left\{1+\frac{\langle N\rangle}{\alpha}\left[1-\frac{J_0(\alpha w)}{I_0(v)}\right]\right\}^{-\alpha}$ $J_0(I^{1/2}\omega)\omega\mathrm{d}\omega$ $J_0(\cdot)$ 为第一类贝塞尔函数，$I_0(\cdot)$ 为第一类修正贝塞尔	N—散射体个数 v—复散射场均匀相位的偏离 α—常数振幅
对数正态调制负指数（LNME）分布[35]	$\frac{1}{\sqrt{2\pi\sigma_z^2}}\int_0^\infty\frac{\mathrm{d}z}{z^2}\exp\left[-\frac{I}{z}-\frac{\left(\ln(z)+\frac{1}{2}{}^2_z\right)^2}{2\sigma_z^2}\right]$, $I>0, \alpha>0$	σ_z^2—对数正态调制因子 $z=\mathrm{e}^x$ 的方差
对数正态调制 Rician（LNMR）分布[31]	$\frac{(1+\rho)\mathrm{e}^{-\rho}}{\sqrt{2\pi}\sigma_z}\int_0^\infty\frac{\mathrm{d}z}{z^2}I_0\left[2\sqrt{\frac{(1+\rho)\rho I}{z}}\right]\exp$ $\left[-\frac{(1+\rho)I}{z}-\frac{\left(\ln(z)+\frac{1}{2}\sigma_z^2\right)^2}{2\sigma_z^2}\right]$	ρ—相关参数 σ_z^2—对数正态调制因子 $z=\mathrm{e}^x$ 的方差
逆高斯（IG）分布[36]	$\sqrt{\frac{1}{2\pi\sigma_I^2I^3}\exp\left(-\frac{(I-1)^2}{2\sigma_I^2I}\right)}$	σ_I^2—光强闪烁指数
Gamma-Gamma 分布[26]	$p(I)=\frac{2}{\Gamma(\alpha)\Gamma(\beta)}(\alpha\beta I)^{\frac{\alpha+\beta}{2}}K_{\alpha-\beta}(2\sqrt{\alpha\beta I}), I>0$	α—大尺度湍涡有效个数 β—小尺度湍涡有效个数
指数威布尔（EW）分布[37]	$\frac{\alpha\beta}{\eta}\left(\frac{1}{\eta}\right)^{\beta-1}\exp\left[-\left(\frac{1}{\eta}\right)^{\beta}\right]$ $\left\{1-\exp\left[\left(\frac{I}{\eta}\right)^{\beta}\right]\right\}^{\alpha-1}$	α—形状参数，使 EW 分布在尾部具有更大的通用性，很大程度取决于接收孔径的大小，$\alpha>0$ $\beta\approx(\alpha\sigma_1^2)^{-6/11}$（形状参数） $\eta=\frac{1}{\alpha\Gamma(1+1/\beta)g(\alpha,\beta)}$（比例参数） $g(\alpha,\beta)=$ $\sum\frac{(-1)^i(i+1)^{-\frac{(1+\beta)}{\beta}}\Gamma(\alpha)}{i!\Gamma(\alpha-i)}$

（续）

PDF	数学表达式，$P(I) = \cdots, I > 0, \langle I \rangle = 1$	参数
双威布尔（DW）分布	$\dfrac{\beta_2 k\,(kl)^{1/2}}{(2\pi)\dfrac{l+k}{2}-1} I^{-1} G_{k+l,0}^{0,k+l}$ $\left[\left(\dfrac{\Omega^2}{I^{\beta_2}}\right)^k k^k l^l \Omega_1^l \mid \Delta(l;0), \underline{\Delta}(k;0)\right] G_{p,q}^{m,n}[\ ]$ 为 Meijer 的 G 函数	β_1，Ω_1 —威布尔分布的大尺度湍涡参数 β_2，Ω_2 —威布尔分布的小尺度湍涡参数 $\Delta(j;x) = \dfrac{x}{j}, \cdots, \dfrac{x+j-1}{j}$，$l$ 和 k 是满足 $\dfrac{l}{k} = \dfrac{\beta_2}{\beta_1}$ 的正整数 $\Omega_i = \left(\dfrac{1}{\Gamma\left(1+\dfrac{1}{\beta_i}\right)}\right)^{\beta_i}$，$i=1, 2$
Ma'laga（M）分布	$A\sum_{k=1}^{\beta} a_k I^{\frac{\alpha+k}{2}-1} K_{\alpha-k}\left(2\sqrt{\dfrac{\alpha\beta I}{v\beta+\Omega'}}\right)$ 其中 $A = \dfrac{2\alpha^{\alpha/2}}{v^{1+\alpha/2}\Gamma(\alpha)}\left(\dfrac{v\beta}{v\beta+\Omega'}\right)^{\beta+\alpha/2}$ $a_k = \binom{\beta-1}{k-1}\dfrac{(v\beta+\Omega')^{1-k/2}}{(k-1)!}\left(\dfrac{\Omega'}{v}\right)^{k-1}\left(\dfrac{\alpha}{\beta}\right)^{k/2}$ $K_v(\cdot)$ 为第二类 v 阶修正贝塞尔函数	β = 衰落参数个数 $v = 2b_0(1-\rho)$，$\Omega' = \Omega + \rho 2b_0 + 2\sqrt{2b_0\Omega\rho}\cdot\cos(\phi_A - \phi_B)$ $2b_0$ = 准前向散射场和到接收端的离轴湍涡散射场的平均功率，ϕ_A 和 ϕ_B 分别为直视场相位和耦合到直视场的散射场的相位，Ω = 直视场的平均功率，α = 散射过程大尺度湍涡的有效个数，$0 \leqslant \rho \leqslant 1$ 表示耦合到直视场的散射场的功率因子

2.7　湍流大气中 FSO 通信光强起伏 PDF 的重建

由于大气湍流引起的闪烁，FSO 通信系统的传输性能会显著降低。例如，闪烁会导致接收光功率的衰减，最终使接收信号低于设定的门限值，从而导致误比特率的增加（第 3 章会详细讨论）。此时，通信系统的可靠性可以通过描述光强信号随机起伏的 PDF 得到。本节提供了一种计算适用于各湍流区域（如弱、中等和强湍流）简便的光强闪烁 PDF 的方法。由于所受到的光传播影响不同，因此具体的 PDF 依赖于 FSO 的通信场景（如水平链路（地面）、地面/飞机 – 空间（上行链路）或空间 – 地面/飞机（下行链路））和不同的大气环境。由于随机变量（如激光光强起伏）的特征函数包含一系列高阶矩，因此可以从这些高阶矩中得到有关概率分布的信息。高阶矩给出了关于 PDF 尾部贡献的很多信息[38,39]。偶数阶矩和奇数阶矩分别给出了概率分布的宽度和非对称性的信息。诸如激光束通过湍流大气的很多实际情况，一般假设该随机过程服从非高斯分布，而对接收光强起伏非高斯特性的分析就需要进行相关的高阶矩研究，大多数情况都需要考虑到四阶矩以上。在实际应用中，尽管有时某些统计分布的矩并不一定唯一地描述该随机过程，但通常八阶矩也足以描述非高斯随机过程的统计特性了[40]。

基于高阶矩重建 PDF 的基本局限性：通过大气湍流的光强起伏实验测量瞬时强度随时间的变化，从而可以构造光强的直方图（随机变量的可能取值及其相应的次数）。这样就可以通过将实验数据拟合到指定的函数参数中，从而重建 PDF。有多种可选的 PDF 用于拟合该直方图，因此从直方图无法拟合出唯一的 PDF，从而无法得到随机过程的精确模型。如果用一条很规则的线去“平滑”该直方图，那么将会有一个错误的 PDF 与数据线相匹配，这样就会丢失很多随机过程的时间信息。基于高阶矩的方法可以解决该问题，并且可以精确重构描述随机过程的 PDF。从理论上看（见文献［41］中相关矩的描述），矩的方法需要知道无限阶矩来完整描述随机现象，但由于测量的不确定性和计算限制，这往往并不现实。要得到精确的高阶矩需要大量的样本，而且必须在实验条件保持不变的情况下记录所有的数据。因此，必须保持样本的统计独立性。

从实验数据获得 PDF 的方法基本上有两种：①利用数据构建一个直方图，并将其与已知的各种 PDF 比较，然后选择以某种方式最符合直方图的一种 PDF，并用该 PDF 对随机过程进行建模；②计算数据的各阶矩，并将其与已知各种 PDF 的矩进行比较，然后同样选择与数据计算的各阶矩最匹配 PDF 来描述随机过程。该方法提供了一种根据物理函数计算 PDF 的方法，即从实验观测数据中获取一组有限阶矩的加权集。

从高阶矩重建 PDF 的解析方法：这里所描述的方法基于广义拉盖尔多项式展开，文献［42］进行了详细的描述。

该方法中，无论是实测数据还是理论推导，PDF 均用相应的低阶矩来表示。期望的 PDF 是一个被一系列广义拉盖尔多项式调制的服从 gamma 分布的 PDF，扩展系数用光强矩表示，并且第 n 个系数只包含前 n 阶矩。拉盖尔 PDF 并不是数据的统计拟合，在该扩展中没有自由参数，结果直接取决于前 n 阶矩。这种方法基于广义拉盖尔多项式，通过使用测量数据的矩和理论推导的矩，提供了一种仅需计算低阶矩的方案。

所提出的光强 PDF 为（x 表示光强）：

$$f(x) = f_g(x)\sum_{n=0}^{\infty} W_n L_n^{\beta-1}\left(\frac{\beta x}{\mu}\right) \tag{2-101}$$

式中：x 为随机光强（$0 \leqslant x \leqslant \infty$）；$f_g(x)$ 为 gamma PDF，即

$$f_g(x) = \frac{1}{\Gamma(\beta)}\left(\frac{\beta}{\mu}\right)^{\beta} x^{\beta-1}\exp(-\beta x/\mu) \tag{2-102}$$

式中：$\mu = \langle x \rangle$，为 x 的均值；$\beta = \dfrac{\langle x \rangle^2}{\langle x^2 \rangle - \langle x \rangle^2}$。

广义拉盖尔多项式定义为

$$L_n^{(\beta-1)}(x) = \sum_{l=0}^{n} \binom{n+\beta-1}{n-l} \frac{(-x)^l}{l!} \tag{2-103}$$

它们正交于 $f_g(x)$。

利用正交条件得到扩展系数 W_n 为

$$W_n = n!\Gamma(\beta) \sum_{l=0}^{n} \frac{(-\beta/\mu)^l \langle x^l \rangle}{l!(n-l)!\Gamma(\beta+l)} \tag{2-104}$$

其中 $\langle x^l \rangle$ 是 l 阶强度矩。并且：

$$W_0 = 1$$

$$W_1 = W_2 = 0$$

因此

$$f(x) = f_g(x)\left[1 + \sum_{n=3}^{\infty} W_n L_n^{(\beta-1)}(\beta I)\right] \tag{2-105}$$

定义归一化光强为 $I = \dfrac{x}{\langle x \rangle}$，则

$$f(I) = f_g(I)\left[1 + \sum_{n=3}^{\infty} W_n L_n^{(\beta-1)}(\beta I)\right] \tag{2-106}$$

其中

$$f_g(I) = \frac{1}{\Gamma(\beta)} \beta^{\beta} I^{\beta-1} \exp(-\beta I) \tag{2-107}$$

且

$$W_n = n!\Gamma(\beta) \sum_{l=0}^{n} \frac{(-\beta)^l \langle I^l \rangle}{l!(n-l)!\Gamma(\beta+l)} \tag{2-108}$$

式中：$\langle I^l \rangle$ 为归一化 l 阶强度矩。

同样，记

$$L_n^{(\beta-1)}(x) = \frac{(\beta)n}{n!} {}_1F_1(-n;\beta;x) \tag{2-109}$$

式中：${}_1F_1$ 为合流超几何函数，并且 $(\beta)n = (\beta)(\beta+1)(\beta+2)\cdots(\beta+n-1)$。

使用式（2-107）~式（2-109），可以重建由式（2-106）定义的PDF。

对PDF重构方法的验证：将基于高阶矩得到的与广义拉盖尔多项式匹配的PDF与下述的3种验证用的理想PDF（对数正态，Rice－Nakagami和Gamma－Gamma）的解析表达式进行对比。

对数正态PDF（参数 μ 和 σ）（定义：I 为光强起伏强度）：

$$p(I) = \frac{1}{\sqrt{2\pi} \cdot \sigma \cdot I} e^{-\frac{(\log I-\mu)^2}{2\sigma^2}} \tag{2-110}$$

高阶矩：$\mu_k = e^{\frac{1}{2}k^2\omega^2 + k\mu}$

Rice－Nakagami PDF（参数β）：

$$p(I) = \frac{(1+\beta)}{\langle I \rangle}\exp\left(-\frac{(1+\beta)}{\langle I \rangle}\cdot I\right)\cdot \exp(-\beta)\cdot I_0\left[2\sqrt{\frac{\beta(1+\beta)}{\langle I \rangle}\cdot I}\right] \tag{2-111}$$

式中：I_0为零阶修正贝塞尔函数。

高阶矩：

$$m_k = \left(\frac{\langle I \rangle}{(\beta+1)}\right)^k \cdot \exp(-\beta)\cdot[\Gamma(k+1)/\Gamma(1)]\cdot {}_1F_1(k+1;1;\beta) \tag{2-112}$$

式中：$\Gamma(x)$为Gamma函数；${}_1F_1(a;b;z)$为合流超几何函数或Kummar函数。

Gamma-Gamma PDF（参数α和β）：

$$p(I) = \frac{2(\alpha\beta)^{(\alpha+\beta)/2}}{\Gamma(\alpha)\Gamma(\beta)}\cdot I^{(\alpha+\beta)/2-1}\cdot K_{\alpha-\beta}(2\sqrt{\alpha\beta I})(I>0) \tag{2-113}$$

式中：$K_p(x)$为第二类修正贝塞尔函数。

高阶矩：

$$m_k = \frac{1}{(\alpha\beta)^k}\cdot\frac{\Gamma(k+\alpha)\cdot\Gamma(k+\beta)}{\Gamma(\alpha)\cdot\Gamma(\beta)} \tag{2-114}$$

式中：$\Gamma(x)$为Gamma函数。

图2.7所示为对数正态、Rice Nakagami和Gamma-Gamma PDF和基于各阶矩的广义拉盖尔多项式拟合PDF的曲线，图中还画出了误差线。图2.7中，随机变量x是光强，y轴给出了光强PDF。结果表明了所提出的PDF拟合方法与上述3种模型具有良好的一致性，验证了所构建PDF的精确性。用本节描述的方法重建未知的PDF，可以用来确定FSO通信系统在各种大气环境下运行所需的设计参数。

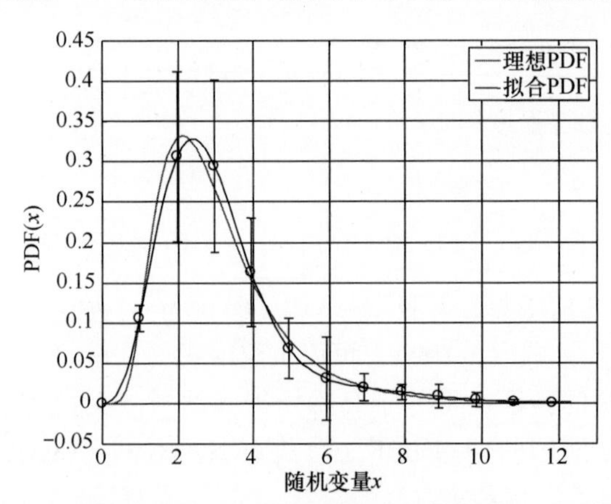

(a) 广义拉盖尔拟合PDF与6阶矩对数正态分布的比较：10000个数据点

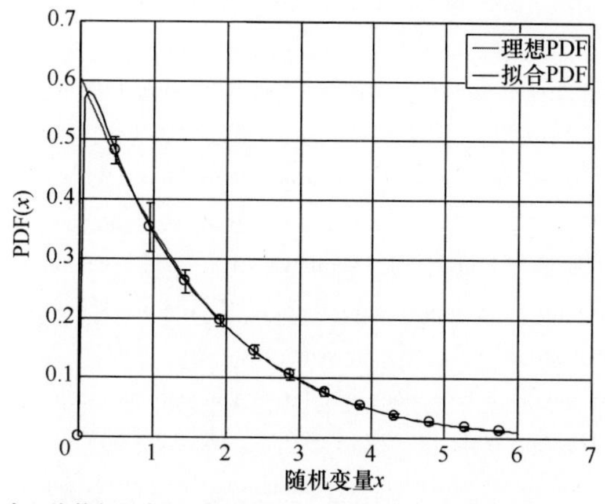

(b) 广义拉盖尔拟合PDF与8阶矩Rice-Nakagami分布的比较：3000个数据点

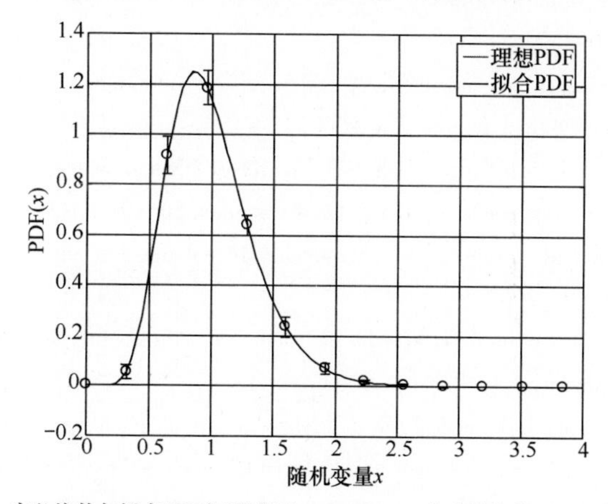

(c) 广义拉盖尔拟合PDF与8阶矩Gamma-Gamma分布的比较：3000个数据点

图 2.7　(a) 广义拉盖尔拟合 PDF：
10000 个数据点，对数正态分布，6 阶矩，参数：均值 =1.0，方差 =0.5。
(b) 广义拉盖尔拟合 PDF：3000 个数据点，Rice-Nakagami 分布，
参数：均值 =1.0，β =0.5。
(c) 广义拉盖尔拟合 PDF：3000 个数据点，Gamma-Gamma 分布，8 阶矩，
参数：α = 17.13，β =16.04（转载于 SPIE，2007）

参考文献

1. A.M.Yaglom, An Introduction To The Theory of Stationar Random Functions (Dover Publications Inc., New York, 1962). (Translated and Edited by Richard A. Silverman)
2. P.Beckman, Probability in Communication Engineering (Harcourt, Brace & World, Inc., New-York, 1967)

3. L.C.Andrews, R.L.Phillips, Laser Beam Propagation Through Random Media (SPIE Engineering, Bellingham, 1998)
4. S.V.Kartalopoulos, Free Space Optical Networks For Ultra-Broad Band Services (IEEE/Wiley, Hoboken, 2011)
5. L.C.Andrews, R.L.Phillips, C.Y.Hopen, Laser Beam Scintillation With Application (SPIE, Bellingham, 2011).
6. J.C.Ricklin, S.M.Hammel, F.D.Eaton, S.L.Lachinova, Atmospheric channel effects on freespace laser communication, in Arun K. Majumdar and Jennifer C. Ricklin "Free-Space Laser Communications: Principles and Advances". 9 – 56, Springer, New York (2008).
7. D.Kedar, S.Arnon, Evaluation of coherence interference in optical wireless communication through multi-scattering channels, Appl Opt. 45 (14), 3263 – 3269 (2006).
8. S.Jaruwatanadilok, Underwater wireless optical communication channel modeling and performance evaluation using vector radiative transfer theory, Selected Areas in communications, IEEE J. 26 (9), 1620 – 1627 (2008).
9. D.Kedar, Underwater sensor network using optical wireless communication, SPIE. Newsroom—The International Society for Optical Engineering (2007)
10. K.Akhavan, M.Kavehrad, S.Jivkova, High-speed-power-efficient indoor wireless infrared communication using code combining—part 1, IEEE Trans.Commun. 50 (7), 1098 – 1109 (2002)
11. D.O'Brien, Indoor optical wireless communications: Recent developments and future challenges, Proc. SPIE.7464, 7464B (2009)
12. W.Dta, Laser beam attenuation determine by the method of available applied power in turbulent atmosphere, J Telecommun Inf Technol, (2009)
13. K.Wang, L.Zeng, C.Yin, Influence of the incident wave-front on intensity distribution of the nondiffracting beam used in large-scale measurement, Opt Commun. 216, 99 – 103 (2003)
14. V.Kollárová, T.Med ik, R.Č elechovsk y', Z.Bouchal, O.Wilfert, Z.Kolka, Application of nondiffracting beams to wireless optical communications "Application of nondiffracting beams to wireless optical communications", Proc.SPIE 6736, Unmanned/Unattended Sensors and Sensor Networks IV, 67361C (October 05, 2007); doi: 10. 1117/12. 737361.
15. M.Duocastella, A.B.Craig, Bessel and annular beams for materials processing, Laser Photonics Rev. 6, No. 5, 607 – 621 (2012)
16. H.T.Eyyuboglu, C.Arpali, Y.Baykal, Flat topped beams and their characteristics in turbulent media, Opt.Express.14 (10), 4196 (2006)
17. A.C.Schell, The multiple plate antenna, Ph. D Dissertation, Massachusetts Institute of Technology, Cambridge; MA 1961
18. J.Wu, A.D.Boardman, Coherence length of a Gaussian-Schell beam and atmosphere turbulence, J. Mod.Opt.38, 1355 – 1363 (1991)
19. G.Gbur, E.Wolf, Spreading of partially coherent beams in random media, J.Opt.Soc.Am.A.19, 1592 – 1598 (2002)
20. G.Gbur, O.Korotkova, Angular spectrum representation for the propagation of arbitrary coherent

and partially coherent beams through atmospheric turbulence, J.Opt.Soc.Am A.24, 745 – 752 (2007)

21. B.Chen, Z.Chen, J.Pu, Propagation of partially coherent Bessel-Gaussian beams in turbulent atmosphere, Opt Laser Technol.40, 820 – 827 (2008)
22. M.Yoshikawa, A.Murakami, J.Sakurai, H.Nakayama, T.Nakamura, High power VCSEL devices for free space optical communications, IEEE Electron Compon Technol Conf, 2, 1353 – 1358 (2005)
23. A.D.Wheelon, Electromagnetic Scintillation, Vol.1, Geometrical Optics (Cambridge University, Cambridge, 2001)
24. N.K.Vinnichenko, et al. Turbulence in the Free Atmosphere (Consultants Bureau, New York, 1980)
25. R.Hill, Models of scalar spectrum for turbulent advection, J.Fluid Mech.88, 541 – 662 (1978)
26. L.C.Andrews, R.L.Phillips, Laser Beam Propagation Through Random Media, (SPIE, Bellingham, 2005)
27. H.R.Anderson, Fixed Broadband Wireless System Design (Wiley, West Sussex, 2003)
28. V.I.Tatrskii, The effects of the turbulent atmosphere on wave propagation, Available from U.S.Department of Commerce, Springfield, VA 22151, Translated by IPST Satf, 1971
29. A.Ishimaru, Wave Propagation And Scattering In Random Media (IEEE, Piscataway, 1997)
30. A.K.Majumdar, H.Gamo, Statistical measurements of irradiance fluctuations of a multipass laser beam propagated through laboratory-simulated atmospheric turbulence, Appl.Opt.21 (12), 2229 – 2235 (1982)
31. J.H.Churnside, S.F.Clifford, Log-normal Rician probability-density function of optical scintillations in the turbulent atmosphere, J.Opt.Soc.Am.A, 4, 1923 – 1930 (1987)
32. R.L.Phillips, L.C.Andrews, Universal statistical model for irradiance fluctuations in a turbulent medium, J.Opt.Soc.Am.72, 864 – 870 (1982)
33. L.C.Andrews, R.L.Phillips, I-K distribution as a universal propagation model of laser beams in atmospheric turbulence, J.Opt.Soc.Am.A.2, 160 – 163 (1985)
34. R.Barakat, Weak-scatterer generalization of the K-density function with application to laser scattering in atmospheric, J.Opt.Soc.Am.A.3, 401 – 409 (1986) 67
35. J.H.Churnside, R.J.Hill, Probability density of irradiance scintillations for strong path-integrated refractive turbulence, J.Opt.Soc.Am.A.4, 727 – 733 (1987)
36. N.D.Chatzidiamantis, H.G.Sandalidis, G.K.Karagiannidis, M.Matthaiou, Inverse Gaussian modeling of turbulence-induced fading in Free-Space Optical Systems, J. Lightwave Technol. 29 (10) (2011)
37. R.Barrios, F.Dios, Exponential Weibull distribution family under aperture averaging for Gaussian beam waves, Opt Express.20 (12), 13055 – 13064 (2012)
38. A.K.Majumdar, Higher-order statistics of laser-irradiance fluctuations due to turbulence, J.Opt.Soc.Am.A.1, 1067 – 1074 (1984)
39. A.K.Majumdar, Higher-order skewness and excess coefficients of some probability distributions ap-

plicable to optical propagation phenomena, J.Opt.Soc.Am.69 (1), 199 – 202 (1979)

40. A.K.Majumdar, Uniqueness of statistics derived from moments of irradiance fluctuations in atmospheric optical propagation, Opt.Commun.50 (1), 1 – 7 (1984)
41. J.A.Shehat, J.D.Tamarkin, The Problem Of Moments (American Mathematical Society, New York, 1943)
42. A.K.Majumdar, C.E.Luna, P.S.Idell, Reconstruction of Probability Density Function of intensity fluctuations relevant to Free-Space Laser communications through atmospheric turbulence, Proc.SPIE.6709, 67090 M-1-67090 M—15, (2007)

第3章　FSO通信的调制、解调和编码

3.1　引言

调制是将信息映射到电磁介质（载波）上的过程。用于调制的载波参数主要有3个，分别是幅度、相位和频率，3个参数都可随待映射的信息而改变，从而实现不同的调制过程。上述调制分别称为幅度调制、相位调制和频率调制。解调是调制的逆过程，即消除载波信号，以重新获取最初的信号波形，从而恢复信息。

信源可以是模拟的或数字的。在数字通信中，信源产生的信号被转换为由1和0构成的数字信号，其目的是用尽可能少的二进制数字表征信源输出信号，以少产生甚至不产生冗余。产生的二进制数字序列称为信息序列。将模拟和数字信源有效转换成二进制序列的过程称为信源编码，本书3.1节的信源编码器可完成这一过程，这也是一个典型的系统配置。信号通过信道传输时会受到噪声和干扰的影响，为了使接收机端能有效克服其影响，信息序列在发送前还会被送入信道编码器中，以可控方式引入冗余。一个分组的信息比特 k 通过编码器映射为码字 n，再通过调制变为一个信道符号向量 $\boldsymbol{x}$，该符号通过光信道传输。通信信道是用于将信号由发射机传送给接收机的物理媒介。对于无线光通信，光信道由大气构成。光接收机将探测器输出转换为量化信号，经量化和同步后，为信道译码器提供时隙计数或传输符号的估计 y。译码器根据信道输出信息完成解调译码，并生成传输数据的估计 $\widehat{k}$ 。基于信道编码器的编码规则和接收数据中所含的冗余信息，原始信息序列被重构。

在大气信道下，FSO通信系统性能用误比特率（BER，本章后续部分讨论）表示，误比特率通常可达到 10^{-6}。当检测到一个码字错误时，整个码字将被丢弃。然而，实际系统配置要复杂得多。对于多用户系统，调制器之前须插入多路复用。对于多站系统，在发射机之前要插入一个多路接入控制级。在一些复杂系统中，还可以对系统进行扩频和加密。

3.2　数字通信系统：调制与解调

在图3.1的数字通信系统中引入了调制解调技术，具体如图3.2所示。这是

一个简化的系统模型，用以理解和分析整个调制和解调过程。这个模型剔除了与调制不相关的部分，从而凸显相关部分。如参考文献［1］所述，最近的成熟技术常将调制和信道编码结合在一起[5]，将信道编码看作调制的一部分，同样，将信道译码看作解调的一部分。

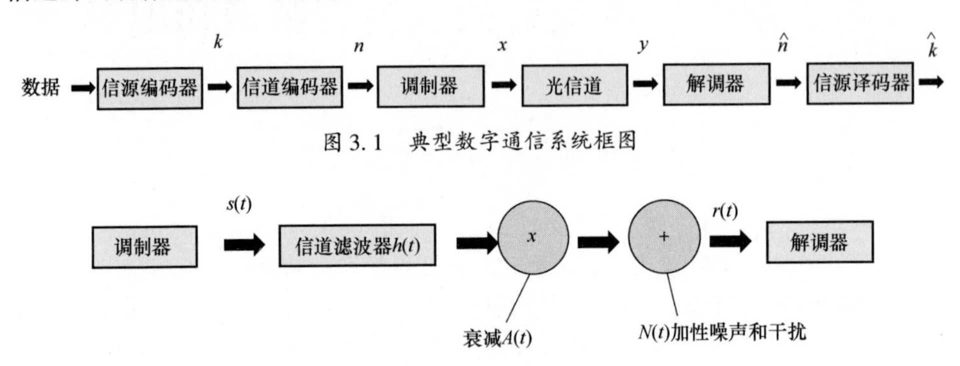

图 3.1　典型数字通信系统框图

图 3.2　数字通信系统调制解调模型

来自调制器的信号 $s(t)$ 在到达解调器之前，必经过发射机、通信信道（传输媒介）和接收机（图 3.2 中未画出）。在解调器的输入端，接收到的信号描述如下：

$$r(t) = A(t)[s(t) * h(t)] + n(t) \tag{3-1}$$

式中：$h(t)$ 为信道滤波器的脉冲响应；$*$ 表示卷积；$A(t)$ 为衰减信道中（随时间而变化）的乘性因素；$n(t)$ 为加性噪声和干扰。

信道传输方程可归结为发射机、信道和接收机的方程，如下：

$$H(f) = H_T(f) H_C(f) H_R(f) \tag{3-2}$$

式中：$H_T(f)$，$H_C(f)$，$H_R(f)$ 分别为发射机、信道和接收机的传输方程。代入式（3-2），信道滤波器的脉冲响应为

$$h(t) = h_T(t) * h_C(t) * h_R(t) \tag{3-3}$$

式中：$h_T(t)$、$h_C(t)$、$h_R(t)$ 分别为发射机、信道和接收机的脉冲响应。

式（3-1）中的 $A(t)$ 代表来自大气信道的衰减。当光波在大气湍流中传播时，$A(t)$ 随着光波的随机强度起伏，带有随机信号特性。因此，$A(t)$ 的精确形式是不确定的，但可通过最新的传播模型对其统计分布进行估计。

3.3　FSO 通信信道模型

要设计和优化 FSO 通信系统性能，首先要掌握其信道特性，在此基础上才能采用恰当的调制，以达到通信系统的需求。针对不同的信道条件，研究不同的调

制方案可优化系统性能。本节讨论关于大气光通信的一些重要信道模型。

3.3.1 加性高斯白噪声（AWGN）信道

加性高斯白噪声信道是一种用于研究调制方案的通用信道模型。当信号在信道中传播时，该模型给信号附加高斯白噪声。从频域上看，对所有频率的幅频响应是平滑的（无限带宽），相频响应是线性的[1]。信号在信道中传播会因高斯白噪声的引入而产生畸变。由式（3-1），接收信号（不考虑衰落）可简化为

$$r(t) = s(t) + n(t) \tag{3-4}$$

式中：$n(t)$ 为加性高斯噪声，其概率密度分布为

$$p(n) = \frac{1}{\sqrt{2\pi\sigma_n^2}} e^{-\frac{n^2}{2\sigma_n^2}} \tag{3-5}$$

式中：σ_n^2 为噪声方差。

严格意义上，AWGN 信道并不存在，因为实际信道不可能有无限的带宽。在实际情况中 FSO 通信信道包含 AWGN 和衰落信道。各种调制方案在 AWGN 下的性能是一个性能上界。

AWGN 信道和泊松信道的比较：在相干态下光子到达的统计特性是泊松分布，如从一个远高于接收阈值激光源所获得的分布即泊松分布。泊松分布的定义是，假设单位时间间隔内平均到达的光子数为 $\langle n \rangle = N_{\text{avg}}$，则在一个时隙 T 内检测到 η 个光子的概率可以写为

$$p\left[\frac{n}{N_{\text{avg}}}\right] = \frac{(N_{\text{avg}})^{\eta} e^{-N_{\text{avg}}}}{n!} \underset{N \to \text{large}}{=} \frac{e^{-\frac{(n-N_{\text{avg}})^2}{2N_{\text{avg}}}}}{\sqrt{2\pi N_{\text{avg}}}} \tag{3-6}$$

式（3-6）中，等式右边是泊松分布的离散高斯近似。在观察时间 T 内光子的平均数值可写为

$$N_{\text{avg}} = \frac{\eta P}{h\nu} T = \eta \text{PPB} \tag{3-7}$$

式中：η 为检测效率；P 为入射光功率；$h\nu$ 为能量/比特；T 为比特周期。

光子到达的平均值 m 等于方差 σ^2，即

$$m = \langle n \rangle = \sum_0^{\infty} np\left[\frac{n}{N_{\text{avg}}}\right] = \sum_0^{\infty} \frac{n\,(N_{\text{avg}})^n e^{-N_{\text{avg}}}}{(n)!} = N_{\text{avg}} \tag{3-8}$$

$$\sigma_{\text{sn}}^2 = \langle (n - \langle n \rangle)^2 \rangle = \sum n^2 \frac{(N_{\text{avg}})^n e^{-N_{\text{avg}}}}{n!} - N_{\text{avg}}^2 = N_{\text{avg}} \tag{3-9}$$

因此，信噪比（SNR）为（考虑功率）

$$\text{SNR} = \frac{\langle n \rangle^2}{\langle \Delta n \rangle} = \frac{m^2}{\sigma_{\text{sn}}^2} = N_{\text{avg}} = \eta \text{PPB} \tag{3-10}$$

当平均计数增加，泊松分布变得越来越对称，最终转变为高斯分布（具有相同的均值和方差）。对于理想无噪声的光电探测器，探测不相关光子流生成的连

续时间光电流 $i(t)$ 的均值（信号）及其方差（噪声）如下：

$$i_{\mathrm{avg}} = \frac{\eta q P}{h\nu}, \sigma_{\mathrm{sn}}^{2} = 2q^{i_{\mathrm{avg}}B_{\mathrm{e}}} \tag{3-11}$$

式中：B_{e} 为电响应的噪声等效功率带宽；q 为电转换量。

3.3.2 带限信道

信道带宽小于信号带宽的信道是带限的。一些带限信道的例子包括多散射媒介，如雾、混浊介质、云、烟雾、灰尘、烟尘和雨等。最大的信道影响来自于大气闪烁，它会引起接收端信号计数的随机起伏、初始传输短脉冲的脉冲展宽以及随机传播时延等现象。信道中严重的湍流和多径散射现象会引起不可接受的符号错误概率。严格的带宽限制则会导致码间干扰（ISI）。这意味着探测器所接收的传输数据脉冲在时域被展开，可能超出其符号周期 T_{s}，对下一个或几个符号形成干扰，最终导致误比特率的增加。多径散射的脉冲响应方程和它对误比特率的影响（后续章节详述）见参考文献 [6]。脉冲展宽在多径散射介质下的误比特率相关理论及论述见参考文献 [7]，对抗 ISI 可采用信道补偿技术。

3.3.3 衰落和随机变化光信道

大气温度和压力的变化会引起 FSO 通信链路中大气折射率的随机改变。大气湍流导致光强产生时间和空间的起伏，称为光信号的大气闪烁，会使得 FSO 通信性能严重下降。光无线通信（OWC）还会受到另一种称为衰落的负面效应的影响，这是一种信号幅度和相位在一个很短的时间或传输距离上快速变化产生的现象。衰落现象由在微小时间间隔内到达接收机的两个或多个传输信号干涉形成[1]。由此产生的信号由所有到达接收机的多径波形组合而成，这些多径波形在幅度和相位上可能有很大变化。在移动通信信道中，例如，在移动车辆之间、在移动车辆和固定终端之间，或在移动卫星频道上，多径干扰及衰落是由附近的建筑物和地面的反射引起的。同样，在移动终端（发射机或接收机）间的相对运动会在每个多径上引起多普勒频移，导致信号的随机频率调制。闪烁效应同样会加剧衰落的多径干涉现象。多径所产生的 ISI、载波频移和由多普勒频移产生的信号带宽扩展，将对 FSO 通信性能产生严重的影响。因此，研究 FSO 通信系统在衰落和随机变化光信道下的调制性能非常重要。

3.4 FSO 通信的调制方法

FSO 通信系统通常调制光源的强度，以传输信息。对于数字式的数据传输方式，数字调制提供信源编码（数据压缩）、信道编码（检错/纠错），以及多路信息流的简单复用技术。按位（二进制编码）方式或按比特－码字方式（分组编码）都可用于传输数据。光载波可用其幅度、频率、相位和偏振实现调制。FSO通信的调制不同于无线电调制，目前可实现的调制是强度调制（IM），是将所需要传递的信号波形调制到载波的瞬时功率上。在接收端，最常用的方法是直接检测（DD），在该方式下，光电探测器根据接收到的瞬时功率产生相应大小的电流。IM/DD的可靠性对光通信系统的设计具有重要影响[8]。需要注意的是，传输信号不可能为负，即承载信息的传输信号强度不能为负。因此，调制系数必须设置为满足非负约束条件。这与射频调制方式不同，在射频调制中，正交幅度调制信号（QAM）的调制参量是信号的幅度和相位，是复信号。适用于FSO通信系统的调制方案有很多种。因为平均发射功率受限，常比较不同调制方式下的平均接收光功率，从而在给定的数据速率下实现所需的误比特率。为最大化峰值功率与平均功率的比值，需要一种高功率效率的调制方案。强度调制直接检测（IM/DD）是OWC系统中最实用的技术，由于实现简单经济，二进制式是目前最受欢迎的方案。其他复杂方案可以在牺牲功耗和鲁棒性的前提下提供更好的带宽效率。在FSO通信系统中，已经提出多种不同的调制技术，在不同的信道和环境条件下，每种调制方案有其特有的吸引力和特定的应用场景。一个FSO通信系统的合理设计需要正确地选择特定的调制技术。衡量不同调制方式性能的基本指标如下。

1. 功率效率

这可能是最重要的一项考虑因素。因为基于眼睛和皮肤安全的考虑，可用的传输光功率是有限的。调制方案通常根据所需要的平均光功率（或SNR）进行比较，以在给定的数据速率下获得所期望的误码性能。

2. 带宽效率

一个FSO通信系统最终受限于子系统的带宽，例如光电探测器和多径信道（是由诸如雾、气溶胶等浑浊介质，以及漫射非视距链路等产生）。因此，在选择调制方式时，带宽效率是一个非常重要的设计考虑因素。

3. 简易性及执行成本

调制方案对FSO通信系统非常重要。在某种情况下，FSO工作时信道引入的耗散和各种外部噪声源必须加以考虑，如前面提到的调制光源强度以传输信号的情况。数字式数据传输包括信源编码（数据压缩）、信道编码（差错控制），以及简单的多路信息流复用技术，数字数据可用于按位（二进制编码）传输，或按比特－码字的方式（分组编码）的传输。

以下将讨论一些FSO通信中常用的调制方案。

3.4.1 开关键控（OOK）

开关键控（OOK）调制是FSO通信系统中的主要调制方式。由于简单且天然适应于激光非线性特性，OOK被广泛应用于FSO通信系统中。OOK可用非归零（NRZ）或归零（RZ）脉冲格式。在 NRZ - OOK 中，光脉冲的峰值功率 $\alpha_e P_T$（ α_e = 光源消光比，$0 \leqslant \alpha_e \leqslant 1$ ）表示数字符号“0”，而光脉冲峰值功率 P_T 表示数字符号“1”。光脉冲的有限持续时间与符号持续时间 T 相同。

与 FSO 通信相关的 OOK 的基础知识： 对于 OOK 方式，发射机和接收机硬件相对简单。作为一种二进制振幅开关键控（ASK），OOK 是一种 IM 形式，其二进制信息由单个符号内有或没有光信号能量所表示。在接收端，“1”“0”的判别取决于接收到的符号能量是高于或低于某一预先设定的阈值。$R_b = 1/T_b$ 表示比特率，T_b 是一个比特的持续时间，直接与发射机光源的开关速率相关。OOK 的归一化发射脉冲形式为

$$P(t) = \begin{cases} 1, & t \in [0, T_b] \\ 0, & \text{其他} \end{cases} \tag{3-12}$$

OOK 也称为二进制 ASK。ASK 的载波幅度随信息而变化，其他参数则保持不变。比特“1”由一个具有特定幅度的载波进行传输；比特“0”则在保持频率不变情况下，改变载波幅度。OOK 是 ASK 的一种特殊形式，其一个幅度值降为零，如图 3.3 所示。

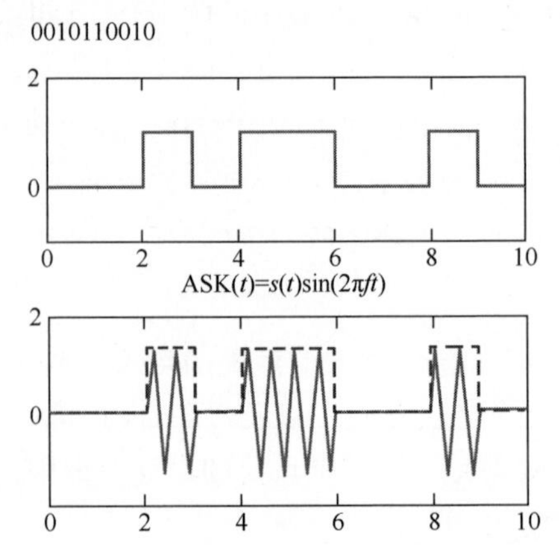

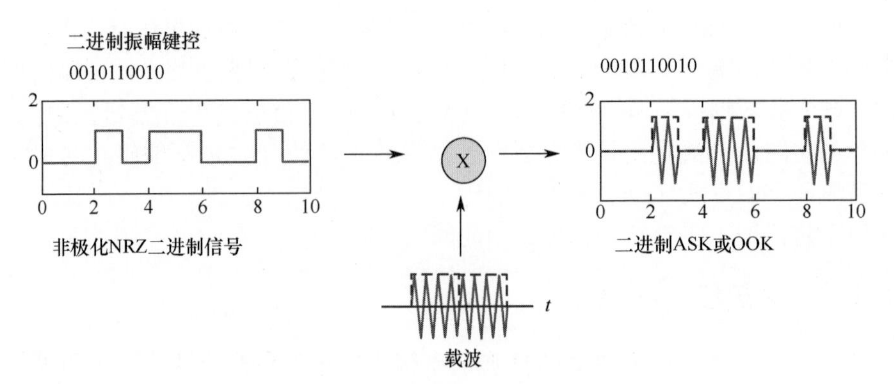

图 3.3　二进制 ASK（OOK）信号

OOK 调制下 FSO 链路的误比特率（BER）：对于 FSO 数字通信系统而言，其目标是在尽可能大的距离上每秒传输尽可能多的比特，同时产生尽可能低的错误[6]。电数据信号通过调制器转换为光信号。有光脉冲发射表示发“1”，没有脉冲输出表示发“0”。每秒传输“1”“0”的数量决定了 FSO 通信的链路速率（数据速率）。在链路的接收终端，光信号通过一个光电转换器（如光电探测器）进行检测。然后由判决电路识别信号中的“1”和“0”，从而恢复所传递的信息。对数字通信系统而言，信息是以数字符号的形式在光链路中传输的。这一过程首先须将信源信息编码为二进制符号（比特），并将这些信息以某种编码的形式传递，例如按位编码（二进制编码）。然后再通过传递代表比特信息的两种光场中的一个来单独传递每个比特。本节仅考虑直接检测（DD）系统，其标准的二进制调制规则是依据数据比特决定光源（激光器或 LED）的“开”或“关”，这种方式称为 OOK。在接收端，OOK 解调主要取决于脉冲时隙内是否有足够的光能量。门限的选择决定了最佳的正确解调性能，以及最小的差错概率，从而确定系统的误比特率。后续还会讨论其他的调制方式。

对于采用强度调制（IM）的 FSO 通信系统而言，合适的信道模型取决于背景光。背景光较小时，接收信号可看做泊松过程，取决于接收信号的瞬时光功率和背景光功率。当背景光为零时，信道是量子受限的。当存在较大背景噪声时，宽带光电探测器的散弹噪声用高斯噪声加直流偏置的方式建模更加准确。

高斯信道下（不考虑湍流）的误比特率（BER）：如前所述，归一化的 OOK 发射脉冲形式如式（3-12）所示。在解调端，接收脉冲在一个比特周期内进行积分，然后采样并与一个门限值进行比较，从而判别为比特“1”或“0”，称为极大似然接收机，使得误比特率最小。在判别所传输实际符号的过程中，可能会由于探测器噪声和随机噪声（可近似为高斯分布）而产生误差。不失一般性，在分析接收信号电流的概率分布时，可将接收面积归一化为 1，此时光功率可以用光强 I 来表示。此时 OOK 系统接收的光电流信号可表示为[9]

$$i(t) = RI\left[1 + \sum_{j=-\infty}^{\infty} d_j g(t - jT)\right] + n(t) \tag{3-13}$$

式中：R 为 PIN 光电探测器的响应度；$n(t) \sim N(0,\sigma^2)$，为加性高斯白噪声；$g(t - jT)$ 为脉冲波形函数；$d_j = [-1,1]$。

在接收端，接收信号被送入门限探测器，与预先设置的门限进行比较。数字通信系统的性能一般不直接用信噪比进行衡量，而是由差错概率（或称误比特率）来衡量。

在不考虑湍流的情况下，假设误码由接收机噪声引起，则可用散弹噪声和热噪声来表示，从而计算出系统误比特率。因此，接收机在判别实际传输的符号时可能会产生错误。“0”被错判为“1”可用 $p_r(1/0)$ 表示，同样，“1”错判为“0”可用 $p_r(0/1)$ 表示，则总的误码概率为

$$\mathrm{BER}=p_0p_r(1\mid 0)+p_1p_r(0\mid 1) \tag{3-14}$$

式中：p_0、p_1 分别为二进制“0”和二进制“1”的传输概率；$p_r(0/1)$、$p_r(1/0)$ 为上述条件概率。注意 $p_0+p_1=1$。如果两种符号具有相同的传输概率，则 $p_0=p_1=1/2$。在接收端，接收信号送入门限检测器，并与预先设置的门限值进行比较。如果接收信号高于门限值，则认为接收到符号“1”，反之则为认为接收到符号“0”。

如上述 OOK 传输方式，只有噪声和信号加噪声的概率分布均可认为服从高斯分布。对于某一确定门限值下的错误概率为

$$p_r(1|0)=\frac{1}{\sqrt{2\pi}\sigma_n}\int_{i_T}^{\infty}\mathrm{e}^{-\frac{i^2}{2\sigma_n^2}}\mathrm{d}i=1/2\mathrm{erfc}\left(\frac{i_T}{\sqrt{2}\sigma_n}\right) \tag{3-15}$$

$$p_r(0|1)=\frac{1}{\sqrt{2\pi}\sigma_n}\int_{i_0}^{i_T}\mathrm{e}^{-\frac{(i-i_S)^2}{2\sigma_n^2}}\mathrm{d}i=1/2\mathrm{erfc}\left(\frac{i_S-i_T}{\sqrt{2}\sigma_n}\right) \tag{3-16}$$

式中：总的探测器输出电流 $i=i_S+i_n$；i_S 为信号电流；i_n 为方差为 σ_n^2 的探测器（接收机）噪声电流。信号电流 i_S 表示为 $i_S=RI$（式（3-13）），其中 I 是光强，为功率/接收机面积（P_S/A），当接收机面积归一化为 1 时，$I=P_S$。

因此，$i_S=RP_S$，P_S 是脉冲信号功率。对于等概符号，即 $p(0)=p(1)=0.5$（式（3-14））的情况，此时最优门限值是 $i_T=\frac{1}{2}i_S=\frac{1}{2}RI$，则总的错误概率为（由式（3-14）、式（3-16））

$$p_r(\mathrm{e})_{\mathrm{OOK}}=\mathrm{BER}_{\mathrm{OOK}}=1/2\mathrm{erfc}\left(\frac{i_S}{2\sqrt{2}\sigma_n}\right)=1/2\mathrm{erfc}\left(\frac{\mathrm{SNR}_0}{2\sqrt{2}}\right) \tag{3-17}$$

式中：erfc（x）为互补误差函数，定义为

$$\mathrm{erfc}(x)=\frac{2}{\sqrt{\pi}}\int_x^{\infty}\mathrm{e}^{-u^2}\mathrm{d}u \tag{3-18}$$

$$\mathrm{SNR}_0=\frac{i_S}{\sigma_n}=R\frac{P_S}{\sigma_n} \tag{3-19}$$

式（3-17）是 OOK 调制方式在 AWGN 信道下（不考虑湍流和衰减）的误比特率表达式。

大气湍流下的 OOK 调制系统误比特率：在大气湍流下，门限值 i_T 不再是表示信号等级的符号“0”和“1”的一个固定的折中值。由式（3-14）可知，计算 OOK 调制方式下的误比特率，需要知道符号“0”和“1”的条件概率 $p_r(1\mid 0)$ 和 $p_r(0\mid 1)$。对应比特“0”的传输信号为零，其接收信号只有高斯噪声。由于闪烁属于一种乘性干扰，主要影响数据“1”，即湍流噪声和高斯噪声将同时作用于比特“1”的传输。换言之，条件错误概率需要引入湍流影响（将式（3-13）的响应度 R 归一化，并将光强表征为时间的函数 $I(t)$）：

$$r(t) = I(t)\left[1 + \sum_{j=-\infty}^{\infty} I(t) d_j g(t - jT)\right] + n(t) \tag{3-20}$$

比特“0”和“1”的信号电流可写为

$$r(t) = \begin{cases} n(t), & d_j = -1 \\ 2I(t) + n(t), & d_j = 1 \end{cases} \tag{3-21}$$

假设 $n(t)$ 和 $I(t)$ 的方差分别为 σ_n^2 和 σ_I^2，则传输的比特“0”和“1”转换成电信号后的概率密度函数为

$$p(r|0) = \frac{1}{\sqrt{2\pi}\sigma_n} \mathrm{e}^{-r^2}/2\sigma_n^2 \tag{3-22}$$

$$p(r|1) = \int_0^{\infty} p(r|1, x) p(x) \mathrm{d}x \tag{3-23}$$

式中：边缘概率 $p(r/1)$ 由在闪烁统计下对条件概率密度函数 $r(t)$ 的平均来进行修正。注意，$d_j = +1$ 时，$r(t) = 2I(t) + n(t)$。用变量 x 代替 I，$p_r(r|1, x)$ 可写为

$$p_r(r|1, x) = \frac{1}{\sqrt{2\pi}\sigma_n} \exp\left[-\frac{(r - 2x)^2}{2\sigma_n^2}\right] \tag{3-24}$$

$p(i)$ 是 I 在湍流条件下的概率密度函数，注意在式（3-23）中，变量 I 改为 x，具有相同的概率密度函数。目前已有几种用于描述闪烁的大气信道模型：弱湍流条件下，对数正态分布是一种被广泛使用的闪烁模型；在中等到强湍流条件下，常用 Gamma-Gamma（GG）分布模型。第 2 章给出了 GG 分布下的光强分布概率密度函数模型为[10]

$$p(I) = \frac{2}{\Gamma(\alpha)\Gamma(\beta)I} (\alpha\beta I)^{\frac{\alpha+\beta}{2}} K_{\alpha-\beta}(2\sqrt{\alpha\beta I}),\ I > 0 \tag{3-25}$$

式中：I 为归一化的光强；α，β 为概率密度分布函数的参数；$\Gamma(\cdot)$ 为 Gamma 函数。

参数 α 和 β 可由 Rytov 方差 σ_R^2 定义为

$$\alpha = \left\{\exp\left[\frac{0.49\sigma_R^2}{(1 + 1.11\sigma_R^{12/5})^{5/6}}\right] - 1\right\}^{-1} \tag{3-26}$$

$$\beta = \left\{\exp\left[\frac{0.51\sigma_R^2}{(1 + 0.69\sigma_R^{12/5})^{5/6}}\right] - 1\right\}^{-1} \tag{3-27}$$

从式（3-23）～式（3-25）可得，$p(r|1)$ 为[11]

$$\begin{aligned} p(r|1) &= \int_0^{\infty} \frac{1}{\sqrt{2\pi}\sigma_n} \mathrm{e}^{-\frac{(r-2x)^2}{2\sigma_n^2}} \frac{2(\alpha\beta x)^{\frac{\alpha+\beta}{2}}}{\Gamma(\alpha)\Gamma(\beta)x} K_{\alpha-\beta}(2\sqrt{\alpha\beta x}) \mathrm{d}x \\ &= \frac{1}{\sqrt{2\pi}\sigma_n} \frac{2(\alpha\beta)^{\frac{\alpha+\beta}{2}}}{\Gamma(\alpha)\Gamma(\beta)} \int_0^{\infty} x^{\frac{\alpha+\beta}{2}-1} K_{\alpha-\beta}(2\sqrt{\alpha\beta I}) \mathrm{e}^{-\frac{(r-2x)^2}{2\sigma_n^2}} \mathrm{d}x \end{aligned} \tag{3-28}$$

令门限 $T>0$，则误比特率可写为

$$p_r(\mathrm{e})_{\mathrm{OOK}} = \mathrm{BER}_{\mathrm{OOK}} = p(0)\int_T^{\infty} p(r|0)\,\mathrm{d}r + p(1) - \int_T^{\infty} p(r|1)\,\mathrm{d}r =$$

$$\frac{1}{2}p(0)\,\mathrm{erfc}\left(\frac{T}{\sqrt{2}\sigma_n}\right) + \frac{p(1)\ (\alpha\beta)^{\frac{\alpha+\beta}{2}}}{\Gamma(\alpha)\Gamma(\beta)}\int_0^{\infty} x^{\frac{\alpha+\beta}{2}-1}\cdot K_{\alpha-\beta}(2\sqrt{\alpha\beta x})\,\mathrm{erfc}\left[\frac{2x-T}{\sqrt{2}\sigma_n}\right]\mathrm{d}x \tag{3-29}$$

等概 OOK 调制下最大后验概率（MAP）逐符号检测的似然方程为

$$\Lambda(r) = \frac{p(r|1)}{p(r|0)} = \frac{2\ (\alpha\beta)^{\frac{\alpha+\beta}{2}}}{\Gamma(\alpha)\Gamma(\beta)}\int_0^{\infty} x^{\frac{\alpha+\beta}{2}-1} K_{\alpha-\beta}(2\sqrt{\alpha\beta x})\,\mathrm{e}^{-\left[\frac{4x(x-r)}{2\sigma_n^2}\right]}\mathrm{d}x \tag{3-30}$$

在不同的 Rytov 方差 σ_R^2 和噪声方差 σ_n^2 下，当满足方程 $\Lambda(r)=1$ 时，可得到最优门限 T（因为参数 α 和 β 通过式（3-26）和式（3-27）与 σ_R^2 相关）。接收机必须能够自适应地选择门限值来达到最优性能，前提是 σ_R^2 已知。

需要注意的是：当一个 FSO 通信系统采用固定门限（比特 1 相对应的平均接收信号的 1/2）时，将无法在变化的大气湍流条件下得到最优的性能。最优门限能够优化通信系统的性能，假设固定门限 $T=0.5$，最优门限由式（3-30）得到，图 3.4 所示为 OOK 调制方式下，采用最优门限时通信性能的提高情况。可以看出，误比特率显著降低。

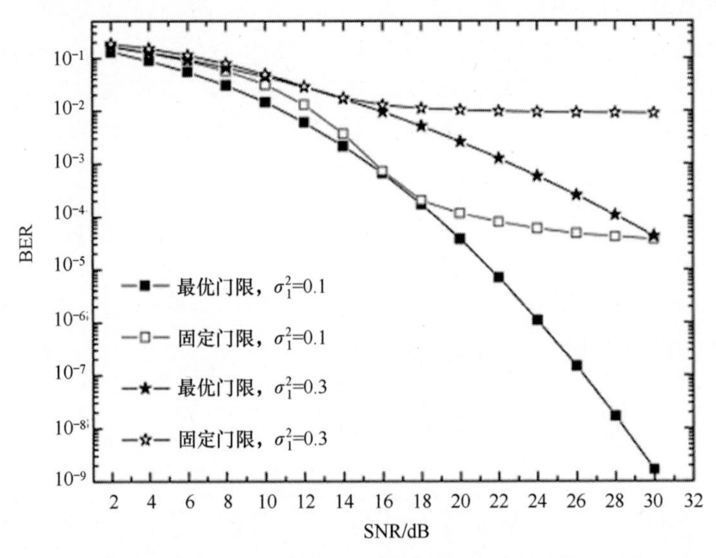

图 3.4　OOK 调制方式，Gamma-Gamma 湍流模型下的误比特率关于 SNR 的曲线：不同湍流强度下最优门限和固定门限的比较（转载于 Optica Applicata，2009）[11]

3.4.2　脉冲位置调制

脉冲位置调制（Pulse position Modulation，PPM）是一种提高 FSO 通信系统传输效率的调制技术。PPM 是一种正交基带调制技术，由于其相比其他基带调制技术具有更高的功率效率，因此广泛应用于光通信中。该技术可用于改善 OOK 的功率效率，但其代价是增加了带宽需求及复杂性。高功率效率特性使其能较好地适应低功耗的手持式设备、便携式点对点光通信和掌上机。

FSO 通信中的 PPM 基础：一个 M-PPM 符号包含 L 个（$=2^M$，$M>0$ 是整数）时隙，其中一个时隙上有脉冲，其余时隙为空。信息通过在单个时隙上发送一个非归零的光信号，而其他时隙上不发送光来传输信息。每个分组包含 $\log_2 M$ 个数据比特，映射为 M 种可能的符号，标号 M－PPM 通常用于表示阶数。每个符号包含一个恒定功率为 P 的脉冲，占据一个时隙，其余 $M-1$ 个时隙是空的。脉冲位置与 $\log_2 M$ 个数据比特的十进制值相对应。如此，用脉冲在符号内的相对位置完成对信息的编码。

PPM 可以是连续的或量化的 PPM，短时载波脉冲开始后的时延设置为与信息抽样幅度是成比例的。表示一个持续时间 τ 的 PPM 波形的载波集合可写为

$$E_M(t) = A_c \cos\omega_0 t, t_n + \tau_d \leqslant t \leqslant t_n + \tau_d + \tau \tag{3-31}$$

式中：载波脉冲上升沿的时间延迟 τ_d 与时间 t_n 的关系为

$$\tau_d = \frac{\tau_p}{2}[1 + M(t_n)] \tag{3-32}$$

在模拟调制系统中，模拟信号 $M(t)$ 是连续变化的。在大多数脉冲调制系统，承载信息的信号是时域采样信号，图 3.5 所示为模拟信号 PPM 调制示意图。

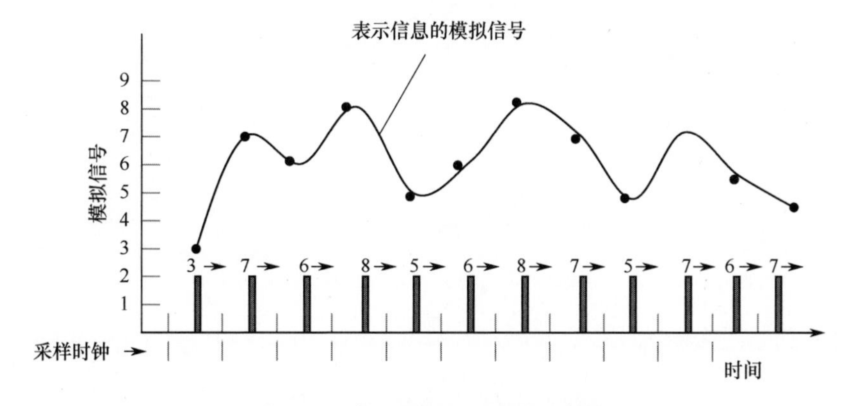

图 3.5　模拟信号 PPM 调制示意图

为了理解 PPM 方案中的数字信号，需要注意的是：脉冲位置表示了传输的信息。平均功率可表示为 $P_{\text{PPM}} = \dfrac{A^2}{L}$，其中 A 是脉冲幅度，$L = 2^M$，M 是输入数据比特分辨率。令 R_b 为输入数据速率，则 PPM 的时隙周期 $T_S = \log_2 L/LR_b$。例如，如果 $L=4=2^2$，则 $M=2$，有 $T_S = \log_2 4/4R_b = 2/4R_b = 1/2R_b$。图 3.6 所示为 4-PPM 映射到发射机（激光器）功率的示意图。

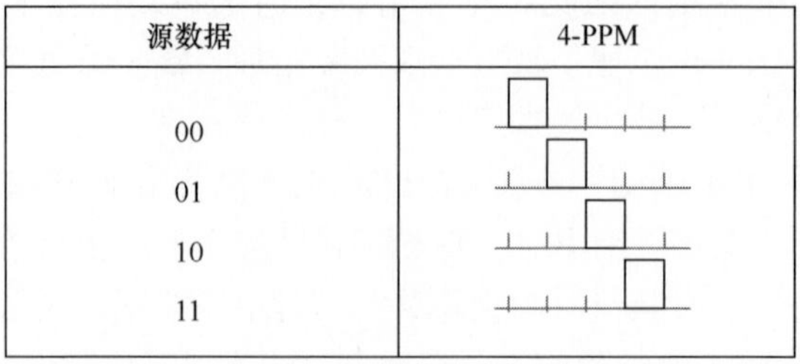

源数据	4-PPM
00	
01	
10	
11	

图 3.6　4-PPM 的脉冲位置比特分配图样（将源数据映射到传输的符号）

图 3.6 描述了 4-PPM 调制下比特形式到脉冲形式的分配方案。在接收端，接收机通过判断 M 个时隙中所包含的光脉冲来检测已编码的 PPM 符号，然后执行逆映射恢复比特流。图 3.7 所示为采用 4-PPM 调制的信息比特为 10110001 的例子。

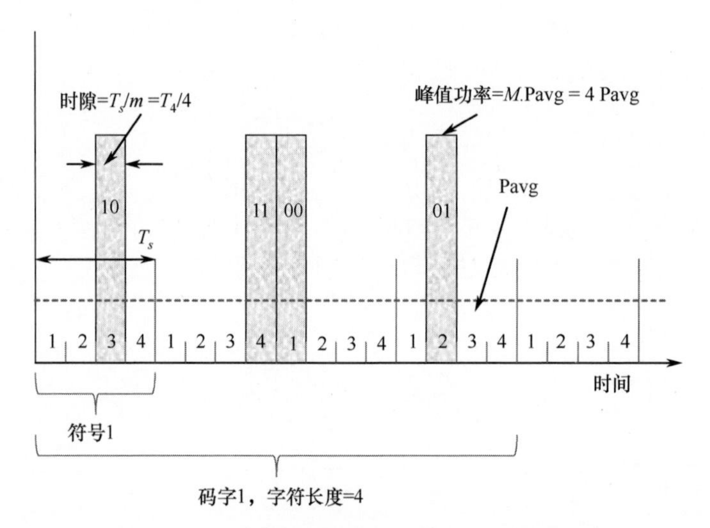

图 3.7　4-PPM 调制下信息序列 10110001 的示例

PPM 信号可表示为

$$x(t) = LP\sum_{R=0}^{L-1} c_k p(t - kT/L) \tag{3-33}$$

式中：$[c_0, c_1, \cdots, c_{L-1}]$ 为 PPM 码字；$p(t)$ 为周期为 T/L 的具有单位高度的矩形脉冲；$x(t)$ 代表 FSO 通信的光功率，因此必须满足

$$x(t) \geqslant 0 \text{ 且} \langle x(t) \rangle \leqslant P \tag{3-34}$$

式中：P 为发射机平均光功率的上限。

湍流大气中 PPM 的误比特率：在 FSO 通信链路中，M-PPM 方案的优点是检测不需要门限。在诸如手持设备等功率受限的 FSO 通信系统中，当不考虑大气湍流时，M-PPM 的平均发射功率需求会随着调制阶数 M 的增加而减少。然而，在大气湍流信道中，在一定的误比特率要求下，增加调制阶数并不能有效地减少 M-PPM 系统对发射功率的需求。为评价 PPM 方案下 FSO 通信系统的性能，本节给出了中等到强湍流下的平均误比特率。

IM/DD FSO 通信系统可通过如下方式建模：将需要传输的光源信号调制到瞬时光强上，通过大气湍流传输，然后由接收机的光电二极管进行接收。假设散弹噪声和热噪声服从零均值的高斯噪声统计特性，接收到的电信号 y（光电探测器的输出）可写为

$$y = RP_R x + n \tag{3-35}$$

式中：$x \geqslant 0$，为平均光功率为 $\langle x \rangle \leqslant P$ 的发射信号；R 为光电二极管的光电转换响应度；n 为一个与信号独立的零均值高斯白噪声，方差为 σ_n^2。

对于 M-PPM，一个数据符号包含 M 个时隙，一个时隙的 x 等于“1”，其余 $M-1$ 个时隙为“0”，将 $\log_2 M$ 个比特编码为一个符号。大气湍流下，接收光功率 P_R 会按照一定的概率密度分布特性发生随机起伏，该分布特性用于描述大气湍流。对大气湍流信道下的 FSO 通信，光电二极管接收到的平均光功率可用如下链路方程描述：

$$P_R(h) = P_T \eta_T \eta_R G_T G_R \left(\frac{\lambda}{4\pi L}\right)^2 h \tag{3-36}$$

式中：P_T 为平均发射功率；η_T 和 η_R 为发射机和接收机的光学效率；G_T 和 G_R 为发射和接收机增益；λ 为波长；L 为发射机到接收机的距离；h 为大气湍流引起的信道状态。

为了简便，假设发射机与接收机望远镜具有相同的增益：

$$G_T = G_R = (\pi D/\lambda)^2 \tag{3-37}$$

式中：D 为接收望远镜的直径。

假设 $\eta_T = \eta_R = \eta$，则

$$P_R(h) = P_T \left(\frac{\eta A}{\lambda L}\right)^2 h \tag{3-38}$$

式中：$A = \pi D^2/4$，为收发望远镜的面积。

假设随机信道状态 h 服从 GG 分布[4]：

$$f(h) = \frac{2\,(\alpha\beta I)^{\frac{\alpha+\beta}{2}}}{\Gamma(\alpha)\Gamma(\beta)I} h^{\frac{\alpha+\beta}{2}-1} K_{\alpha-\beta}(2\sqrt{\alpha\beta I}) \tag{3-39}$$

式中：$K_{\alpha-\beta}(\cdot)$ 为修正的第二类（$\alpha-\beta$）阶贝塞尔函数；$\Gamma(\cdot)$ 为伽马函数。

假设采用平面波传输，参数 α 和 β 可直接与大气条件相关联：

$$\alpha = \left\{\exp\left[\frac{0.49\sigma_R^2}{(1+0.18d^2+0.56\sigma_R^{12/5})^{7/6}}\right]-1\right\}^{-1} \tag{3-40}$$

$$\beta = \left\{\exp\left[\frac{0.51\sigma_R^2(1+0.69\sigma_R^{12/5})}{(1+0.9d^2+0.62d^2\sigma_R^{12/5})^{5/6}}\right]-1\right\}^{-1} \tag{3-41}$$

式中：$d = \sqrt{\frac{kD^2}{4L}}$，$k = \frac{2\pi}{\lambda}$，为光学波数；$D$ 为接收孔径面积；σ_R^2 为 Rytov 方差。对于平面波，则

$$\sigma_R^2 = 1.23c_n^2 k^{7/6} L^{11/6} \tag{3-42}$$

式中：C_n^2 为大气湍流强度，其变化范围为 $10^{-17}m^{-2/3}$（弱湍流）~ $10^{-12}m^{-2/3}$（强湍流）。

在信道状态为 h 的大气湍流影响下，M-PPM 的条件误比特率为[12]

$$\text{BER}(h) \approx \frac{M}{4}\text{erfc}\left[RP_R(h)\ \frac{\sqrt{M\log_2 M}}{2\sigma_n}\right] \tag{3-43}$$

式中：M 为 M-PPM 的调制阶数；erfc（·）为互补误差函数。

由式（3-36）和式（3-43）可得误比特率 BER（h）：

$$\text{BER}(h) \approx \frac{M}{4}\text{erfc}\left[RP_T\left(\frac{\eta A}{\lambda L}\right)\frac{\sqrt{M\log_2 M}}{2\sigma_n}h\right] \tag{3-44}$$

注意，BER（h）是一个条件误比特率，取决于大气湍流信道状态 h 的统计特性。信道状态 h 服从某种统计分布，在这里假设其服从 GG 分布，如式（3-39）。因此，用平均误比特率来评估 FSO 通信系统的性能更有意义。由于比特持续时间远小于大气湍流的相干衰落时间，因此可以看作慢衰落。式（3-44）对 $f(h)$ 求平均得到平均误比特率：

$$\langle \text{BER} \rangle = \int_0^\infty \text{BER}(h) f(h)\,\mathrm{d}h \tag{3-45}$$

通过式（3-39）和式（3-44），可得〈BER〉的表达式如下[13]：

$$\langle \text{BER} \rangle = \frac{M\ (\alpha\beta)^{\frac{\alpha+\beta}{2}}}{2\Gamma(\alpha)\Gamma(\beta)}\int_0^\infty h^{\frac{\alpha+\beta}{2}-1}K_{\alpha-\beta}(2\sqrt{\alpha\beta h})\,\text{erfc}\left\{RP_T\left(\frac{\eta A}{\lambda L}\right)^2\frac{\sqrt{M\log_2 M}}{2\sigma_n}h\right\}\mathrm{d}h \tag{3-46}$$

利用湍流参数 α 和 β 对式（3-49）进行数值化评估，M 和其他变量的定义如前所述。为将式（3-46）简化为封闭形式，K_ν（·）和 erfc（·）函数可表示为

$$K_\nu(\sqrt{z}) = \frac{1}{2}G_{0,2}^{2,0}\left\{\frac{z}{4}\middle|_{\frac{\nu}{2},\frac{\nu}{2}}^{-}\right\} \tag{3-47}$$

$$\text{erfc}(z) = \frac{1}{\sqrt{\pi}}G_{1,2}^{2,0}\left\{z^2\middle|_{0,\frac{1}{2}}^{1}\right\} \tag{3-48}$$

$G_{0,2}^{2,0}$ 和 $G_{1,2}^{2,0}$ 是 Meijer G 函数[14]。将式（3-47）和式（3-48）带入式（3-46），得

$$\langle \text{BER} \rangle = \frac{M\ (\alpha\beta)^{\frac{\alpha+\beta}{2}}}{4\pi\Gamma(\alpha)\Gamma(\beta)}\int_0^\infty h^{\frac{\alpha+\beta}{2}-1}G_{0,2}^{2,0}\left\{\middle|_{\frac{\alpha-\beta}{2},\frac{\beta-\alpha}{2}}^{-}\right\}G_{1,2}^{2,0}\left\{R^2\frac{P_T^2 M\log_2 M}{4\left(\frac{\lambda L}{\eta A}\right)^4\sigma_n^2}h^2\middle|_{0,\frac{1}{2}}^{1}\right\}\mathrm{d}h \tag{3-49}$$

Meijer G 函数在诸如 Maple、Mathematica 等数学软件包中是标准的内嵌函数，可

直接调用。

式（3-49）最终的封闭解析式为[13]

$$\langle \mathrm{BER} \rangle = \frac{M(2^{\alpha+\beta-4})}{\pi^{\frac{3}{2}}\Gamma(\alpha)\Gamma(\beta)} G_{5,2}^{2,4}\left\{ 4R^2 \frac{P_{\mathrm{T}}^2 M \log_2 M}{\left(\frac{\alpha L}{\eta A}\right)^4 \sigma_n^2 (\alpha\beta)^2} \middle| \begin{matrix} \frac{1-\beta}{2}, \frac{2-\beta}{2}, \frac{1-\alpha}{2}, \frac{2-\alpha}{2}, 1 \\ 0, \frac{1}{2} \end{matrix} \right\} \quad (3\text{-}50)$$

图3.8所示为采用2PPM和4PPM两种FSO通信系统时，平均误比特率与传输功率 P_T 的关系曲线。对中等湍流强度，调制阶数 M 对平均误比特率的影响较大；而当湍流强度变为强湍流后，增加 M 并不能改善误比特率性能，因此意义不大。误比特率曲线对于设计不同湍流情况下的实际FSO通信系统具有重要的指导意义。

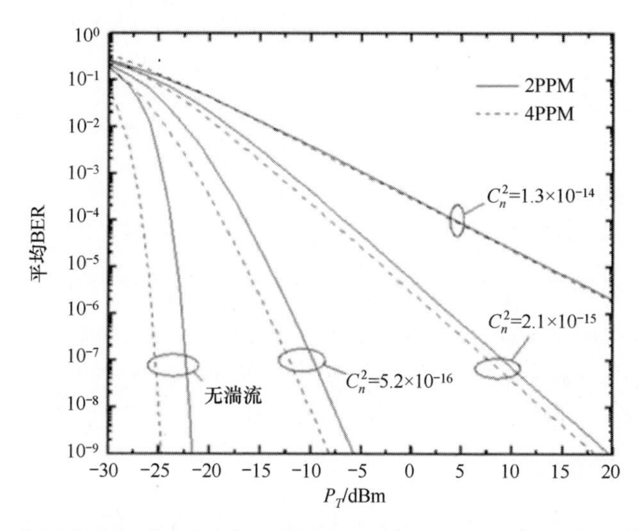

图3.8　假设衰落信道服从Gamma-Gamma分布时，不同湍流强度下2-PPM和4-PPM的平均误比特率与平均发射功率的关系（转载自IEEE，2010）[13]

3.4.3　二进制相移键控（BPSK）调制

相移键控是一种改变载波相位的调制技术。二进制相移键控（BPSK）的比特数（输出相位数）为2，一个相位表示“1”，另一个相位表示“0”。当输入数字信号改变状态时（从“1”到“0”或从“0”到“1”），输出载波的相位在相差180°（π）的两个角度之间进行变换。图3.9所示为BPSK调制概念。

FSO通信系统采用副载波相移键控（PSK）强度调制，数据序列首先进行PSK调制，这个过程可通过现有的低成本微芯片来实现。PSK信号上变频到中频（Intermediate Frequency，IF），这一过程可以通过当前使用的任意RF调制格式在发射机电路中实现。然后用调制后的电信号来控制发射光束的光强。在接收端，光电探测器将光信号转换为电信号，然后由选择滤波器和稳定振荡器等RF器件

完成解调。对于在大气湍流下，采用强度调制方式的 FSO 通信系统，接收光信号强度 $P(t)$ 可写为

$$P(t) = I(t)P_0(t) + \eta(t) \tag{3-51}$$

式中：$P_0(t)$ 为无湍流情况下的接收光强；$\eta(t) \approx N(0,\sigma_n^2)$，为 AWGN；$I(t)$ 表示由大气湍流引入强度增益的平稳随机过程。假设 $I(t)$ 的概率密度分布函数服从式（3-25）给出的 GG 分布，其参数 α 和 β 如式（3-26）和式（3-27）。

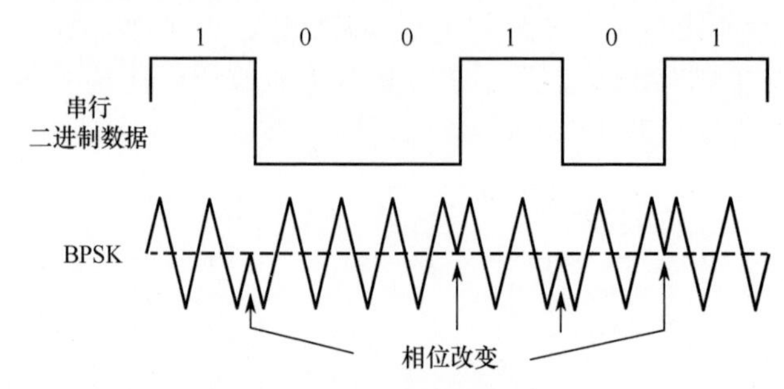

图 3.9 BPSK 调制概念

副载波 BPSK IM 方案的输出电信为[15]

$$\begin{aligned} r(t) = {} & I(t) + mI(t)[s_i(t)\cos(2\pi f_c t) - s_q(t)\sin(2\pi f_c t)] \\ & + \eta_i(t)\cos(2\pi f_c t) - \eta_q(t)\sin(2\pi f_c t) \end{aligned} \tag{3-52}$$

式中：$s_i(t)$ 和 $s_q(t)$ 分别为信号的同相和正交分量；$m \in (0,1)$，为调制指数；f_c 为载波频率；$\eta_i(t)$ 和 $\eta_q(t)$ 为窄带高斯白噪声过程，方差为 σ_n^2。对于副载波 BPSK 调制方式，门限值取 0，即 $T = 0$。接收信号的条件概率密度函数 $p(r|x)$ 为[11]

$$p(r|x) = \begin{cases} \dfrac{2}{\sqrt{2\pi}\sigma_n\Gamma(\alpha)\Gamma(\beta)}\left(\dfrac{\alpha\beta}{m}\right)^{\frac{\alpha+\beta}{2}}\displaystyle\int_0^\infty t^{\frac{(\alpha+\beta)}{2}-1}K_{\alpha-\beta}\left(2\sqrt{\dfrac{\alpha\beta t}{m}}\right)\mathrm{e}^{-\frac{(r-t)^2}{2\sigma_n^2}}\mathrm{d}t, & x = +1 \\ \dfrac{2}{\sqrt{2\pi}\sigma_n\Gamma(\alpha)\Gamma(\beta)}\left(\dfrac{\alpha\beta}{m}\right)^{\frac{\alpha+\beta}{2}}\displaystyle\int_0^\infty t^{\frac{(\alpha+\beta)}{2}-1}K_{\alpha-\beta}\left(2\sqrt{\dfrac{\alpha\beta t}{m}}\right)\mathrm{e}^{-\frac{(r+t)^2}{2\sigma_n^2}}\mathrm{d}t, & x = -1 \end{cases} \tag{3-53}$$

服从 GG 分布的大气湍流信道下的误比特率为[11]

$$\mathrm{BER} = \frac{(\alpha\beta)^{\frac{\alpha+\beta}{2}}}{\Gamma(\alpha)\Gamma(\beta)}\int_0^\infty x^{\frac{(\alpha+\beta)}{2}-1}K_{\alpha-\beta}(2\sqrt{\alpha\beta x})\,\mathrm{erfc}\left[\frac{mx}{\sqrt{2}\sigma_n}\right]\mathrm{d}x \tag{3-54}$$

当没有衰减（无湍流）且只考虑高斯白噪声情况下的误比特率为[15]

$$\mathrm{BER}_{\mathrm{AWGN}} = \frac{1}{2}\mathrm{erfc}\left[\sqrt{\frac{m^2}{2\sigma_n^2}}\right] \tag{3-55}$$

不失一般性，假设调制指数 $m = 1$。

在所有的湍流条件下，副载波 BPSK 的误比特率性能均优于 OOK，尤其是在

强湍流区域。

调制与解调的实现：在过去，需要用专门的电路来实现调制解调。现在，调制解调功能是通过软件实现的。首先，通过 DSP 算法将任务分配给调制和解调电路。DSP 电路可以是传统的可编程的 DSP 芯片，也可以通过固定数字逻辑实现算法的方式来实现。固定逻辑电路体积小、速度快，在调制和解调过程中具有低延时的优点。BPSK 方式需要一个有效的非线性放大器，从而可靠地再现幅度和相位信息。

BPSK 副载波强度调制：本节描述 FSO 通信中副载波 BPSK 强度调制的性能。在光副载波强度调制（Subcarrier Intensity Modulation，SIM）链路中，信源 $d(t)$ 预调制得到射频（RF）副载波信号，再通过连续波（CW）激光二极管来调制光载波强度。一种常用的相移键控是每改变一次二进制状态，正弦载波变换 180°，如图 3.9 所示。BPSK 的比特数为 2，一个相位代表逻辑"1"，另一个代表逻辑"0"。当输入数据信号状态改变时（如，从"1"到"0"或从"0"到"1"），输出载波在两个相隔 180°的相位之间转换。由于相位转换发生在过零点处，因此 BPSK 是相干的。这意味着 BPSK 的正确解调需要将信号与同相位的正弦载波进行比较，这一过程的实现需要载波恢复以及其他复杂电路。

信源数据 $d(t)$ 承载信息，首先预调制为 RF 副载波信号，然后通过一个连续波激光二极管调制到光载波强度上。$d(t)$ 通过 BPSK 被调制为 RF 副载波信号，其中，比特"1"和"0"分别表示两个相差 180°的相位。副载波信号 $m(t)$ 是正弦曲线，有正值和负值，在驱动激光二极管前，将一个直流电平 b_0 加在 $m(t)$ 上，这样偏置电流才会大于或等于激光二极管工作的门限电流。因此，传输光信号与 $m(t)$ 成正比，通过大气湍流传播，最终被接收机检测接收。在光电探测器前放置一个光学带通滤波器，以消除背景辐射，否则背景噪声会被光电探测器所接收。光电探测器将输入光功率转换为电信号，即瞬时光电流 $i_r(t)$：

$$i_r = RI(1 + \alpha m(t)) + n(t) \tag{3-56}$$

式中：R 为光电探测器的响应度；I 为接收光强，$I = 0.5I_{\text{peak}}$，I_{peak} 为峰值接收光强；α 为调制指数，满足 $|\alpha m(t)| \leqslant 1$；$n(t) \sim N(0,\sigma^2)$，为高斯白噪声，由热噪声和背景噪声引起，即 $\sigma^2 = \sigma^2_{\text{Thermal}} + \sigma^2_{B_g}$。考虑单个符号持续时间内，$m(t) = A(t)g(t)\cos(\omega_c t + \theta)$，其中 $A(t)$ 为副载波振幅，$g(t)$ 为矩形脉冲整形函数，ω_c 为载波角频率，θ 为相位。

大气湍流可采用 GG 模型[4,16]，该模型对弱、中等和强湍流下的所有情况都适用。GG 模型下接收光起伏的概率密度函数为[16]

$$p(I) = \frac{2\,(\alpha\beta)^{\frac{\alpha+\beta}{2}}}{\Gamma(\alpha)\Gamma(\beta)} I^{\frac{(\alpha+\beta)}{2}-1} K_{\alpha-\beta}(2\sqrt{\alpha\beta I}),\ I > 0 \tag{3-57}$$

对于平面波，参数 α 和 β 定义为

$$\begin{cases}\alpha = \left\{\exp\left[\dfrac{0.49\sigma_R^2}{(1+1.11\sigma_R^{12/5})^{7/6}}\right]-1\right\}^{-1} \\ \beta = \left\{\exp\left[\dfrac{0.51\sigma_R^2}{(1+0.69\sigma_R^{12/5})^{5/6}}\right]-1\right\}^{-1}\end{cases} \tag{3-58}$$

式（3-57）、式（3-58）中：σ_R^2 为 Rytov 方差；$K_{\alpha-\beta}(\cdot)$ 为（$\alpha-\beta$）阶的第二类修正贝塞尔函数；概率密度函数 $p(I)$ 及其参数已在第 2 章中讨论过。

BPSK 副载波强度调制下的 FSO 链路误比特率分析如下。

光电探测器输出的接收信号为（滤除直流分量，且在一个符号周期 T 内）[17]

$$i_r(t) = d_j RI\alpha Ag(t)\cos(\omega_c t) + n(t) \tag{3-59}$$

式中：$d_j \in \{1,-1\}$，为第 j 个数据符号的信号电平，对应于符号“1”和“0”；A 为副载波振幅，门限电平为零。

BPSK 解调器的输入电信号信噪比（SNR_e）为[19]

$$\mathrm{SNR}_e = \frac{(RI\alpha)^2 P_m}{2B_{el}(qRI_{B_g} + 2kT_e/R_L)} \tag{3-60}$$

式中：$P_m = (\frac{1}{T})\int_T m^2(t)\mathrm{d}t$，为副载波信号功率；$B_{el}$ 为无失真通过 $m(t)$ 所需的滤波器带宽；q 和 k 分别为转换系数和玻耳兹曼常数；I_{B_g} 为背景辐射光强；T_e 和 R_L 为温度和接收机电路负载电阻。

BPSK 相干检测的基带信号为

$$i_d(t) = d_j RI\alpha(A/2)\cos(\omega_c t) + n_d(t)$$

式中：$n_d(t) \sim N(0,\frac{\sigma^2}{2})$。

等概率数据符号下，当传输数据符号“0”时，由 $i_d(t)>0$ 的概率可得非条件误比特率为[16]

$$\mathrm{BER} = \int_0^\infty\int_0^\infty \frac{1}{\sqrt{\pi}\sigma}\exp\left[-\frac{(i_d+0.5RI\alpha A)^2}{\sigma^2}\right]p(I)\,\mathrm{d}i_d\,\mathrm{d}I = \int_0^\infty Q\left(\frac{IRA\alpha}{\sqrt{2\sigma^2}}\right)p(I)\,\mathrm{d}I \tag{3-61}$$

式中：噪声方差 $\sigma^2 = 2B_{el}(qRI_{B_g} + 2kT_e/R_L)$；$Q(\cdot)$ 为 Q 函数。

式（3-61）中的光强概率密度函数 $P(I)$ 由式（3-57）给出，代入式（3-61），得

$$\mathrm{BER} = \int_0^\infty Q\left(\frac{IRA\alpha}{\sqrt{2\sigma^2}}\right)\frac{2(\alpha\beta)^{\frac{\alpha+\beta}{2}}}{\Gamma(\alpha)\Gamma(\beta)}I^{\frac{(\alpha+\beta)}{2}-1}K_{\alpha-\beta}(2\sqrt{\alpha\beta I})\,\mathrm{d}I \tag{3-62}$$

调制指数归一化后，副载波解调器输入端的 SNR 可写为[18]

$$\mathrm{SNR}_e = \frac{R^2A^2I^2}{2\sigma^2} \tag{3-63}$$

因此，误比特率为[18]

$$\mathrm{BER} = \int_0^\infty Q(\sqrt{\mathrm{SNR}_e})\frac{2(\alpha\beta)^{\frac{\alpha+\beta}{2}}}{\Gamma(\alpha)\Gamma(\beta)}I^{\frac{(\alpha+\beta)}{2}-1}K_{\alpha-\beta}(2\sqrt{\alpha\beta I})\mathrm{d}I \tag{3-64}$$

式（3-64）没有封闭形式解，故需通过数值计算解决。图 3.10 给出了关于弱、中等和强湍流下误比特率与归一化信噪比的关系曲线。湍流下的归一化 $\mathrm{SNR}_e = (R \cdot E[I])^2/2\sigma^2$，$E[I]$ 是平均接收光强的期望值。

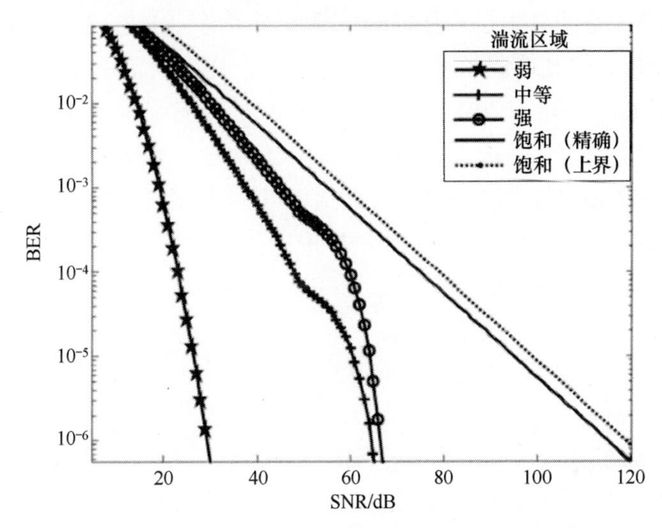

图 3.10 Gamma-Gamma 湍流大气中 BPSK 副载波强度调制下，BER 关于归一化信噪比的曲线（转载自 IEEE，2009）[17]

FSO 通信链路中的差分相移键控（Differential Phase Shift Keying，DPSK）调制：差分相移键控可以看作非相干的相移键控（PSK）。通过在发送端将下述两个基本操作进行结合的方式消除了在接收端对相干参考信号的需求：①对输入二进制波形进行差分编码；②PSK 调制。在 FSO 通信中，由于相比 OOK 有约 3dB 的灵敏度改善，且降低了峰值功率[5]，DPSK 获得了极大关注。由两个差分编码位之间的相对相位表示的两个正交符号携带二进制信息：“0”代表无相位变化，“1”表示有 π 相位的差异（映射关系相反也适用）。接收机具有存储功能，可以检测两个连续比特间隔接收波形的相对相位差。如果接收波形的相位 θ 变化非常慢（慢到足以认为在两个比特间隔上基本保持不变），那么两个连续比特间隔上接收波形的相位差将独立于未知的相位 θ。从两个比特间隔上看，DPSK 是另一种非相干正交调制的例子。DPSK 的误比特率为[5,19]

$$\mathrm{BER} = 1/2\exp\left(-\frac{E_b}{N_0}\right) \quad 或 \quad = 1/2\exp(-N_{\mathrm{avg}}) \tag{3-65}$$

式中：E_b 和 N_0 分别为每比特的信号和噪声能量；N_{avg} 为信噪比，等于每比特光子的平均数，即 $N_{\mathrm{avg}} = \mathrm{SNR}_{\mathrm{DPSK}}$。

在大气闪烁条件下，通过将式（3-65）在光强闪烁统计特性 $P(I)$ 上进行统计平均，可获得绝对误比特率，因此湍流条件下的下误比特率为

$$\mathrm{BER}_{\mathrm{Turbulence}} = \int_0^{\infty} 1/2\mathrm{e}^{-\mathrm{SNR}_{\mathrm{DPSK}}} P(I)\,\mathrm{d}I \tag{3-66}$$

假设 $P(I)$ 服从第 2 章介绍的 GG 分布，可通过对式（3-66）进行数值计算得到误比特率。图 3.11 给出了 DPSK 和 OOK 在不同湍流条件下的误比特率性能。图 3.11 中不考虑空间分集接收技术的情况（不考虑 SDRT）是关注的重点。

FSO 通信相关的其他调制方式：上述讨论了 FSO 通信中最常用的调制方式。实际上，除了上述 OOK、PPM、BPSK 和 DPSK 外，还有很多其他调制方式可选。如 M 阶频移键控（M-ary Frequency-shift Keying，M-FSK）、偏振位移键控（Polarization-shift Keying，PolSK）等，下面对其进行简要介绍。

多元频移键控（*M*-FSK）：在 M-FSK 中，用 M 个频率表示 M 个符号，每个符号有 $k = \log_2 M$ 个比特信息（类似于 PPM）。对于 M-FSK，带宽扩展直接影响调制带宽，且与发射接收机带宽有关[13]：

$$B_{E(M-\mathrm{FSK})} = \frac{R_{\mathrm{Data}}}{\log_2 M} = R_{\mathrm{sym}(M-\mathrm{FSK})} \tag{3-67}$$

发射接收机带宽需求通常低于或等于数据速率 R_{Data}。M-FSK 带宽的扩展可以认为是由 M 个频率的扩展引起的。这就要求设计一个并行的 M 通道接收机，从而增加复杂性。FSK 波形可具有 100% 占空比，这使它非常适合于发射机平均或峰值功率受限条件下的应用。对于并行的 TX 和 RX 设计，假设所有符号等概率出现，则每个通道的占空比近似为 $1/M$。FSK 调制的一般表达式为[20]

$$S_i(t) = \sqrt{\frac{2E}{T}}\cos(\omega_{it} + \phi), \quad 0 \leqslant t \leqslant T,\ i = 1,2,\cdots,M \tag{3-68}$$

式中：$S_i(t)$ 为发射信号，发射信号的持续时间 T 和能量 E 均相同。在一个符号持续时间 T 内，频率项 ω_i 含有 M 个离散值，相位项 ϕ 是任意常数，M 通常是 2 的非零次幂（2，4，8，16，…）。信号集可用笛卡儿坐标描述，这样每个相互垂直的坐标轴代表一个不同频率的正弦曲线，其符号错误的概率上界为[19]

$$P_e \leqslant \frac{1}{2}(M-1)\,\mathrm{erfc}\left(\sqrt{\frac{E}{2N_0}}\right) \tag{3-69}$$

M-FSK 非相干检测的符号错误概率为[19]

$$P_e = \sum_{k=1}^{M-1} \frac{(-1)^{k+1}}{k+1}\binom{M-1}{k}\exp\left(-\frac{kE}{(k+1)N_0}\right) \tag{3-70}$$

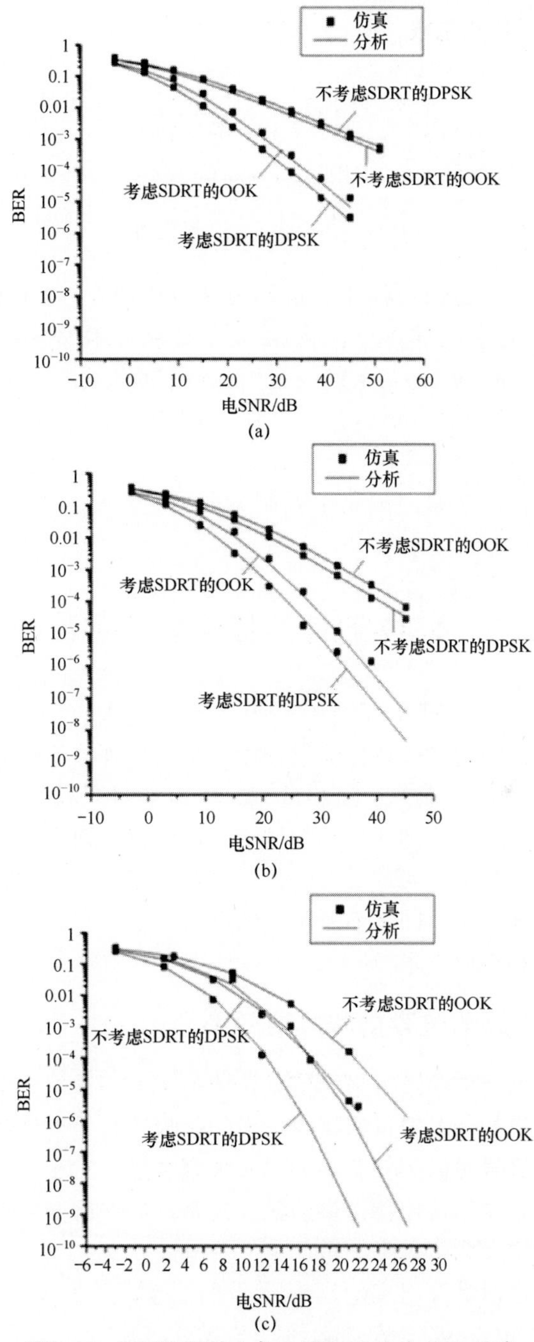

图 3.11 DPSK 调制方式下 FSO 通信的 BER 性能

(a) 强湍流信道；(b) 中等湍流信道；(c) 弱湍流信道。

同时比较了 OOK 调制方式下的误比特率，大气湍流信道采用 Gamma-Gamma 模型。注：图中的 SDRT 表示空间分集接收技术，主要关注不考虑 SDRT 的情况（转载自 IEEE，2009）[30]

式中：$\begin{pmatrix} M-1 \\ k \end{pmatrix}$为二项式系数，即

$$\begin{pmatrix} M-1 \\ k \end{pmatrix} = \frac{(M-1)!}{(M-1-k)!k!} \tag{3-71}$$

P_e 方程的第一项给出了 M-FSK 非相干检测时的符号错误概率上界：

$$P_e \leqslant \frac{M-1}{2}\exp\left(-\frac{E}{2N_0}\right) \tag{3-72}$$

偏振位移键控（PolSK）：使用二进制偏振位移键控（2-PolSK）可以在不增加峰值功率和带宽需求的前提下，将 M 元正交格式符号集扩展 1bit（每符号 1bit[21,34]），即 $M \to 2M$ 和 $k \to k+1$。一个二进制信息被编码进两个偏振极化基中，如左旋和右旋圆偏振，或“s”和“p”线性极化等。这一过程可以通过相位调制器和并行强度调制器实现。

需要注意的是：FSO 通信链路中调制方式的选择最终取决于功率和频谱效率，以及复杂度和成本。

3.5 FSO 通信的信道容量和编码

任何一个实际的 FSO 通信系统都必须在噪声（来自大气湍流、探测器等）存在的情况下工作，因此在信息传输过程中总是会出现错误。通信系统设计所涉及的基本要素包括信号功率、时间和带宽。可以通过对这 3 个参数的折中和优化，使得传输错误概率减小到任意小的概率。设计目标通常是在保持可接受传输质量的同时，以最小的带宽实现最大的数据传输速率。对于数字通信而言，传输质量常用误比特率来表示，即之前所定义的 BER。为降低误比特率、实现可靠通信，通常要采用各种编码技术。

3.5.1 FSO 信道的信道容量和频谱效率

信道容量定义为通信信道内最大信息传输速率，频谱效率定义为信道容量与带宽之比。噪声信道的信道容量将接收信号的信噪比与每个信道的平均符号速率联系在一起，这些符号可以用任意小的误比特率恢复。对于二进制系统，信噪比为无穷大时，可以实现单位比特信道的最大速率。如果已知信道的频率响应，信道容量就可以通过定义频带效率（bit /Hz）来进行分析。

利用香农公式可以计算出 AWGN 信道下的信道容量为

$$C = B_w \log_2[1 + \mathrm{SNR}] \quad \mathrm{bit/s} \tag{3-73}$$

式中：B_w 为带宽，则频谱效率可以表示为

$$\tilde{C} = \frac{C}{B_w} = \log_2[1 + \mathrm{SNR}] \tag{3-74}$$

信道容量给出了一定功率的发射机在一定带宽和一定噪声环境下工作时，可靠无差错传输速率的理论极限。但是为了实现这一理论极限，必须找到合适的编码方案。信噪比可以写成 $\mathrm{SNR}=\dfrac{E[I]^2}{N_0}$，其中 $E[\cdot]$ 表示期望，I 为接收光强，N_0 为电噪声功率。确定FSO通信链路在湍流条件下的信道容量的步骤如下。

统计信道模型为

$$Y = IX + N \tag{3-75}$$

式中：Y 为接收信号；I 为表示光强变化的随机变量；X 为发射的二进制信号；N 为接收机处的噪声。

假设强度起伏的概率密度函数服从第2章提到的GG分布。不失一般性，可以假设探测器的响应系数为1。如果传输符号“0”，则接收信号仅由噪声组成。如果传输符号“1”，信道将以随机因子对发射信号产生随机缩放，该因子的PDF服从GG分布。对于二进制输入连续输出信道，信道容量定义为在所有输入分布上 X 和 Y 之间互信息量的最大值[20]。当输入服从二项分布时，该信道的互信息量为[22]

$$I(Y;X) = \int_0^{\infty}\sum_{x=0}^{1} f_Y(y|x)P_X(x)\log_2\frac{f_Y(y|x)}{f_Y(y|z)P_X(z)}\mathrm{d}y \tag{3-76}$$

式中：$f_Y(y|x)$ 为在输入为 x 输出为 y 时的条件概率；$P_X(x)$ 为 $X=x$ 的概率。注意条件概率 $f_Y(y/x=0)$ 为零均值高斯分布，而 $f_Y(y/x=1)$ 表示 $I+N$ 的分布，基于两个随机变量（这里即 I 和 N）之和的PDF是它们各自PDF的卷积的事实，可以计算该条件概率[36]。图3.12所示为在平面波、点接收情况下，采用OOK

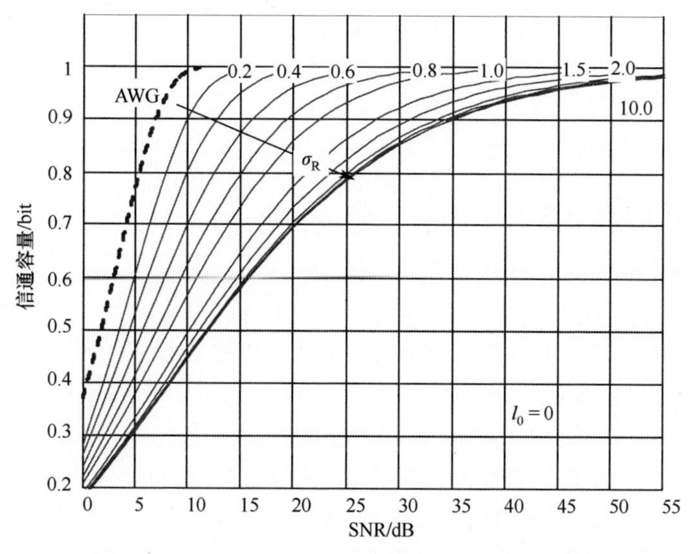

图3.12 平面波、OOK调制时，不同的 σ_R 取值下，信道容量关于SNR的曲线

（转载自The Optical Society of America，OSA，2005）[22]

调制时，信道容量关于信噪比的曲线。同时给出了 OOK/AWGN 条件下的信道容量作为比较。这些曲线表示在一定的信噪比和湍流强度下、保证错误概率任意小时的最大可能编码速率。在弱湍流条件下，信道容量接近于二进制高斯白噪声信道。σ_R 增大，信道容量减小，通信链路性能变差。随着湍流强度变得越来越大，容量曲线逐渐趋于稳定。

3.5.2 FSO 通信链路的编码技术

为设计可靠的FSO 通信系统，需要采用编码技术，以使误比特率降低到任意小。编码通常包括额外添加的信息位，当在接收端进行处理时，这些信息有助于纠正传输过程中产生的错误。在信噪比一定的条件下，改善数据传输质量唯一有效的方法就是使用差错控制编码。采用差错控制编码也可以在确定误比特率的情况下，降低系统所需的信噪比。信噪比的降低可以减小对发射功率的需求或降低硬件成本。然而，差错控制编码的使用增加了系统的复杂性，尤其是接收机中译码操作的实现。因此，差错控制编码的设计需要综合考虑可接受的误码性能、带宽，以及系统复杂性。设计信道编码或差错控制编码的目的是提高数字通信系统对信道噪声的抵抗力。差错控制编码用于检测并纠正接收的错误符号。在通信链路上，编码的使用是为了减少接收端所需要的信号功率，用编码增益来描述这种对信号需求的减小程度：

$$\Gamma_{\text{code}} = 10\log_{10}\left[\frac{P_{\text{req}}(\text{uncoded})}{P_{\text{req}}(\text{coded})}\right] \tag{3-77}$$

由于信道编码技术的研究与无线光通信密切相关，接下来介绍几种信道编码技术。

卷积码（CC）和线性分组码： 卷积码（Convolution Codes，CC）是数字通信系统常用的纠错码，广泛用于实时纠错。卷积码是将固定比特数存储在定长移位寄存器中，并与模 2 加法器结合起来完成的。信息序列送到移位寄存器后，将输入序列和移位寄存器内的数执行模 2 加，从而得到一个输出序列。卷积码的码率为 $R = k/n$ ，k 是并行输入的比特数，n 是并行编码输出比特数。卷积编码器的状态信息存储在移位寄存器中，约束长度（k）与输出比特相依赖的比特数有关。卷积码通常比线性分组码更复杂。线性分组码是另一种编码方式，集合中的每个码字是一组生成码字的线性组合。当信息码字长为 k 比特，编码后的码字长为 n 比特（$n > k$），则有 k 个长度为 n 的线性无关的码字，形成一个生成矩阵。在线性分组码方案中，消息向量 $\boldsymbol{u}$ 只需简单地与生成矩阵相乘，即可生成一个 n 长的码字向量 $\boldsymbol{v}$。卷积码主要应用于带宽基本无限、对误比特率要求很高的卫星通信和深空通信中。

卷积码的 Viterbi 译码：Viterbi 译码算法是适用于卷积码的极大似然译码，该算法已经芯片化。译码后的误比特率为[23]

$$p_e \approx (0.757/2)\,\mathrm{erfc}\left[\sqrt{(-\ln 2P_{\mathrm{be}})\,10^{\beta/10}}\right] \tag{3-78}$$

式中：erfc(·) 为互补误差函数；软判决译码时 $\beta = 0$，硬判决译码时 $\beta = 0.2$；P_{be}为误比特率。

里德 - 所罗门（Reed-Solomon，RS）码：1960 年提出的 RS 码是线性分组码的一种[24]。其性能易受随机错误的影响，但在突发错误下性能优异，因此在突发错误较多的衰落信道中具有较好的性能。RS 码是一种系统化的编码构建方式，可以检测和纠正多个随机符号错误。通过在数据中添加 t 个检验符号，RS 码可以检测和纠正多达任意 $t/2$ 个错误。作为一种纠删码，它可以校正多达 t 个已知的错码，或者可以检测和纠正错码，而且当错码超过纠正范围时，还可把无法纠正的信息删除。由于 $b+1$ 个连续的错误最多影响长度为 b 的两个符号，因此这种编码适合纠正突发错误。RS 编码是一种分组码，且是基于 M 元的编码而非二进制编码，因此它们作用于数据块或数据段，而不是单个数据。译码的误比特率为[23]

$$p_{\mathrm{be}} = \frac{n+1}{2n^2}\left[(2t+1)\sum_{i=t+1}^{2t+1}\binom{n}{i}p_s^i q_s^{n-i} + \sum_{j=2t+2}^{n} j\binom{n}{j}p_s^j q_s^{n-j}\right] \tag{3-79}$$

式中：n 为码长；$2t+1$ 为可纠正的位数。文献［20］给出了多种 RS（n，k，t）码及其相应 P_s值，其中 k/n 为码率。

低密度校验（Low-Density Parity-Check，LDPC）码：LDPC 码是一种高效的线性分组码，利用线性时间复杂度下的迭代软判决译码方法，可以提供非常接近信道容量（理论最大值）的性能。在 LDPC 码中，线性分组码的奇偶校验矩阵里，1 的密度很低，每一行和每一列中 1 的个数均为常数。对 LDPC 码进行译码主要基于和积算法（Sum-Product Algorithm，SPA）[25]。这是一种迭代译码算法，在奇偶校验矩阵 $\boldsymbol{H}$ 的 Tanner 图的变量和校验节点之间，外部概率进行前后迭代。LDPC 纠错码可以在 FSO 信道的所有湍流条件下（弱、中、强）提供高效的性能[22]。图 3.13 所示为不同湍流条件下，使用 LDPC 和 RS 编码方法在不同信噪比下的 BER 性能曲线。为便于比较，同时给出了非编码系统的误比特率和表示最佳性能的香农限。上述结果的详细描述见文献［22］。这些编码的复杂度低，适用于实际的 FSO 通信系统。LDPC 芯片结构的细节可以查阅相关文献[26]，不再赘述。

Turbo 码：Turbo 码是将两个或两个以上相对简单的卷积码和一个交织器组合在一起产生分组码，并采用一种迭代软译码的译码方案，从而获得与香农限差零点几分贝的性能[27]。这里考虑由两个相同的递归系统卷积（Recursive Systematic Convolution，RSC）码构成的并行级联结构。对于每个信息位 b_k，编码器输出端

得到一个系统位 C_{1k}，以及由两个 RSC 编码器提供的两个奇偶校验位 C_{2k} 和 C_{3k}[28]。

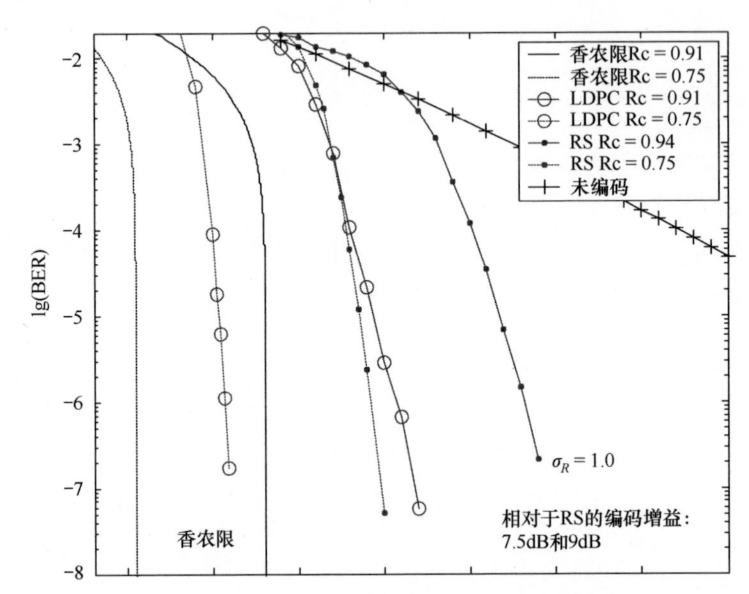

图 3.13　不同湍流条件下使用 LDPC 编码和 RS 编码时 BER 关于 SNR 的曲线：$\sigma_R^2 = 1$，其中 σ_R^2 为 Rytov 方差，同时给出了未编码系统的 BER 和香农限（转载自 The Optical Society of America，OSA，2005）[23]

有一篇优秀的论文描述了大气湍流信道下几种被学术界普遍关注的通信技术和编码方法[39]。这些方法基于衰落的统计特性，适用于接收机孔径小于衰落相关长度、观测间隔小于衰落相关时间的情况。

大气湍流下 FSO 通信编码的性能界： Zhu 和 Kahn 分析了大气湍流信道下通信系统编码的性能界[29]，给出了一种成对错误概率和误比特率上界的表达式 P_{block}[29]：

$$P_{\text{block}} \leqslant \sum_{j, C_j \in S_c} P(C_j) \left[\sum_{k, j \neq k, C_k \in S_c} P_e(C_j, C_k) \right] \quad j \neq k \tag{3-80}$$

式中：S_c为所有码字的集合；$P(C_j)$ 为码字 C_j的传输概率。成对错误概率 P_e（C_j，C_k）是当发送码字 C_j时，译码器译为码字 C_k而非 C_j的概率。利用权重枚举函数（Weight Enumerating Function，WEF）可以对上述方程进行简化，并且可以扩展到精确估计编码数为无穷大的构成码的误比特率上界，如卷积码和 Turbo 码等。作者还推导出了分组码、卷积码、Turbo 码等多种编码方法的误比特率上界，并给出了数值模拟结果。

上述各种编码技术在大气湍流信道中的误比特率推导超出了本书的范围，这里不再赘述。

参考文献

1. X.Fuquin, Digital Modulation Techniques (Artech House, Boston, 2000)
2. B.E.A.Saleh, M.C.Teich, Fundamentals of Photonics (Wiley, New York, 1991)
3. H.A.Haus, Electromagnetic Noise and Quantum Optical Measurements (Springer-Verlag, Berlin, 2000)
4. M.A.Al-Habash, L.C.Andrews, R.L.Phillips, Mathematical model for the irradiance probability density function of a laser beam propagating through turbulent media.Opt.Eng.40, 1544 – 1562 (2001)
5. D.O.Caplan, Laser communication transmitter and receiver design, in Free-space Laser Communications: Principles and Advances, ed.by A.K.Majumdar, J.C.Ricklin (Springer, New York, 2008), pp.109 – 246
6. A.K.Majumdar, Free-space laser communication performance in the atmospheric channel, in Free-Space Laser Communication: Principles and Advances, ed.by A.K.Majumdar, J.C.Ricklin (Springer, New York, 2008)
7. A.K. Majumdar, W.C. Brown, Atmospheric turbulence effects on the performance of multigigabit downlink ppm laser communications.Proc.SPIE1218, 568 – 584.(1990) (Free-space laser communication technologies II)
8. T.Ohtsuki, Multiple-subcarrier modulation in optical wireless communications, IEEE Commun.Mag. 3, 74 – 79 (2003)
9. O.P.Wasiu, Thesis Ph.D, University of Northumbria at Newcastle, September 2009
10. L.C.Andrews, R.L.Phillips, Laser Beam Propagation through Random Media (SPIE Optical Engineering, Bellingham, 2005)
11. W.Hanling, Y.Haixing, L.Xinyang, Performance analysis a bit error rate for free space optical communication with tip-tilt compensation based on gamma-gamma distribution.Opt Appl.39 (3), 533 – 545 (2009)
12. A.A.Farid, S.Hranilovic, Link reliability range and rate optimization for free-space optical channels, conTEL 2009.10th International conference on Telecommunications Zagreb, Croatia, 2009, pp.19 – 23
13. Y.I.Xiang, L.I.R.Zengji, Y.U.E.Peng, S.Tao, BER Performance Analysis for M-ary PPM over Gamma-Gamma atmospheric turbulence channels, in Wireless Communications Networking and Mobile Computing (WiCOM), ISBN: 978-1-4244-3709, IEEE Conference, 23 – 25 Sept 2010
14. The Wolfram function site, 1998-2014 Wolfram Research, Inc.http: //functions.Wolfram.com
15. J. Li, J.Q. Liu, D.P. Taylor, Optical communication using subcarrier PSK intensity modulation through atmospheric turbulence channels.IEEE Trans.Commun.55 (8), 1598 – 1606 (2007)
16. L.C.Andrews, R.L.Phillips, Y.C.Hopen, Laser Beam Scintillation with Application (SPIE, Bellingham, 2001)
17. W.O.Popoola, Z.Ghassemlooy, BPSK Subcarrier Intensity Modulated Free-Space Optical Communications in Atmospheric Turbulence.J.Lightwave Technol.27 (8), 967 – 973 (2009)

18. W.O.Popoola, Z.Ghassemlooy, E.Leitgeb, Free-space optical communication using subcarrier modulation in gamma-gamma atmospheric turbulence, in 9th International conference on Transparent optical Networks (ICTON' 07), Rome.Italy 3, 2007, pp.156 - 160
19. H.Simon, Digital Communications (Wiley, New York, 1988)
20. S.Klar Bernard, Digital Communications: Fundamentals and Applications (PTR Prentice Hall, New Jersey, 1988)
21. S.Bendetto, R.Gaudino, P.Poggiolini, Direct detection of optical digital transmission based on polarization shift keying modulation.IEEE Sel.Areas Commun.13, 531 - 542 (1995)
22. J.A.Anguita, I.B.Djordjevic, M.A.Neifeld, B.V.Vasic, Shannon capacities and error-correction codes for optical atmospheric turbulent channels.J Opt.Netw.4 (9), 586 - 601 (2005)
23. S.G.Lambert, W.L.Casey, Laser Communications in Space (Artech House, Boston, 1995)
24. I.S.Reed, G.Solomon, Polynomial codes over certain finite fields.J Soc.Ind.Appl.Math.8, 300 - 304 (1960)
25. I.B.Djordjevic, W.Ryan, B.Vasic, Coding for Optical Channels (Springer-Verlag, New York, 2010)
26. M.Mansour, Implementation of LDPC decoders, presented at the IEEE communication Theory Workshop, Park City, Utah, 13 - 15 June 2005
27. C.Berrou, A.Glavieux, Near optimum error connecting coding and decoding: Turbo-codes.IEEE Trans.Commun.44, 1261 - 1271, (1996)
28. X.Fang, K.Ali, C.Patrice, B.Salah, Channel coding and time-diversity for optical wireless links. Opt.Express.17 (2), 872 - 887 (2009)
29. Z.Xiaoming, M.Kahn Joseph, Communication techniques and coding for atmospheric turbulence channels, in Free-Space Laser Communications: Principles and Advances, ed.by A.K.Majumdar, J.C.Ricklin (Springer, Berlin, 2008), pp.303 - 345
30. Z.Wang, W.-D.Zhong, S.Fu, C.Lin, Performance comparison of different modulation formats over free-space optical (FSO) turbulence links with space diversity reception technique, IEEE Photonics J.1 (6), 277 - 285 (2009)
31. E.Hu, K.Wong, M.Marhic, L.G.Kazovsky, K.Shimizu, N.Nikuchi, 4-level Direct-Detection Polarization Shift-Keying (DD-PolSK) system with Phase Modulators, in optical Fiber Conference (OFC), 2003
32. T.M.cover, J.A.Thomas, Elements of Information Theory (Wiley-Interscience, New Jersey, 1991)
33. A.Papoulis, Probability Random Variables, Chapter 6 Two Random Variables and Stotachastic Processes (WCB/McGraw Hill, 1991)

第4章　改进FSO通信性能的抑制技术

4.1　引言

现代自由空间光（FSO）通信需要在各种天气条件下，为两个通信终端提供坚固、无缝高质量、高带宽的通信服务[1]。这意味着，在恶劣天气条件下运行时，需要提高FSO通信的可靠性。在地面应用和上行下行链路（如地面和卫星、飞机或无人机、UAV等终端之间）应用时，大气条件最终决定了FSO通信系统的性能，这是因为部分大气路径总是包括湍流和散射媒质（由雾、气溶胶等引起的）[1]。本章将针对大气效应对FSO通信链路制约的关键问题进行深入的分析。FSO通信系统的性能极易受到大气吸收、大气散射和大气湍流的衰减影响。大气信道的多种不利因素可能会导致信号的严重衰落，甚至完全丢失信号。例如，光强起伏又称闪烁，会导致系统性能的急剧下降，通常用误比特率（BER）来衡量；由大气湍流引起的光束漂移和闪烁会造成接收信号的变化，甚至丢失信号，用接收随机信号的信噪比（SNR）来衡量，因此以误比特率来衡量的系统性能会受SNR随机损失的影响。信道衰减还决定了衡量系统性能的另一个指标，即中断概率（Outage Probability，OP）。衰减对于远距离传输和移动平台的通信都非常重要。最终，系统的可靠性会由于大气影响而降低。因此，开发有效的大气抑制技术，从而设计可靠的FSO通信系统非常重要。本章首先详细讨论了与FSO通信链路相关的两种主要大气效应：湍流和散射。由于大气湍流引起的随机畸变会严重降低携带信号的激光束的波前质量，导致强度衰减和接收器处的随机信号损失。大气颗粒物的吸收和散射会显著降低传输光信号的功率。

图4.1所示为抑制技术如何有效降低接收信号的强度起伏，同时也给出了无湍流、有湍流无抑制技术和有湍流有抑制技术3种情况下的光强起伏概率密度分布函数（PDF）。所有抑制技术都通过适当的推导进行了详细的分析，并讨论了每种技术的性能提升。同时，为了确定这些技术在大气湍流、雾、海洋环境和气溶胶等条件下的可用性，用实例描述了多种重要的应用场景。图4.2的树状图列出了几种抑制技术。

本章还描述了无湍流、有湍流无抑制技术和有湍流有抑制技术3种情况下信号起伏的PDF。各种应用下不断增长的带宽需求需要可靠的FSO通信，FSO通信终端需要适应各种不同的链路条件，从而最大化系统的可用度和吞吐量。为了优化在不同大气条件下的总体系统性能，FSO 通信终端必须动态适应不断变化的大气条件。因此必须适当地设计自由空间通信系统，以便在不同大气条件下动态地优化系统性能。了解大气信道造成的通信影响对于采用先进的抑制技术以提高整体性能至关重要。

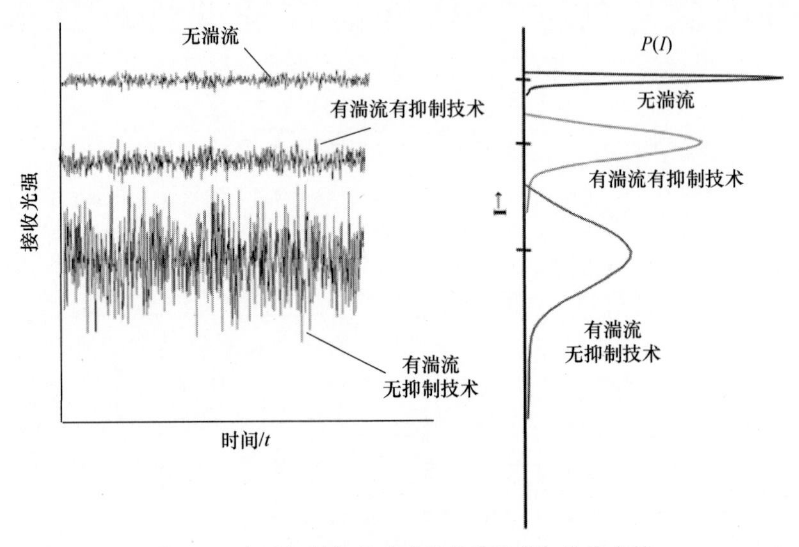

图 4.1　采用抑制技术时接收信号强度起伏的减弱

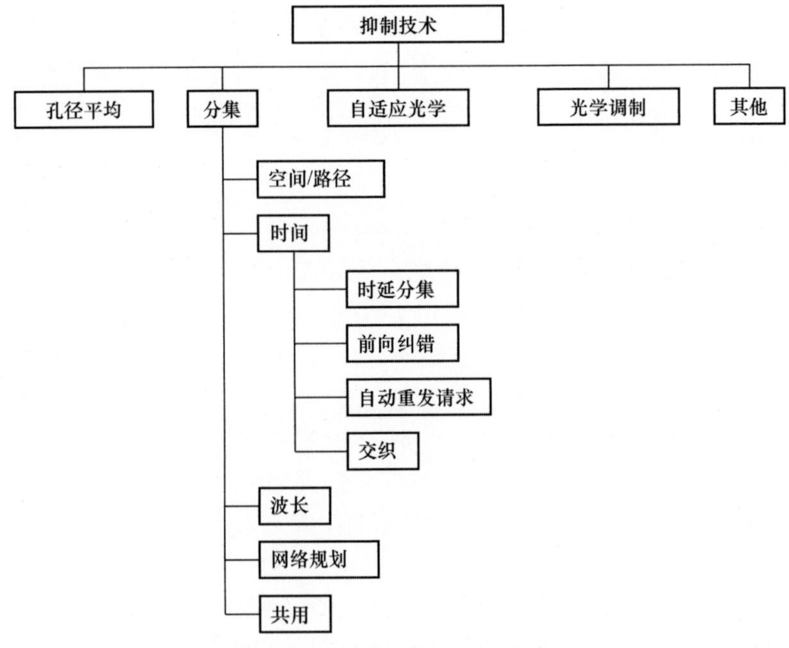

图 4.2　展示各种大气抑制技术的树状图

4.2 孔径平均

4.2.1 孔径平均技术

增加有效接收孔径是目前抑制湍流影响最有效、最简单的方法。这种技术的基本理念是，如果接收孔径大于产生光强起伏的空间尺度的大小，光强起伏将在接收机孔径内得到平均。这种情况下的光强起伏或闪烁比点探测器下的闪烁值要小。孔径平均也会造成光强谱的频率成分向较低的频率偏移，这是由于小尺度湍涡引起的最快的起伏被平均了[2]。因此，接收孔径内测量的闪烁是由大于孔径尺寸的湍涡引起的。接收机最佳尺寸必须由通信链路配置和系统要求决定。在强湍流情况下，当孔径尺寸增大到相干长度 $\rho_0 = (1.46C_n^2k^2L)^{-3/5}$（平面波）时，闪烁会急剧减少。当孔径超过散射盘 $L/k\rho_0$（其中 L 是链路长度，k 是波数，即 $k = 2\pi/\lambda$，λ 为波长）时，闪烁在经过第二次减小后趋于平稳[2,3]。在强湍流条件下，当孔径尺寸大于 ρ_0 时，小尺寸闪烁大多都会被平均化。孔径平均因子将取决于特定大气湍流条件下链路采用的PDF模型。

点探测器探测的大气湍流下的光强起伏（弱湍流、平面波情况下）为[4]

$$\sigma_I^2 = 1.23C_n^2k^{7/6}L^{11/6} \tag{4-1}$$

实际上，接收孔径的直径是有限的，测得的光强起伏不再是 σ_I^2，而会是在整个孔径内的一个平均值。前面已经讨论过这个效应的物理机理。通常衡量孔径平均所造成的衰减减小程度的参数称为孔径平均因子，定义为[4]

$$A = \frac{\sigma_I^2(D)}{\sigma_I^2(D=0)} \tag{4-2}$$

这个参数描述了与点接收器相比，直径为 D 的接收器的闪烁指数降低 A 倍。其大小不依赖于孔径的确切形状，而主要依赖于接收孔径的面积。

由 Tatarski 导出的归一化强度的相关函数可以计算出因子 A[5]：

$$A = \frac{16}{\pi D^2}\int_0^D b_I(\rho)\left[\arccos\left(\frac{\rho}{D}\right) - \frac{\rho}{D}\left(1 - \frac{\rho^2}{D^2}\right)^{\frac{1}{2}}\right]\rho\mathrm{d}\rho \tag{4-3}$$

式中：ρ 为两点之间的间隔距离；$b_I(\rho)$ 为归一化协方差函数。

对于小尺度平面波，$l_0 \ll \sqrt{L/k}$，孔径平均因子可近似为

$$A \approx \left[1 + 1.07\left(\frac{kD^2}{4L}\right)^{7/6}\right]^{-1} \tag{4-4}$$

对于小孔径，则 $A = 1$，随着孔径尺寸 D 的增加，因子 A 会降低。

孔径平均效应可以通过以下方式来抑制FSO通信系统中的大气湍流：

（1）增加孔径直径 D，从而降低闪烁方差 $\sigma_I^2(D)$；

（2）减少闪烁方差，从而增加接收端平均光功率信噪比；

（3）增加平均光功率信噪比，通过将误比特率降低到可接受的水平来提高大气湍流条件下 FSO 通信系统的性能。

本节将讨论上述问题，以确定孔径平均作为一种湍流抑制技术的有效性。

对于 FSO 通信系统，孔径效应取决于传播条件，其中也包括发射光束类型。Ricklin 等[6, 7]已经给出了典型激光通信系统下高斯波束孔径平均因子 A 的表达式：

$$A = \frac{16}{\pi}\int_0^1 x\mathrm{d}x\exp\left\{-\frac{D^2x^2}{\rho_0^2}\left[2+\frac{\rho_0^2}{w_0^2\hat{z}^2}-\frac{\rho_0^2\phi^2}{w^2(z)}\right]\right\}\left[\arccos(x)-x\sqrt{1-x^2}\right] \tag{4-5}$$

式中：$x=\rho/D$，D 为接收孔径直径，ρ 为在接收平面内距离光束轴的横向距离；z 为光场距离发射器的传播距离；w_0 为发射器光束半径（光束尺寸）；R_0 为相前曲率半径；$\hat{z}=z/(kw_0^2/2)$ 为衍射距离；$k=2\pi/\lambda$，为光波数。

$\rho_0(z)=(0.55C_n^2k^2z)^{-3/5}$，为球面波在湍流大气中传播的相干长度。参数 $\hat{r}(z)$ 根据波前曲率与最佳聚焦条件的偏差来表征光束的聚焦特性，$\phi=\frac{\hat{r}}{\hat{z}}-\hat{z}\frac{w_0^2}{\rho_0^2}$。文献［6，7］讨论了上述公式未使用的其他波束参数。

在湍流大气中传播了距离 z 后的光束尺寸（半径）为 $w(z)=w_0(\hat{r}^2+\zeta\hat{r}^2)^{1/2}$，$\zeta=\zeta_s+\frac{2w_0^2}{\rho_0^2}$，$\zeta$ 为全局相干参数，ζ_s 为携带信号的激光束在离开发射机时的空间相干性（$\zeta_s=1$ 为相干光束，$\zeta_s>1$ 为部分相干光束）。

参考文献［1］附录 C 第 50 页中给出了如何使用数学手段计算孔径平均因子 A 和孔径平均闪烁指数的示例。图 4.3 所示为孔径平均因子与接收透镜直径的关系，其中波长 $\lambda=1.55\mu\text{m}$，准直的（$\hat{r}=1$）、部分相干（$\zeta_s=100$）发射器光束尺寸（半径）$w_0=2.5\text{cm}$，路径长度 $z=2\text{km}$。注意，当湍流强度越强时（C_n^2 的值提高 5 倍），孔径平均效应越明显（针对固定的透镜直径）。这是因为对于较强的湍流，相干长度 ρ_0 相对于接收器孔径的大小而降低，从而导致额外的孔径平均。

孔径平均抑制技术对 FSO 通信性能的影响：量化 FSO 通信系统性能的参数是误比特率和平均信噪比。平均信噪比取决于光强起伏的概率密度函数，而概率密度函数中包含光强方差参数。孔径平均可以提高接收功率和闪烁。误比特率取决于平均接收功率、孔径内的光强方差、接收器噪声（如热噪声和散弹噪声）以及调制方式。因此，为了理解孔径平均效应对 FSO 通信系统的影响，需要计算下列参数：①不同大气湍流条件（不同光强方差）下的误比特率；②孔径增大带来的有效信噪比增益。Yuksel 等[8]给出了大气湍流条件下孔径平均效应的表达式，讨论如下。

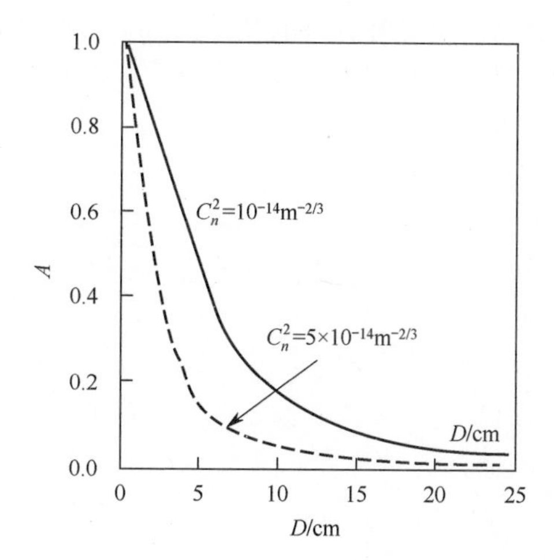

图 4.3　孔径平均因子与接收透镜直径的关系，波长 $\lambda = 1.55\mu m$，$\hat{r} = 1$，$\zeta_S = 100$，$w_0 = 2.5cm$，$z = 2000m$（转载自 SpringerScience + Business MediaB. V.，Fig. 14 [a]，page 38[1]）

1. 孔径平均带来的误比特率提升

大气湍流条件下的误比特率是不断变化的。误比特率计算中的噪声有两个因素：即接收器噪声（热噪声和散弹噪声）和湍流引起的强度起伏。计算开关键控（OOK）无线光通信系统的误比特率时，只有接收“1”时有强度起伏，接收“0”表示没有信号。因此在不同光强方差下，检测“1”时的误码概率可以通过对适用的 PDF 求平均得到[9]。平均 BER 由“1”码误码概率与所有可能强度值上的 PDF 积分的乘积得到[8,9]，为

$$< \mathrm{BER} > = \frac{1}{2}(< p_{\mathrm{one}} > + p_{\mathrm{zero}}) \tag{4-6}$$

其中“0”码误比特概率为[8,9]

$$p_{\mathrm{zero}} = \frac{1}{2}\mathrm{erfc}\left(\frac{1}{2\sqrt{2}}\sqrt{\frac{S}{N}}\right) \tag{4-7}$$

$$< p_{\mathrm{one}} > = \int_0^\infty \frac{1}{2}\mathrm{erfc}\left(i - \frac{1}{2}\right)\frac{1}{\sqrt{2}}\sqrt{\frac{S}{N}}\,\frac{1}{\sqrt{2\pi\sigma_I^2}}\,\frac{1}{i}\exp\left\{\frac{-1}{2\sigma_I^2}\left(\ln i + \left(\frac{1}{2}\right)\sigma_I^2\right)^2\right\}\mathrm{d}i \tag{4-8}$$

式中：erfc 为互补误差函数，无湍流时的信噪比为 $\frac{S}{N} = \frac{< I >^2}{\sigma^2}$（注意：在无湍流条件下，接收探测器接收的是一个稳定值 $\langle I \rangle$，归一化接收信号为 1，假设接收器噪声是均值为 0、方差为 σ^2 的高斯分布）。

σ_I^2 为湍流条件下的对数光强起伏方差（与弱湍流条件下的光强起伏方差相同），为 $\sigma_I^2 = 1.23C_n^2k^{7/6}L^{11/6}$。

图 4. 4 给出了误比特率与光强方差的关系，图 4. 5 给出了由于方差减小所带来的误比特率的降低。图 4. 4 和图 4. 5 表明，只有在方差较小时才能实现较好的 FSO 通信性能。

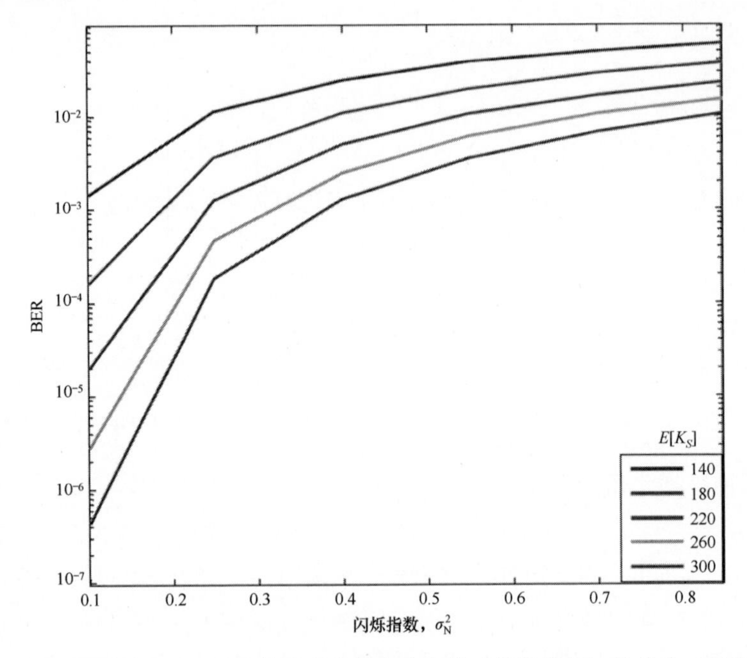

图 4. 4 不同信号级下，误比特率与光强起伏方差（闪烁指数）的关系（见彩插）
（转载自 Wasiu Popoola，Intechopen，Fig. 15，page 385，2010，doi：10. 5772/7698）

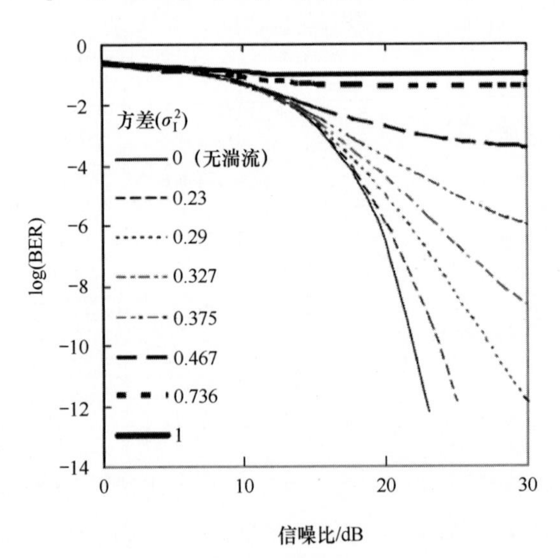

图 4. 5 不同光强方差下误比特率与信噪比的关系（见彩插）
（转载自 The Optical Society of America，OSA，2005 [8]）

2. 大气湍流条件下孔径平均对平均信噪比的影响

信噪比由所有可能的噪声源所决定，包括散弹噪声、暗电流噪声、光电探测器中电子元器件带来的热噪声以及背景噪声。假设噪声服从高斯分布，无湍流条件下光电探测器输出端的信噪比为[1,10]

$$\mathrm{SNR}_0 = \frac{P_S}{\sqrt{\left(\dfrac{2hvB}{\eta}\right)(P_S + P_B) + \left(\dfrac{hv}{\eta e}\right)^2\left(\dfrac{4kT_N B}{R}\right)}} \tag{4-9}$$

式中：P_S 为光发射器的发射信号功率；P_B 为背景噪声功率（W）；η 为探测器量子效率；e 是电荷量（C）；h 为普朗克常数；v 为光频率（Hz）；k 为玻耳兹曼常数；B 为探测器滤波器的带宽；T_N 为有效噪声温度；R 为探测器放大器的有效输出阻抗。对于散弹噪声受限的情况而言，可以忽略背景噪声和热噪声。

在湍流情况下，信噪比是统计起伏的项（瞬时变化值），因此需要取其平均值。平均信噪比为[1, 10]

$$< \mathrm{SNR} > = \frac{\mathrm{SNR}_0}{\sqrt{\dfrac{P_{S0}}{< P_S >} + \sigma_I^2(D)\mathrm{SNR}_0^2}} \tag{4-10}$$

式中：SNR_0 为前述定义的无湍流条件下的信噪比；P_{S0} 为无大气影响时的信号功率，平均输入信号功率为 $< P_S >$（输入信号瞬时功率 P_S 的平均值）；$\sigma_I^2(D)$ 为前述讨论的孔径平均闪烁指数。由式（4-10）可以看出，平均信噪比随着孔径平均方差的增加而降低。

参数设计分析举例：为了阐述上述参数分析，将上述结论用于优化 FSO 通信系统接收孔径的设计中。图 4.6 所示为 FSO 通信系统主要参数之间的关系，图 4.6（a）给出了不同湍流强度下（如 C_{n1}^2（弱），C_{n2}^2（中）和 C_{n3}^2（强），且 $C_{n3}^2 > C_{n2}^2 > C_{n1}^2$），FSO 通信系统误比特率与平均信噪比的关系。FSO 通信系统性能有一个最小的误比特率要求，如 $\mathrm{BER}_m = 10^{-6}$。图 4.6（a）给出了不同 C_n^2 下，误比特率与平均信噪比的关系。最大可接受的误比特率通常为一个固定的值，当误比特率高于该值时，系统性能明显下降。注意，最大误比特率是一个系统指标，由具体的 FSO 通信系统的设计任务和目标所决定，同时也依赖于具体的通信场景。图 4.6（a）中 $\mathrm{BER}_m = 10^{-6}$ 这条线给出了不同 C_n^2 值时误比特率下限与信噪比的关系。

图 4.6（b）表明了在指定的湍流强度下，孔径平均闪烁方差和平均信噪比之间的关系（本例选择 C_{n2}^2 湍流情况），该曲线表明了平均信噪比和孔径平均方差之间的关系，增加方差会降低平均信噪比，从而引起 FSO 通信系统误比特率性能的降低，因此要尽量避免。通常最优参数的确定，需要对系统成本和性能进行折中分析，一般要经过几次迭代的选择过程。图 4.6（a）和（b）的线 AB 表明

了迭代过程的起点，最终选择最小的平均信噪比和最大的孔径平均方差。图 4.6（c）表明了在上述定义的 3 种湍流强度下，接收机设计时，孔径尺寸与孔径平均方差的关系。由于根据图 4.6（a）中可以选择出最小平均信噪比。为了使得光强起伏降低 3dB，孔径尺寸要选择所需信噪比的两倍所对应的点。图 4.6（b）和（c）中的线 BC 表明了迭代过程的起点。

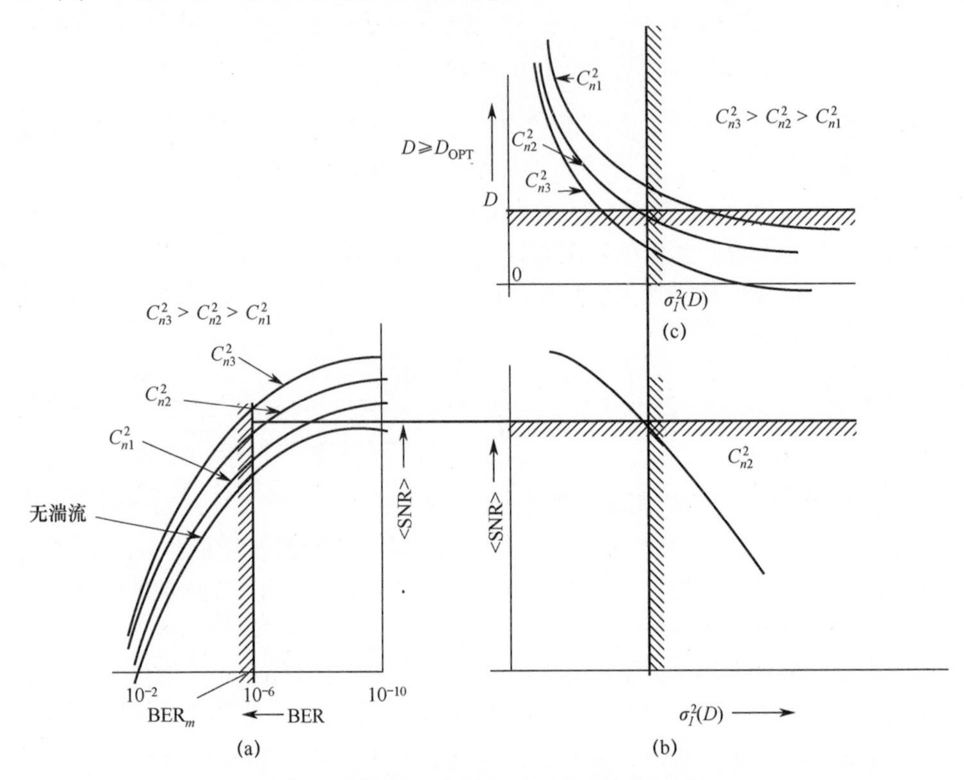

图 4.6 FSO 通信系统各种主要参数间的关系

（a）特定误比特率需求下的平均信噪比；（b）特性平均信噪比需求下的孔径平均闪烁方差；（c）满足误比特率、信噪比和闪烁方差需求的最优孔径尺寸。

孔径平均方差的上限决定了接收器的最佳孔径尺寸，而进一步减弱光强起伏所需要的孔径尺寸往往是不切实际的、代价较高的。D_{OPT} 表示最优接收孔径尺寸，满足系统的误比特率和平均信噪比需求。为了实现最小的平均信噪比，需要确定所需的最小激光功率。发射器激光功率决定了系统的造价和复杂度。在通信场景、通信距离、发射接收光学系统、数据调制技术的前提下，对 FSO 通信系统进行链路余量分析，从而确定达到一定的通信性能（可接受的最小信噪比、中断和可用概率等）所需要的激光功率，以达到可接受的最小误比特率和衰减概率。

上述程序确定了基本的设计参数，给出了联系设计参数和设计任务的关系曲线。最优化设计通常需要用这些曲线进行反复迭代分析而得到。

4.3　分集技术

FSO 通信抑制大气湍流和散射的分集技术有两种：空间分集和时间分集。本节将讨论两种分集技术在抑制闪烁和提高链路性能方面的能力。

FSO 通信提供了一种经济高效、无需频谱申请和高宽带的高速率数据接入技术。单输入单输出（Single-Input-Single-Output，SISO）FSO 通信系统的性能受大气湍流的衰落影响严重，导致其误比特率和中断概率性能的降低。

4.3.1　空间分集

Ibrahim 和 Ibrahim 指出：采用分集接收的 FSO 通信系统可以通过抑制大气湍流而获得显著的性能改善[11]。分集技术采用从光源到接收器的多路传输，利用多个发射器/接收器进行，路径互不相关，从而有效抑制闪烁和降低衰落概率。这种湍流抑制方法利用空间发射和（或）接收分集在发射器和接收器之间建立至少两条传输路径。对于获得良好的分集效果，发射器/接收器之间的间隔应该比链路上的横向相干长度要远。本质上，如果这些路径是不相关的，那么每个路径的衰落都是相互独立的，那么都同时经历深度衰减的概率是很小的，因此可以改善系统的整体性能。但是，如果需要大范围的空间分隔，系统实现的复杂度将会提高，因为每个发射源和接收机都必须要对齐。对于 n 个独立的孔径，当接收到的信号进行逻辑组合时，衰减概率会减小到 $\text{Prob}\,(P \leqslant P_{\min})^{n}$，其中 $P_{\min}$ 是每个接收器孔径的最小功率[12]。为了对不同的分集方法进行比较，需要在相同的发射总功率的条件下，估计衰减概率的减小量 $\text{frac}\left(\frac{P_{\text{Total}}}{n} \leqslant P_{\min}\right)^{n}$，其中 $\text{frac}(x)$ 表示 x 的小数部分[12]。

直接检测中的阵列接收器： 一个直接检测的接收器阵列可以通过孔径平均来降低闪烁带来的不利影响。可以通过几个相距足够远的小孔径，来实现一个大孔径焦透镜的空间分集，从而使每个接收信号都不相关。这样的小接收器阵列的输出和可以等效成一个大孔径的孔径平均。

假设一个由 M 个直接探测接收器组成的阵列，这 M 个统计独立的探测器的和输出为[13]

$$i = \sum_{j=1}^{M} (i_{S,j} + i_{N,j}) \tag{4-11}$$

式中：i_S 为一个随机信号；i_N 为各个探测器阵列的零均值噪声电流。假设每个接收器的信号和噪声电流的均值和方差相同，那么平均信噪比为[13]

$$\langle \mathrm{SNR}_M \rangle = \frac{M\langle i_{S,1} \rangle}{\sqrt{M}\sigma_{\mathrm{SN},1}} = \sqrt{M}\langle \mathrm{SNR}_1 \rangle \tag{4-12}$$

式中：$\langle \mathrm{SNR}_1 \rangle = \langle i_{S,1} \rangle / \sigma_{\mathrm{SN},1}$，为单个探测器的平均信噪比。

如果想将小探测器阵列的性能与面积相等的大探测器性能进行对比，则 $D^2 = MD_1^2$，其中 D 是大探测器的孔径直径，D_1 是小探测器的孔径直径，则输出的孔径平均因子为

$$A_M = \frac{\sigma_I^2\left(\dfrac{D}{\sqrt{M}}\right)}{M\sigma_I^2(0)} \tag{4-13}$$

由于平均信噪比会随着孔径数平方根 $\sqrt{M}$ 的增加而增加，平均误比特率也会降低，从而提高了系统性能。

为了利用空间分集的优势来抑制湍流衰落，多发射/接收器可以放置在 FSO 通信链路的两端。根据 FSO 通信系统中发射和接收器的数量，空间分集有 3 种可能的结构：①多入多出（Multiple-Input Multiple-Output，MIMO；多发射多接收）；②多入单出（Multiple-Input Single-Output，MISO；多发射单接收）；③单入多出（Single-Input Multiple-Out，SIMO；单发射多接收）。SISO 系统作为性能分析的基准。空间分集对于 SISO 性能较弱的强湍流衰减情况尤为重要。

FSO 通信系统两个重要的性能指标是：误比特率和中断概率。中断概率定义为接收器输出端信噪比低于系统设定的阈值的概率。为了理解空间分集的效用，以 SISO 系统为基准，分析比较不同 FSO 通信系统空间分集结构下的误比特率和中断概率。这对于成功设计 FSO 通信系统而言至关重要。

FSO 系统的空间分集模型：多发射多接收技术是射频（RF）通信中一种常用的分集技术，也可以用于 FSO 通信系统，其空间分集的固有冗余可以显著改善通信性能。通信链路上由障碍物造成的发射激光受阻的现象会减少，从而实现更远距离的 FSO 通信。本节讨论在独立的但不一定同分布的湍流信道下，各种输入输出结构下 FSO 通信链路的性能。推导出了湍流信道模型下平均误比特率和中断概率的表达式。

考虑一个 MIMO 的 FSO 通信系统，信号经过 M 个孔径发射出去，经过一个时间离散、各态历经的加性高斯白噪声信道（Additive White Gaussian Noise，AWGN），由 N 个孔径接收。假设系统为二进制输入、连续输出、OOK 强度调制/直接检测（IM/DD），则第 n 个接收器孔径接收的信号为[14]

$$r_n = \eta s \sum_{m=1}^{M} I_{mn} + v_n, \quad n = 1,2,\cdots,N \tag{4-14}$$

式中：$s \in \{0,1\}$，为信息比特；v_n 为零均值加性高斯白噪声，方差 $\sigma_v^2 = \dfrac{N_0}{2}$；$N_0$ 为噪声功率谱密度（W/Hz）；各个 I_{mn} 为独立的随机变量，服从 Gamma-Gamma

概率分布函数。当链路距离为千米量级、孔径距离为厘米量级时，该独立性有效[15]。

接收器端有3种基本的合并方案：①最优合并；②等增益合并（Equal Gain Combining，EGC）；③选择性合并（Selection Combining，SC）。下面分析不同FSO系统结构下，接收器输出端平均误比特率的表达式。

情况1　SISO FSO 链路：引入 SISO 情况作为基准，从而对采用多发射多接收的 FSO 通信链路性能进行评估，主要进行两种性能指标的评估：平均误比特率和中断概率。

平均误比特率的评估如下。

由于 I_{mn} 是随机的，接收端的信噪比也是随机的，且依赖于具体的湍流信道模型 $f_{I_{mn}}(I_{mn})$ 。计算平均误比特率需要计算平均信噪比。瞬时信噪比定义为

$$\mu_{mn} = (\eta I_{mn})^2/N_0 \tag{4-15}$$

平均信噪比可以由瞬时信噪比的一阶矩得到：

$$\langle \mu_{mn} \rangle = \left\langle \frac{(\eta I_{mn})^2}{N_0} \right\rangle = (\eta \langle I_{mn} \rangle)^2/N_0 \tag{4-16}$$

式中：$\langle\rangle$ 表示平均。

假设在 AWGN 信道下，系统采用 OOK 强度调制/直接检测方式，接收器端采用完全信道状态信息（Channel State Information，CSI），则误比特率为

$$P_r(E) = P_r(1)P_r(E|1) + P_r(0)P_r(E|0) \tag{4-17}$$

式中：$P_r(1)$ 和 $P_r(0)$ 分别为发送1和0的概率；$P_r(E|1)$ 和 $P_r(E|0)$ 是发射比特1和0时的条件误比特概率。

假设 $P_r(1) = P_r(0) = 0.5$ 、$P_r(E|1) = P_r(E|0)$ ，则条件概率为[16]

$$P_r(E|I_{mn}) = P_r(E|1,I_{mn}) = P_r(E|0,I_{mn}) = Q\left(\frac{\eta I_{mn}}{\sqrt{2N_0}}\right) \tag{4-18}$$

式中：$Q(\cdot)$ 为高斯 Q 函数，$Q(x) = \left(\frac{1}{\sqrt{2\pi}}\right)\int_x^\infty \exp\left(-\frac{t^2}{2}\right)\mathrm{d}t$ 。

平均误比特率可通过将 $P_r(E|I_{mn})$ 在强度起伏 I_{mn} 的概率密度函数 $f_{I_{mn}}$ 上求平均得到（忽略光强 I 的下标 m，n）：

$$P_r(E) = \langle \mathrm{BER} \rangle = \int_0^\infty P_r(E|I) f_I(I)\,\mathrm{d}I \tag{4-19}$$

式（4-19）中的 $P_r(E|I)$ 项可以用电信噪比来表示：

$$Q\left(\frac{\eta I}{\sqrt{2N_0}}\right) = Q\left(\sqrt{\frac{\mu}{2}}\right) = 0.5\,\mathrm{erfc}\left(\sqrt{\frac{\mu}{2}}\right) \tag{4-20}$$

式中：erfc 为互补误差函数。

文献［17］给出了服从 Gamma-Gamma 分布的光强起伏 PDF：

$$f_I(I) = \frac{2\,(km)^{(k+m)/2}}{\Gamma(k)\Gamma(m)\bar{I}}(I/\bar{I})^{(k+m)/2-1}K_{k-m}[2\sqrt{km(I/\bar{I})}] \tag{4-21}$$

式中：$K_\alpha(\cdot)$ 为 α 阶第二类修正贝塞尔函数；$\Gamma(\cdot)$ 为伽马函数；$\bar{I}$ 为光强 I 的期望值。

上述公式中可以选择 $k>0, m>0$ 的参数，从而使实验数据与 Gamma-Gamma 分布的理论模型相匹配，这些参数均与大气湍流和孔径尺寸有关[15]。

通过改变变量 I 和 μ，并进行积分，可以得到平均误比特率。

通过上述公式，在假设一定的光强分布函数 $f_I(I)$（这里是 Gamma-Gamma 分布）的情况下，通过改变变量 I 和 μ，并进行积分，可以得到平均误比特率，其闭式解为[14]

$$P_r(E) = <\text{BER}> = 0.5F(k,m,<\mu>,\frac{1}{2}) \tag{4-22}$$

式中：$F(k,m,<\mu>,s)$ 为[14]

$$F(k,m,<\mu>,s) = \frac{\Xi^{k+m}s^{-(k+m)/2}}{4\pi^{3/2}\Gamma(k)T(m)}G_{2,5}^{4,2}\left[\frac{k^2m^2}{16<\mu>s^2}\Big|_{b_p}^{a_p}\right] \tag{4-23}$$

式中：$G_{p,q}^{m,n}[\bullet]$ 为 Meijer-G 函数[18]，在数学软件包（如 Maple 或 Mathematica）里是一种可用的标准嵌入式函数。

式（4-23）中的参数定义为

$$a_p = \left\{1-\frac{k+m}{4}, \frac{1}{2}-\frac{k+m}{4}\right\}$$

$$b_p = \left\{\frac{1}{2}+\frac{k-m}{4}, \frac{k-m}{4}, \frac{1}{2}+\frac{m-k}{4}, \frac{m-k}{4}, -\frac{m+k}{4}\right\}$$

$$\Xi = \sqrt{\frac{km}{\sqrt{<\mu>}}}$$

中断概率的评估如下。

衡量 FSO 通信性能的另一个指标为中断概率。为了确定接收信号是否包含有用信号，需要确定一个阈值 μ_{th}，当接收输出端的信噪比低于该值时，认为无有用信号。中断概率定义为 $\mu<\mu_{\text{th}}$ 的概率，表示信噪比的一个极限值，当实际信噪比超过该值时，信道质量达到要求。显然，这在数据网络中的 FSO 通信链路设计中是一个非常重要的参数，在传输层和网络层的设计中也非常关键[19]。

为了计算中断概率，有必要计算随机光强的累积分布函数（Cumulative Distribution Function，CDF）。CDF 可以用来预测 FSO 通信系统的探测和衰减概率。CDF 与概率密度分布函数 $f_I(I)$ 有关，表示为

$$P(I \leqslant I_T) = \int_0^{I_T} f_I(I)\,\mathrm{d}I \tag{4-24}$$

当光强起伏的 PDF 采用式（4-21）描述的 Gamma－Gamma 分布时，其 CDF

表示为

$$F_I(I) = \frac{1}{\Gamma(k)\Gamma(m)} G_{1,3}^{2,1}\left[\frac{km}{\bar{I}}\Big|_{k,m,0}^{1}\right] \tag{4-25}$$

式中：$\bar{I}=1$，将式（4-15）中的参数 m、n 略去，记 $\mu=(\eta I)^2/N_0$。

则中断概率为

$$P_{\text{out}} = \Pr\{\mu < \mu_{\text{th}}\} = \Pr\left\{\frac{I^2\eta^2}{N_0} < \mu_{\text{th}}\right\} = \Pr\left\{I < \sqrt{\frac{\mu_{\text{th}}}{<\mu>}}\right\} = F_I\left(\sqrt{\frac{\mu_{\text{th}}}{<\mu>}}\right) \tag{4-26}$$

图 4.7（a）描述了平均误比特率作为接收平均电信噪比 $<\mu>$ 的函数。这里的 FSO 通信系统采用强度调制直接探测方案，信道是参数 k 和 m 取不同值下的多种 Gamma – Gamma 信道。图 4.7（b）描述了在相同的调制、探测和信道条件下，中断概率关于归一化中断阈值倒数 $<\mu>/\mu_{\text{th}}$ 的函数。从图 4.7（a）和（b）可以看出，对于 SISO FSO 通信系统而言，即使信噪比在 30 ~ 40dB 范围内，性能也是比较差的（高于 10^{-3}）。下面分析 MIMO FSO 通信系统性能的改善。

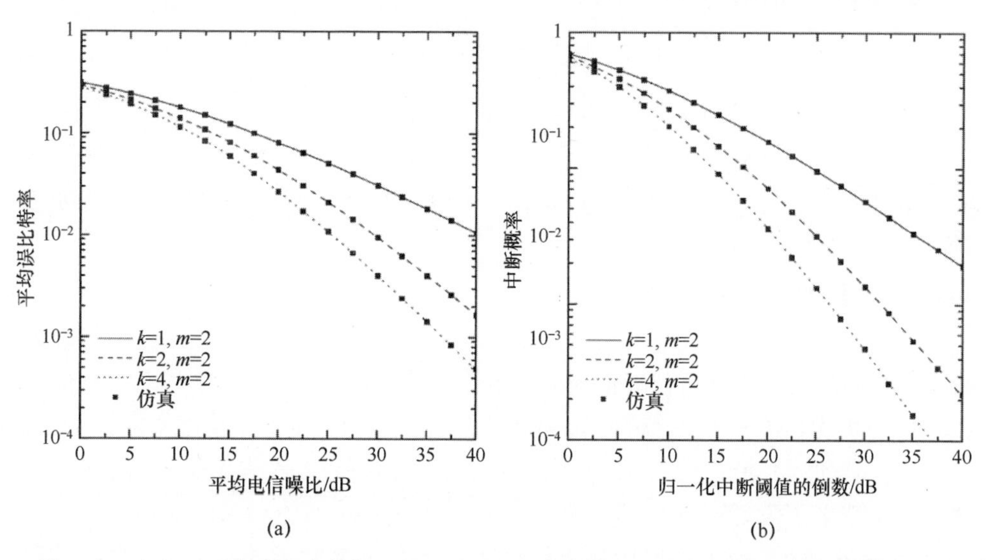

图 4.7　（a）不同概率分布参数 k 和 m 下，平均误比特率〈BER〉作为平均电信噪比〈μ〉的函数；（b）中断概率作为归一化中断阈值倒数〈μ〉/μ_{th} 的函数（转载自 2012 Kostas Peppas, Hector E.Nistazakis, Vasiliki D.Assimakopoulos and George S.Tombras，最初发布于文献［14］）

情况 2　MIMO FSO 链路——等增益合并（EGC）：由于 SISO FSO 通信链路在各种强湍流（当参数值 k 和 m 取不同值）条件下，即使信噪比在 30 ~ 40dB 范围内时，性能也很差，因此必须采用空间分集技术。MIMO FSO 通信链路是一种在链路两端具有多个发射器和多个接收器的方案，OOK 的最佳判决准则为[20]

$$P(\boldsymbol{r}\mid \text{on}, I_{mm}) \underset{>\ n}{\overset{<\ m}{}} P(\boldsymbol{r}\mid \text{off}, I_{mn}) \tag{4-27}$$

式中：$\boldsymbol{r} = (r_1, r_2, \cdots, r_n)$ 为接收信号矢量。

如果有一个完全的信道状态信息，M 个发射器和 N 个接收器组成的 FSO 通信系统的平均误比特率为[20]

$$< \text{BER} > = \frac{1}{2}\int_0^\infty \cdots \int_0^\infty f_I(I)\, Q\left(\frac{\eta}{2MN\sqrt{2N_0}}\sum_{n=1}^{N} I_n\right)\mathrm{d}I \tag{4-28}$$

式（4-28）可以表示为[19]

$$< \text{BER} > = \frac{1}{2}\int_0^\infty f_I(I)\, \text{erfc}\left(\frac{\eta}{2MN\sqrt{N_0}} I\right)\mathrm{d}I \tag{4-29}$$

式中：$I = \sum_{n=1}^{N} I_n$，当 I_n 是独立同分布的 Gamma-Gamma 随机变量时，I 的分布可以近似为 $\alpha-\mu$ 分布[21]。从而可以根据 $\alpha-\mu$ 的 PDF 和 CDF 精确地得到概率密度分布函数 $f_I(I)$ 和累积分布函数 $F_I(I)$[21]：

$$f_I(I) = \frac{\alpha\mu^{\mu} I^{\alpha\mu-1}}{|\hat{I}^{\alpha\mu}\Gamma(\mu)}\exp\left(-\mu\frac{I^{\alpha}}{\hat{I}^{\alpha}}\right) \tag{4-30}$$

$$F_I(I) = 1 - \frac{\Gamma(\mu, \mu I^{\alpha}/\hat{I}^{\alpha})}{\Gamma(\mu)} \tag{4-31}$$

式（4-30）和式（4-31）中的参数 $\alpha, \mu > 0$；$\hat{I} = E\{\hat{I}^{\alpha}\}^{1/\alpha}$ 为尺度参数，E 为期望值；$\Gamma(\cdot, \cdot)$ 为不完全伽马函数[22]。

平均误比特率的评估如下。

为了计算平均误比特率，式（4-30）定义的光强起伏 I（在接收器的组合输出端）的概率分布函数可以近似为一个单一信道，其参数 α、μ 可以作为 Gamma-Gamma 分布参数 k 和 m 的函数。参数确定后式（4-30）的概率密度函数 $f_I(I)$ 就确定了。将式（4-30）代入式（4-29）中，并通过符号或数值积分，可以计算出平均误比特率。图 4.8（a）给出了基于等增益合并的 MIMO FSO 系统在 Gamma-Gamma 衰落信道上的平均误比特率。从图 4.8（a）可以看出，MIMO FSO 系统的性能相比于 SISO FSO 通信系统有明显的改善。图 4.8（a）中，通信链路长度为 $L = 2\text{km}$ 和 $L = 4\text{km}$，发射波长 $\lambda = 1550\text{nm}$，湍流强度 $C_n^2 = 1.7 \times 10^{-14}\text{m}^{-2/3}$，$D$（孔径直径）/$L$（链路长度）接近于 0（点接收器）。可以看出，在相同的平均电信噪比范围内（如 30 ~ 50dB），MIMO 系统的误比特率更低，性能得到改善。

中断概率的评估如下。

从式（4-31）可以估计出中断概率，参数 $\hat{I}$ 可以估计为[14]

$$\hat{I} = \frac{\mu \frac{1}{\alpha} \Gamma(\mu) E\{I\}}{\Gamma\left(\mu + \frac{1}{\alpha}\right)} \tag{4-32}$$

图 4.8（b）给出了基于等增益合并的 MIMO FSO 通信系统的中断概率关于归一化中断阈值倒数 $<\mu>/\mu_{\text{th}}$ 的函数。相比于 SISO FSO 通信系统，中断概率曲线也证明了采用 MIMO 结构能够带来显著的性能改善。

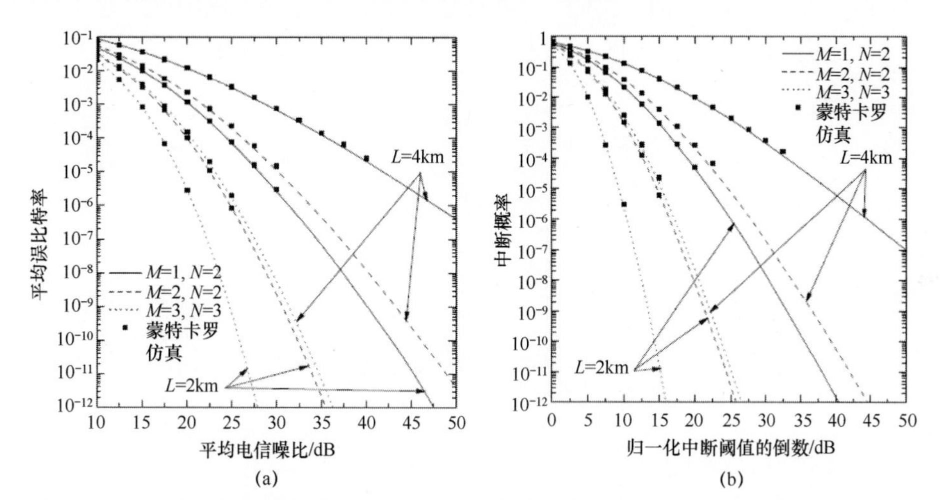

图4.8　(a) 基于等增益合并的 MIMO FSO 通信系统在 Gamma-Gamma 衰落信道上的平均误比特率（转载自 a MIMO FSO System employing EGC operating over gamma – gamma fading channel of average electrical signals (for example within 30a50 dB rcense)；(b) 基于等增益合并的 MIMO FSO 通信系统的中断概率作为归一化中断阈值倒数 $\langle\mu\rangle/\mu_{th}$ 的函数（转载自 2012 Kostas Peppas, Hector E.Nistazakis, Vasiliki D.Assimakopoulos and George S.Tombras，最初发布于文献 [14]）。

情况 3　MISO FSO 链路：几年前，研究人员首次报道了利用多个发射器在卫星和地面之间进行激光通信时，在上行链路中闪烁得到了抑制。可以看出，通过相互分离的孔径发射多个独立的激光束的方式，可以使上行链路信标和激光信号的起伏最小化，从而在卫星上实现非相干叠加。该实验的最终目标是研究将大气闪烁引起的接收功率起伏降低到可接受水平时，所需要的发射器数量和间距。在激光发射平台和接收透镜组之间建立相距为 1.2km 和 10.4km 的水平激光链路，以模拟大气效应对地面到卫星的倾斜链路的影响。研究发现：在所有的激光器间距下，当发射器的数量从 1 增加到 16 时，闪烁引起的接收光强起伏会不断降低。图 4.9 给出了当激光器个数分别为 1、2、4、8 和 16 时，所记录的光强与时间的关系图，这些激光器位于直径为 18 英寸①的圆上，水平距离为 10.4km，

① 1 英寸（in）=0.0254 米（m）。

接收孔径为 2 英寸。图 4.10 给出了所记录数据集的归一化光强概率相对于光强的直方图，其积分总概率为 1，平均光强为 1。从时间数据序列上可以很容易看出：随着发射器的增加，起伏降低。研究小组表明：当使用互不相干的多个上行光束时，可以减小闪烁的影响[24]。该实验的目的是建立 1Mb/s 星地光通信链路，该链路首先建立地面站到卫星的信标光链路，并通过在上行链路中发射多光束来研究闪烁效应。图 4.11 给出了当整个激光功率等分为 1、2、4、8 或 16 个光束时的 PDF。随着光束数量的增加，均值只变化了一点，但是方差随着光束增加会明显下降。把激光束分解为多个光束的方法可以在强闪烁情况下避免深度衰落，改善误比特率性能。

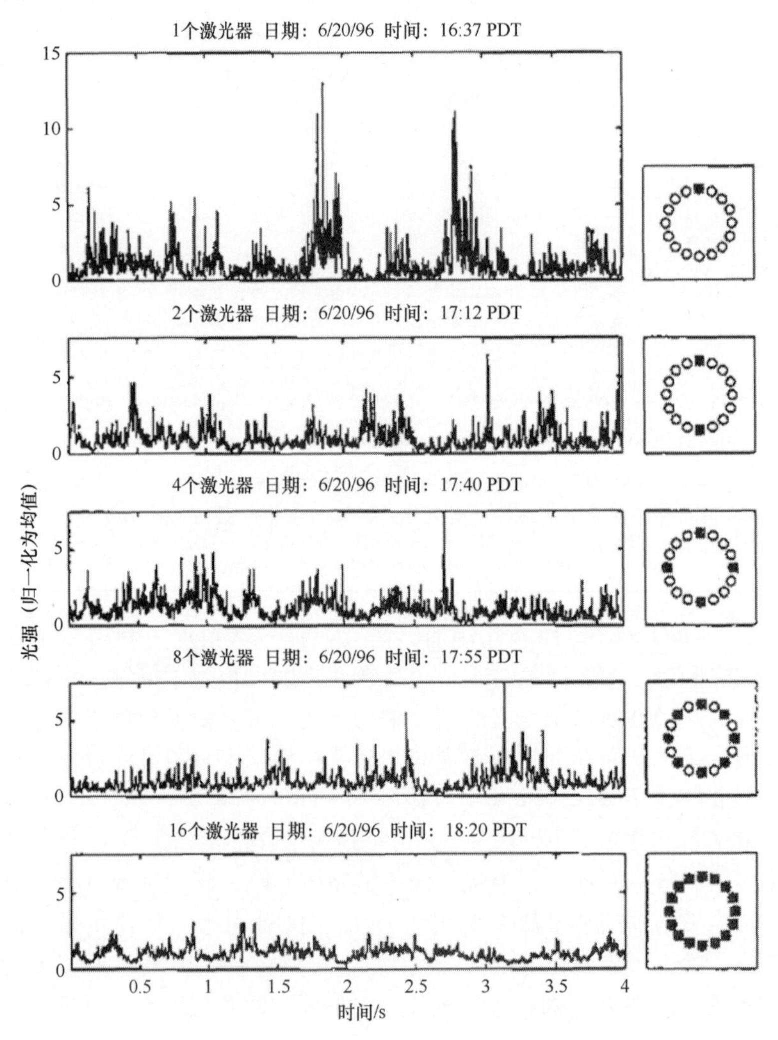

图 4.9 10.4km 水平链路下，当激光器个数分别为 1、2、4、8 和 16 时，所记录的光强与时间的关系图（转载自 SPIE，1997[23]）

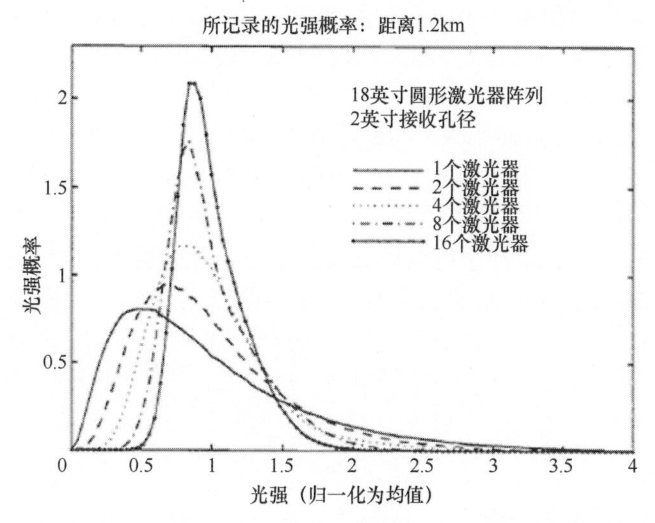

图4.10　当激光器个数分别为1、2、4、8和16时，记录的光强概率相对于光强的直方图（见彩插）（转载自SPIE，1997 [23]）

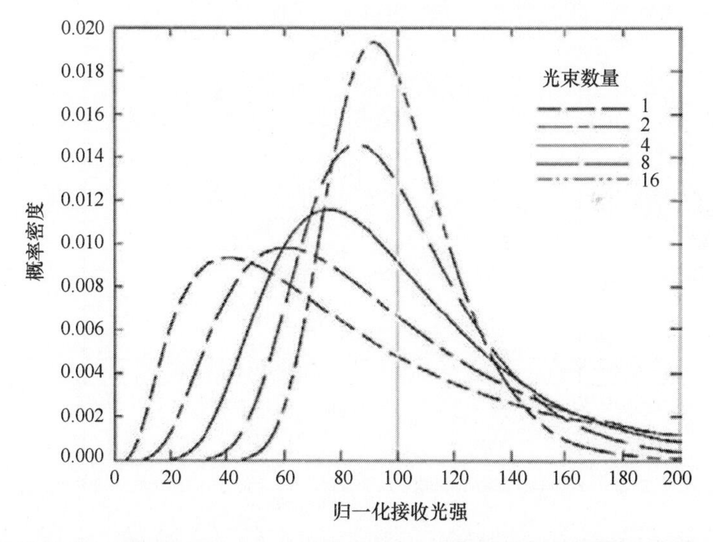

图4.11　当激光器个数分别为1、2、4、8和16时，光强概率密度函数相对于归一化光强的曲线（见彩插）（转载自SpringerScience + Business Media B. V. ［第104页图24］[1]）

文献［16］给出了M个发射器一个接收器的空间分集系统的平均误比特率：

$$\langle \mathrm{BER} \rangle = \int f_I(\boldsymbol{I})\, Q\left(\frac{\eta}{M\sqrt{2N_0}}\sum_{m=1}^{M} I_M\right)\mathrm{d}\boldsymbol{I} \tag{4-33}$$

式中：$f_I(\boldsymbol{I})$为长度为M的矢量$\boldsymbol{I}$的PDF。要得到上述平均误比特率需要进行一个M维的积分运算。可以使用多维高斯求积公式（Multidimensional Gaussian Quadraturerule，GDQ），对PDF向量$f_I(\boldsymbol{I})$的高斯Q函数进行多次平均。计算多维高斯求积公式的过程是利用如下方程计算出一组权系数和积分点：

$$\int_a^b G(x)W(x)\mathrm{d}x \approx \sum_{j=1}^{K} w_j G(x_j) \tag{4-34}$$

式中：$G(x)$ 为一个次数高达 $2K-1$ 的多项式。如果 $W(x)$ 是随机变量 I_m 的联合 PDF，那么 K 点的多维高斯求积公式就可以利用 I_m 的前 $2K-1$ 时刻计算得到。

图 4.12 给出了独立同分布的大气湍流信道下，具有多个发射器的 MISO FSO 通信链路的平均误比特率与平均电信噪比的关系，激光器个数 $M=2$、3、5 和 7。相比于 SISO 系统，随着发射器数量增加，误比特率显著改善。图 4.12 给出了不同闪烁指数下的性能对比（假设湍流引起的衰落服从 K 分布，参数 α 表示不同的湍流强度[16]），图 4.12 也给出了与 SISO FSO 通信链路的对比。该图对强湍流信道也是适用的，因此闪烁指数取值在 1 ~4 之间。误比特率随着闪烁指数的增加（信道参数 α 的降低）而增加。MISO 空间分集方法可以改善 FSO 通信的性能。

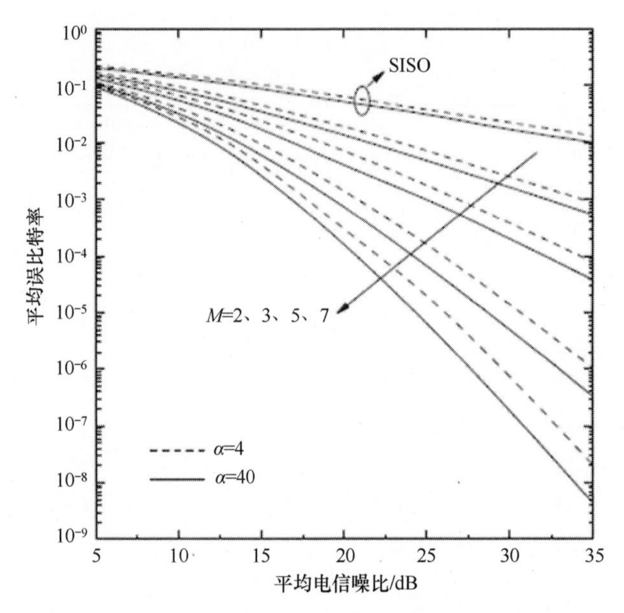

图 4.12　激光器个数 M 分别为 2、3、5 和 7 时，MISO FSO 通信系统平均误比特率与平均电信噪比的关系（转载自 IEEE，Copyright 2009 IEEE[16]）

情况 4　SIMO FSO 链路——选择性分集（Selection Diversity，SD）：这是一种采用多接收器来抑制大气湍流从而改善 FSO 通信性能的技术。多年以前，在飞机之间的光通信演示中已经指出了采用多个接收器的优势[26]。采用多个探测器的优势是：每个探测器都有较小的视场（Small Fieldof View，FOV），且滤光片带宽很窄，相比于采用单个探测器的单个大视场而言，可以有效地抑制总的背景噪声。多探测器可以提高接收信噪比，从而改善 FSO 通信系统在湍流大气中的性能。

选择性分集是所有合并方案里复杂度最小的。在这个方案中，只对具有最大接收光强（或电信噪比）的孔径信号进行处理。在所有的 N 个接收光强 I_1，$I_2,\cdots,I_N$ 中，基于以下标准选择光强 I_{SD}：

$$I_{SD} = \max\{I_1, I_2, \cdots, I_N\} \tag{4-35}$$

文献［16］给出了 SD 接收器输出端的平均误比特率：

$$< BER > = \int_0^{\infty} f_{I_{SD}}(I_{SD}) Q\left(\frac{\eta I_{SD}}{\sqrt{2NN_0}}\right) dI_{SD} \tag{4-36}$$

式中：$f_{I_{SD}}(I_{SD})$ 为输出端的 PDF，可以表示为

$$f_{I_{SD}}(I_{SD}) = \frac{d}{dI_{SD}} F_{I_{SD}}(I_{SD}) = \frac{d}{dI_{SD}} \prod_{j=1}^{N} F_{I_j}(I_{SD}) = \sum_{i=1}^{N} \prod_{j=1, j\neq 1}^{N} f_{I_i}(I_{SD}) F_{I_j}(I_{SD}) \tag{4-37}$$

式中：$F_{I_j}(I_{SD})$ 为 I_{SD} 的 CDF。

利用式（4-36）和式（4-37），平均误比特率可以通过对 N 个半无限积分的求和得到：

$$< BER > = \sum_{i=1}^{N} \prod_{j=1, j\neq 1}^{N} f_{I_i}(I_{SD}) F_{I_j}(I_{SD}) Q\left(\frac{\eta I_{SD}}{\sqrt{2NN_0}}\right) dI_{SD} \tag{4-38}$$

假设 I_n 是独立同分布的随机变量，采用与前述分析相类似的方法，可以得到 SD 接收器的中断概率[14]：

$$P_{out} = \left[F_I\left(\sqrt{\frac{\mu_{th}}{< \mu >}}\right) \right]^N \tag{4-39}$$

式中：F_I 为 I_n 的 CDF。

图 4.13 给出了功率相关系数为 0.25 的指数相关 Gamma - Gamma 湍流信道下，采用强度调制/直接检测以及 SD 合并方案的三孔径和四孔径接收器的 SIMO 系统的中断概率。参数 k 和 m 的不同取值对应不同的 Gamma-Gamma PDF。图 4.13中显示的是中断概率关于归一化中断阈值倒数 $< \mu > / \mu_{th}$ 的函数，图中清晰地表明了利用空间分集技术对中断概率的明显改善。

4.3.2　时间分集

分集的另一种方法是使用时间分集，将相同的信息在按照一定时间周期分开的不同时隙发射出去，该时间周期要近似等于相干时间。文献［27］基本描述了该技术及其在衰落信道中的应用。数据的传输发生在单个发射器和单个接收器之间。对于通过大气进行传输的 FSO 通信系统而言，大气闪烁会造成接收器接收信号的起伏，从而会导致 IM/DD 系统接收信号的衰落。衰落概率用于判断接收器输出降低到规定阈值以下的可能性。接收机输入信号的随机起伏取决于湍流信道的概率分布，因此需要一个准确 PDF 来预测 FSO 通信系统的衰落概率。上一

节利用空间分集技术提高衰落信道的可靠性。在泰勒冻结湍流假设下，湍涡被认为在空间上冻结了，并在观察路径上以平均风速分量 V 移动。这一假设允许通过横向观测方向的平均风速将空间统计特性转化为时间统计特性，因此时间分集也能够改善 FSO 通信系统的性能。

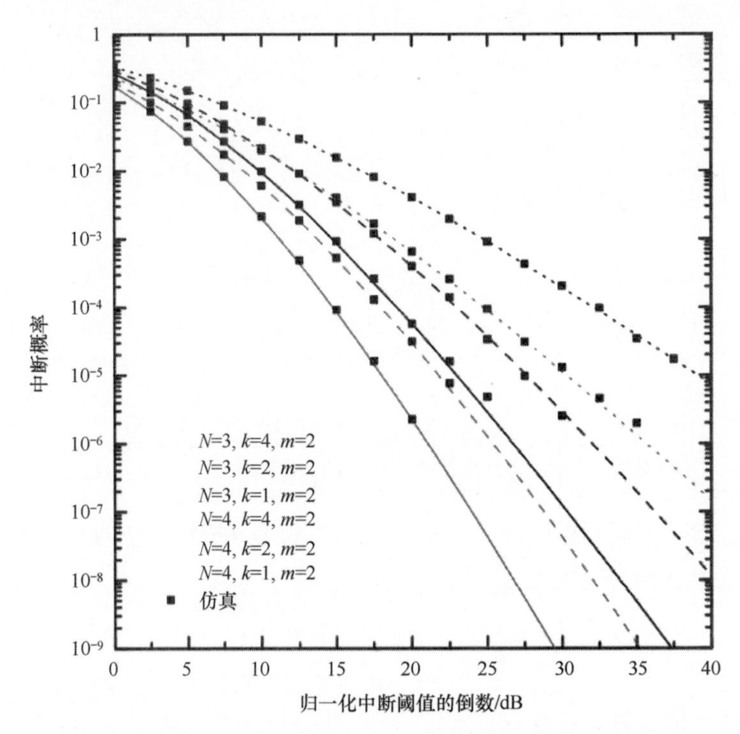

图 4.13 在指数相关 Gamma-Gamma 湍流信道下，采用选择性分集的 SIMO FSO 通信系统的中断概率关于归一化中断阈值倒数的曲线，不同的 k 和 m 参数值对应具体的 Gamma-Gamma PDF（转载自 2012 Kostas Peppas，Hector E.Nistazakis，Vasiliki D. Assimakopoulos and George S.Tombras[14]）

时间协方差和大气信道的相干时间：想要了解时域上的 FSO 通信性能，研究湍流信道的时间协方差函数就很有必要。时间协方差决定了相干时间 τ_c ，定义为归一化时间协方差函数的 e^{-1}所对应的时间间距，可以通过将 ρ 代入 $V\tau$ 得到，其中 ρ 是空间强度协方差函数的空间相干长度。无限平面波入射到会聚透镜上的光强起伏的时间协方差函数为[10]

$$B_I(\tau,D) = 8\pi^2k^2L\int_0^1\int_0^\infty k\Phi_n(\kappa)J_0(\kappa V\tau) \times \exp\left(-\frac{D^2\kappa^2}{16}\right)\left(1-\cos\frac{L\kappa^2\xi}{k}\right)\mathrm{d}\kappa\mathrm{d}\xi \tag{4-40}$$

式中：τ 为时间延迟；D 为接收孔径直径；$\Phi_n(k)$ 为折射指数的空间功率谱；J_0 为第一类贝塞尔函数；L 为传播路径；$k = 2\pi/\lambda$ ，为光波数；κ 为空间光波数；ξ 为

转换变量。归一化协方差函数 $b_I(\tau,D)$ 定义为

$$b_I(\tau,D) = \frac{B_I(\tau,D)}{B_I(0,D)} \tag{4-41}$$

图 4.14 给出了研究人员利用式（4-41）计算出的两个不同弱湍流条件下的归一化协方差函数，其激光波长为 785nm，传播路径大约为 1km，两种湍流条件下的相关时间分别约为 15ms 和 3ms，方差分别为 0.03 和 0.73[28]。对于时间分集 FSO 通信系统，在弱湍流条件下，超过几毫秒的延迟应该足以改善系统性能。

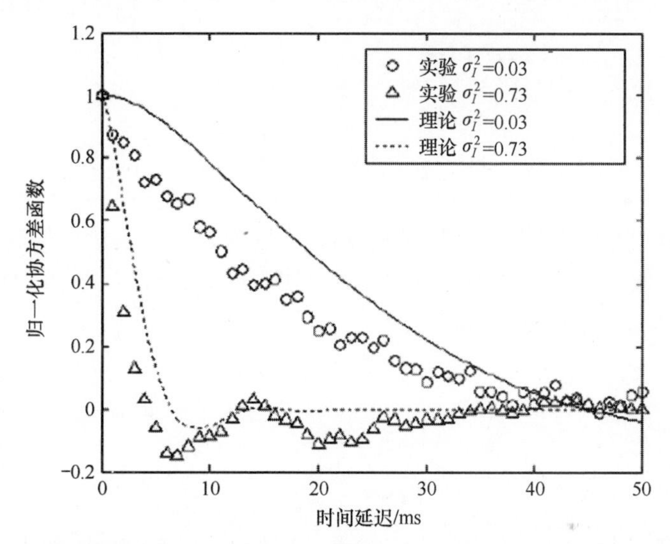

图 4.14 两种弱湍流条件下的归一化时间协方差函数（转载自 SPIE, 2005[28]）

时间分集系统模型和性能：*N* 路信道。图 4.15 所示为 FSO 通信系统时间分集的框图。发射器重复发送信号 N 次，由信源编码分隔，从而使数据流首先被延迟或间隔固定的时间周期 T_{sep}（由编码器完成），接收器接收 N 个相互独立的衰落信号。这些信号在发送到下一环节之前会按照相应的规则被译码和延迟，N 个译码信号进行叠加，然后由门限探测器来判决原来发送的是“0”还是“1”。时间分集完全在时域内完成。发送间隔为 T_{sep} 的 N 次时间信号的强度为

$$I_1 = I(t), I_2 = I(t - T_{\text{sep}}), \cdots, I_N = I(t - NT_{\text{sep}} + T_{\text{sep}}) \tag{4-42}$$

式中：$I(t)$ 为激光器发射光强。

在接收端，每路的衰落信号可以表示为 RP_i，R 是接收机常数（如响应度），P_i 是第 i 路的接收光功率。假设每路衰落信道的光强起伏统计（PDF）一致。

假设归一化光强（$\langle I \rangle = 1$）服从对数正态分布：

$$P_I(I) = \frac{1}{I\sqrt{2\pi\sigma_{\ln I}^2}} \exp\left[-\frac{\left[\ln(I) + \frac{1}{2}\sigma_{\ln I}^2\right]^2}{2\sigma_{\ln I}^2}\right] \tag{4-43}$$

式中：$\sigma_{\ln I}^2$ 为对数光强方差，在弱湍流条件下 $\sigma_{\ln I}^2 \approx \sigma_I^2$。

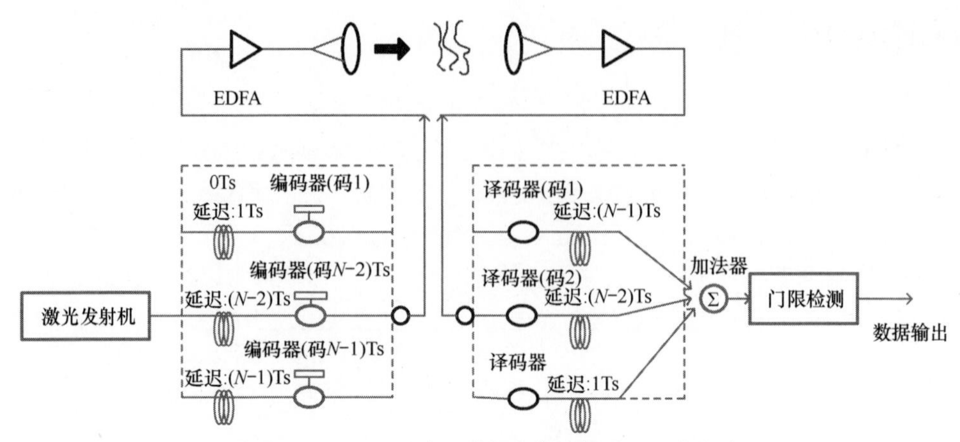

图 4.15 FSO 通信系统时间分集的框图：N 路信道

（转载自 Peng LIU，Ph. D Thesis，Waseda University，February 2012）

时间分集的性能可以通过单个接收器在不同时延下衰落信号的联合概率分布来进行分析。假设接收信号的对数振幅可以描述成联合高斯分布的形式[29]，不同时间对数幅度的自协方差矩阵为[30]

$$B = \sigma_I^2 \begin{bmatrix} 1 & b(T_{\text{sep}}) & \cdots & b(NT_{\text{sep}} - T_{\text{sep}}) \\ b(T_{\text{sep}}) & 1 & \cdots & b(NT_{\text{sep}} - 2T_{\text{sep}}) \\ \cdots & \cdots & \cdots & \cdots \\ b(NT_{\text{sep}} - T_{\text{sep}}) & b(NT_{\text{sep}} - 2T_{\text{sep}}) & \cdots & 1 \end{bmatrix} \tag{4-44}$$

式中：σ_I^2 为衡量大气湍流强弱的光强方差；I 的联合概率密度函数为[30]

$$f_{I_1,I_2,\cdots,I_N}(i_1,i_2,\cdots,i_N) = \frac{1}{(2\pi)^{N/2}\ |\boldsymbol{B}|^{1/2}\prod_{k=1}^{N} i_k} \times \left[-\frac{1}{2}(A-a)\boldsymbol{B}^{-1}\ (a-\boldsymbol{A})^{\mathrm{T}}\right] \tag{4-45}$$

式中：$\boldsymbol{A} = \ln i_1, \ln i_2, \cdots, \ln i_N$，$a = \left(\ln\langle I\rangle - \frac{\sigma_I^2}{2}\right) I_{1\times N}$。

衰落概率：衰落概率是描述 FSO 通信系统性能的一个很有用的参数，是对探测器输出下降到系统规定的阈值以下的可能性的估计。用光强起伏 PDF 描述的衰落概率为

$$\text{衰落概率}\ P(I < I_t) = \int_0^{I_t} P(I)\,\mathrm{d}I \tag{4-46}$$

式中：I_t 为门限光强。I_t 也可以用衰落门限参数 F_{T} 表示，它是低于平均值的分贝数。F_{T} 可表示为

$$F_{\mathrm{T}} = 10\log\left(\frac{\langle I\rangle}{I_t}\right)$$

此时，时间分集方案的衰落概率可以基于式（4-45）的联合分布函数计算式

(4-46)的积分得到[30]：

$$\text{衰落概率}\ P = \int_0^{I_t} \cdots \int_0^{I_t} f_{I_1, I_2, \cdots, I_N}(i_1, i_2, \cdots, i_N)\, \mathrm{d}i_1 \mathrm{d}i_2 \cdots \mathrm{d}i_N \tag{4-47}$$

图 4.16 给出了 $N=1$，2，3 时，时间分集系统的衰落概率相对于 F_T 的函数。时间分集能提高系统性能并且能在 10^{-6} 的衰落概率下提供 1.5～2.7 倍的增益。

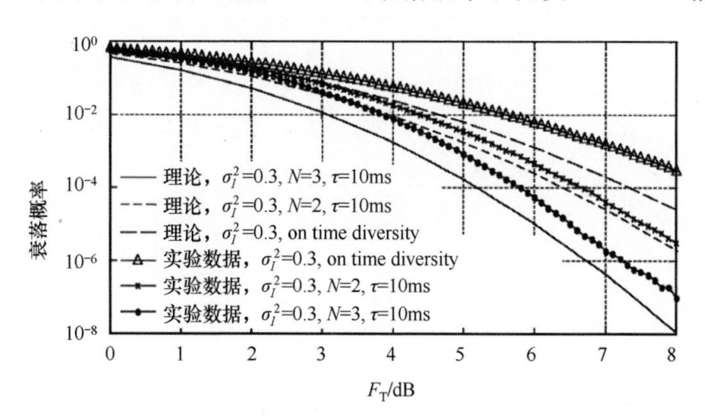

图 4.16　时间分集下的衰落概率（转载自 The Optical Society of America，OSA，2008[30]）

特例：双通道时间分集系统（$N=2$）。这里仅讨论最简单的两通道时间分集：一路直接发射，另一路延迟发射。FSO 通信系统可以建模成基于两个相关同分布对数正态衰落信道的双通道分集系统。归一化协方差由延迟周期决定，因此可以通过调整两个发射机之间的时间延迟来降低两个信道间的相关性。两路发射激光的光强由延迟时间 T_{sep} 来区分，定义为 $I_1 = I(t)$ 和 $I_2 = I(t - T_{\text{sep}})$。$I_1$ 和 I_2 的联合概率密度函数为[28]

$$P_{I_1 I_1}(i_1, i_2, T_{\text{sep}}) = \frac{1}{2\pi \left| \sum(T_{\text{sep}}) \right|^{1/2} i_1 i_2} \exp\left[-\frac{1}{2} (\ln \boldsymbol{i} - \boldsymbol{\mu})^{\mathrm{T}} \sum{}^{-1}(T_{\text{sep}}) (\ln \boldsymbol{i} - \boldsymbol{\mu}) \right] \tag{4-48}$$

式中：$\ln \boldsymbol{i} = [\ln i_1, \ln i_2]^{\mathrm{T}}$；$\boldsymbol{\mu} = \left(\ln\langle I \rangle - \dfrac{\sigma_I^2}{2} \right) \boldsymbol{I}_{2\times 2}$。

平均接收光强 $\langle I \rangle$ 为[4]

$$< I > \approx I_0 w_0^2 / w_L^2 [1 + 1.33 \sigma_I^2 (2L/k w_L^2)^{5/6}]$$

时间协方差矩阵 $\sum(T_{\text{sep}})$ 可以表示为[28]

$$\sum(T_{\text{sep}}) = \sigma_I^2 \begin{bmatrix} 1 & b(T_{\text{sep}}) \\ T_{\text{sep}} & 1 \end{bmatrix} \tag{4-49}$$

时间分集方案的误比特率计算：考虑到每一路随机光强起伏 I_1 和 I_2 的条件概率，接收端的条件误比特率为[28]

$$\text{BER}_{\text{conditional}} = \frac{1}{2} \text{erfc}\left(\frac{S_1 + S_2}{2\sqrt{2}\sigma_z} \right) = \frac{1}{2} \text{erfc}\left(\frac{< \text{SNR} > (i_1 + i_2)}{4\sqrt{2} < I >} \right) \mathrm{d}i_1 \mathrm{d}i_2 \tag{4-50}$$

式中：erfc 为互补误差函数；S_1 、S_2 分别为信道 1 和信道 2 的接收信号（假设均值相同）；σ_z 为接收系统噪声；SNR 为瞬时信噪比。

平均误比特率可以利用式（4-50）对服从式（4-48）的联合概率密度函数的 i_1 和 i_2 求积分得到，其表达式为[28]

$$< \mathrm{BER} > = \frac{1}{2}\int_0^\infty \int_0^\infty P_{I_1 I_1}(i_1, i_2, T_{\mathrm{sep}})\,\mathrm{erfc}\left(\frac{< \mathrm{SNR} > (i_1 + i_2)}{4\sqrt{2}\ < I >}\right)\mathrm{d}i_1\,\mathrm{d}i_2 \qquad (4\text{-}51)$$

图 4. 17 给出了相关报道中两信道时间分集系统的平均误比特率曲线，湍流方差分别为 0. 03 和 0. 73[28]。当误比特率为 10^{-9} 时，0. 03 和 0. 73 湍流方差下所对应的信噪比增益分别为 4. 1dB 和 5. 4dB。显示了时间分集技术在 FSO 通信系统中用于抑制湍流引起的衰落的有效性。

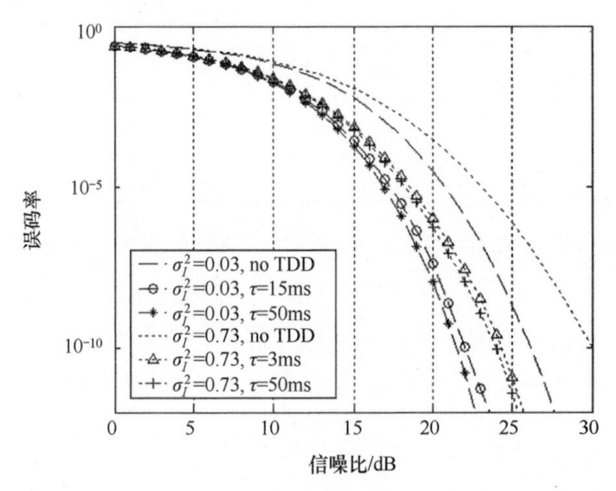

图 4. 17　湍流方差分别为 0. 03 和 0. 73 时，两通道时间分集系统的平均误比特率（转载自 SPIE，2005[28]）

4. 3. 3　时域检测技术

时域探测技术与 4. 3. 2 节讨论的时间分集技术是不同的。为了抑制大气湍流以提高 FSO 通信系统性能，在单个接收机端采用多种时域检测技术。大气湍流引起的光强起伏（信号衰落）通过增加接收信号误比特率来降低系统性能。在上述关于孔径平均、空间分集和时间分集的讨论中，均假设接收孔径 D_0 大于相干长度 d_0（典型值为 1 ~ 10cm 量级），且每个比特间隔内的接收观测时间间隔 T_0 大于相干时间 τ_0（典型值 1 ~ 10ms 量级）。然而，在许多实际的 FSO 通信场合，这些需求并不能被满足。本节将讨论当 $D_0 < d_0$ 、$T_0 < \tau_0$ 时抑制大气湍流的各种时域检测技术。这在数据速率达到 Gb/s 量级时会显得非常重要。已有 3 种时域检测技术[27]：最大似然（Maximum Likelihood，ML）逐符号检测；最大似然序列检测（Maximum Likelihood Sequence Detection，MLSD）；导频符号辅助检测（Pilot-

Symbol Assisted Detection，PASD）。每种技术的误比特率曲线都证明了这些方法在抑制大气湍流以提高系统性能方面的有效性，下面简要介绍这几种技术及其误比特率表达式。

本节下述分析都基于OOK强度调制/直接检测进行。当传播距离小于几千米时，信号对数振幅的变化远小于相位的变化。当光通过大气中的大量湍涡传播时，这些湍涡会引起光波独立同分布的相位延迟和散射。因此，根据中心极限定理对数振幅X的边缘分布为高斯分布[27]：

$$f_X(X) = \frac{1}{(2\pi\sigma_X^2)^{1/2}}\exp\left\{-\frac{(X-E(X))^2}{2\sigma_X^2}\right\} \tag{4-52}$$

式中：σ_X^2为发射光束的对数振幅方差；$E(X)$为对数振幅X的系综平均。光强I与对数振幅X的关系为$I = I_0\exp(2X-2E(X))$，平均光强与式（4-52）中的对数振幅起伏的关系为

$$E(I) = E[I_0\exp(2X-2E(X))] = I_0\exp(2\sigma_X^2) \tag{4-53}$$

写成光强I的形式，湍流引起的光强起伏的边缘分布是对数正态的[27]：

$$f_I(I) = \frac{1}{2I}\frac{1}{(2\pi\sigma_X^2)^{1/2}}\exp\left\{-\frac{[\ln(I)-\ln(I_0)]^2}{8\sigma_X^2}\right\} \tag{4-54}$$

1. 最大似然逐符号检测

假设接收信噪比受背景光引起的系统散弹噪声和热噪声的影响，噪声是加性高斯白噪声，其与接收信号统计独立。接收机计算接收光电流的比特持续时间T和积分区间T_0满足$T_0 \leqslant T$。假设接收机积分区间远小于大气湍流的相干时间，即$T_0 \leqslant \tau_0$，因此每个积分区间内的光强可看作常数。当接收信号光强为I_S，背景光光强为I_B时，接收器的电信号可表示为

$$s_e = \eta(I_S + I_B) + n \tag{4-55}$$

式中：η为光电转换效率；n为零均值加性高斯白噪声，方差为$N/2$，它与接收信号是“开”还是“关”没有关系。

假设接收器已知衰落的边缘分布统计特性，但是不知道信道的瞬时衰落。当从电信号中滤除背景光ηI_B时，电信号$s = \eta I_S + n$可以通过条件概率密度来描述，具体取决于发送信号是“开”还是“关”：

$$P(\text{sig/Off}) = \frac{1}{\sqrt{\pi N}}\exp\left(-\frac{\text{sig}^2}{N}\right) \tag{4-56}$$

$$\begin{aligned} P(\text{sig/On}) &= \int_{-\infty}^{\infty} P(\text{sig/On},X) f_X(X)\,\mathrm{d}X \\ &= \int_{-\infty}^{\infty}\frac{1}{\sqrt{\pi N}} f_X(X)\cdot\exp\left[-\frac{(\text{sig}-\eta I_0 \mathrm{e}^{2X-2E[X]})^2}{N}\right]\mathrm{d}X \end{aligned} \tag{4-57}$$

式中：$I_0 = \dfrac{E(I)}{\exp(2_X^2)}$（见式（4-53），$E(I)$为平均光强）。

最大似然逐符号检测利用如下规则选择符号 $\hat{s}$ [27]：

$$\hat{s} = \arg\max_{s} P(\mathrm{sig}/s) \tag{4-58}$$

式中：$P(\mathrm{sig}/s)$ 为当发射比特分别为“开”或“关”时的条件分布，当接收一个信号“sig”时，其相应的 PDF 由 $s \in \{\mathrm{Off}, \mathrm{On}\}$ 确定。式（4-58）对在开关比特等概时适用。“sig”和一个由 X（对数振幅）、σ_X^2（对数振幅方差）和 N（加性高斯噪声方差）所确定的固定阈值进行比较。

似然函数 $\lambda(\mathrm{sig})$ 为开和关对应的两个条件概率的比值[27]：

$$\lambda(\mathrm{sig}) = \frac{P(\mathrm{sig}/\mathrm{On})}{P(\mathrm{sig}/\mathrm{Off})} = \int_{-\infty}^{\infty} f_X(X) \cdot \exp\left[-\frac{(\mathrm{sig} - \eta I_0 \mathrm{e}^{2X-2E[X]})^2 - \mathrm{sig}^2}{N}\right]\mathrm{d}X \tag{4-59}$$

OOK 调制下的误比特率可以通过下式进行计算：

$$\mathrm{BER} = P(\mathrm{Off})P(\mathrm{BitError}/\mathrm{Off}) + P(\mathrm{On})P(\mathrm{BitError}/\mathrm{On}) \tag{4-60}$$

式中：条件概率 $P(\mathrm{BitError}/\mathrm{Off})$ 和 $P(\mathrm{BitError}/\mathrm{On})$ 分别为发送比特为“开”“关”时的误比特概率。假设没有码间串扰（Intersymbol Interference，ISI），条件误比特率为

$$P(\mathrm{BitError}/\mathrm{Off}) = \int_{\lambda(\mathrm{sig})>1} P(\mathrm{sig}/\mathrm{Off})\, d(\mathrm{sig}) \tag{4-61}$$

$$P(\mathrm{BitError}/\mathrm{On}) = \int_{\lambda(\mathrm{sig})<1} P(\mathrm{sig}/\mathrm{On})\, d(\mathrm{sig}) \tag{4-62}$$

2. 最大似然序列检测

当考虑湍流引起的衰落的时间相关时，MLSD 时域检测技术能提供更高 FSO 通信性能。对于 n 个比特连续接收信号 $\overline{\boldsymbol{sig}} = [\mathrm{sig}_1, \mathrm{sig}_2, \cdots, \mathrm{sig}_n]$，则比特序列 $\bar{s} = [s_1, s_2, \cdots, s_n]$（$s_i \in \{\mathrm{Off}, \mathrm{On}\}$）有 2^n 个可能的取值，每个取值的最大似然比可根据下述规则进行计算[31]：

$$\begin{aligned} \bar{s} &= \arg\max_{\overline{sig}} P(\overline{\boldsymbol{sig}}/\bar{s}) \\ \bar{s} &= \mathrm{argmax}_{\overline{sig}} \int_{\bar{X}} f_{\bar{X}}(\bar{X}) \cdot \exp\left[-\sum_{i=1}^{n} \frac{(\mathrm{sig}_i - \eta s_i I_0 \mathrm{e}^{2X_i - 2E[X_i]})^2}{N_i}\right]\mathrm{d}\bar{X} \end{aligned} \tag{4-63}$$

发射比特序列光强的联合概率分布模型 $f_{\bar{X}}(\bar{X})$ 如下（其中每一个 s_i 表示“Off”或“On”，因此 $s_i \in \{0,1\}$）[31]：

$$f_{\bar{X}}(\bar{\boldsymbol{X}}) = \frac{1}{(2\pi)^{n/2}\,|C_X^{\mathrm{T}}|^{1/2}} \exp \left\{-\frac{1}{2}(X_1 - E[X_1])\cdots(X_n - E[X_n])\,(\boldsymbol{C}_X^{\mathrm{T}})^{-1}\begin{bmatrix}(X_1 - E[X_1]) \\ \cdots \\ (X_n - E[X_n])\end{bmatrix}\right\} \tag{4-64}$$

式中：n 比特序列的协方差矩阵为[31]

$$C_X^{\mathrm{T}}=\begin{bmatrix}\sigma_X^2 & \sigma_X^2 b_X\left(\frac{T}{\tau_0}d_0\right) & \cdots & \sigma_X^2 b_X\left(\frac{(n-1)T}{\tau_0}d_0\right)\\ b_X\left(\frac{T}{\tau_0}d_0\right) & \sigma_X^2 & \cdots & \sigma_X^2 b_X\left(\frac{(n-2)T}{\tau_0}d_0\right)\\ \sigma_X^2 b_X\left(\frac{(n-1)T}{\tau_0}d_0\right) & \sigma_X^2 b_X\left(\frac{(n-2)T}{\tau_0}d_0\right) & \cdots & \sigma_X^2\end{bmatrix}_{n\times n} \tag{4-65}$$

式（4-64）中：b_X 为接收平面内两点的归一化对数振幅协方差函数，根据泰勒冻结湍流理论，空间坐标可以转换为时间坐标；T 为比特间隔；τ_0 为相干时间，$\tau_0=\dfrac{d_0}{v}$；d_0 为湍流引起的衰落的相干直径；v 为风速的垂直分量。

MLSD 技术的缺点是计算复杂度高，与 $n\cdot 2^n$ 成正比。

文献［27，32］报告了 FSO 通信系统采用 3 种时域技术（最大似然逐符号检测、最大似然序列检测和导频符号辅助检测）时的性能。

PASD：这种时域技术可以应用于已知衰落时域相关性，但不知瞬时衰落的情况。当通过大气湍流以高数据速率进行通信时，很多 FSO 通信链路的比特间隔 T 比湍流导致的光强相干时间 τ_0 要小很多，即 $T\leqslant\tau_0$，因此强度起伏的瞬时状态在许多连续比特间隔内保持不变。又由于接收光电流的积分区间 $T_0\leqslant T$，因此 $T_0\leqslant\tau_0$，因此每一个比特间隔内的光强保持不变。在 PSAD 方案中[33]，发射器周期性地在 $M-1$ 个信息位之前插入一个“On”状态导频符号，以形成一个 M 比特数据块，M 是帧长度。这个插入的已知符号可以供接收器获取相关信道衰落信息。接收器通过插入每个数据块前后的导频符号的接收光强来检测 $M-1$ 个信息比特。

湍流引起衰落的时间联合概率分布函数：假设强度调制/直接检测 FSO 通信系统采用 OOK 调制，其信噪比受由背景光引起的散弹噪声的影响，积分区间末端的接收电信号由式（4-55）给出。假设没有码间串扰，第 i 个“On”状态符号光强可以表示为[33]

$$I_i=I_0\exp(2X_i-2\chi) \tag{4-66}$$

式中：X_i 为光信号对数振幅，属于均值为 χ、方差为 σ_X^2 的高斯随机变量。

对数振幅序列 $\vec{X}=[X_{n1}-\chi,X_{n2}-\chi,\cdots,X_{n_m}-\chi]$ 的时间联合概率分布函数是联合高斯分布，表示为[33]

$$f_X(X)=\frac{1}{(2\pi)^{m-2}\,|C_X^{\mathrm{On}}|^{1/2}}\exp\left\{-\frac{1}{2}X\cdot(C_X^{\mathrm{On}})^{-1}\cdot X^{\mathrm{T}}\right\} \tag{4-67}$$

式中：C_X^{On} 为“开”状态比特序列的协方差矩阵，可以表示为[33]

$$
\boldsymbol{C}_X^{\mathrm{On}} = \begin{bmatrix}
\sigma_X^2 & \sigma_X^2\exp\left[-\left(\frac{|n_1-n_2|T}{\tau_0}\right)^{\frac{5}{3}}\right] & \cdots & \sigma_X^2\exp\left[-\left(\frac{|n_1-n_m|T}{\tau_0}\right)^{\frac{5}{3}}\right] \\
\sigma_X^2\exp\left[-\left(\frac{|n_2-n_1|T}{\tau_0}\right)^{\frac{5}{3}}\right] & \sigma_X^2 & \cdots & \sigma_X^2\exp\left[-\left(\frac{|n_2-n_m|T}{\tau_0}\right)^{\frac{5}{3}}\right] \\
\vdots & \vdots & \ddots & \vdots \\
\sigma_X^2\exp\left[-\left(\frac{|n_m-n_1|T}{\tau_0}\right)^{\frac{5}{3}}\right] & \sigma_X^2\exp\left[-\left(\frac{|n_m-n_2|T}{\tau_0}\right)^{\frac{5}{3}}\right] & \cdots & \sigma_X^2
\end{bmatrix}_{n\times n}
\tag{4-68}
$$

式中：T 为比特间隔；τ_0 为相干时间，$\tau_0 = \dfrac{d_0}{v}$；d_0 为湍流引起的衰落的相干直径；v 为风速的垂直分量。注意，这是基于泰勒冻结湍流理论的。

基于上述协方差矩阵，m 个“On”状态符号信号光强的联合分布为联合对数正态分布，可以表示为

$$
f_I(I_{n1},I_{n2},\cdots,I_{nm}) = \frac{1}{2^m\prod\limits_{i=1}^{m}I_{ni}\,(2\pi)^{m/2}\,|\boldsymbol{C}_X^{\mathrm{On}}|^{1/2}}\exp\left\{-\frac{1}{8}\left[\ln\left(\frac{I_{n1}}{I_0}\right)\cdots\ln\left(\frac{I_{nm}}{I_0}\right)\right](\boldsymbol{C}_X^{\mathrm{On}})^{-1}\begin{bmatrix}\ln\left(\frac{I_{n1}}{I_0}\right)\\ \cdots \\ \ln\left(\frac{I_{nm}}{I_0}\right)\end{bmatrix}\right\}
\tag{4-69}
$$

3. 导频辅助最大似然检测（Pilot-Assisted Maximum-Likelihood Detection，PSA-ML）

类似于上述最大似然逐符号检测技术，接收器对符号 $\hat{s}$ 按照如下规则进行解码（见式（4-58））：

$$
\hat{s} = \arg\max_{s} P(\mathrm{sig}/s)
$$

在信息比特流中周期性的插入“On”状态导频符号后，组合成的符号（如上所述）在大气信道中进行传输。设 sig_i 是数据帧中第 i 个信息位的接收光电流信号，sig_0 和 sig_M 是当前帧和下一帧的导频符号对应的接收信号。以第 i 个信息位 s_i 为条件的 $\overline{\boldsymbol{sig}} = [\mathrm{sig}_0,\mathrm{sig}_i,\mathrm{sig}_M]$ 联合概率分布为[27]

$$
P(\overline{\boldsymbol{sig}}/s_i = 0) = \frac{1}{(\pi N)^{3/2}}\exp\left[-\frac{\mathrm{sig}_i^2}{N}\right]\iint_{-\infty}^{\infty} f_X(X_0,X_M) \times \exp\left[-\sum_{j=0,M}\frac{(\mathrm{sig}_j - \eta I_0 \mathrm{e}^{2X_j-2E[X_j]})^2}{N}\right]\mathrm{d}X_0\mathrm{d}X_M
\tag{4-70}
$$

$$P(\overline{sig}/s_i=1)=\frac{1}{(\pi N)^{3/2}}\iint\int_{-\infty}^{\infty}f_X(X_0,X_i,X_M)$$

$$\times\exp\left[-\sum_{j=0,i,M}\frac{(\mathrm{sig}_i-\eta I_0\mathrm{e}^{2X_j-2E[X_j]})^2}{N}\right]\mathrm{d}X_0\mathrm{d}X_i\mathrm{d}X_M \tag{4-71}$$

式中：$f_X(X_0,X_M)$ 和 $f_X(X_0,X_i,X_M)$ 为对数振幅概率密度分布函数，在式（4-64）中已经给出。

似然比 $\lambda(\overline{sig})=\dfrac{P(\overline{sig}/s_i=1)}{P(\overline{sig}/s_i=0)}$。可以应用与 MLSD 相似的判决准则：$\lambda(\overline{sig})\gtrless_{<\mathrm{Off}}^{>\mathrm{On}}1$，假设接收器已知衰落的相关特性，而不知道瞬时衰落状态。

M 比特数据帧的第 i 个信息位的误比特率为

$$P(\mathrm{BitError}/s_i=0)=\int_{\lambda(\overline{sig})>1}P(\overline{sig}/s_i=0)\,\mathrm{d}\,\overline{sig} \tag{4-72}$$

$$P(\mathrm{BitError}/s_i=1)=\int_{\lambda(\overline{sig})<1}P(\overline{sig}/s_i=1)\,\mathrm{d}\,\overline{sig} \tag{4-73}$$

图 4.18 给出了 3 种抑制大气湍流的时域检测技术下，“On”状态误比特率与平均接收电信噪比的函数关系[27]。图中虚线（逐符号最大似然检测）、实线（MLSD）、点划线（PSAD）给出了 3 种技术下的理论计算曲线，同时也给出了相应的测量点。当误比特率为 10^{-3} 时，相比于逐符号检测技术，PASD 提供了大约 1.9dB 的信噪比增益，MLSD 则提供了 2.4dB 的信噪比增益。对于这些结论的详细描述，可以参考文献［27，32］。

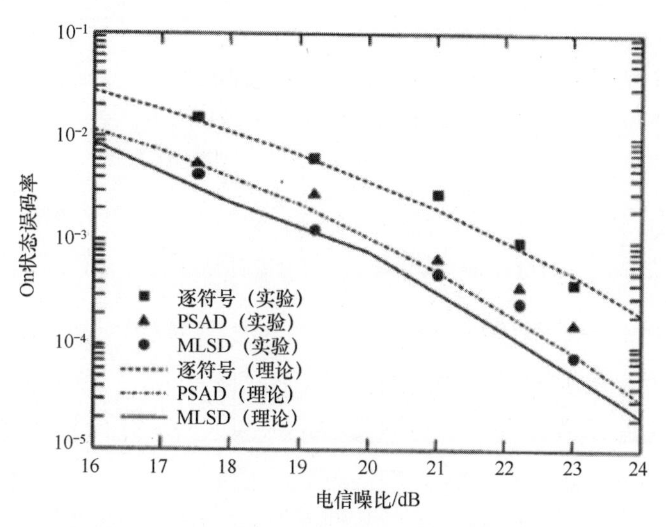

图 4.18　逐符号 ML、MLSD 和 PSAD 技术下，“On”状态误比特率与平均接收电信噪比的函数关系（转载自 SpringerScience + Business Media B.V.Fig.13，page 332 [27]）

4.3.4 编码技术

在射频通信中用于达到预定误比特率的编码技术可以应用到光通信领域，从而提高 FSO 通信系统的可靠性。在地面 FSO 通信系统中，SISO 结构和 MIMO 结构都可以使用编码技术。但是，在诸如机载终端的通信场景中，由于受系统功率、重量和尺寸等实际因素的制约，所以其无法采用分集技术进行多路传输。差错控制是一种可用于抑制 SISO 系统大气湍流影响的简单方法，一直以来都是该领域的一个研究方向，因此有很多关于抑制大气湍流的编码理论和方案可供参考。本书不具体介绍各种大气条件下误比特率方程的详细推导过程，这不是本书的讨论范围，对详细推导过程感兴趣的读者可以查阅参考文献。本节讨论 FSO 通信中最常用的抑制大气湍流的编码技术基本原理，并且研究这些编码技术对 FSO 通信系统性能的改善情况，即相对于未编码系统的误比特率性能的提升。任何编码的 FSO 通信系统都会在设计中增加新的参数，这会导致系统复杂度、成本和对典型场景和湍流强度的适用性等方面付出代价。例如，前向纠错（Forward Error Correction，FEC）码在数据流中插入校验位，导致 FSO 通信系统额外的功率和带宽损耗。在许多情况下，编码方案的合理选择取决于具体的通信场景，包括传输距离、传播特性（如湍流强弱）、分集方案（如果采用了的话）、调制技术，激光发射功率和探测器的灵敏度等。最终确定一个最佳的编码方案。本节的目的是介绍编码的基本理论，从而使技术人员熟悉不同的编码技术，并能评估其对 FSO 通信系统性能的改善情况。

图 4.19（a）给出了采用直接编码方案的大气 FSO 通信系统的框图，数据进入编码器，并按照选定的编码规则进行编码，接收机对接收到的数据进行译码，从而获得激光发射器发送的原始信息数据。图 4.19（b）展示了带反馈信道的

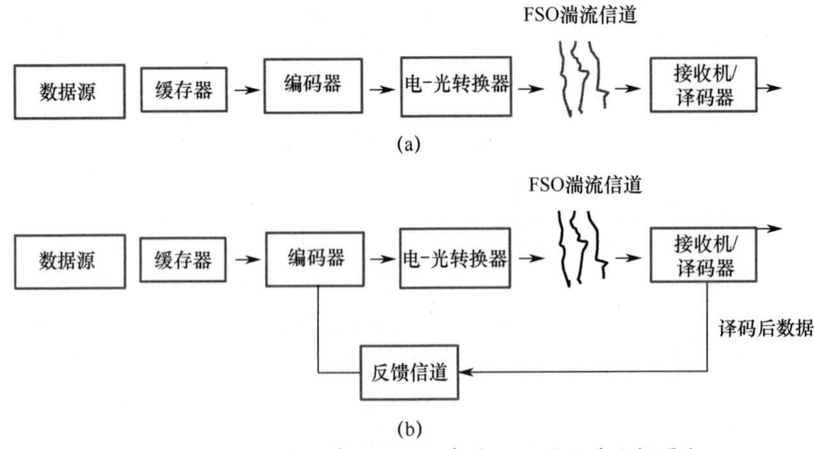

图 4.19 （a）使用直接编码方案的 FSO 通信系统框图和（b）带反馈信道的 FSO 编码系统

FSO 编码系统，该系统模型适用于时间相关的 FSO 通信信道下使用的一些特定编码技术（如后续将要讨论的 raptor 编码）。例如，可以将确定的信道状态信息反馈给发射激光器，从而根据 FSO 通信的信道条件来对发射激光器进行调整。

分组码中，如果任意两个码字的线性组合仍是一个码字，那么该分组码就是线性的。也就是说，如果 v 和 w 是码字，那么 $v \oplus w$ 也是码字，符号 $\oplus$ 表示按位模 2 加。在接收端，译码器要从 n 元码字 v 中恢复出 k 元组信息码字 u。在数学和计算机学科中，元组是元素的有序排列，而在集合论，一个（有序）n 元组是 n 个元素的序列（或有序列表），其中 n 是非负整数。接收器将接收的码字 r 译码成最可能的发送码字 v，从而恢复出原始的信息码字。图 4.20 给出了码字的基本格式。

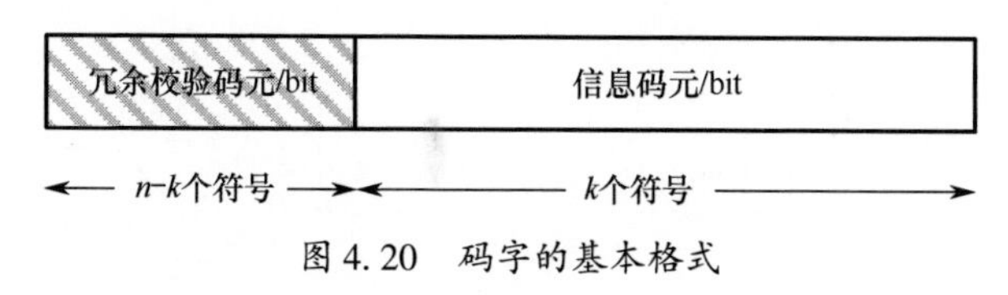

图 4.20　码字的基本格式

1. 与 FSO 通信相关的编码基础

纠错码已成功地应用于无线通信（包括射频通信），实现几乎无差错传输。近年来，光纤链路传输容量的增加引起了编码专家对光纤通信系统中实现前向纠错的关注。前向纠错为每个发送的编码码组增加了额外的数据位，这样即使由于大气湍流引起的衰落而丢失了一些数据，仍然可以恢复所有的传输数据。

在 Shannon 理论中，噪声对通信信道造成的基本限制不在于通信的可靠性，而在于通信的速度[34,35]。AWGN 下的通信信道容量为

$$C = W\log\left[1 + \frac{P}{N_0 W}\right]\text{bit/s} \tag{4-74}$$

式中：W 为信道带宽；P 为信号功率，单位为 W；N_0 为噪声功率谱密度，（W/Hz）。在信道带宽为无穷大时的极限情况下，信道容量为

$$\lim_{W\to\infty} C = 1.44\frac{P}{N_0} \tag{4-75}$$

式（4-75）规定了最大可实现的信道容量。差错控制编码（Error-Control Codes, ECC）使得信息可以以低于信道容量 C 的传输速率 R，实现几乎无差错的传输[34,35]。差错控制编码是在发送符号中添加冗余控制的信号处理技术，使得能够在给定的噪声（或衰落）信道下提高通信的可靠性，同时还能具备接近信道容量 C 的理论上限的传输速率 R。信道损失限制了实际可行的传输速率。距离－容量是用来比较不同光通信系统的一个度量标准，提高距离或容量中的任一个参数都会导致另一个参数的降低，从而使距离－容量的乘积保持不变。

图 4.21 描述了带编码的 FSO 通信系统的模型，其中信息源产生二进制比特

序列。对于里德所罗门（Reed-Solomon，RS，后续会进行介绍）编码器，这些二进制比特被分组形成有限域（Galois Field，GF 稍后讨论）中的 q（$q = 2^m$）元符号，然后这些符号（比特）被分组成用 $\boldsymbol{u} = (u_1, u_2, \cdots, u_k)$ 表示的 k 位信息符号。信道编码器将一定数量的冗余符号添加到每个 k 位信息符号中，从而形成由 $\boldsymbol{v} = (v_1, v_2, \cdots, v_n)$ 表示的 n 长符号码字。然后，电比特流调制光载波的强度（激光发射器），以产生调制信号。下述讨论均假设采用强度调制/直接检测或者 OOK 方式。对于 RS 编码器，在驱动激光发射器之前，必须将 q 元符号转换成 $\log_2(q)$ 的二进制比特序列。因此，当为比特“1”时，调制器的输出为一个持续时间为 T 的光脉冲；当为比特“0”时，没有脉冲。此外，假设噪声统计特性模型为 AWGN 信道，信道译码将使用 ML 准则。

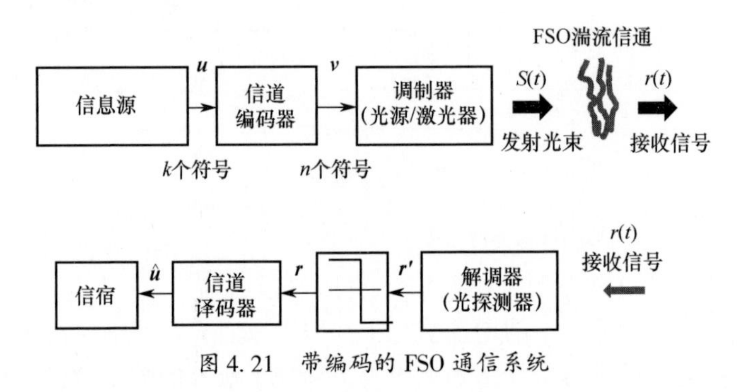

图 4.21 带编码的 FSO 通信系统

纠错是一种在衰落信道中提高通信系统性能的衰落抑制技术。由于在发射数据流中引入了冗余，这就要求提高速率，从而导致带宽需求需要的增加。同样，在 10Gb/s 及以上的数据速率下，在 FSO 通信系统设计中同样要考虑计算的复杂度和功耗。因此，要实现前向纠错，需要在功率效率和频谱效率之间做权衡。

2. FSO 通信系统中的纠错编码

纠错编码主要分为两类：①分组码；②卷积码。对于分组码，编码器接收由 k 元向量 $\boldsymbol{u} = (u_1, u_2, \cdots, u_k)$ 表示的 k 位长的信息组，并将每个信息 $\boldsymbol{u}$ 唯一的转换为 n（$k < n$）维离散符号序列 $\boldsymbol{v} = (v_1, v_2, \cdots, v_n)$，称为码字。通常，域是一个可以在其上进行加法、减法、乘法和除法运算而结果不会超出域的集合。对于二进制的情况，域由 $\{0,1\}$ 两个元素组成，称为二元域。因此，$\mathrm{GF}[q] = \{0,1,2,\cdots,q-1\} = \{0,1\}$ 具有有限个元素，这里具体为 2。对于码字而言，一般有 q 个有限元，共有 q^k 个不同的信息组，则编码器能够产生 q^k 个可能的码字，其中 k 是信息码元的数目。对于 $q = 2$ 的二进制情况，编码器产生 2^k 个可能的码字集。长度为 n 的 q^k 个码字的集合称为分组码 $C(n,k)$。但是在卷积码条件下，编码器接收 k 位信息符号 $\boldsymbol{u}$，生成 n 位码字 $\boldsymbol{v}$，不仅与当前码段的 k 个信息元有关，还与前 m 段的信息元有关。在分组码中，对于有限长度的输入信息都会生

成有限长度的输出码字，而在卷积码中，引入存储码元后，输入和输出符号序列都是无限的。

下面介绍一些FSO通信相关的编码和译码技术。

1）卷积码

卷积码是数字通信系统中一种性能优异的差错控制编码。在(n,k)线性分组码的编码过程中，信息元是不变的，$n-k$个监督元仅与信息元有关。对于统计独立的信息元，冗余码元仅取决于当前码段的信息元，因此其码字也是统计独立的。在一个有M段记忆元的(n,k,M)卷积码中，校验位是当前k个信息元和之前的M段k元信息组的函数。在$K=n(M+1)$元的窗口中引入统计相关性。在卷积码结构中，编码过程中k比特信息元经过一个缓冲器实现串并转换，编码器的记忆长度为$k \times M$[36]。N元码字输出不仅取决于当前的k个信息码元，还取决于前Mk个码元。逻辑输出并行写入到输出转换寄存器，允许码字以串行方式通过FSO信道传输。

卷积码的自由距离可以从卷积码的生成函数计算出来[37,38]。状态图是一种确定码字生成函数的有效工具。使用修正的状态图可以估计出卷积码的误比特率[36]。对于AWGN信道，假设发送一个全零码字，如果在状态0下存在非零码字，使得正确路径（全0码字）消失，则会发生错误事件。卷积码误比特率的界限，可以通过码重为D的第一个错误事件E发生的概率建立，表示为[36]

$$P(E,d)=\begin{cases}\displaystyle\sum_{i=(d+1)/2}^{d}\binom{d}{i}p^{i}(1-p)^{d-i}, d\text{为奇数}\\ \displaystyle\frac{1}{2}\binom{d}{d/2}p^{d/2}(1-p)^{d/2}+\sum_{i=d/2+1}^{d}\binom{d}{i}p^{i}(1-p)^{d-i}, d\text{为偶数}\end{cases}<2^{d}p^{d/2}(1-p)^{d/2} \tag{4-76}$$

式中：p为二元对称信道的码元错误概率。错误概率的上限可以表示为[38]

$$P_E<\sum_{d=d_{\text{free}}}^{\infty}T_d p(E,d) \tag{4-77}$$

式中：d_{free}为卷积码的自由距离，定义为码组中两个码字之间的最小汉明距离；T_d为码重为d的码字个数。

由式（4-76）和式（4-77）可得到误比特率的上限为[36]

$$P_E<T_d\left[4p(1-p)\right]^{d/2}=T(D,I)\big|_{I=1,D=\sqrt{4p(1-p)}} \tag{4-78}$$

因此，卷积码的误比特率为[36,38]

$$\text{NER}\leqslant\frac{1}{k}\sum_{d=d_{\text{free}}}^{\infty}\beta_d D^d\approx\frac{1}{k}\sum_{d=d_{\text{free}}}^{\infty}1.06^{d}\beta_d\exp\left(-\frac{dRE_b}{2N_0}\right) \tag{4-79}$$

式中：β_b为所有T_d个码重为d的码字所携带的非零码元的个数；E_b/N_0为电能与

噪声功率谱密度之比；R 为码率（如一个［n，k］分组码的码率定义为 $R = k/n$）。

在高信噪比条件下，上述求和项中只有第一项起主要作用，因此，在大信噪比条件下：

$$\text{NER} \approx \frac{1}{k}\sum_{d=d_{\text{free}}}^{\infty} 1.06^{d_{\text{free}}}\beta_d \exp\left(-\frac{d_{\text{free}} R E_b}{2N_0}\right) \tag{4-80}$$

大信噪比未编码的误比特率为[36]

$$\text{BER}_{\text{uncoded}} \approx 0.282\exp\left(-\frac{E_b}{N_0}\right) \tag{4-81}$$

利用式（4-80）和式（4-81）可以比较编码和未编码情况下的误比特率，编码情况下的指数部分是未编码时的 $\frac{d_{\text{free}}R}{2}$ 倍，其在硬判决条件下的渐进编码增益为 $10\log_{10}\left(\frac{d_{\text{free}}R}{2}\right)$(dB)。

2）RS 和 Bose-Chaudhuri-Hocqueaghem（BCH）编码

在高速光通信系统中，面临的挑战是要找到低开销的代码，可以纠正噪声（例如，信道衰落引起的噪声）造成的随机错误和在复杂度和成本上进行控制带来的突发错误。在高速 FSO 通信系统中实现卷积码比较困难。代数分组码，如 Bose Chaudhuri hocqueaghem（BCH）和 RS 码在低开销的限制下能够纠正多比特错误。当引入 $(n-k)$ 个符号冗余时，系统的带宽需求也增加。发送一个符号所需要的时间是 T/k，其中 T 是未编码时传输 k 个符号所需要的持续时间。k 个符号编码形成一个长度为 n 的码字，然后在时间 T 内发送出去，此时符号周期为 T/n，小于 T/k。因此，编码后的每个符号的宽度会减少 k/n 倍，从而发送这些码字所需的带宽为 $1/(k/n) = n/k$ 倍。这个参数称为带宽扩展比，k/n 称为码率。因此，带宽需求是在 FSO 通信设计中选择前向纠错编码的一个重要标准。BCH 码是二进制的，是一种能够纠正多个随机错误的循环码，由 Hocqueaghem 和 Bose-Chaudhuri 发现[38,39]。必要的译码算法包括 Massey-Berlekamp 算法和钱氏搜索算法（Chien's Search Algorithm）。RS 码是一种非二进制循环码，码字符号取自 $GF(q^m)$，是一种纠错能力很强的分组码，能够纠正随机错误和突发错误。BCH 码和 RS 码都可以通过基于高速移位寄存器的编译码器来实现。

基于 AWGN 信道模型来分析 BCH 码和 RS 码的性能。对于软判决译码，探测器处理的是带了 AWGN 的未经量化的接收码字；而对于硬判决，接收码字通过门限探测器量化为二进制输出，适用于二进制对称信道（Binary Symmetric-channel，BSC）。

BCH 码的检错性能：对于 $C(n,k)$ 码而言，未检测出的误码概率受码重为 $d_{\min}$ 或更大码重的错误图样的发生概率的影响，表示为[40]

$$P_u(e) \leqslant \sum_{i=d_{\min}}^{n} \binom{n}{i} p^i (1-p)^{n-i} \tag{4-82}$$

式中：$P_u(e)$ 为未检测出的误码的概率；p 为二进制对称信道的转移概率。

误码检测概率 $P_d(e)$ 受产生一个或多比特错误概率的限制，表示为[40]

$$P_d(e) \leqslant \sum_{i=1}^{n} \binom{n}{i} p^i (1-p)^{n-i} = 1-(1-p)^n \tag{4-83}$$

分组码的码重分布可以用码字 v_i 的汉明距离来描述，它是码字中非零元素的个数。如果 A_i 是 $C(n,k)$ 分组码中码重为 I 的码字个数，那么 $A_0,A_1,\cdots,A_n$ 称为 $C(n,k)$ 的码重分布。$C(n,k)$ 的码重分布可以表示为多项式的形式，称为重量枚举函数（Weight Enumerating Function，WEF）。如果码字的重量枚举函数已知，那么未检出的误码概率的精确表达式为[40]

$$P_{u(\mathrm{exact})}(e) \leqslant \sum_{i=d_{\min}}^{n} A_i p^i (1-p)^{n-i} \tag{4-84}$$

式中：A_i 为上面描述的码字的重量枚举函数。

BCH 码的纠错性能： 假设所有码字均等概率传输，接收端采用最佳判决准则，即总是将接收码字 $\boldsymbol{r}$ 译码成与其不同的位数（比特数）最小的那个发送码字 $\boldsymbol{v}$，这称为最大似然译码。即使得 $\boldsymbol{r}$ 和 $\boldsymbol{v}$ 之间的汉明距离 $d(\boldsymbol{v},\boldsymbol{r})$ 最小，这是一种最小距离译码器。因此，如果接收码字 $\boldsymbol{r}$ 与 $\hat{\boldsymbol{v}}$ 的汉明距离小于 $t=\left[\frac{d_{\min}-1}{2}\right]$，译码器将其译为最相近的码字 $\hat{\boldsymbol{v}}$。当 $\hat{\boldsymbol{v}} \neq \boldsymbol{v}$ 时，发生误码，译码失败，当 $\hat{\boldsymbol{v}}$ 不在 $\boldsymbol{r}$ 的汉明距离 t 内到时，便会发生这种情况。译码器译码错误概率的上界为[40]

$$P(e) \leqslant \sum_{i=t+1}^{n} \binom{n}{i} p^i (1-p)^{n-i} = 1-\sum_{i=0}^{t} \binom{n}{i} p^i (1-p)^{n-i} \tag{4-85}$$

译码错误概率 $P(F)$ 具有和 $P(e)$ 一样的边界：

$$P(F) \leqslant 1-\sum_{i=0}^{t} \binom{n}{i} p^i (1-p)^{n-i} \tag{4-86}$$

当码字的重量枚举函数已知时，精确的误码概率为[40]

$$P_{\mathrm{exact}}(e) = \sum_{i=d_{\min}}^{n} A_i \sum_{k=0}^{t} P_k^i \tag{4-87}$$

式中：P_k^i 为码重为 I 的码字中汉明距离为 k 时的概率，可以表示为

$$P_k^i = \sum_{r-0}^{k} \binom{i}{k-r} \binom{n-i}{r} p^{i-k+2r} (1-p)^{n-i+k-2r} \tag{4-88}$$

精确的译码错误概率为[40]

$$P_{\mathrm{exact}}(F) = 1-\sum_{i=0}^{t} \binom{n}{i} p^i (1-p)^{n-i} - P_{\mathrm{exact}}(e) \tag{4-89}$$

信息传递的误比特率为

$$P_{\text{exact}}(e) \geqslant P_{b(\text{inf})}(e) \geqslant \frac{1}{k}P_{\text{exact}}(e) \tag{4-90}$$

RS 码的纠错性能：译码器译码错误概率的上限为[40]

$$P(e) \leqslant \sum_{i=t+1}^{n}\binom{n}{i}(1-s)^{i}s^{n-i} = 1 - \sum_{i=0}^{t}\binom{n}{i}(1-s)^{i}s^{n-i} \tag{4-91}$$

这种情况下译码错误概率的上限公式与式（4-89）一样。当码字的重量枚举函数已知时，译码错误概率的准确表达为[40]

$$P_{\text{exact}}(e) = \sum_{i=d_{\min}}^{n} A_i \sum_{k=0}^{t} P_k^i \tag{4-92}$$

式中：P_k^i 为权重为 I 的码字 v_i 中，汉明距离精确为 k 的概率，即

$$P_k^i = \sum_{r=0}^{k}\binom{i}{k-r}\binom{n-i}{r}p_e^{i-k+r}(1-p_e)^{k-r}s^{n-i-r}(1-s)^{r} \tag{4-93}$$

$$A_i = \binom{n}{i}(q-1)^{i-d_{\min}}\sum_{j=0}(-1)^{j}\binom{i-1}{j}q^{i-j-d_{\min}} \tag{4-94}$$

译码错误概率为

$$P_{\text{exact}}(F) = 1 - \sum_{i=0}^{t}\binom{n}{i}(1-s)^{i}s^{n-i} - P_{\text{exact}}(e) \tag{4-95}$$

译码器输入端的码字符号错误概率为

$$P_{\text{se}} = 1-(1-p)^{\frac{m}{b}} \tag{4-96}$$

值得注意的是，$b=1$（二进制相移键控，BPSK），p 由 $p = Q\left\{\sqrt{\dfrac{2*R_c*E_b}{N_0}}\right\}$ 给出，其中 R_c 为码元速率。未纠错的误码概率为

$$P_u(e) \approx \sum_{i=t+1}^{n}\binom{n}{i}p_{\text{se}}^{i}(1-p_{\text{se}})^{n-i}, \text{其中 } n = q^m - 1 \tag{4-97}$$

译码器输出端的信息误比特率为

$$P_{b(\text{output})} \approx 1-(1-P_u(e))^{\frac{1}{m}} \tag{4-98}$$

RS 码的检错性能：RS 码的码字符号是 $\text{GF}(2^m)$ 中的元素。当码字符号使用 BPSK 经过二进制对称信道进行传输时，可以认为是一个 2^m 的均匀离散对称信道。码字符号来自 $\text{GF}(2^m)$，而信道符号来自 GF（2）。信道符号错误概率是二进制对称信道的传递概率 p，则码字符号的错误概率为

$$P_{\text{se}}(e) = 1-(1-p)^{m/b}, \text{注意 } b = 1(\text{BPSK}) \tag{4-99}$$

码字符号正确接收的概率 s 为

$$s = (1-p)^{m/b} \tag{4-100}$$

接收到除了发送码字以外的任一个特定错误码字符号的概率是接收 q^m-1 个符号中任意一个的概率，可表示为

$$P_e = \frac{P_{se}}{q^m - 1} \quad 注意, b = 1(\text{BPSK}) 且 q = 2 \tag{4-101}$$

未检测和检测出的码字错误概率的上限为[40]

$$P_u(e) \leqslant 1 - \sum_{i=0}^{d\min-1} \binom{n}{i} (1-s)^i s^{n-i} \tag{4-102}$$

$$P_d(e) \leqslant 1 - s^n \tag{4-103}$$

当RS码码字的重量枚举函数已知时，可以得到精确的表达式[40]：

$$P_{u(\text{exact})}(e) = \sum_{i=d_{\min}}^{n} A_i P_e^i s^{n-i} \tag{4-104}$$

$$P_{d(\text{exact})}(e) = 1 - s^n - P_u(e) \tag{4-105}$$

3）级联码

将两个或多个由交织器分隔开的分量编码级联起来的编码方法，可以改进和构造性能更好的纠错码。所生成的码字需要进行组件译码。交织是对一个符号序列在一一对应的条件下进行数据的位置重排过程，其逆过程为解交织，使接收到的数据序列恢复成原始序列。级联码方案的性能取决于交织器的大小、结构和所采用的分量码的类型。例如，对以RS码为分量码的级联码采用硬判决译码，而对以BCH码为分量码的级联码采用软判决和硬判决译码。RS和BCH分量码的硬判决译码器分别是基于Berlekamp－Massey算法和Berlekamp算法的有限距离代数译码器。以BCH码为分量码的级联码的软判决译码器是基于采用代数译码器的Chase算法。卷积码是非常有效的一种编码，尤其是当通信信道所引起的误差是统计独立的时。对于FSO通信信道而言，信道衰落会导致突发错误。图4.22给出了一种由外码（如RS码）和内码（如卷积码）串联的有效级联方案。交织器用于将由内码译码器无法纠正的误码进行随机化。如图4.22所示，由外码（RS）编码后的编码数据在进入内码（卷积）编码器之前先通过外交织器进行交织。接着将产生的数据比特在映射到符号之前由内交织器进行重排。在接收端首先进行符号检测和内交织，然后对内码（卷积码）进行软输入/软输出译码，最后，经过外交织后，对外码（RS）进行硬判决译码，如图4.22所示。

4）Turbo码（TCs）

Turbo码（TCs）可以提供接近香农极限的通信性能。并行级联是另一种通过交织器将分量编码进行连接的方案，交织器也是结果代码的一部分。当并行方案中的分量码是分组码时，称为是Turbo码或并行级联卷积码。低开销约束是选择光通信系统差错控制编码的基本准则，因此所选码型应具有较高的码率。有关卷积Turbo码的详细描述请参阅文献［36］。在功率谱密度为$N_0/2$的二进制AWGN信道下，最大似然译码器下的误比特率概率评估模型为[36]

$$P_b \approx \sum_{w=1}^{K} \sum_{v=1}^{\binom{K}{w}} \frac{w}{K} Q\left(\sqrt{\frac{2Rd_{wv}E_b}{N_0}}\right) \tag{4-106}$$

式中：第一项求和是权重为 w 的输入序列之和；第二项求和是权重为 $\binom{K}{w}$ 的输入序列之和；d_{wv} 是权重为 w 的输入符号所产生的第 v 个码字的重量。

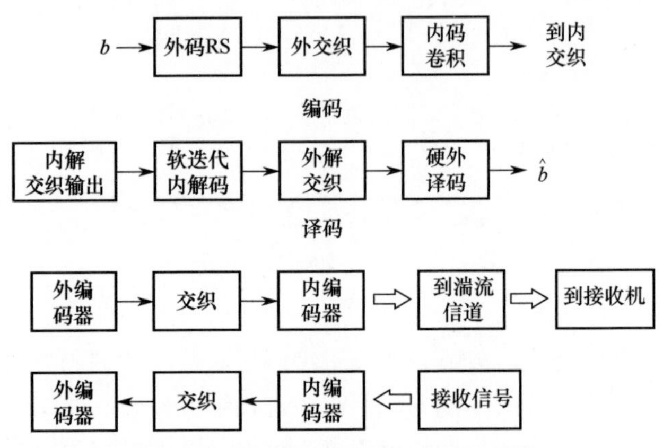

图 4.22　RS 码和卷积码组成的级联码

交织器的功能是在编码器编码之前，获取每个分组的输入信息并将其以伪随机的方式重新排列。对于并行级联卷积码（也就是并行 Turbo 码），交织器交织长度为 K，R 为码率。当 w 很小（$w=1$，2，3）时，d_{wv} 最小，可以通过保留前几项来对上述公式进行近似[36]：

$$P_b \approx \sum_{w=1}^{3} \frac{wn_w}{K} Q\left(\sqrt{\frac{2Rd_{w,\min}E_b}{N_0}}\right) \tag{4-107}$$

式中：$d_{w,\min}$ 为重量为 w 的输入符号所生成的码字中的最小码重；n_w 为每种码重的码字数目。

5）低密度奇偶校验码（Low Density Parity Check Codes，LDPC）

（1）理解 LDPC 码：基础。

低密度奇偶校验码（LDPC）是一种线性分组码，其奇偶校验矩阵中只有很少的元素为“1”，大部分元素都是“0”，是一种性能接近理论最大值（香农极限）的渐近码。这种码是由 Robert Gallager 在其 1960 年麻省理工学院的博士学位论文中发明的[41]，但由于计算能力的不足，这种码一直被人们忽视。MacKay（1999 年）和 Richardson/Urbanke（1998 年）重新研究了这种码[42]。关于 LDPC 码的详细分析和规则可以参考文献［43，44］。

（2）LDPC 码的矩阵和图形表示

以 (8,4) 码为例，给出一个 $n \times m$ 维的低密度奇偶校验矩阵：

$$\boldsymbol{H} = \begin{bmatrix} 01011001 \\ 11100100 \\ 00100111 \\ 10011010 \end{bmatrix} \tag{4-108}$$

假设 w_r 和 w_c 分别代表每一行和每一列中“1”的个数，对于低密度矩阵，$w_r \ll m$ 且 $w_c \ll n$ 。图 4.23 给出了矩阵 $\boldsymbol{H}$ 的 Tanner 图表示形式，图中的节点分为两类：消息节点（v – 节点）和校验节点（c – 节点），边仅用于连接不同的节点。

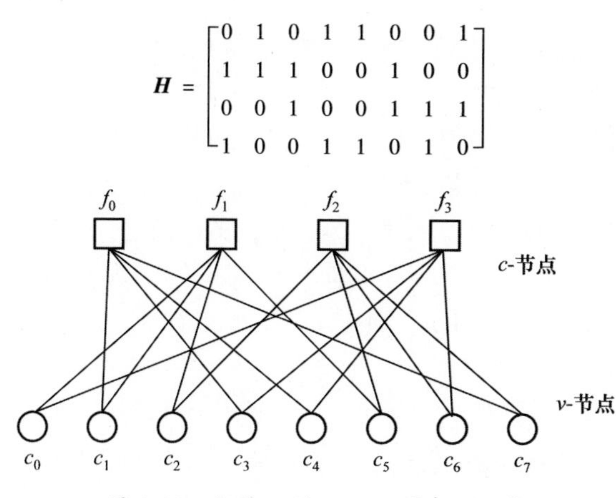

图 4.23　矩阵 H 的 Tanner 图表示形式

（3）LDPC 编码。

差错控制编码通过引入额外的比特增加了发射信号的冗余，这些额外的比特可用来检测和纠正接收数据上的误码。将发送数据分割成固定长度为 k 比特的码段，编码器把输入码段转换成 n 长的码段，其中 $n > k$ 用于产生检错纠错用的冗余，$R = \dfrac{k}{n}$ 为码率。两个码字模 2 相加后仍是一个码字。编码器利用一个生成矩阵 $\boldsymbol{G}$ 来定义编码，该矩阵由 k 个线性独立的 n 维行向量 $\boldsymbol{g}_1, \boldsymbol{g}_2, \cdots, \boldsymbol{g}_k$ 组成，矩阵 $\boldsymbol{G}$ 表示为

$$\boldsymbol{G} = \begin{bmatrix} \boldsymbol{g}_1 \\ \boldsymbol{g}_2 \\ \vdots \\ \boldsymbol{g}_K \end{bmatrix} \tag{4-109}$$

编码器通过将输入比特向量 $\boldsymbol{u}$ 与生成矩阵 $\boldsymbol{G}$ 相乘，产生一个码字 $\boldsymbol{c}$，因此 $\boldsymbol{c} = \boldsymbol{uG}$。奇偶校验矩阵 $\boldsymbol{H}$ 可以利用生成矩阵 $\boldsymbol{G}$ 依据 $\boldsymbol{GH}^{\mathrm{T}} = 0$ 而得到。最后，译码器利用校验矩阵 $\boldsymbol{H}$ 利用下式来判断接收的码字 $\boldsymbol{y}$ 是否是一个码字：

$$\boldsymbol{vH}^{\mathrm{T}} = 0 \tag{4-110}$$

为了得到 $\boldsymbol{H}$，首先将矩阵 $\boldsymbol{G}$ 表示为

$$\boldsymbol{G} = [\boldsymbol{I}_k \mid \boldsymbol{P}] \tag{4-111}$$

然后得到：

$$\boldsymbol{H} = [-\boldsymbol{P}^{\mathrm{T}} | \boldsymbol{I}_{n-k}] \tag{4-112}$$

式中：$\boldsymbol{P}$ 为 $(n-k)\times k$ 子矩阵；$\boldsymbol{P}^{\mathrm{T}}$ 为 $\boldsymbol{P}$ 的转置矩阵；$\boldsymbol{I}_{n-k}$ 为 $(n-k)$ 一致矩阵。对于二进制码字，$-\boldsymbol{P}^{\mathrm{T}} = \boldsymbol{P}^{\mathrm{T}}$ 。

数据 $\boldsymbol{u} = u_1 u_2 \cdots u_n$ 通过与生成矩阵相乘而实现编码，即 $\boldsymbol{c} = \boldsymbol{uG}$ ，其中 $\boldsymbol{u}$ 是发送信息比特流，矩阵 $\boldsymbol{G}$ 如前所述。人们提出了一个有效的编码技术，是通过在编码之前对奇偶校验矩阵进行重新排列来降低编码复杂度 $O(N)$ 。

（4）LDPC 译码。

译码过程利用奇偶校验矩阵 $\boldsymbol{H}$，从可能出现被破坏的接收码字 $\boldsymbol{y}$ 中重新构造发送码字 $\boldsymbol{c}$。需要满足的条件是 $\boldsymbol{cH}^{\mathrm{T}} = 0$ ，对接收码字施加奇偶校验约束，以便与发送的码字相同。根据图 4.2 和式（4-108）的矩阵，一个无差错的接收码字 $\boldsymbol{c} = [10010101]$ ，下一步是写出具有奇偶校验约束的方程。如果分配给变量节点集的值是有效码字，则每个码字对应的约束方程都为零，方程的一般表达式为[45]

$$f_a = \oplus H_{ab} c_b a = 1,2,\cdots,M, b = 1,2,\cdots,N \tag{4-113}$$

式中：f_a 为 $\boldsymbol{H}$ 的第 a 行；c_b 为第 b 列，奇偶校验方程由矩阵的每一行组成。感兴趣的读者可以参考文献［44，45］等，包括信息传递算法等（Message Passing Algorithm，MAP），本书不再详细介绍。

（5）LDPC 性能和误比特率。

提高 LDPC 译码性能的方法有很多，包括最小距离和提高周长。可以用误比特率或其他参数来预测一种编码的性能，从而评估其纠错能力。任意两个码字间的汉明距离是这些码字之间不同位的个数，最小距离指的就是两个码字之间的最小汉明距离，可以用于衡量编码的性能。最小距离越大，编码性能越好。平均周长是通过节点的最短回路之和除以节点数，关于误比特率性能的仿真结果表明周长长的编码性能比周长短的编码性能要好[46]。可以通过在特定信道和调制方式下的误比特率性能来评估 LDPC 码的性能，一般使用 AWGN 信道来进行评估。信道比特可以描述为 $y_i = u_i + n_i$ ，其中 i 是在信号、噪声和接收比特向量中的位置。高斯随机噪声 n 具有单边功率谱密度 N_0 ，其方差为 σ^2 ，$N_0 = 2\sigma^2$ 。在给定信噪比条件下的误比特率衡量的是在码字长度上每个迭代码字的差错个数，可以表示为

$$\mathrm{BER} = \frac{\text{误比特数(接收比特不等于发送比特的数量)}}{\text{总比特数}} \tag{4-114}$$

信噪比定义为 $\mathrm{SNR} = 10\lg\dfrac{E_s}{N_0}$ ，其中 E_s 是信号能量。误比特率表示的是在一定信噪比条件下，译码后的比特错误概率。其他性能衡量指标包括误帧率（Frame Error Rate，FER）和误码字率（Word Error Rate，WER），误帧率表示包含错误的译码码字与总译码码字数的比。

在大部分应用中，LDPC 编译码都可以通过硬件实现。长码在存储网络和处理节点方面需要复杂的硬件。LDPC 译码器的存储需求取决于码结构和系统结构。硬件译码器实现的主要难点在于节点连接和大存储的复杂性。因此，LDPC 码的实现需要精心设计硬件，以减少复杂性。

综上所述，对于在不同湍流条件下的 FSO 通信链路，讨论了几种信道编码技术的性能。即使在弱湍流条件下，RS 编码技术本身也是不具有鲁棒性的，卷积码和 Turbo 码可以达到几乎相同的性能提升。采用某些时间分集技术后，这些编码方式在中等到强湍流条件下有效。卷积码和 RS 码级联的方案需要更高的译码复杂度，其性能可以非常接近卷积码本身的性能。综合考虑译码复杂度和性能，卷积码适用于许多实际应用场合。也可以通过符号交织来实现信道编码，衡量各种不同编码方式的性能。Turbo 码在相同码率下的性能要优于卷积编码。

3. 采用编码技术的 FSO 通信系统性能的几个例子

从上述讨论中可以清楚地发现：采用编码技术可以大大提高通信性能，因此，人们研究能够应用于更高速率 FSO 通信系统的先进的编码和交织技术。本节将讨论上述一些编码技术的应用。编码技术的具体选择依赖于许多因素，包括所需的数据速率、可接受的误比特率、通信信道的衰落特性和 FSO 通信系统的通信场景等。除此之外，有效的调制技术、系统功率、尺寸、重量和成本等因素也需要在仿真分析之前就确定。最后，要成功设计 FSO 通信系统，需要进行系统性的分析，综合考虑各种硬件成分，如激光器、探测器和合适的光学器件。下面将介绍一些在不同的大气条件和测试场景下对不同编码技术的研究报告。

1）FSO 通信中的 RS 编码示例

RS 信道编码技术可以提高 FSO 通信系统的性能和通信距离。本例中，采用 RS 编码的 FSO 通信系统的信息源产生独立同分布的二进制信息序列 $\{0, 1\}$，$P(0) = P(1) = 1/2$。RS 编码器将信息序列编码成码字。假设采用 OOK 调制，光调制器根据编码的码字对激光器进行调制，调制后的激光经过发射光学系统发射到 FSO 通信信道中。雪崩二极管探测器（Avalanche Photodiode Detector，APD）将接收到的光信号转换成电信号，解调器利用最佳阈值进行二进制判决，并采用译码算法（如 Berlekamp-Massey 算法）对码字进行译码，从而获得发送的初始信息序列。假设信道状态（瞬时信道衰落特性）对发射器来说未知，但对于接收器而言是已知的，并用于最佳数据解调。接收器基于硬判决准则 $T(h[t])$ 对第 t 位比特进行解调：

$$\hat{x}(t) = \begin{cases} 0, y(t) \leqslant T(h(t)) \\ 1, y(t) \geqslant T(h(t)) \end{cases} \tag{4-115}$$

式中：$y(t)$ 为第 t 个 OOK 脉冲周期内雪崩二极管探测器的输出电信号；$h(t)$ 为任意给定实现下的信道状态，且信道无码间串扰。第 t 位比特的解调错误概率为[47]

$$P_e(h(t)) = P(\hat{x}(t) = 1 | x(t) = 0)/2 + P(\hat{x}(t) = 0 | x(t) = 1)/2 \quad (4\text{-}116)$$

根据接收器已知的信道状态 $h(t)$，每个脉冲选择出最佳门限，从而使概率 $P_e(h(t))$ 最小。将 $P_e(h(t))$ 在 h 的分布（如信道衰落的PDF$p[h]$）上进行集平均得到平均误比特率，可表示为[47]

$$\langle \mathrm{BER} \rangle = \bar{P}_e = \int_{h=0}^{\infty} p(h) P_e(h(t)) \mathrm{d}h \quad (4\text{-}117)$$

图4.24给出了波长 $\lambda = 1.54\mu\mathrm{m}$、$C_n^2 = 5 \times 10^{-15}\mathrm{m}^{-2/3}$、传输距离 $L = 5\mathrm{km}$、孔径直径 $D = 10\mathrm{cm}$ 情况下的误比特率曲线[47]，信道编码方式为RS（255，191，65）码，未使用删除码。当误比特率为 10^{-6} 时，带删除码的RS码的误比特率曲线有大概17dB的编码增益，相对于理想无衰落信道的误比特率曲线仅有大概2.5dB的增益。因此采用RS信道编码可以提高FSO通信系统的性能。

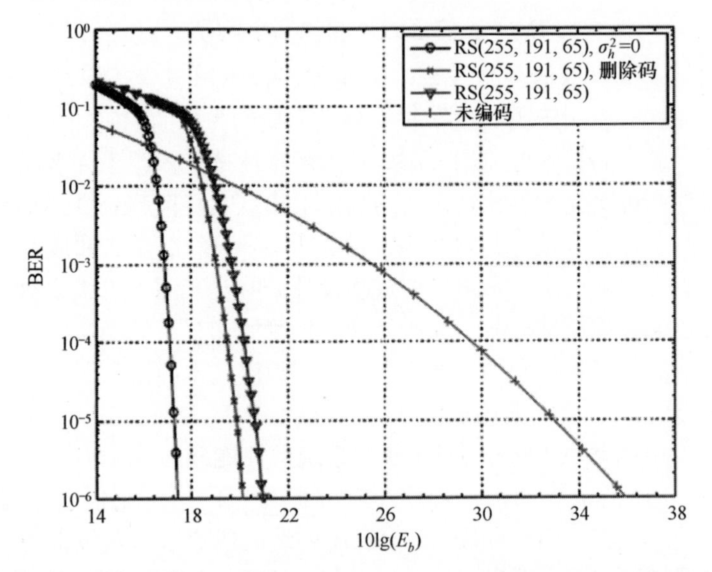

图4.24　RS编码下，FSO通信系统在湍流大气中传输的误比特率曲线
（转载自IEEE，Copyright © 2010IEEE[47]）

已有研究分析了基于RS编码方案的 M-PPM调制FSO通信系统，在弱湍流和强湍流衰落信道下的性能[48]。M-PPM以降低带宽效率为代价获得高功率效率。高阶PPM调制产生较高的峰值功率，以克服较弱的平均功率。在弱湍流（对数正态）和强湍流（指数）衰落信道下，M-PPM调制FSO通信系统在未编码和RS（255，207）编码下的误比特率的上限，展示了系统的性能改善情况[48]。对数正态信道下，M-PPM的误比特率为[49]

$$P_b^M \leqslant \frac{M}{2\sqrt{\pi}} \sum_{i=-N, i\neq 0}^{N} w_i Q\left[\sqrt{\frac{\mathrm{e}^{2(\sqrt{2}\sigma_k x_i + m_k)}}{F\mathrm{e}^{\sqrt{2}\sigma_k x_i + m_k} + K_n}}\right] \quad (4\text{-}118)$$

式中：M 为调制阶数；w_i 和 x_i 分别为厄密特多项式的权系数和零点。对数正态信道的方差为 σ_k^2，闪烁指数为 σ_{SI}^2，且 $\sigma_{SI}^2 = e^{\sigma_k^2} - 1$。每个 PPM 时隙内的总噪声光子数为 K_n，源自背景噪声和热噪声，可以表示为[49]

$$K_n = \frac{2\sigma_n^2}{(E\{g\}q)^2} + 2FK_b \tag{4-119}$$

式中：K_b 为每个 PPM 时隙内的平均背景噪声光子数；$E\{g\}$ 为 APD 的平均增益；q 为电子电荷。APD 的噪声因子 F 定义为

$$F = 2 + \zeta E\{g\} \tag{4-120}$$

式中：ζ 为电离因子。

在一个 PPM 时隙中，热噪声的方差为 σ_n^2，定义为[49]

$$\sigma_n^2 = \left(\frac{2kTT_{\text{slot}}}{R_L}\right) \tag{4-121}$$

式中：T 为接收器的有效绝对温度；k 为玻耳兹曼常数；R_L 为 APD 的负载阻抗。

PPM 时隙持续时间 T_{slot} 与数据速率 R_b 有关[49]：

$$T_{\text{slot}} = \frac{\log_2(M)}{MR_b} \tag{4-122}$$

误符号率 P_{symbol} 可以由误比特率通过下式计算得到[50]：

$$P_{\text{symbol}} = P_b\left(\frac{2(M-1)}{M}\right) \tag{4-123}$$

不能纠正的误符号率为[51]

$$P_{\text{ues}} \leqslant \frac{1}{n}\sum_{i=t+1}^{n} i\binom{n}{k}P_q^i\,(1-P_q)^{n-i} \tag{4-124}$$

式中：$t = ([n-k]/2)$，为符号错误纠正能力；P_q 为 q 比特 RS 的误符号率。则编码后的误比特率为[51]

$$P_{\text{bc}} = P_{\text{ues}}\left(\frac{n+1}{2n}\right) \tag{4-125}$$

上述误比特率在服从对数正态分布的弱湍流信道下是合理的。对于强湍流情况，闪烁指数可能会大于 1，当传输距离大于 100m 或几千米时，用负指数分布模型较为合适[49]。负指数信道下 M-PPM 系统的误比特率为[49]

$$P_b^M \leqslant \frac{M}{2}\sum_{i=-N,i\neq 0}^{N} w_i\,|x_i|\,Q\left(\frac{E\{K_s\}x_i^2}{\sqrt{2FE\{K_s\}x_i^2 + K_n}}\right) \tag{4-126}$$

式中：K_s 为每个 PPM 时隙的光子数。负指数信道下，采用 RS（255，207）编码（P_{bc}）后的误比特率可以采用与对数正态信道下相同的方法进行计算。

图 4.25 给出了 8 - PPM 系统在强、弱湍流两种条件下，未编码和 RS（255，

207）编码下系统误比特率的对比[48]，数据速率为 2.4Gb/s，K_b（每个 PPM 时隙内的平均背景噪声光子）=10 个光子，R_L（APD 负载阻抗）= 50Ω，ζ（电离因子）=0.028，T = 300K，$E\{g\}$ = 150，n=255，k=207，t=24 个符号。在强湍流情况下，当误比特率为 10^{-9} 时，每个 PPM 比特的平均光子数在未编码时为 728，编码时为 141，性能提升 11.61dB。在弱湍流情况下，每个 PPM 比特的平均光子数在未编码时为 543，编码时为 32，性能提升 16.6dB。因此 RS 码方案在弱湍流和强湍流条件下均能改善系统性能。

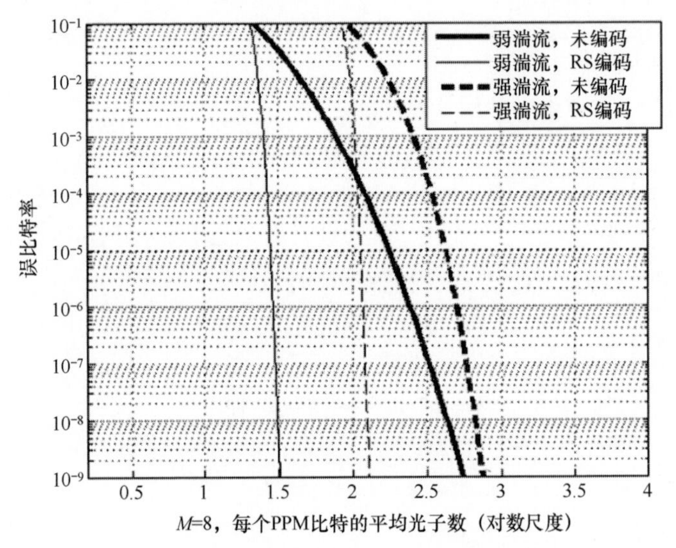

图 4.25　弱湍流和强湍流情况下，8-PPM 系统在未编码和 RS（255，207）编码下的误比特率比较（转载自 IJSER[48]）

2）FSO 通信不同编码方案实例的对比

比较不同时间分集和湍流条件下的各种信道编码技术是很有意义的。然而，这项工作的复杂度比较高，这是因为要进行一个合理的比较涉及大量的参数，如 FSO 的通信场景、调制方案、功率效率、软硬件复杂度和成本等。文献［52］对不同信道编码技术在有无时间分集情况下的性能进行了比较和研究。为了使比较合理，将各种编码方案下的信道码率 R_c 设置为 1/2。信道编码技术包括卷积码（具体为递归系统卷积码（Recursive Systematic Convolutional，RSC））、RS 码、卷积和 RS 级联码（Concatenated Convolution and RS，CCRS）、Turbo 码。RSC 码（1，15/17）的约束长度 K=4，数字 15 和 17 代表八进制码字多项式生成器。考虑 RS 码为 RS（255/127），编码速率 R_c 为 127/255≈0.5。其中在 RS 编码器输入端每 $t$bit（t=8）取 k 个数据符号，通过增加 $n-k$ 个奇偶校验符号，形成 $n=2^t-1$ 个输出符号。对于 CCRS 编码，内码采用 K=7 的 RSC（1，133/171）码，外码采用RS（255，239）码。图4.26给出了弱湍流条件下，数据速率 $R=1\text{Gb/s}$、符号持续时间 $T_s=1\text{ns}$ 时，不同编码方案下误比特率相对于 E_b/N_0 的变化。信道相关时间 $\tau_c=1\text{ms}$，因此信道随 $N_c=\frac{\tau_c}{T_s}=10^6$ 长符号分组和 $N_F=4080$ 帧长的变化而变化。

由图4.26可以看出：RS码并非最有效的，而其他3种编码方式能提供更好的且比较相似的性能改善。如当 $\text{BER}=10^{-5}$ 时，RS码和RSC4码可以分别得到0.6dB和3dB的信噪比增益，CCRS码和TC码则可以获得3.4dB的增益。对于弱湍流条件，RSC4码可以提供更好的性能改善。其他湍流条件下的误比特率曲线可以参考文献［52］。

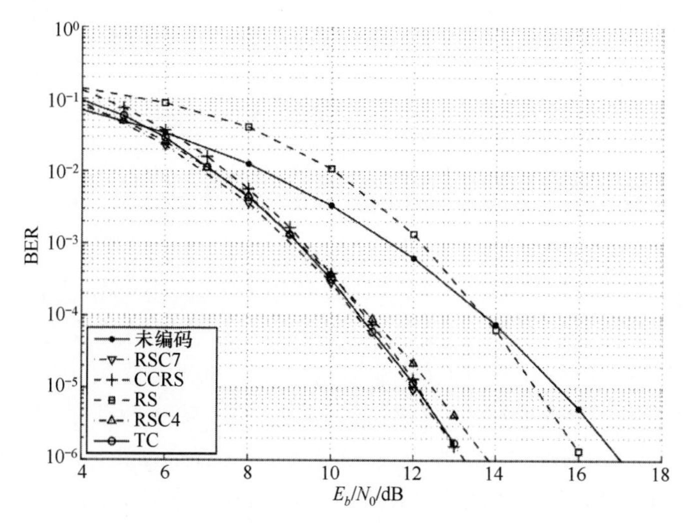

图4.26　弱湍流条件下，不同编码方案的系统误比特率与 E_b/N_0 的关系对比
（转载自The Optical Society of America，OSA，2009[52]）

3）FSO通信的LDPC编码示例

已有大量的研究表明，LDPC编码可以有效改善FSO通信系统的性能[53-57]。LDPC纠错码是针对突发信道而提出来的，如在40Gb/s或者更高速下的光纤信道中，在相同的编码速率下，其性能会超过Turbo乘积码。这些码也可以用于易产生突发错误的大气FSO信道。在实际的FSO通信系统下，由于较低的编译码复杂度，这些码是非常有用的。图4.27给出了LDPC和RS码在湍流强度 $\sigma_R=1.0$ 下的误比特率性能，同时也给出了系统在未编码时的误比特率。速率为0.91和0.75的香农限表示系统在无限长FEC编码下能够达到的最优性能，湍流强度为中等湍流，RS码的编码增益分别为7.5dB和9.0dB。当湍流强度 $\sigma_R=1.0$ 时，未编码系统的性能很差，且实际的FSO通信系统不能在未编码情况下工作，这是由于在这种大气湍流条件下，信噪比几乎不可能达到50dB。

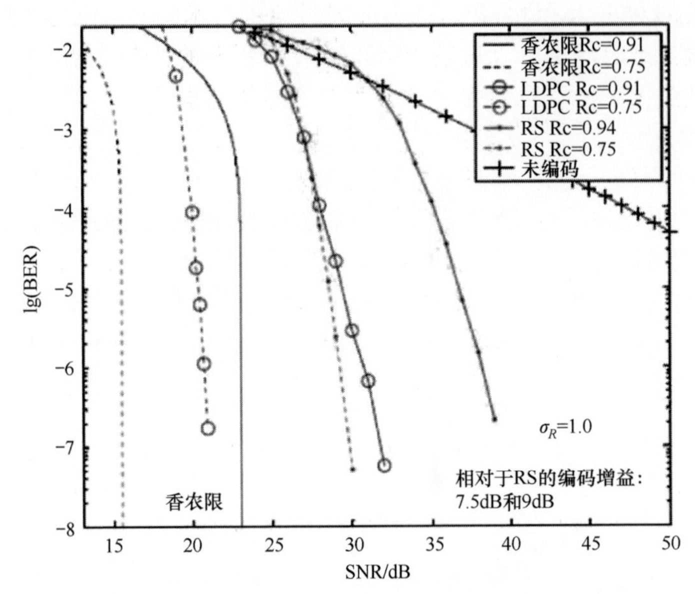

图4.27 中等湍流条件下（$\sigma_R = 1.0$），LDPC 和 RS 码的误比特率曲线（见彩插）

（转载自 The Optical Society of America，OSA [53]）

设计一个实际的 FSO 通信系统时，采用 LDPC 编码能够在较大湍流范围内，获得比相同速率下的 RS 编码大很多的信噪比增益，从而明显改善系统性能。基于 LDPC 编码的 FSO 系统在不同大气湍流条件和不同调制技术下的相关研究已经有很多，其中包括：①基于空时分组码的 LDPC MIMO 概念[58]；②自适应 LDPC 编码调制[55,56]；③LDPC 编码的正交频分复用（Orthogonal Frequency Division Multiplexing，OFDM）[59]；④比特交织 LDPC 编码脉冲幅度调制（Pulse Amplitude Modulation，PAM）和 PPM[57]。对于具体的描述和分析，感兴趣的读者可以参考上述文献。

4.3.5 自适应光学（Adaptive Optics，AO）技术

本节讨论另一种有潜力的 FSO 通信抑制技术——自适应光学（AO）的概念和技术。

1. 自由空间激光通信中的 AO

大气湍流对远距离 FSO 通信系统的数据传输速率造成影响，导致接收功率的随机起伏，主要产生以下几种效应：光束由发射端传输到接收端所引起的光束扩展超过了自然衍射效应的扩展；接收孔径处光斑随着湍流的增加而变模糊和变宽；异常的光束波前闪烁引起的信号衰减。从 FSO 通信的角度来看，这些影响会直接导致信噪比的降低、误比特率，以及中断概率的增加。光强起伏严重增加 FSO 通信系统的误比特率，从而限制 FSO 通信系统的通信距离和吞吐量，进而降

低通信系统的性能。尽管可以采用上述多种编码技术来部分恢复短期数据损失，但对于由湍流导致的信号深度衰落而造成接收数据的长期（数千万秒）随机突变是无法通过常用的编码方式解决的。而且随着数据速率需求的不断增高（如 Gb/s 或者多 Gb/s)，情况会变得更糟。AO 技术可以通过附加额外的波前补偿来提高信噪比，降低长期数据损失，因此对 FSO 通信系统而言非常有用。AO 技术最早是为了在天文观测中补偿由于大气湍流所导致的波前畸变而提出的。该技术也可以用于自由空间激光通信的波前畸变抑制中，通过采用实时的波前控制来降低可能的信号衰落。

2. 激光通信系统中的自适应光学原理

AO 是一种实时纠正随机光束波前畸变的技术。常用的自适应光学系统使用波前传感器（Wave Front Sensor，WFS）来测量畸变，用波前校正器来降低相位畸变，从而重构原始信号。自适应光学用于连续的测量波前畸变并自动进行校正。通过改变一种由计算机控制的专用可变形镜片的形状来校正波前畸变，该可变镜的校正信号由高精度波前传感器所测量的波前畸变所提供。因此一个 AO 系统由波前传感器、可变形镜片、计算机、控制硬件和软件组成。一个典型的 AO 激光通信系统中，激光发射器从一个光纤系统连接到另一个，基于波前共轭原理实时补偿湍流导致的畸变。利用波前传感器和波前校正器来测量和校正波前畸变，该波前校正器具有用于校正波前倾角的倾斜镜和校正高阶相位偏差的可变形镜片，波前传感器的输入光通常是信标光，而非信号光。

3. 与 AO 有光的激光通信参数

在 FSO 通信系统中，激光发射器发送数据信号，通过大气湍流信道传输，接收信号由接收孔径采集并会聚到探测器上。接收器平面的相位波前会产生失真，从而使桶中功率降低，造成信噪比下降，误比特率增加。闪烁效应用对数振幅方差或闪烁指数来描述。波前剩余方差值可用修正的 Zernike 多项式表示[60]。Zernike 多项式是一组标准正交基函数的集，其模式与诸如球面像差、像散和彗差等各种像差有关。Strehl 比定义为畸变或修正的点扩散函数（Point Spread Function，PSF）的光轴光强与衍射极限点扩散函数的光轴光强的比。剩余波前方差 σ^2 可以通过测量得到的 Strehl 比 S 利用下式计算得到：

$$S = e^{-\sigma^2} \tag{4-127}$$

波前畸变的均方差表示为

$$\sigma^2 = C_{\text{Zern}} \left(\frac{D}{r_0}\right)^{5/3} \tag{4-128}$$

式中：D 为孔径直径；r_0 为大气湍流路径相干长度；系数 C_{Zern} 与补偿和完全校正的 Zernike 多项式模式有关[60]。

误比特率是通信系统性能的一个衡量标准，与调制方式有关。OOK 调制方式下的误比特率是在给定的概率分布 $p_I(s)$ 下所有可能信号取值的平均值[10]：

$$\mathrm{BER(OOK)} = \frac{1}{2}\int_0^{\infty} p_I(s)\,\mathrm{erfc}\left(\frac{\langle \mathrm{SNR}\rangle_s}{2\sqrt{2}\langle i_s\rangle}\right)\mathrm{d}s \tag{4-129}$$

式中：$\langle i_s\rangle$ 为平均信号电流；SNR 为电信噪比；erfc 为互补误差函数。

假设概率分布函数 $p_I(s)$ 服从 Gamma - Gamma 模型[10]，该模型在较大湍流范围内都是合理的。服从 Gamma - Gamma 分布的 $p_I(s)$ 函数包含参数 α 和 β，它们取决于在大气湍流中传输的闪烁指数 σ_1^2。自适应光学校正 Rytov 参数为[61]

$$\sigma_1^2 = \frac{2.606}{2\pi}k^2 C_n^2 \int_0^{2\pi}\int_0^{\infty}\left[L - \frac{k}{\kappa^2}\sin\left(\frac{L\kappa^2}{k}\right)\right]\kappa^{-8/3} \times \left[1 - \sum_{i=1}^{N} F_i(\kappa,D,\phi)\right]\mathrm{d}\kappa\mathrm{d}\phi \tag{4-130}$$

式（4-130）在路径长度 L 和 C_n^2 为常数的水平链路下有效。假设平面波传输，自适应光学滤波器 $\left[1 - \sum_{i=1}^{N} F_i(\kappa,D,\phi)\right]$ 作用于横向空间谱（依赖于 κ），表示利用自适应光学相位共轭对空间模态的滤除。文献［62］给出了滤波器函数。如果移除不断增长的 Zernike 模式，闪烁指数 σ_I^2 会降低，因此，可以实现 FSO 通信链路性能的有效改善（如降低误比特率）。

4. FSO 通信系统的 AO 系统结构

常用的自适应光学方法是利用波前传感器对接收波前畸变进行测量，并对畸变波前进行重建。对于 FSO 通信系统，部分接收光束会传送到波前传感器，然后根据测量数据重构波前，这些数据用于计算波前校正器执行机构的控制信号，图 4.28（a）给出了其基本概念图。另一种 FSO 通信的 AO 系统是一种基于某一校正技术的对称通信系统，该校正技术能够增加平均桶中功率、降低光强起伏，适用于发射器和接收器一样的对称系统（图 4.28b）。

控制是基于振幅和相位的迭代校正，光束在相同的湍流信道中来回传输，在每个望远镜平面上进行伪相位共轭，这种方法对发射振幅和相位都进行了控制。算法利用通信链路的两个望远镜之间的迭代，每次传输后，利用初始激光束功率对实际接收光束光强进行归一化。这是一种基于迭代相位共轭预补偿的最优校正技术。

图 4.29 给出了另一种 AO 结构，其波前测量和校正分别采用波前传感器和波前校正器来完成。有两种类型的波前校正器：倾斜镜用于校正倾斜波前，可变镜校正高阶相位畸变。信标光（其波长通常与发射激光信号的波长不同）探测大气湍流，从而为波前传感器所用。

对于激光通信，湍流会影响光束的整个传播路径，导致相位和强度的恶化。对于强烈的强度闪烁，由于分支点的存在，从波前测试重构相位是极其困难的。因此，无传感器的波前自适应光学对于工作在所有湍流强度下的自由空间激光通信都是适合的。这种方法可以省去波前测试。AO 系统中波前校正器的控制可以通过系统性能衡量标准（如 Strehl 率）的盲（自由模型）最优化来表现。由于几种技术的最新发展、新的高效的算法（比如 SPGD）、基于超大规模集成（VLSI）微电子采用并行处理硬件的应用、高带宽波前相位控制器（比如基于微机械系统（MEMS）的可变形镜），为现在发展无 WFS 的 AO FSO 通信系统提供了可行性。图 4.30 给出了基于无波前传感器的 AO FSO 通信系统原理图[63]。因此，采用由

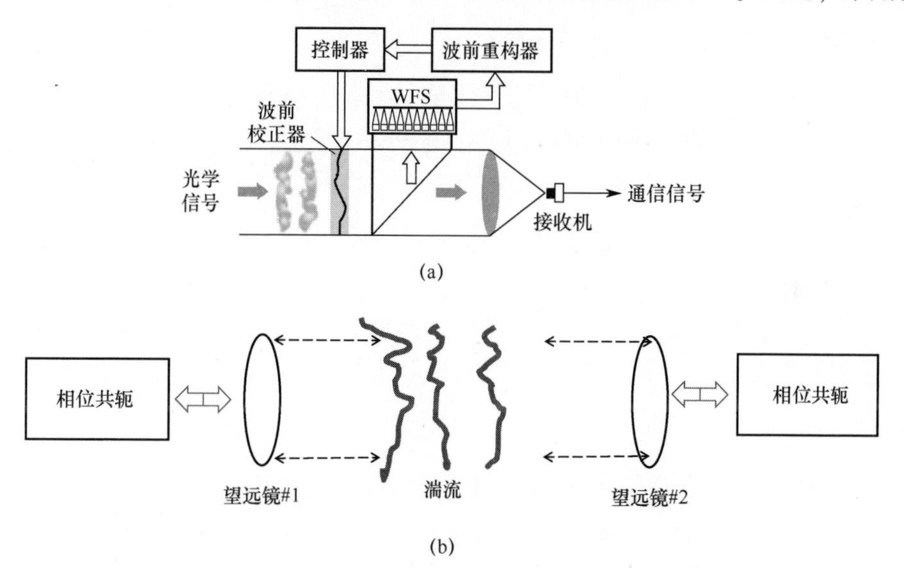

图 4.28　(a) FSO 通信自适应光学技术的基本概念（转载自 Springer Science + Business Media B. V. [Fig. 13, page 332][27]）；(b) 基于 AO 的对称 FSO 通信系统原理图（转载自 SPIE, 2009, Fig.1, page 72000 J－2, Vol.7200_ Proc.SPIE, January 2009）

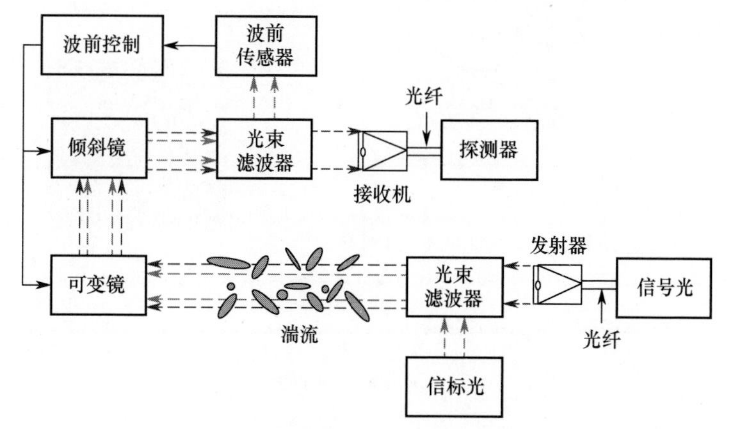

图 4.29　一种具有独立信标激光器的自适应光学 FSO 激光通信系统（转载自 AJETR, 2011[68]）

性能衡量最优化进行波前控制的方法是有优势的。在通信终端可获得的接收功率强度的信息可以作为 AO 控制器的衡量标准。关于技术和不同设计方案，有兴趣的读者可以从参考文献［63］获取更多细节信息。

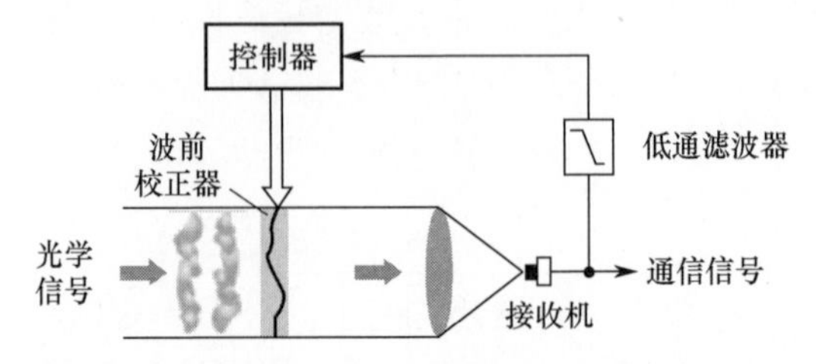

图 4.30 基于波前传感器的 AOFSO 通信系统原理图（转载自 Springer Science + BusinessMedia B. V. ［Fig.1（b），page249］，2008[63]）

5. 基于 AO 的 FSO 通信系统的一些例子、应用和技术发展

基于 AO 的激光通信性能：文献［64］报道了一种基于 APD 的自适应光学激光通信实验系统。图 4.31（a）～（c）给出了误比特率关于接收光功率的函数，模拟的湍流条件为 r_0 = 9mm，光束直径为 70mm（D）。通过与未编码的误比特率相比，给出了在背景光和湍流条件下，采用 AO 修正时接收信号功率增益。

图 4.32 给出了在实验室模拟条件下，当数据速率为 100Mb/s 时，OOK 和 PPM 调制下，AO 校正技术带来的性能改善结果。实验测试表明了，AO 校正带来了高达 6dB 的增益，该增益与具体的调制方式有关。感兴趣读者可以参考文献［65］获取更多细节。

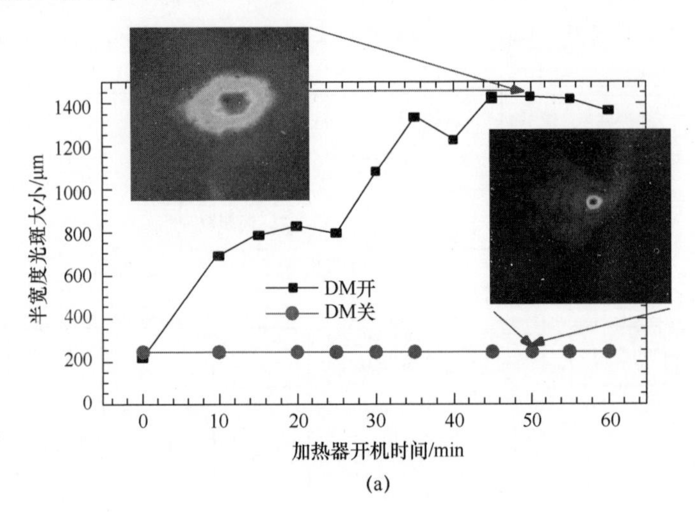

(a)

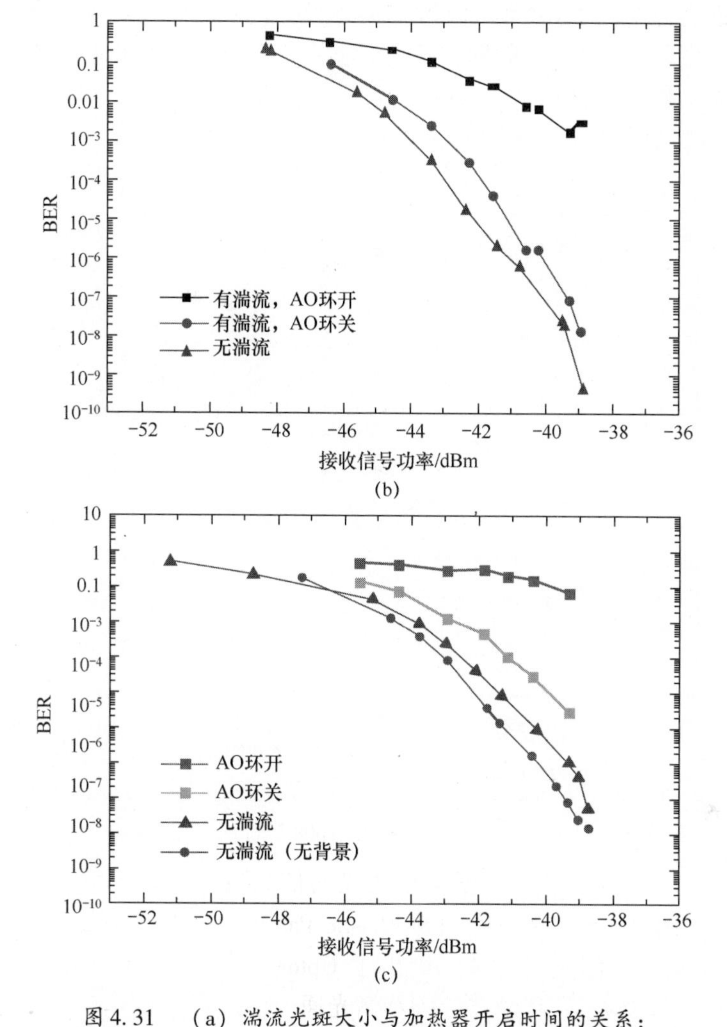

图4.31　(a) 湍流光斑大小与加热器开启时间的关系；(b) 误比特率与接收信号功率的函数关系；(c) 有湍流（AO环开）、有湍流（AO环关）、无湍流以及无湍流（无背景）4种条件下，误比特率与接收信号功率的关系（见彩插）（转载自JPL/CalTech, JPL IPN Progress Report, 2005[64]）

有报道描述了一种由两轴倾斜校正器组成的低阶自适应光学激光通信系统，闭环实验结果表明：当数据率为200Kb/s时，该系统误比特率可提高到OOK调制系统的42倍[66]。另一个具有19个通道的高阶自适应光学激光通信系统也进行了类似的闭环实验，结果表明在一定的实验条件下，误比特率降低了41.5倍[67]。在另外的报道中，关于2.5Gb/s自适应激光通信系统的数值仿真和实验研究，表明了AO技术对湍流引起的信号衰落的抑制作用[68]，其中，不经过和经过AO校正器的系统误比特率分别为6×10^{-3}和1×10^{-4}。采用了AO高阶校正技术，可以达到120s内无误码。在FSO通信系统中，Strehl比对于进行链路预算分析和评估特定应用下所需补偿的等级至关重要。已有报告给出了包含强湍流在内的一般湍流条件下，低阶（倾斜）和高阶（AO）补偿系统的Strehl比仿真结果[69]，同时还给出了用于预测强湍流系统性能的Strehl比模型。

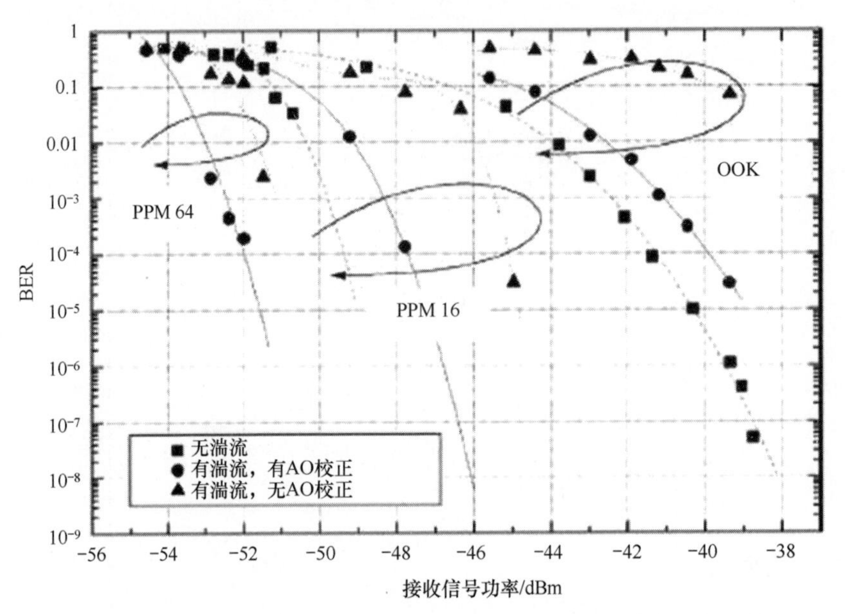

图4.32　OOK和PPM调制下，采用AO校正技术对误比特率性能的改善
（转载自SPIE，2008[65]）

Optonicus最近开发了一种紧凑型激光通信收发器，该系统使用MEM变形镜，采用诸如随机平行梯度下降（Stochastic Parallel Gradient Descent，SPGD）等有效控制算法[63]。图4.33（a）给出了Optonicus的INFOCO激光通信系统，图4.34给出了基于协同信息共享的AO激光通信系统。

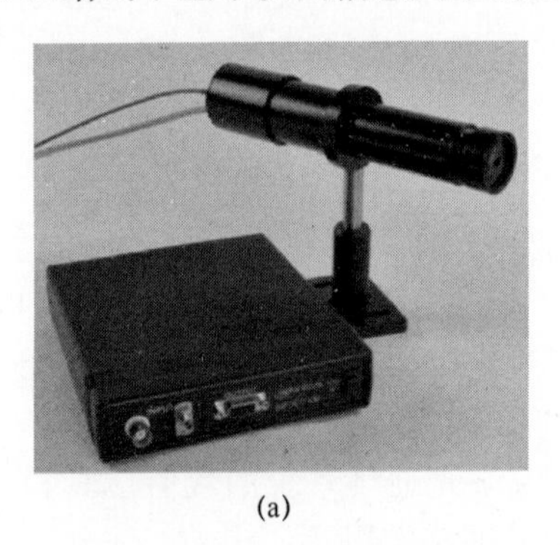

(a)

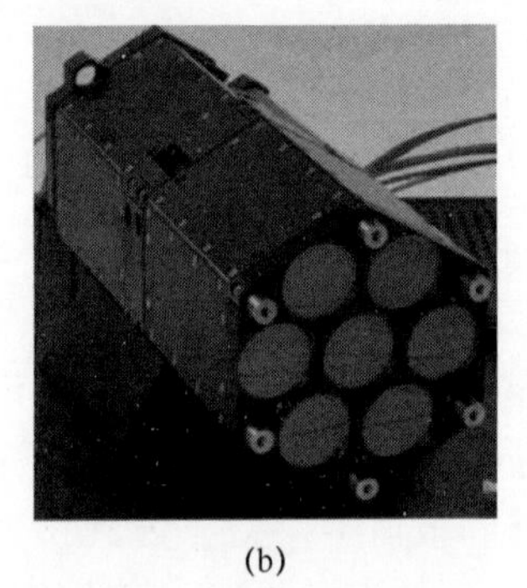

Optonicus INFA多孔径单模收发器系统

(b)

图4.33　（a）Optonicus的INFOCO激光通信系统；（b）Optonicus的多孔径单模收发器
（转载自Dr. Mikhail A.Vorontsov，2013，Optonicus：www. optonicus. com）

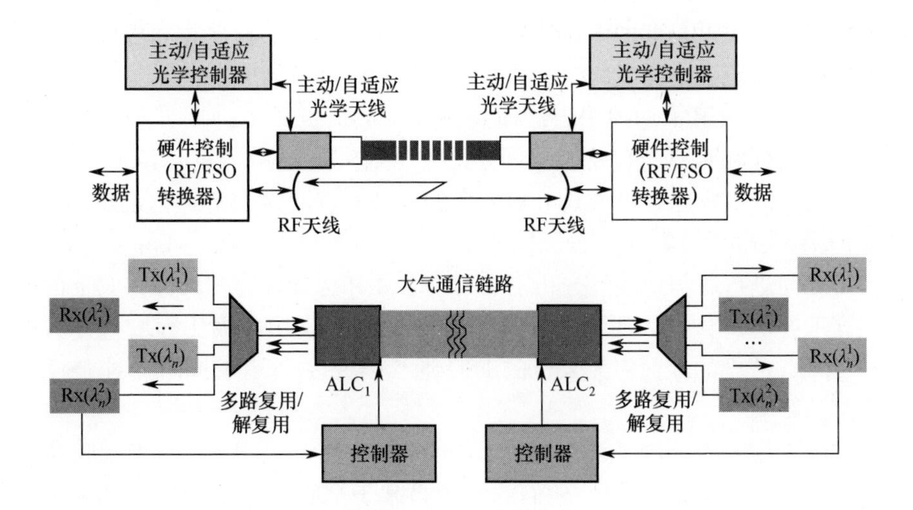

注：WDM的一个波长对接收信号功率级进行连续监测和信息共享，AO控制器使用共享信息独立控制光束指向、发散角和大气相位补偿（使用SPGDAO）。

图4.34 基于协同信息共享的AO激光通信系统（转载自Dr.Mikhail A.Vorontsov，2013，Optonicus：www. optonicus. com）

4.3.6 其他技术

还有其他可应用于FSO通信中抑制大气信道衰落的技术和方案，其中包括：①波长分集；②修正发射光束；③先进信号处理技术；④多站点/中继辅助通信链路方案。

1. 波长分集

使用波长分集技术的方法有很多。最新研究表明：同样的信号可以在不同的波长上进行传输。由于随机折射率变化引起的湍流对不同波长的影响是不同的，因此不同波长的接收端光强起伏衰落特性是不同的。在选择性分集中，接收机选取具有最大信噪比的信号来降低系统的中断概率。文献［70］报道了在850nm、1330nm和1550nm三种不同波段，三种不同接收探测器下的研究结果。发射端采用三种不同波段的激光器发射相同的信号，在接收端，信号通过等增益控制或选择性合并的方式进行组合，从而改善信号的整体强度。该研究中使用了选择性分集方法，即接收端选择具有最大信噪比的信号。对于给定的信噪比门限（由平均信噪比进行归一化），中断概率会随着发射机/接收机元件数量的增加而降低。通过采用更多的发射接收机，中断概率还可以更进一步降低，代价是系统复杂度和成本的增加。

文献［71］研究了在高海拔远距离场景下，利用两个激光发射器信源（分别工作于1550nm和850nm波段）的波长分集技术，其路径长度是在4.3～41km

范围内变化的。通过长期的误比特率评估，证明了利用波长分集和等增益控制接收机可以提高系统通信质量。

文献［72］报道了一种用于地面到无人机通信链路上抑制雾衰落的波长分集方案。雾是抑制 FSO 通信的主要因素之一。研究者演示了在有雾大气条件下，地面到无人机的斜程路径上波长分集方案的一种实现。该 FSO 通信链路同时发送 0.85μm、1.55μm 和 10μm 三种波段的激光，在地面站和海拔为 4km 或 8km 高度的无人机之间进行通信连接。分析了等增益合并和选择性合并两种方案下的分集技术，详细的仿真分析表明：选择性分集方案的接收功率级比等增益方案的高 300%。10μm 波段的地面对无人机的 FSO 通信链路主要用于抑制雾对 FSO 通信信号衰落的影响。

采用两路相近的近红外波段激光（1556.5nm 和 1558.1nm），抑制长达几千米链路上的大气闪烁效应[73]。他们的技术是基于高噪声相干性的 He-Xe 激光器的双波长输出。

2. 修正发射光束特性

1）无衍射光束

在 FSO 通信和大多数光学应用中，一般都采用横向光强分布服从高斯分布的标准激光光束。当光束在自由大气中传播时，初始光束扩张，发散角由波长和光束的初始束腰半径所决定。由于衍射效应，当高斯光束的光斑尺寸减小时，光束的传播范围会缩短。采用无衍射光束可以抑制这种现象。可以将其看成是一个由波矢量的固定纵向分量的平面波产生的干涉场。干涉场的横向光强分布服从第一类零阶贝塞尔函数，并且在传播过程中保持不变。因此，无衍射光束是一种可以完全消除衍射影响的理想光场。在实际的实验环境下，采用一种近似的无衍射光束，称为近似无衍射（Pseudo-Non-Diffracting，P-N）光束。无衍射光的传输特性，几何参数和物理特性展现了其在 FSO 通信中的应用前景[74]。

2）部分相干发射光束

如果发射光束的空间相干性可以控制，在远距离 FSO 通信系统中接收功率的统计特性就可以改善。在一个部分相干发射光束通过湍流路径的实验中，报告了接收功率的长期衰减[75]。部分空间相干光束可以使闪烁指数降低约 50%，与湍流中完全相干光源强度相比，仿真的平均光强约为 90%，与湍流强度无关。文献［76］介绍了一种基于高斯谱（应用 Rytov 理论）的部分相干光束薄（复）相位屏模型。该模型将一个漫射器建模为一个薄的随机相位屏，这模拟了光源发射波形上的复相位扰动（振幅和相位）。该模型用于计算 OOK 调制下的信噪比和误比特率。光源的部分相干特性使得光轴上的闪烁指数降低。部分相干光束比相干光束的发散角更大，接收功率依赖于光波的相干性程度。为了保持与完全相干光束相同的信噪比（相同的尺寸和相前曲率半径），部分相干光束需要更高的功率。在距离低于 1km，C_n^2 取值为 $10^{-14}\mathrm{m}^{-2/3}$（即 Rytov 方差 $\sigma_1^2<1$）时，部分相干光束可以将误比特率改善几个数量级。

文献［77］给出了高速（Gb/s）自由空间光通信系统的另一种有趣的方法：基于宽带脉冲激光器的光谱编码。采用部分相干光束和相当小孔径的探测器，可以在 10km 以上的距离上将闪烁降低几个数量级。基于发光二极管（LED）的光谱编码可以作为 FSO 通信的最后一公里吉比特传输问题的一种解决方案。

部分相干光的高斯 - 谢尔模型是一种抑制大气湍流的方法，该方法通过控制光源的统计特性来降低在相同信噪比条件下接收信号的光强方差[78]。这是除高成本的 AO 技术之外的另一种补偿大气湍流的解决方案。

3）平顶光束

平顶光束可由基本高斯光束进行空间整形得到，传播扩散较小。文献［79］研究了一种平顶高斯光束的模型。当在大气湍流中传播时，平顶光束首先在中心形成一个圆环，当传输距离增加时，圆环的周长变窄，产生一个从光束中心向下的脉冲，最终是使光强轮廓变为纯高斯分布。当激光束高度不对称时，接收光强分布转化为艾里函数，因此较平的光束在湍流大气中传播时，受到的扩散较少。随着平坦度的增加，固定接收器孔径内捕获的功率减小。

4）修正贝塞尔 - 高斯光束

数值计算结果表明：在弱湍流介质中传播的高于零阶的修正贝塞尔 - 高斯光束的闪烁指数小于大尺寸、低阶高斯光束下的闪烁指数，这是因为光束宽度参数的增加，初始闪烁量减少[80]。修正零阶贝塞尔 - 高斯光束可以获得小输入光束尺寸下的最小闪烁，随着传播距离的增加，其闪烁度持续低于其他零阶高斯光束。在一些 FSO 场景中，修正贝塞尔 - 高斯光束可以通过降低闪烁效应来抑制大气湍流。

3. 先进的信号处理

为了校正大气湍流造成的信号衰落，可以采用先进的实时信号处理技术。在自由空间光链路实验中，与原始信号相比，基于小波的信号处理方法降低了光束漂移方差，从而使误比特率降低了 138 倍[81]。小波变换（Wavelets Transforms，WT）把信号变换成一系列被称为小波的正交基函数，提供了一种同时在时域和频域进行波形分析的方法。与传统的傅里叶变换方法相比，小波变换能够更精确地表示信号。为了利用小波信号处理技术补偿湍流效应，需要对近似水平进行优化。抑制湍流效应所需的最佳近似水平 N_{opt} 取决于接收信号的采样率。在接收端每比特间隔内的 n 个采样点，最优补偿水平 N_{opt} 满足 $2^{N_{\mathrm{opt}}-2}\leqslant n\leqslant 2^{N_{\mathrm{opt}}-1}$。在单个比特间隔内至少需要一个采样来估计大气增益。文献［81］以 10 个采样/比特速率采样数据，达到了近似水平为 5 级的最优补偿。利用 Daubechies 小波分析来计算近似水平 N_{opt} 。源自乘性噪声的闪烁引起的起伏可以通过这个最优补偿划分接收信号来降低，可以获得具有相当低的乘性噪声的补偿信号[81]。该技术说明了补偿信号的误比特率由原来的 8.9×10^{-3} 降低到 6.43×10^{-5} ，因此可以改善 FSO 系统的性能。

自适应卡尔曼滤波器通过预测接收信号取值和湍流统计特性来抑制湍流引起的闪烁噪声。基于卡尔曼滤波器的检测方法为检测提供了自适应判决门限，可以减小探测误差，提高通信链路性能。因此，卡尔曼滤波器是抑制 FSO 通信湍流影响的一种有效手段。结果表明：最优判决门限和自适应判决门限间的误差小于 0.48%[82]。

另一种抑制多径散射（如大雨、雪、浓雾、冰雹、霾等）的信号处理技术是采用模糊逻辑概念。发射端发射一串脉冲，接收端采用相干检测方案。基于接收功率和信噪比等级，依据模糊逻辑原理自适应改变接收机灵敏度。接收光信号中包括的非线性噪声的信噪比降低到 -40dB，接收功率降低到 -50dBm[83]。强湍流条件下的误比特率在 -40dB 信噪比（与近地相似）时大约为 10^{-1} ，但是采用了模糊逻辑算法后误比特率大幅改善。

对于一些近空和深空通信链路上应用的地面光学接收机，都会受到大气湍流和直射天空背景噪声的严重影响，尤其是在白天。文献［84］给出了一种基于二维自适应维纳滤波器的光通信接收机预处理的概念，用于抑制湍流和背景噪声，并给出了该方法焦平面阵列和空时自适应处理器的概念图。发射机采用 *M*-PPM 技术，接收端利用一帧中 *M* 个可能的脉冲时隙位置对数字数据进行译码。仿真结果表明：在中等到强背景噪声和湍流条件下，有 4 ~ 7dB 的性能改善。相比于复杂和昂贵的自适应光学系统而言，这种方法简单且成本低。

4. 中继辅助技术

另一种有效的抑制大气湍流衰落的方法是中继辅助传输技术。文献［85］分析了带放大转发和译码转发模式的串行（多跳传输）和并行（合并分集）中继。湍流引起的衰落方差依赖于 FSO 通信系统的传播距离。中继辅助传输可以利用由此产生的短跳的跳数来显著提高系统性能。从 FSO 串行和并行放大转发方法的中断概率的仿真结果来看：使用单一中继，中断概率为 10^{-6} 时，性能改善 18.5dB。

5. 大气云层抑制

光通信的传输受视距通信链路中云层的影响严重。为了抑制云层的影响，实现可靠的传输，需要在不同的地理位置设置多个地面接收站。需要设置冗余站点，以便当一个站点多云时，另一个站点可用做备份。由液态水和（或）冰晶组成的云层具有不同的厚度，会导致超过10dB的大气衰落。对于薄的、基于冰晶的卷云而言，云的衰减可以低至1dB或2dB，这时，FSO通信接收器的性能受限。为了预测云层对FSO通信的影响，研究人员基于美国国家海洋和大气管理局（National Oceanic and Atmospheric Administration，NOAA）的地球同步环境卫星（Geostationary Environmental Operational Satellite，GOES）的图像数据研究了高分辨率云层气候学。其图像包含多光谱信道，1个可见光和4个红外光，光谱分辨率为44km，时间分辨率为15min[86]。通过客观地合并单信道的云层数据，由高空时分辨率气象学形成符合云决策，以获得精确的视距无云（Cloud Free Line of Sight，CFLOS）统计特性，从而得到大气对光通信系统的影响。激光通信网络最优化工具（LNOT）和云层数据库可以查找不同地面节点的配置，从而提高FSO通信系统的可用性。

参考文献

1. A.K.Majumdar，J.C.Ricklin，Free-Space Laser Communications：Principles and Advances（Springer，New York，2008）
2. L.C.Andrews，R.L.Phillips，C.Y.Hopen，Aperture averaging of optical scintillations：Power fluctuations and temporal spectrum.Waves Random Media10，53－70（2000）
3. J.H.Churnside，Aperture averaging of optical scintillation in the turbulent atmosphere.Appl.Opt.30，1982－1994（1991）
4. L.C.Andrews，R.L.Phillips，Laser Beam Propagation through Random Media（SPIE，Bellingham，1998）
5. V.I.Tatarski，Wave Propagation in a Turbulent Medium（McGraw-Hill，New York，1961）（reprinted Dover，1967）
6. J.C.Ricklin，F.M.Davidson，Atmospheric turbulence effects on a partially coherent Gaussian beam：implication for free-space laser communication.J.Opt.Soc.Am.A，19（9），1794－1803（2002）
7. J.C.Ricklin，S.Bucaille，F.M.Davidson，Performance loss factors for optical communication through clear air turbulence.Proc.SPIE，5160，1－12（2004）
8. H.Yukesl，S.Milner，C.C.Davis，Aperture averaging for optimizing receiver design and performance on free-space optical communication links.J.Opt.Netw.4，462－475（2005）
9. C.C.Davis，I.I.Smolyaninov，The effect of atmospheric turbulence on bit-error-rate in an on-off-keyed optical wireless system.Proc.SPIE44489，126－137（2002）
10. L.C.Andrews，R.L.Phillips，C.Y.Hopen，Laser Beam Scintillation with Applications（SPIE，Bellingham，2001）
11. M.M.Ibrahim，A.M.Ibrahim，Performance analysis of optical receivers with space diversity reception.IEE Proc.Commun.143（6），369－372（1996）
12. D.K.Borah，A.C.Boucouvalas，C.C.Davis，S.Hranilovic，K.Yiannopoulos，A review of communication-oriented optical wireless systems.EURASIP J.Wirel.Commun.Netw.91，1－28（2012）

13. L.C.Andrews, R.L.Phillips, Impact of scintillation on laser communication systems: Recent advances in modeling.Proc.SPIE4489, 23 – 34 (2002)
14. K.Peppas, H.E.Nistazakis, V.D.Assimakopoulos, Performance analysis of SISO and MIMO FSO communication systems over turbulent channels.Chap.17, Optical Communication (INTECH, 2012), pp.415 – 438
15. E.Bayaki, R.Schober, R.Mallik, Performance analysis of MIMO free-space optical systems in gamma-gamma fading.IEEE Trans.Commun.57 (11), 3415 – 3424 (2009)
16. T.A.Tsiftis, H.G.Sandalidis, G.K.Karagiannidis, M.Uysal, Optical wireless links with spatial diversity over strong atmospheric turbulence channels.IEEE Trans.Wirel.Commun.8 (2), 951 – 957 (2009)
17. A.K.Majumdar, Free laser communication performance in the atmospheric channel.J.Opt.Fiber Commun.Rep.2, 345 – 396 (2005)
18. A.P.Prudnikov, Y.A.Brychkov, O.I.Marichev, Integrals and Series Volume 3: More Special Functions, 1st edn.(Gordon and Breach Science Publishers, New York, 1986)
19. N.Chtazidiamantis, G.Karagiannidis, On the distribution of the sum of gamma-gamma variates and applications in RF and optical wireless communications.IEEE.Trans.Commun.59 (5), 1298 – 1308 (2011)
20. S.M.Navidpour, M.Uysal, M.Kavehrad, BER performance of free-space optical transmission with spatial diversity.IEEE Trans.Wirel.Commun.6 (8), 2813 – 2819 (2007)
21. M.D.Yacoub, The α-μ distribution: A physical fading model for the Stacy distribution.IEEE Trans. Veh.Technol.56 (1), 27 – 34 (2007)
22. I.Gradshteyn, I.M.Ryzhik, Tables of Integrals, Series, and Products, 6th edn.(Academic, New York, 2000)
23. I.I.Kim, H.Hakakha, P.Adhikari, E.Korevaar, A.K.Majumdar, Scintillation reduction using multiple transmitters.SPIE.Proc.2990, 102 – 113 (1997)
24. M.Jeganathan, K.E.Wilson, J.R.Lesh, Preliminary analysis of fluctuations in the received Uplink-Beacon-Power data obtained from the GOLD experiments.JPL's TDA Progress Report 42 – 124, (1996), pp.20 – 32
25. M.Abramovitz, I.A.Stegun, Handbook of Mathematical Functions with Formula, Graphs, and Mathematical Tables, 9th edn.(Dover, New York, 1972)
26. A.K.Majumdar, G.H.Fortescue, Wide beam atmospheric optical communication for aircraft application using semiconductor diodes.Appl.Opt.22 (16), 2495 – 2504 (1983)
27. X.Zhu, J.M.Kahn, in Free-Space Laser Communications: Principles and Advances, ed.by A.K.Majumdar, J.C.Ricklin.Communication techniques and coding for atmospheric turbulence channels (Springer, New York, 2008), pp.303 – 345
28. S.Trisno, I.I.Smolyanionov, S.D.Milner, C.C.Davis, Characterization of time delayed diversity to mitigate fading in atmospheric turbulence channels.Proc.SPIE.5892, 589215 – 1 – 589215 – 10 (2005)
29. S.M.Haas, J.H.Shapiro, IEEE J.Select.Areas Commun.21, 1346 (2003)

30. J.Chen, Y.Ai, Y.Tan, Improved free space optical communications performance by using time diversity.Chi.Opt.Lett.6 (11), 797 – 799, (2008)
31. X.Zhu, J.M.Kahn, Free-space optical communication through atmospheric turbulence channels. Trans.Commun.50 (8), 1293 – 1300 (2002)
32. X.Zhu, J.M.Kahn, J.Wang, Mitigation of turbulence-induced scintillation noise in freespace optical links using temporal-domain detection techniques.IEEE.Photon.Technol.Lett.15 (4), 623 – 625 (2003)
33. X.Zhu, J.M.Kahn, Pilot-symbol assisted modulation for correlated turbulent free-space optical channels.Proc.SPIE.4489, 138 – 145 (2002)
34. C.E.Shannon, A mathematical theory of communication.Bell Syst.Tech.J.27, 379 – 423 (1948a)
35. C.E.Shannon, A mathematical theory of communication.Bell Syst.Tech.J.27, 623 – 656 (1948b)
36. I.Djordjevic, W.Ryan, B.Vasic, Coding for Optical Channels (Springer, New York, 2010)
37. S.Haykin, Communication Systems (Wiley, New York, 2004)
38. J.B.Anderson, S.Mohan, Source and Channel Coding: An Algorithmic Approach (Kluwer Academic, Boston, 1991)
39. F.J.MacWilliams, N.J.A.Sloane, The Theory of Error-Correcting Codes (North Holland, Amsterdam, 1977)
40. S.B.Wicker, Error Control Systems for Digital Communication and Storage (Prentice Hall Inc., Upper Saddle River, 1995)
41. R.Gallager, Low-density parity-check codes.IRE.Trans., 21 (1962)
42. T.Richardson, M.Shokrollahi, R.Urbanke, Design of capacity-approaching irregular lowdensity parity-check codes.IEEE.Trans.Inform.Theory47, 638 – 656 (2001)
43. B.M.J.Leiner, LDPC Codes- a brief Tutorial (April 8, 2005)
44. D.J.C MacKay, Information Theory, Inference, and Learning Algorithms (Cambridge University Press, Cambridge, 2003)
45. G.A.Malema, Low-density parity-check codes : Construction and implementation, PhD Thesis, The University of Adelaide, Australia, November 2007
46. M.O' Sullivan, Algebraic construction of sparse matrices with large girth.IEEE Trans.Inform. Theory52 (2), 719 – 727 (2006)
47. Z.Zhao, R.Liao, S.D.Lyke, M.C.Roggemann, Reed-Solomon Coding for free-space optical communications through turbulent atmosphere.IEEEAC Paper #1273, 978-1-4244-3888-410, 2010
48. N.A.Mohammed, M.R.Abaza, M.H.Aly, Improved performance of M-ary PPM in different free-space optical channels due to Reed-Solomon code using APD.Int.J.Sci.Eng.Res.2 (4), 1 – 4, (2011)
49. K.Kiasaleh, Performance of APD-based, PPM free-space optical communication systems in the atmospheric turbulence.IEEE Trans.Commun.53, 1455 – 1461 (2005)
50. J.Singh, V.K.Jain, Performance analysis of BPPM and M-ary PPM optical communication system in atmospheric turbulence.IETE Tech.Rev.25 (4), 145 – 152 (2008)
51. J.G.Proakis, Digital Communications (McGraw-Hill, New York, 1983)

52. F.Xu, A.Khalight, P.Causse, S.Bouennane, Channel coding and time-diversity for optical wireless links.Opt.Express17 (2), 872 – 887 (2009)
53. J.A.Anguita, I.B.Djorjevic, M.A.Neifeld, B.V.Vasic, Shannon capacities and error-correcting codes for optical atmospheric turbulent channels.J.Opt.Netwo.4 (9), 586 – 601 (2005)
54. I.B.Djordjevic, LDPC-Coded optical communication over the atmospheric turbulence channel.978-1-4244-2110 = 7/08 IEEE, 2007
55. I.B.Djordjevic, G.T.Djordjevic, On the communication over strong atmospheric turbulence channels by adaptive modulation and coding.Opt.Express17 (20), 18250 – 18262 (2009)
56. I.B.Djordjevic, Adaptive modulation and coding for free-space optical channels.J.Opt.Commun. Netw.2 (5), 221 – 229 (2010)
57. I.B.Djordjevic, in Coded modulation techniques for optical wireless channels, Advanced optical wireless communication systems, Chap.2 (Cambridge University Press, Cambridge, 2012)
58. I.B.Djordjevic, W.Ryan, B.Vasic, Coding for Optical Channels (Springer, New York, 2010)
59. I.B.Djordjevic, B.Vasic, M.A.Neifeld, LDPC coded OFDM over the atmospheric turbulence channel.Opt.Express15 (10), 6336 – 6350 (2007)
60. R.J.Noll, Zernike polynomials and atmospheric turbulence.J.Opt.Soc.Am.66 (3), 207 – 211 (1976)
61. R.K.Tyson, D.E.Canning, Indirect measurement of a laser communications bit-error-reduction with low-order adaptive optics.App.Opt.42 (21), 4239 – 4243 (2003)
62. R.J.Sasiela, Wave-front correction by one or more synthetic beacons.J.Opt.Soc.Am.A 11, 379 – 393 (1994)
63. T.Weyrauch, M.A.Vorontsov, in Free-space laser communications: Principles and advances, ed.by A.K.Majumdar, J.C.Ricklin.Free-space laser communications with adaptiveoptics: Atmospheric compensation experiments (Springer, New York, 2008), pp.247 – 271
64. M.W.Wright, M.Srinivasan, K.Wilson, Improved optical communications performance using adaptive optics with an avalanche photodiode detector.JPL IPN Progress Report, 42 – 161, May 2005
65. M.W.Wright, J.Roberts, W.Farr, K.Wilson, Improved optical communications performance combining adaptive optics and pulse position modulation.Opt.Eng.47 (1), 016003-1-016003-8, (2008)
66. R.K.Tyson, D.E.Canning, J.S.Tharp, Measurement of the bit-error rate of an adaptive optics, free-space laser communications system, Part 1: Tip-tilt configuration, diagnostics, and closed-loop results.Opt.Eng.44 (9), 096002 (2005)
67. R.K.Tyson, J.S.Tharp, D.E.Canning, Measurement of the bit-error rate of an adaptive optics, free-space laser communications system, part 2: Multichannel configuration, aberration characterization, and closed-loop results.Opt.Eng.44 (9), 096003 (2005)
68. W.Yunyun, C.Erhu, Z.Yu, Y.Hongwei, L.Min, L.Xinyang, X.Zhun, C.Jin, A.Yong, Z.Heng, Y. Zhi, Simulation and experiment of adaptive optics in 2.5 Gbps atmospheric laser communication.Am.J.Eng.Technol.Res.11 (12), 3399 – 3403, (2011)
69. J.C.Juarez, D.M.Brown, D.W.Young, Strehl ratio simulation results under strong turbulence conditions for actively compensated free-space optical communication systems.Proc.SPIE 8732, 873207

(2013)

70. A.J.Kshatriya, Y.B.Acharya, A.K.Aggarwal, A.K.Majumdar, Performance of free space optical link using wavelength and spatial diversity in atmospheric turbulence.Proceedings of National Conference on Emerging Areas of Photonics and Electronics, EAPE 2013 (to be published)
71. D.Giggenbach, B.L.Wilkerson, H.Henniger, N.Perlot, Wavelength-diversity transmission for fading mitigation in the atmospheric optical communications channel.Proc.SPIE6304 63041H-1-63041H-12, (2006)
72. A.Harris, J.J.Sluss Jr., H.H.Refai, Free-space optical wavelength diversity scheme for fog mitigation in a ground-to-unmanned-aerial-vehicle communications link.Opt.Eng.45 (8), 086001 (2006)
73. J.E.Davies, B.D.Nener, K.J.Grant, K.Corbett, B.Clare, Numerical experiments in atmospheric scintillation correlation for applications in dual channel optical communications.Proc.SPIE5793, doi: 10.1117/12.604750, (2005)
74. V.Kollarova, T.Medrik, R.Celechovsky, Z.Bouchal, O.Wilfert, Z.Kolka, Application of non-diffracting beams to wireless optical communications.Proc.SPIE6736, 67361C, (2007)
75. K.Drexler, M.Roggermann, D.Voelz, Use of partially coherent transmitter beam to improve the statistics of received power in a free-space optical communication system: Theory and experimental results.Opt.Eng.50, 025002 (2011)
76. O.Korotkova, L.C.Andrews, R.L.Phillips, Model for a partially coherent Gaussian beam in atmospheric turbulence with application in lasercom.Opt.Eng.43 (2) 330 – 341 (2004)
77. G.P.Berman, A.R.Bishop, B.M.Chernbrod, D.C.Nguyen, V.N.Gorchakov, Suppression of intensity fluctuations in free space high-speed optical communication based on spectral encoding of a partially coherent beam.Opt.Commun.280, 247 – 270 (2007)
78. K.R.Drexler, Utilizing Gaussian-Schell model beams to mitigate atmospheric turbulence in free space optical communications.Dissertation for Doctor of Philosophy, Michigan Technological University, 2012
79. H.T.Eyyuboglu, C.Arpali, Y.Baykal, Flat topped beams and their characteristics.Opt.Exp.14 (10), 4196 – 4207 (2006)
80. H.Tanyer, Y.Baykal, E.Sermutlu, O.Korotkova, Y.Cai, Scintillation index of modified Bessel-Gaussian beams propagating in turbulent media.JOSA A26 (2), 387 – 394 (2009)
81. L.B.Pedireddi, B.Srinivasan, Characterization of atmospheric turbulence effects and their mitigation using wavelet-based signal processing.IEEE Trans.Commun.58 (6), 1795 – 1802 (2010)
82. Chunyi Chen, Humin Yang, Huilin Jiang, Jingtao Fan, Cheng Han, and Ying Ding, Mitigation of turbulence-induced scintillation noise in free-space optical communication links using Kalman Filter.IEEE Congress on Image and Signal Processing, 2008, pp.470 – 473
83. L.R.D.Suresh, S.Sundaravadivelu, Real time adaptive nonlinear noise cancellation using fuzzy logic for optical wireless communication system with multiscttering channel.Eng.Lett.13: 3, EL_13_3_8, 4 November 2006
84. A.Hashmi, A.A.Eftekhar, A.Adibi, F.Amoozegar, A novel 2-D adaptive wiener filter based algo-

rithm for mitigation of atmospheric turbulence effects in deep-space optical communications. Proc. SPIE7442, 744202 (2009)

85. M.Safari, M.Uysal, Relay-assisted free-space optical communications.IEEE Trans.Wirel.Commun.7 (12), 5441 - 5449 (2008)

86. R.J.Alliss, B.Felton, The mitigation of cloud impacts on free-space optical communications.Proc. SPIE8380, 83800S (2012)

第5章　非视距紫外光通信和室内自由空间光通信

5.1　引言

本章提出了一种利用非视距（Non-Line-Of-Sight，NLOS）的自由空间光通信（FSO）新概念。NLOS结构可以利用散射光作为媒介来实现通信，或利用多径传播实现室内光通信链路。本章讨论紫外（UV）非视距无线光通信的实现技术。从关键系统组成开始，采用基于光子跟踪的蒙特卡罗模拟方法，描述一种随机的非视距紫外光通信信道模型。对目前最先进的设备进行了概述，如深紫外发光二极管（Light-Emitting Diodes，LED）、固态日盲深紫外雪崩光电二极管（Avalanche Photodiodes，APD）、日盲光电倍增管（Photomultiplier Tubes，PMT），以及适用于非视距紫外FSO通信的滤光片等。本章中描述的各种调制方式下的最新实验结果验证了非视距技术的潜在发展前景。本章还讨论将这种技术扩展到基于非视距FSO通信的、多径散射信道的分布式传感器网络。同时指出了使用紫外光子进行非视距量子通信的可行性。本章还介绍了另一种利用近红外光实现室内设备间连接的非视距FSO通信链路。室内无线光通信系统可能的配置包括：①定向光束红外（Directed Beam Infrared，DBIR）；②漫反射红外（Diffuse Infrared，DFIR）；③准漫射红外（Quasi-Diffuse Infrared，QDIR）。另外，本章还讨论了传输模型（带多径响应）、适用于不同配置的各种调制技术、多址技术和多传感器网络的宽带通信链路。最后，讨论了这项新技术对未来FSO通信链路和各种应用的影响。

紫外光会受到大气中的分子、气溶胶、霾、雾和其他颗粒的强烈散射，部分发射光被散射到接收器方向时，会被探测到，从而建立起通信信道。因此可以在没有视距（Line-Of-Sight，LOS）连接的情况下实现短距离光学数据传输。日盲紫外光波段半导体发射器和接收器的最新进展打开了有效的非视距光通信链路的大门。紫外非视距技术利用大气和紫外辐射的相互作用优势来实现室外无线光通信信道，其特点是能够绕过局部障碍。最简单的通信拓扑结构首先是一个从单个发射机到单个接收机的单向半双工链路。紫外NLOS技术的备选应用包括在电子系统之间交换信息，需要低功率和可靠的本地通信链接。

5.2 紫外光通信

紫外光通信是在无其他链路或者无法建立视距链路等易受阻链路情况下的一种潜在解决方案。紫外光的独特特性及其与实际环境条件的相互作用，可以用于设计非视距无线光通信系统[1]。在 FSO 通信系统中，为了降低光束衰减和功率需求，要尽量避免使用受大气粒子吸收严重的辐射波长。在发射波段上的背景辐射，特别是白天的太阳辐射，增加了通信系统的噪声，从而污染了有用信号。因此，需要通过窄接收视场（Field-Of-View，FOV）来获取必要的信噪比。到达地面的太阳辐射光谱很不均匀，200～280nm 附近光谱区域的太阳辐射几乎全部被高层大气中的臭氧所吸收。因此，在该波段范围内传输的 FSO 通信系统几乎不会受到背景噪声的影响，这就是“日盲紫外光”。在不增加接收机的背景噪声的情况下，可以使用大视场角接收更多的信号。工作在这个波段的地面光电探测器在探测背景辐射时可以近似为量子受限的光子计数检测。由于紫外光波长短，会产生与角度无关的严重散射（注意：散射效果与波长的四次方成反比，$\propto \lambda^{-4}$），从而使得发射机和接收机之间产生大量通信路径。因此，非视距通信可以在对接收端指向、获取和跟踪要求不高的情况下轻松地建立链路。然而，由于气溶胶和分子的吸收作用，该波段的传输距离仍然会受到辐射传输特性的限制。此外，由于大气的强衰减作用，超出范围的信号很难被拦截，这在战术应用上是有益的。非视距紫外光通信的应用范围很多，包括数据通信、监控传感器网络、无人值守地面传感器网络、城市地形环境中的小单元通信，以及无人机（Unmanned Aerial Vehicles，UAV）和地面终端之间的通信。

湍流效应对紫外 FSO 通信系统性能的影响比对长波段的影响更严重。这是因为湍流引起的光强起伏的对数振幅方差与波长的 $-7/6$ 次幂成正比，因此紫外波段的闪烁效应比长波段的强。在接收信噪比的计算中，应考虑不同传输距离下的湍流影响。

对于紫外光辐射，人们主要关心人眼和皮肤的安全问题。国际非电离辐射保护委员会（International Commission on Non-Ionizing Radiation Protection，ICNIRP）和国际电工委员会（International Electrotechnical Commission，IEC）规定了紫外线辐射功率的安全限制。270nm 紫外光允许的连续暴露级别不超过 3mJ/（cm^3·s），而对 200nm 的紫外光而言该值增加到 100mJ/（cm^3·s），280nm 为 3.4mJ/（cm^3·s）[2,3]。

5.3 非视距 FSO 通信配置、紫外光源和探测技术

图 5.1 简要给出了 3 种典型的系统配置：情况（a）是一种完全非视距的模

式，对发射器和接收器的定位要求最低；情况（b）需要中等带宽；情况（c）需要更大的带宽。

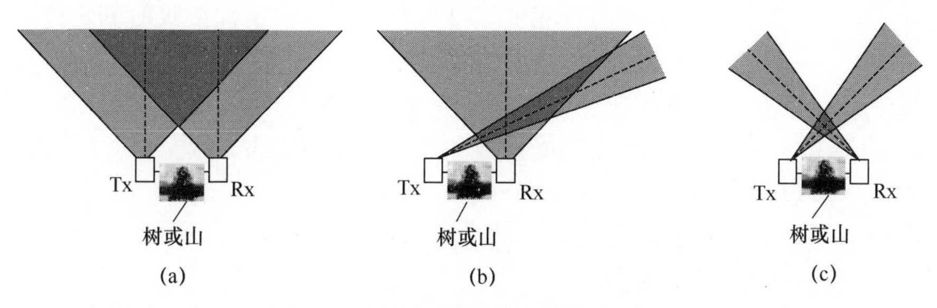

图 5.1　非视距通信系统配置示意图

为了设计一种可以在太阳背景辐射下工作的有效的紫外通信收发机，紫外光源、高灵敏度增益的日盲紫外探测器和抑制带外噪声辐射的窄带滤光片等都是必不可少的。半导体紫外光源是一种极具潜力的低成本、小尺寸、低功耗、高可靠性和高带宽的光源。目前最先进的商用深紫外 LED 的峰值波长为 247 ~ 365nm、光谱宽度小于 20nm。单只紫外 LED 通常消耗 150mW 电功率，辐射出平均 1mW 光功率。可以在滨松公司和珀金埃尔默公司买到 PMT 和 APD 探测器，现有的 PMT 产品可以达到 10^5 ~ 10^7 的高增益、62A/W 的高响应度、几平方厘米的探测器面积、$\eta = 15\%$ 的量子效率、几赫兹的低暗计数率以及 0.1nA/cm^2 的低暗电流[4]。使用日盲窄带滤光片，由于其带外噪声抑制比提高了约 10^8，使得这种 PMT 即使在有背景辐射的条件下，都可以探测很微弱的信号，甚至可以达到单光子计数分辨率[4]。基于 GaN 的深紫外日盲 APD 探测器，响应度为 0.15A/W，增益为 10^4，暗电流为 100nA/cm^2。基于 SiC 的其他类型的 APD 探测器的增益可达到 10^3，暗电流为 64nA/cm^2，量子效率为 45%，且具有单光子灵敏度。最近的一些其他深紫外 APD 的研究进展包括中心波长为 280nm 的紫外光 APD 阵列，它具有 10^6 的有效盖革增益，1cm^2 的有效孔径，高达 60°的大视场角，暗计数率低于 10kHz，日光抑制比超过 10^6[4]。

5.3.1　非视距紫外散射信道模型

在设计非视距紫外光通信系统之前，首先需要掌握散射信道的特性。根据经典的 Mie 散射理论，可以建立单散射和多散射大气信道模型。一般来说，单散射适用于光子传播路径较短的情况，而多散射则适用于传播路径较长的情况。

参数化的单散射解析模型：非视距单散射模型适用于短距离通信信道[5]，该模型假设紫外光只经过一次粒子散射。图 5.2 给出了具有发射器和接收器配置的非视距系统的几何结构。为了描述单散射模型，采用图 5.3 所示的椭球坐标系。空间中的一点由 3 个坐标定义：径向坐标 ξ、角坐标 η 和方位角坐标 Φ。两个焦点到给定椭球面 ξ 上任意一点的距离和为一常数。首先定义下列参数。

Ω_t ——发射机（Tx）光锥立体角；

R——发射机（Tx）和接收机（Rx）之间的距离；

r_1，r_2 ——发射视场和接收视场交叉部分分别到发射机和接收机的距离；

θ_1，θ_2 ——半发射束散角和半接收视场角；

β_1，β_2 ——发射和接收视场轴线与水平线的夹角，即发射和接收仰角；

k_e，k_s，k_a ——传输媒介的消光系数、散射系数和吸收系数，$k_e = k_s + k_a$；

θ_s ——散射角；

A_r ——接收孔径面积；

$p(\theta)$ ——单次散射相函数。

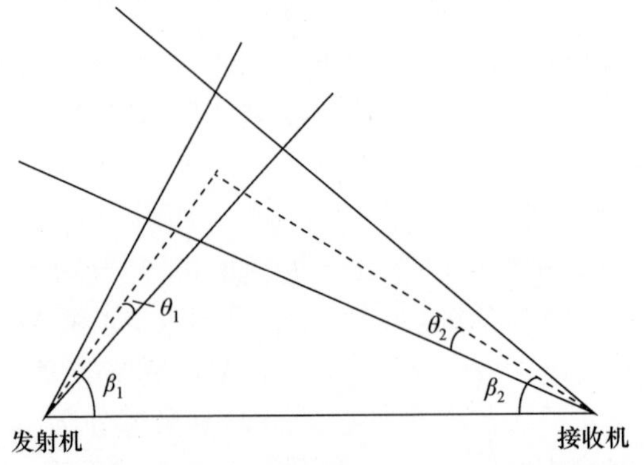

图 5.2　非视距 FSO 通信系统几何模型（转载自 SPIE，2008[6]）

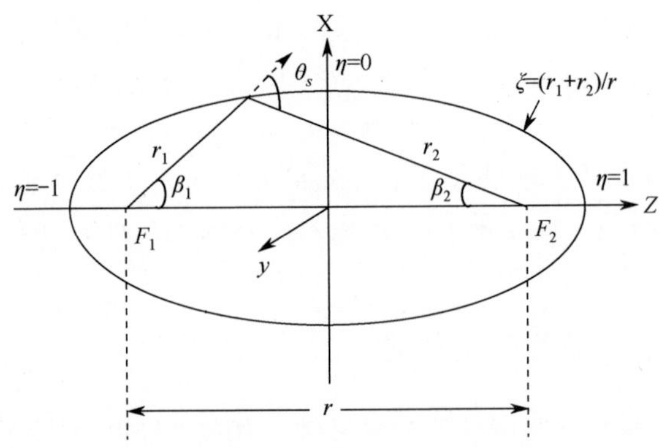

图 5.3　描述单散射模型的椭球坐标系几何结构（转载自 SPIE，2008[6]）

假设在 $t=0$ 时刻，一个能量为 Q_t 的脉冲经 Tx 发射圆锥角发射，经过各向同性介质的散射和吸收后，在 t 时刻的单散射接收能量为

$$h(t) = \frac{Q_t A_r T_{\text{of}} c k_s \exp(-k_e ct)}{2\pi\Omega_t r^2} \times \int_{\eta_1\left(\frac{ct}{r}\right)}^{\eta_2\left(\frac{ct}{r}\right)} \frac{2G\left[\Phi\left(\frac{ct}{r},\eta\right)p(\theta_s)\right]}{\left(\frac{ct}{r}\right)^2 - \eta^2} \tag{5-1}$$

式中：$h(t)$ 为散射信道的脉冲响应；$Q_t = 4\pi \sin^2\left(\frac{\theta_t}{2}\right)$，为发射机圆锥角；$c$ 为光速；T_{of} 为光学滤光片的透射率；$\eta_1\left(\frac{ct}{r}\right)$、$\eta_2\left(\frac{ct}{r}\right)$、$G\left[\Phi\left(\frac{ct}{r},\eta\right)\right]$ 与散射体的积分边界有关，取决于光散射信道的几何结构，文献［5］给出了函数 $G[\cdot]$ 的定义。探测器接收能量可通过对式（5-1）在时间上进行积分得到，路径损耗即为接收能量与发射能量的比。接收器接收的总能量可由下式在时间区间内的积分得到：

$$E_r = \int_{t_{\min}}^{t_{\max}} h(t)\,\mathrm{d}t \tag{5-2}$$

对于参数化建模，选择 Gamma 函数及其修正函数作为脉冲响应的匹配函数。根据文献［8］的步骤，文献［6］给出了两个拟合模型：

$$h_g(t) = \lambda \frac{\beta^{-\alpha}}{\Gamma(\alpha)} t^{\alpha-1} \mathrm{e}^{-t/\beta} \tag{5-3}$$

$$h_{gl}(t) = \lambda \frac{\beta^{-\alpha}}{\Gamma(\alpha)} t^{\alpha-1} \mathrm{e}^{-t/\beta} \sum\nolimits_0^N c_n L_n(t), \quad L_n(t) = \frac{\mathrm{e}^t}{n!} \frac{\mathrm{d}^n}{\mathrm{d}t^n}(\mathrm{e}^{-t} t^n) \tag{5-4}$$

式中：$\Gamma(\alpha)$ 为 Gamma 函数；$L_n(t)$ 为 n 阶拉盖尔多项式；λ 和 c_n 为标量元素。式（5-3）和式（5-4）的参数模型适用于拟合脉冲响应函数 $h(t)$。

多散射模型：利用基于光子跟踪的蒙特卡罗模拟方法，从脉冲响应、路径损耗和带宽等方面建立了多散射模型[9]。光子和大气成分的多次散射相互作用导致脉冲展宽，即增加了信道延迟展宽，这就限制了可用的通信信道带宽。当考虑多散射效应时，可以准确预测路径损耗。结果表明，当考虑多散射效应时，路径损耗会减少。为了评估非视距紫外 FSO 通信系统的性能，为了确定在特定信道条件下能够达到的最大通信距离，在较长的传输路径下考虑多散射效应的影响是至关重要的。同时考虑瑞利散射和 Mie 散射，采用蒙特卡罗仿真模型，以正确的概率模型和随机参数来跟踪光子的运动。根据光源强度分布产生大量的光源光子。每个光子的迁移路径是由随机模型递归确定的，每一步都要从当前光子位置找到散射方向和步长。这里只考虑由系统光学结构所定义的几何边界范围内的光子，如果光子的生存概率变得太小，或者光子移动出了有限空间，使其无法到达接收机视场内，则递归终止，只有能到达接收机的路径长度才会导致传播延迟。重复这个过程多个光子，以及它们的总到达概率（这些都是时间的函数），可以确定期望的接收信号光强度，对应于信道脉冲响应，即多散射 $h(t)$。脉冲响应的倒数提供了非视距通信系统可达带宽的信息。在一定的通信距离、仰角、发射带宽、接收视场角条件下，可以使用多散射信道的时间脉冲响应来精确地设计通信系统。

一个发射源光子移动距离 Δs 到一个新的位置，会受到一定概率的散射或吸收。在初始生存概率下，每个光子不断地移动，直到到达接收机或产生脉冲，或其生存概率小于阈值到达停止条件而死亡。当应用于大量光子时，只有到达接收

机的幸存光子才会产生平均脉冲（接收强度）。光子经过 n 次散射后到达接收机视场的概率为[9]

$$p_{1n} = \int_{\Omega n} P(\cos\theta)\delta\Omega \tag{5-5}$$

式中：Ω_n 为沿着散射方向，可以通过接收孔径面积 S_r 看到的立体角；$P(\cdot)$ 为散射相函数。因此，互补概率 $(1 - p_{1n})$ 就是光子到达接收器视场外的概率。接下来考虑光子的能量损失模型。如果 r_{n-1} 是光子第 $n-1$ 次散射的中心位置，第 n 次散射的中心位置为 r_n。传播距离 $|r_n - r_{n-1}|$ 由随机变量 $\Delta s = -\frac{\ln\zeta^{(s)}}{k_s}$ 给出（$\xi^{(s)}$ 是 0 ~ 1 之间的均匀随机变量，k_s 是由瑞利散射和 Mie 散射引起的总散射系数）。信道吸收所引起的光子能量损失为 $e^{-k_\alpha|r_n - r_{n-1}|}$，其中 k_α 是介质的吸收系数。当光子位于第 n 次散射中心位置时，光子的生存概率会由于能量损失而减小，变为

$$w_n = (1 - p_{1n})e^{-k_\alpha|r_n - r_{n-1}|}w_{n-1} \tag{5-6}$$

光子成功到达接收机的概率为[9]

$$P_n = w_n p_{1n} p_{2n} \tag{5-7}$$

p_{2n} 表示从 n 次散射中心位置到达接收机的传播损失：

$$p_{2n} = e^{-k_e|r_n - r'|} \tag{5-8}$$

式中：$\boldsymbol{r}'$ 为接收机位置矢量；k_e 为包括散射和吸收的总的路径损耗。则信道脉冲响应可以由光子迁移路径中得到，由 d_n/c 给出，其中 d_n 是累积传播距离，c 是光速。如果光子经历 N 次散射作用，那么会有一个概率集 $(P_1, P_2, \cdots, P_N)$ 和对应于每次散射间隔传播时间集。概率相加得到平均脉冲响应，概率随时间的变化代表了所有光子的信道响应。当用所有光子的总能量归一化后，就得到了发射脉冲的脉冲响应。由发射光子能量与接收光子能量的比值得到平均路径损耗，该比值是评价接收端信噪比、预测通信系统的误比特率（BER）的重要参数。一个光子的总到达概率代表了接收机能探测到的光子能量的百分比：

$$P = \sum_{n=1}^{N} P_n = \sum_{n=1}^{N} w_n p_{1n} p_{2n} \tag{5-9}$$

路径损耗可以记为 $1/P$。

非视距紫外散射信道的湍流模型：上述讨论中并未涉及散射模型的湍流效应。随着通信距离的增加，湍流效应变得明显，不可避免地对系统性能造成额外的损害。已有文献给出了非视距紫外散射信道中，具有对数正态概率密度分布的湍流信道下的平均信噪比和误比特率结果。感兴趣的读者可以查阅文献［10］获取更详细的描述。

5.3.2 基于散射的非视距通信性能分析

接收光功率和噪声方差：图 5.2 所示的非视距光散射信道可以看成是一个线

性的时不变系统。假设在 $t=0$ 时刻信号脉冲在发射立体角上均匀发射，定义 $P_t(t)$ 为发射光功率。信号光子在传输介质中受到散射和吸收的影响，其中一部分光子依据 5.3.1 节光散射模型规律到达接收机，则接收的光功率可以表达为

$$P_r = \int_{-\infty}^{\infty} P_t(\tau)h(t-\tau)\mathrm{d}\tau \tag{5-10}$$

$h(t)$ 为式（5-1）给出的当其发射和接收锥体共面时的信道脉冲响应。接收的背景辐射可由下式计算[11]：

$$P_{\mathrm{bg}} = H_{\mathrm{bg}} A_r \Omega_r T_{\mathrm{of}} B_{\mathrm{of}} \tag{5-11}$$

式中：H_{bg} 为背景光辐射；Ω_r 为接收视场角；B_{of} 为滤光片带宽。

接收光脉冲 P_r 的在开、关信号时的光电流分别表示为

$$\text{开}: I_1 = RG(P_r + P_{\mathrm{bg}}) + I_{\mathrm{dc}} \tag{5-12}$$

$$\text{关}: I_0 = RGP_{\mathrm{bg}} + I_{\mathrm{dc}} \tag{5-13}$$

式中：R 为 PMT 的阴极响应；G 为增益；I_{dc} 为暗电流。

探测器的散粒噪声方差为[12]

$$\sigma_s^2 = 2qG^2FRP_rB \tag{5-14}$$

式中：q 为电子电荷；F 为 PMT 的过剩噪声系数；B 为电带宽。

背景噪声方差为

$$\sigma_{\mathrm{bg}}^2 = 2qG^2FRP_{\mathrm{bg}}B \tag{5-15}$$

暗电流噪声方差为

$$\sigma_{\mathrm{dc}}^2 = 2qI_{\mathrm{dc}}B \tag{5-16}$$

此外，热噪声方差可表示为

$$\sigma_{\mathrm{th}}^2 = \frac{4K_bT_0F_iB}{R_L} \tag{5-17}$$

式中：K_b 为玻耳兹曼常数；T_0 为绝对温度；F_i 为噪声系数；R_L 为负载电阻。

一个接收光信号脉冲的总方差为

$$\sigma_1^2 = \sigma_s^2 + \sigma_{\mathrm{bg}}^2 + \sigma_{\mathrm{dc}}^2 + \sigma_{\mathrm{th}}^2 \tag{5-18}$$

无脉冲电流起伏时的总方差为

$$\sigma_0^2 = \sigma_{\mathrm{bg}}^2 + \sigma_{\mathrm{dc}}^2 + \sigma_{\mathrm{th}}^2 \tag{5-19}$$

系统误比特率：考虑 OOK 和 PPM 两种调制方式下的系统误比特率。

采用匹配滤波器和最佳门限的 OOK 系统的误比特率计算公式为[12]

$$\mathrm{BER}_{\mathrm{OOK}} = \frac{1}{2}\mathrm{erfc} \cdot \left(\frac{1}{\sqrt{2}} \frac{RGP_r}{\left(\left[qG^2FR(P_r + P_{\mathrm{bg}})R_b + qI_{\mathrm{dc}}R_b + \frac{2K_bT_0F_iR_b}{R_L} \right]^{\frac{1}{2}} + \left[q(G^2FRP_{\mathrm{bg}} + I_{\mathrm{dc}})R_b + \frac{2K_bT_0F_iR_b}{R_L} \right]^{\frac{1}{2}} \right)} \right) \tag{5-20}$$

式中：erfc 为互补误差函数；R_b 为比特率，$R_b = 1/T_b$，T_b 为比特持续时间。为了

简便起见，脉冲形状可以选择为矩形。

对于 PPM 调制，由几比特位所组成的输入码字由一帧内的脉冲位置来表示，帧持续时间为 T_f，这个帧被分成 L 个持续时间为 T_s 的间隙，只有其中一个间隙内包含光脉冲。L – PPM 的比特率 $R_b = \log_2 L/T_f$。最大似然 PPM 解调器将每一帧的脉冲位置分配给滤波输出能量最大处。

高斯噪声下 PPM 调制系统的误比特率为[12]

$$\mathrm{BER_{PPM}} = \frac{L}{4}\mathrm{erfc}\left(\sqrt{\frac{\log_2 L}{2L}}\frac{RGP_r}{\left(\left[qG^2FR(P_r + 2P_{\mathrm{bg}})R_b + 2qI_{\mathrm{dc}}R_b + \frac{4K_bT_0F_iR_b}{R_L}\right]\right)}\right) \tag{5-21}$$

存在大气湍流时非视距散射通信的误比特率：存在大气湍流时，用非视距紫外闪烁模型来预测误比特率。本节前面指出：接收机的信噪比取决于由散射介质和大气湍流引起的信号方差和路径损耗。对于图 5.1 所示的非视距紫外几何结构，如果将大气湍流也作为接收信号的影响因素之一，假设发射波束足够小，则可以对交叉部分进行近似分析，且交叉部分的闪烁可以认为是固定不变的。引入大气湍流后，交叉部分的到达功率服从对数正态概率密度分布函数（PDF）：

$$f_x(x) = \frac{1}{x\sigma_x\sqrt{2\pi}}\exp\left(-\frac{\left(\frac{\ln x}{E[x]} + \frac{1}{2}\sigma_x^2\right)}{2\sigma_x^2}\right) \tag{5-22}$$

式中：x 为交叉部分的功率水平；σ_x^2 为闪烁指数。

接收端的条件到达功率为[10]

$$f_y(y|x) = \frac{1}{y\sigma_y\sqrt{2\pi}}\exp\left(-\frac{\left(\frac{\ln y}{E[y|x]} + \frac{1}{2}\sigma_y^2\right)}{2\sigma_y^2}\right) \tag{5-23}$$

式中：$E[y|x] = x \cdot \frac{A_r\mathrm{e}^{-k_s r_2}}{r_2^2}$，为固定的非视距几何结构；$A_r$ 为接收器面积；σ_y^2 为闪烁指数。

x 和 y 的联合概率密度函数可以由下式表示：

$$f_{x,y}(x,y) = f_y(y|x)f_x(x) \tag{5-24}$$

因此，可以得到 y 的概率密度函数：

$$f_y(y) = \int f_{x,y}(x,y)\,\mathrm{d}x \tag{5-25}$$

接收端的接收信号会由于交叉部分的湍流效应而引入噪声。非视距紫外通信系统的误比特率取决于调制方式、探测器种类、发射功率、路径损耗、闪烁数据速率和噪声等因素。假设在 OOK 调制、直接检测方式下，分析存在大气湍流时非视距紫外通信系统的误比特率性能。平均信噪比为[13]

$$\langle \mathrm{SNR}_{T,\mathrm{NLOS}} \rangle = \frac{\mathrm{SNR}_{0,\mathrm{NLOS}}}{\sqrt{\left(\frac{P_{r0}}{\langle P_r \rangle}\right) + \sigma_y^2 \mathrm{SNR}_{0,\mathrm{NLOS}}}} \tag{5-26}$$

式中：P_{r0} 为无湍流时的接收光功率；$\langle P_r \rangle$ 为有湍流时的平均接收光功率；$\mathrm{SNR}_{0,\mathrm{NLOS}}$ 为非视距通信链路在无湍流条件下的信噪比。可以假设 $P_{r0} \approx \langle P_r \rangle$，则 $\mathrm{SNR}_{0,\mathrm{NLOS}} = \sqrt{\frac{y_0}{\frac{2Rhc}{\lambda}}}$，其中 y_0 为无湍流时的接收功率，R 为通信数据速率，h 为普朗克常数，c 为光速，λ 为波长。湍流条件下的误比特率为[13]

$$\mathrm{BER}_{T,\mathrm{NLOS}} = \frac{1}{2}\int_0^{\infty} f_y(y)\,\mathrm{erfc}\left(\frac{\langle \mathrm{SNR}_{T,\mathrm{NLOS}} \rangle y}{2\sqrt{2}}\right)\mathrm{d}y \tag{5-27}$$

式中：erfc 为互补误差函数。

下面讨论非视距紫外通信的一些仿真和实验结果。图 5.4 给出了基于蒙特卡罗方法的单散射和多散射脉冲响应仿真结果。对比这两种模型可以发现：在单散射模型假设下，会减小传播时延扩展，降低接收光强[9]。该数值仿真结果是基于波长为 260nm 的 LED 光源，几何和模型仿真参数为 $(\Phi_1,\Phi_2,\theta_1,\theta_2) = (17°,30°,90°,90°)$，$r = 100\mathrm{m}$，当瑞利散射和米散射遵循一般的瑞利模型和一般的 Henyey-Greenstein 函数时，散射相函数的模型参数 λ、g 和 f 的取值分别为 $\gamma = 0.017$、$g = 0.72$、$f = 0.5$，接收面积为 $1.77\mathrm{cm}^2$。多散射模型展示出较高的接收光强和较长的持续时间。

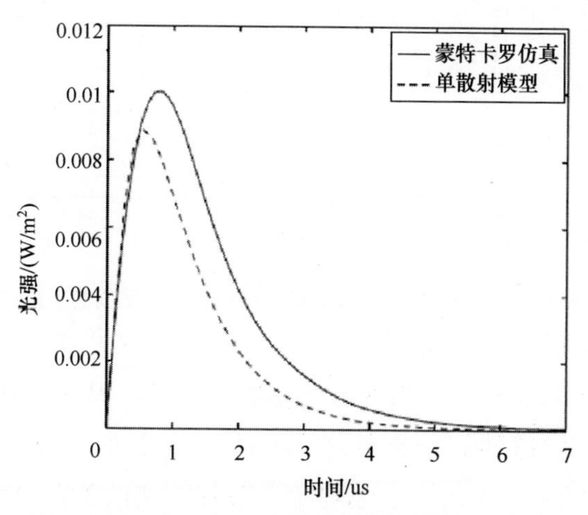

图 5.4　基于蒙特卡罗方法的单散射和多散射脉冲响应仿真图（转载自 IEEE，2009 [9]）

误比特率，LED。图 5.5 给出了高斯噪声下误比特率关于信噪比的实测值和理论估计值，采用中心波长为 250nm 的 LED 光源。当信噪比为 10dB 时，可以达到 10^{-2} 的误比特率；当信噪比增加到 15dB 时，误比特率低于 10^{-4}。图 5.6 给出了在通信距离为35m时，当发射仰角分别为30°,40°,50°,60°时，接收仰角对误比特率的影响。从图5.6可以看出，当发射仰角为30°，接收仰角从40°下降到20°时，误比特率从10^{-1}下降到约10^{-6}。

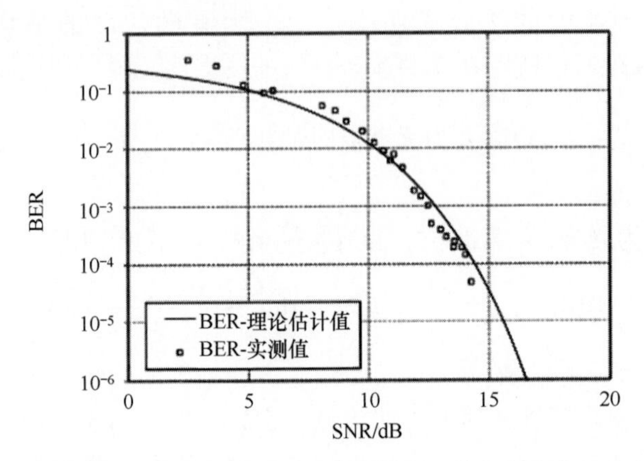

图5.5 中心波长为250nm的LED光源下的误比特率实测值和理论估计值
（转载自 The Optical Society of America，OSA，2008［4］）

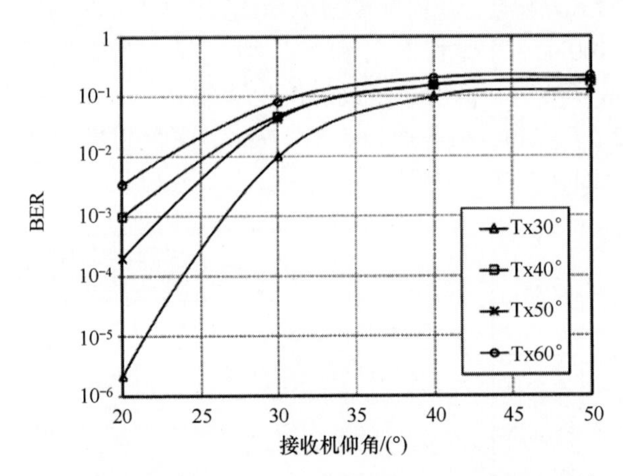

图5.6 不同发射仰角下，误比特率随接收仰角的变化情况
（转载自 The Optical Society of America. OSA，2008［4］）

已经有关于非视距紫外信道在大气湍流条件下的误比特率性能研究[10]。湍流非视距紫外通信链路的数据速率 $R=5\text{kb/s}$，角度 $\theta_1=\theta_2=30°$，湍流强度 $C_n^2=10^{-14}\text{m}^{-2/3}$。图5.7给出了误比特率与直线距离的关系曲线，可以看出：当视距直线距离增加时，误比特率性能严重降低，当直线距离从100m增加到1000m时，误比特率从2.84×10^{-4}增加到0.2466。因此远距离非视距紫外通信链路，需要考虑湍流的影响。文献［10］的计算表明：误比特率对大气湍流参数非常敏感，例如，当大气和几何参数分别为$(\theta_1,\theta_2)=(30°,30°)$，$r=100\text{m}$，

$C_n^2 = 10^{-16}\text{m}^{-2/3}$ 时，湍流对非视距紫外通信链路的影响就可能会很小。

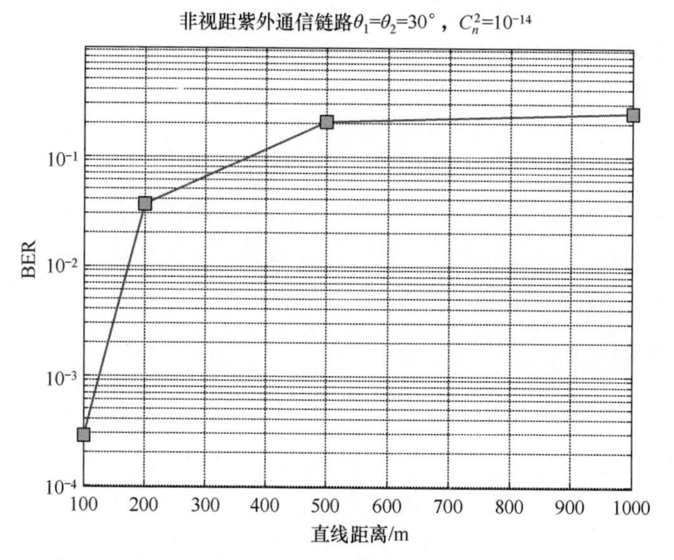

图 5.7　湍流强度 $C_n^2 = 10^{-14}\text{m}^{-2/3}$ 时，误比特率与直线距离的关系（转载自 SPIE，2011 [10]）

5.4　室内 FSO 通信

远距离 FSO 通信系统的设计和性能分析同样适用于室内光通信等近距离系统，但有一个明显的例外：大气损失对所有的室内通信系统都没有影响。因此，室内 FSO 通信系统的链路预算几乎完全由发射机发射功率、自由空间损失和接收机灵敏度所决定。

5.4.1　短距离系统

室内的点对点系统与室外系统在工作原理上没有区别。但在室内点对点系统的具体设计中还存在一些实际问题。它们必须满足第一类人眼安全要求，比如 LED 的数据速率一般限制为几 Mb/s。室内系统不需要任何室外系统所需要的防风雨措施，只需要在短距离内运行，从而节约成本。这种系统可用于将局域网（LAN）端口扩展到办公室里无网络端口的其他区域，或通过一个连接将走廊两个独立的办公室连接起来。

光学无绳电话系统采用宽发射光束而不是点对点系统的窄光束，具有很多吸引人的特征。其中一个重要的特征是：对于每一个由光学无绳电话基站所创建的“单元”，可以由单元内的尽可能多的用户共享。具有大单元（直径 10m 左右）的无绳电话系统可用于诸如图书馆、候诊室和医院病房等开放的办公场所和公共区域。为了实现大于几 Mb/s 的可靠数据传输，在基站和所有用户终端之间必须建立视距链路。较小的单元系统（1m 或更小）适用于单个用户的专用场景，如一个桌面。

散射系统利用光束的大角度辐射，也会被反射到诸如墙体、天花板、地板和房间的家具等物体表面上。基站和用户端之间的视距链路被扩展了，能够同时接收视距光和反射光。然而，相比于视距系统而言，散射系统的传输容量和可达到的数据速率会大大地降低。这是由于到达接收器的多径传输导致了脉冲展宽和码间干扰。散射系统理论上的容量取决于很多因素，如房间大小和几何结构、基站和用户端的位置和方向以及家具的结构和分布等。由于接收器的大视场角，环境光对通信信号的干扰限制了散射系统的数据传输能力。

5.4.2 室内链路结构

红外传输技术可以分为视距和非视距两类，这取决于它们是否需要在发射器和接收器之间建立定向链路以及方向性的程度，即光源发射角和接收视场角。最常见的两种结构就是定向视距系统和非定向非视距系统。非定向非视距系统一般又称为散射系统。图 5.8（a）和（b）给出了一些常见的室内链路结构。图 5.8（a）中，发射端（Tx）和接收端（Rx）处于视距传输模式，因此光束可以不经过反射而从发射端直接传输到接收端。在图 5.8（b）中，由于没有直接的视距路径，信号到达接收端之前要经过天花板和墙体的反射。这种结构称为是非视距、非定向、散射型的。图 5.9 给出了一个非视距、散射结构的例子，可以在不同的接收设备之间建立无线光局域网，从而利用这些设备现有的成像能力。一般来说，定向视距链路的路径损耗最小，功率效率最高，从而实现较高的传输速率。但是由于定向视距需要精确对准，因此不支持一对多和多对一的连接。非定向、非视距（散射）系统增强了对阴影的鲁棒性，并且允许用户有更高的可移动性，但这是以较低的传输速率为代价的。

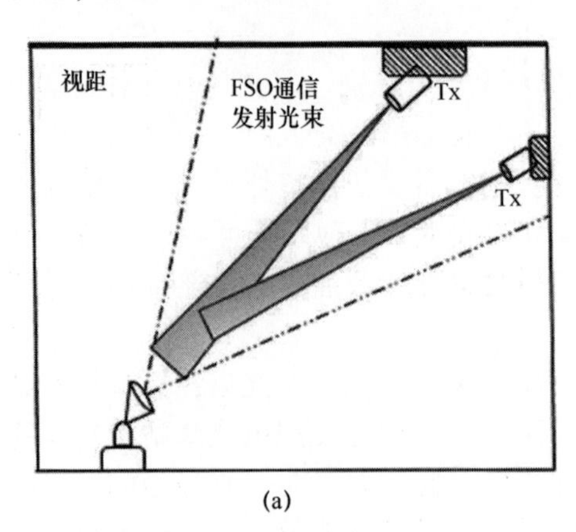

(a)

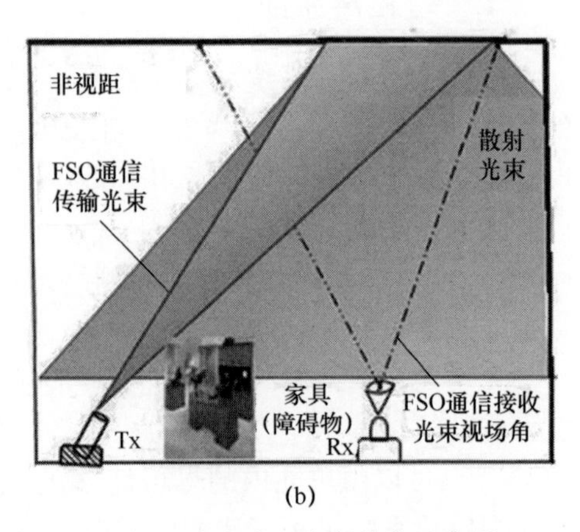

(b)

图 5.8 （a）视距室内链路结构示意图；（b）非视距、非定向、散射结构示意图

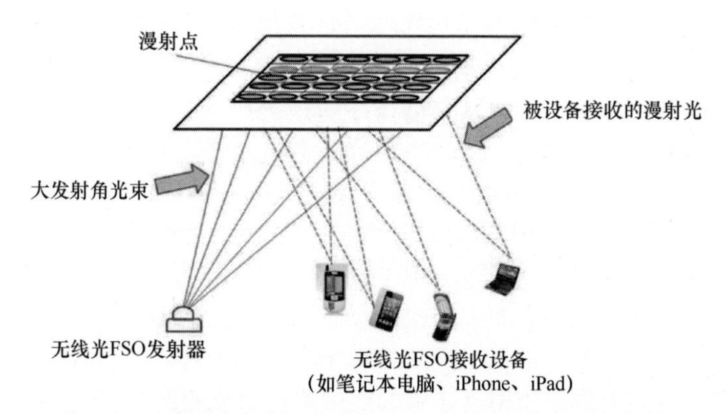

图5.9　可能的定向视距和非定向、非视距的室内链路结构

图5.9给出了使用多点散射的非视距、散射无线光局域网的结构示意图。

5.4.3　室内无线光通信系统

图5.10给出了室内无线光通信系统的框图。一个基本的室内通信系统由光源（发射器，LED或激光二极管（LD））、自由空间传输介质和探测器（APD或PIN（在半导体材料的p层和n层之间加入一个本征层——“i层”）二极管）组成。信息，通常以数字或者模拟信号的形式被输入到调制发射光源（LED或激光二极管，LD）的电路中。输出信号通过光学系统（通常是望远镜或其他光学器件）输出到自由空间传输介质中。接收信号被一个光学系统（用于滤除光噪声的滤光片、透镜或聚光器）所收集，并聚集到光信号探测器（PIN或APD）上，

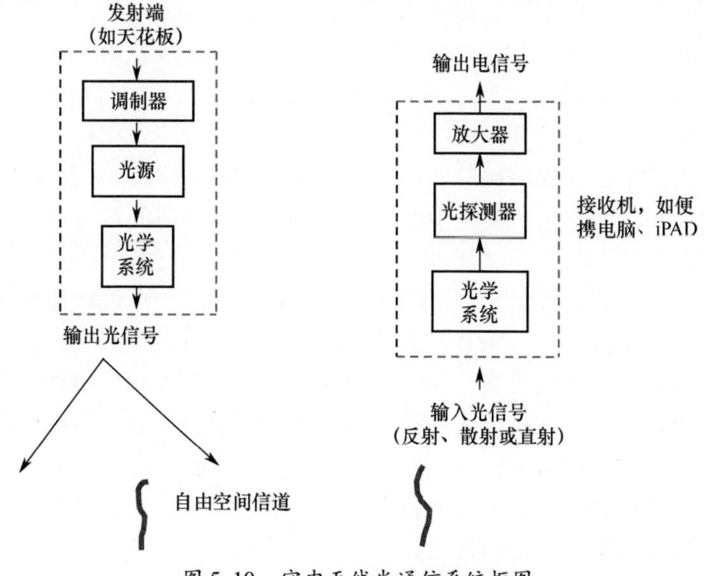

图5.10　室内无线光通信系统框图

随后到达信号处理电路。室内无线光通信系统最佳波长为 780 ~ 950nm，现有的低成本的 LED 和 LD 很容易获取。LED 阵列的发射功率比单个 LED 的高。由于发光二极管发光机理的限制，LED 的传输速率不能超过 100Mb/s，而 LD 可用于高达几 Gb/s 的数据传输。对于探测器而言，PIN 光电二极管由于成本低、工作电压要求低（相比于 APD）和较宽的工作温度范围而被广泛应用。系统通常采用强度调制/直接检测（IM/DD）方式来调制和探测。直接检测由 PIN 光电二极管或 APD 通过产生与入射光功率成比例的电流来实现。

传输介质：室内无线光通信的传输介质是自由空间，不受湍流、气溶胶散射、雾、云等环境因素的影响。室内无线光通信系统只会发生自由空间损耗和信号衰减。自由空间损失是指由于光束的衍射特性造成的部分发射功率丢失，而不被接收器孔径所捕获的现象。对于一个具有小发散角的点对点系统而言，自由空间损耗约为 20dB，而使用宽发射角的室内系统的自由损耗可能会达到 40dB 甚至更高[14]。

室内和室外无线光通信系统都存在信号衰落。衰落是由于接收器接收不同路径的信号而造成的。一些衰落干扰很严重（不同相），从而使接收信号功率严重降低。这类衰落称为多径信号衰落[15]。

传输技术：根据应用和系统需求，通过适当地选择发射器、接收器和光学元件，可以有几种可能的传输技术：定向辐射；漫散射辐射；准漫散射辐射。

在定向光辐射室内通信系统中，光束不经过任何反射而直接从发射机传输到接收机。链路两端使用具有高度指向性的固定发射机和接收机。这种红外传输技术具有最小的路径损耗和最大的功率效率，从而实现更高的传输速率。这种技术的主要缺点是：由于发射机和接收机是固定的，缺乏机动性，因此光束可能会被房间内的人和物体截断。在散射系统中，发射器向天花板发出大发散角光束，经过一次或多次反射后，信号到达接收机。发射机和接收机之间没有直线传输光束。接收器无需对准，最方便用户使用。然而，与直接传输相比，漫散射技术需要更高的发射功率、较大的接收视场，并且具有多径散射。由于多径散射效应，发射脉冲宽度到达接收机时会发生展宽，从而使得在较高的数据速率或者较大的单元系统中进行传输时会产生码间干扰[14]。在准散射技术中，一个覆盖范围较广的基站被安装在天花板上，由被动或主动反射镜组成。也可以建立基于多端口散射（Multisport Diffusing，MSD）的准散射链路。使用多个窄光束发射机和一个角度分集接收机，该接收机具有瞄准不同方向的几个窄视场探测器组成。与宽光束漫反射系统相比，这种系统受多径影响较小，以增加复杂度为代价实现了更低的路径损耗，发射功率需求低。

其他设计注意事项：在设计室内无线光通信系统时，还需要考虑一些其他的因素。下面将对其中一些进行讨论。

人眼安全：根据国际电工委员会（the International Electro-technical Commission，IEC）制定的人眼安全标准，将 LD 根据其总发射光功率分为 1、2、3A 和 3B 四个等级。对于室内系统，所有的发射器（LED 和 LD）在任何条件下都必须满足 1 级人眼安全要求，对于采用激光光源的系统，发射光功率不能超过 0.5mW。由计算机生成的全息图可以产生任意的辐射模式，并可以用作扩散器，把人眼视网膜上激光点的图像扩散到人眼安全的等级。

环境光干扰：来自荧光灯、日光和白炽灯的环境光是室内系统接收机的主要噪声源。由于光检测过程的随机性，环境光会导致散粒噪声，从而降低无线光通信系统的性能。因此，室内系统的设计应尽量减小来自环境光的散粒噪声。

调制技术：在所有的调制技术中，室内系统最常用的调制方案是 OOK 和 PPM。单载波脉冲调制技术能提供较高的平均功率效率。在硬件实现和集成方面，OOK 是最简单的调制方法之一。在 PPM 方案中，光脉冲在每个符号时间的 L 个间隙中的一个发出，被占据的间隙位置表示符号传递的位组合。在室内系统设计中，PPM 比 OOK 的复杂度更高，因为 PPM 接收机要求时隙和符号同步。有兴趣的读者可以参考文献［16］获取关于这些技术的更多技术细节。多副载波调制技术是无线光通信的另一种调制方式[17]。正交频分复用（Orthogonal Frequency Division Multiplexing，OFDM）可用于多副载波调制。在应用于并行数据传输的 OFDM 中，传送正交副载波可以获得较高的数据速率。利用频域信道估计方法可以方便地估计时变信道，从而实现自适应调制技术。将 OFDM 与任何多址方案相结合，是室内无线光通信应用中一种很有用的方式。对于 OFDM-IM/DD 的光学系统，最近应用的有两种方案：直流偏置（Direct Current，DC）光 OFDM（DCO-OFDM）和非对称限幅光 OFDM（Asymmetrically Clipped Optical OFDM，ACO-OFDM）。

多址技术：多址技术就是几个用户可以同时访问可用网络服务的方式。这种方式中，不同用户的信号可以占据相同的时隙、代码或载频。每个用户或每个房间使用一个光接入点（Optical Access Point，OAP）的单一单元拓扑和使用多个光接入点的空间复用的蜂窝拓扑，都属于室内系统拓扑结构。电复用技术（如时分多址 TDMA、频分多址 FDMA 或码分多址 CDMA）都可用于实现在单个房间的单一单元和蜂窝拓扑结构中的多址接入。对于光学多路复用技术，也可以使用波分多址（Wavelength-Division Multiple Access，WDMA）和空分多址（Space-Division Multiple Access，SDMA）。

可以使用多输入多输出技术（Multiple-Input Multiple-Output，MIMO）来实现高速率的室内通信系统。MIMO 结构可以通过多种方法来实现：使用并行单输入单输出（Single-Input Single-Output，SISO）链路的 MIMO、使用空分复用技术的 MIMO 和使用空间调制的 MIMO[20]。

5.4.4　室内无线光通信的传输模型

室内信道的准确描述对于预测室内无线光链路的性能极限和设计问题是至关

重要的 。这可以通过估计室内信道的脉冲响应这个重要参数来实现。为了估计室内通信系统的性能，需要计算给定发射光功率下的接收光功率和噪声方差。室内信道可以认为是一种线性时不变系统。假设信道脉冲在 $t=0$ 时刻从发射圆锥角内均匀地发射出，$P_t(t)$ 表示发射信号光功率。信号光子在室内介质中经过自由空间损耗后，部分到达接收机。接收信号光功率可以表示为

$$P_r = \int_{-\infty}^{\infty} P_t(\tau) h(t-\tau) \mathrm{d}\tau \tag{5-28}$$

式中：$h(t)$ 为室内信道的脉冲响应。

接收机的总噪声由探测器噪声和环境噪声引起。因此，如果已知输入发射功率和室内信道的脉冲响应，就可以计算出信噪比。下面简要描述基于位置迭代算法的信道脉冲响应估计。

使用该方法可以对多个发射机和接收机位置的信道同时进行评估。为了准确评估遮挡效应，室内环境的几何模型应该包括人、家具和隔断。假设一个或多个发射机和接收机放置在具有障碍物的反射环境中。在光学频段，大多数建筑表面是不透明的，限制了光向发射机所处房间的传播，且来自不同表面的反射光波是漫射反射而不是镜面反射（比如一面镜子）。图 5. 11 （a） 给出了单个发射机和单个接收机位于一个具有反射环境的房间内时的几何模型。图 5. 11 （b） 给出了将所有发射源和接收机建模为一组矩形框站点环境的方式。这种站点建模方式可以是一个单独的房间或整个建筑物。考虑在一个房间内放置单个发射机和单个接收机的几何结构。发射器或光源 S_j 可以是 LED 或 LD，使用 IM 方式发射一个信号 $X_j(t)$ 。假设一组响应度为 r 的光电二极管接收机，采用 DD 方式进行接收。

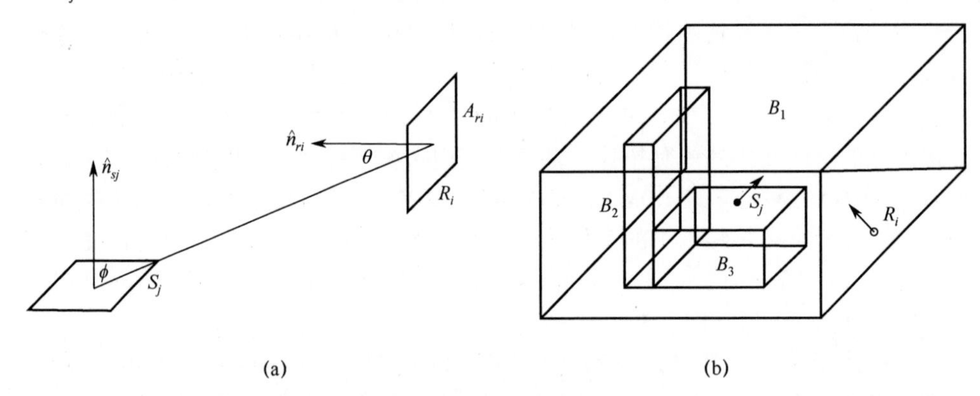

图 5. 11 （a） 一个房间内单个发射源和单个接收器链路的几何结构；（b） 包含所有发射源和接收器的站点模型环境（转载自 IEE Proceedings-Optoelectronics （the journal of IET Optoelectronics，之前称为 IEE Proceedings-Optoelectronics），11/2003 [21]）

假设光源为 S_j 时，接收器 R_i 接收到的信号为 $Y_{ij}(t)$ 。光电二极管的输出电流为

$$Y_{ij}(t) = rX_j(t) * h_{ij}(t) + N_i(t) \tag{5-29}$$

式中：* 为卷积；$h_{ij}(t)$ 为光源 S_j 和接收器 R_i 之间的信道脉冲响应；$N_i(t)$ 为接收机噪声。由于脉冲响应是光源、接收机和环境特性的函数，一般将其表示为 $h_E(t;S_j;R_i)$ 。

如果使用多个发射器，接收器 R_i 的接收信号可以表示为

$$Y_{ij}(t) = \sum_{j=1}^{J} (rX_j(t) * h_{ij}(t)) + N_i(t) \tag{5-30}$$

发射信号可能会携带相同或不同的信息序列。多个接收机所接收的信号可以表示为[21]

$$Y(t) = \sum_{i=1}^{I} \alpha_i Y_{ij}(t - \tau_i) \tag{5-31}$$

式中：α_i 为每个 i 的常数因子。光源 S_j 可以用位置矢量 $\boldsymbol{r}_{si}$ 、方向矢量 $\hat{\boldsymbol{\eta}}_{si}$ 和辐射朗伯体强度图样 $T(\Phi)$ 来描述。n 阶辐射图样可以表示为

$$T(\Phi) = \frac{n+1}{2\pi}\cos^n(\Phi) \tag{5-32}$$

接收机 R_i 可以由位置矢量 $\boldsymbol{r}_{ri}$ 、方向矢量 $\hat{\boldsymbol{\eta}}_{ri}$ 、光采集面积 A_{ri} 、入射角度 θ 的有效面积 $A_i(\theta) = A_{ri}g_i(\theta)$ 来描述，其中接收机增益函数 $g_i(\theta)$ 取决于 θ 。对于单个光电二极管，其典型模型为

$$g_i(\theta) = \cos\theta$$

环境 E 的建模方式为：房间里每个面 F_i 都作为反射率为 ρ_{F_i} 的扩散反射面（朗伯体）。

文献［22］描述了计算脉冲响应的基本方法，脉冲响应 $h_E(t;S_j;R_i)$ 可以分解为若干反射之和[21]：

$$h_E(t;S_j;R_i) = \sum_{k=0}^{\infty} h_E^{(k)}(t;S_j;R_i) \tag{5-33}$$

式中：$h_E^{(k)}(t;S_j;R_i)$ 为信号从光源 S_j 到接收机 R_i 的路径上经过 k 次反射后的脉冲响应。

视距脉冲响应（即 $k=0$，无反射）为[21]

$$h_E^{(0)}(t;S_j;R_i) = V(\boldsymbol{r}_{sj},\boldsymbol{r}_{ri},E)T(\Phi_{ij})\left(\frac{A_{ri}g(\theta_{ij})}{D_{ij}^2}\right)\delta(t - D_{ij}/c) \tag{5-34}$$

式中：距离 $D_{ij} = |\boldsymbol{r}_{sj} - \boldsymbol{r}_{ri}|$ ，为光源和接收机之间的距离。当在 S_j 和 R_i 之间的视距路径上没有障碍物时，能见度函数 $V(\boldsymbol{r}_{sj},\boldsymbol{r}_{ri},E)$ 为1，否则为0。

如果只考虑前 M 次反射，则脉冲响应为

$$h_E(t;S_j;R_i) \approx \sum_{k=0}^{M} h_E^{(k)}(t;S_j;R_i) \tag{5-35}$$

上述脉冲响应 $h_E^{(k)}(t;S_j;R_i)$ 可以近似为

$$h_E^{(k)}(t;S_j;R_i) \approx \sum_{n=1}^{N} \rho_{\varepsilon_n^r} h_E^{(k-1)}(t;S_j;\varepsilon_n^r) * h_E^{(0)}(t;\varepsilon_n^s;R_i) \qquad (5\text{-}36)$$

式中：ρ 为表面反射函数；ε_n^r 和 ε_n^s 分别为第 n 个接收机和发射机元素。

通过将式（5-36）的 k 次反射的脉冲响应 $h_E^{(k)}(t;S_j;R_i)$ 带入式（5-33），可以得到整个脉冲响应函数的估计。详细的公式推导可以参考文献［21］。图 5.12 给出了视距链路和非视距链路下室内信道的典型脉冲响应，可以明显看出非视距情况下的脉冲展宽。对于空房间，可以计算出合理准确的脉冲响应。例如，考虑最多两次反射的情况，包括：视距路径，所有表面的一次反射和二次反射三种情况。要想对漫散射 FSO 信道进行描述和建模，用信道增益（即接收功率和发射功率的比值）和信道引起的均方根（Root-Mean-Square，RMS）延迟扩展就足够了。图 5.12 定性地比较了视距链路和非视距链路的无线光通信脉冲响应。据报道：平均 RMS 会随着距离的增加而扩展，非视距链路取值在 4 ~ 7ns 之间，视距链路能达到 3ns[21]。

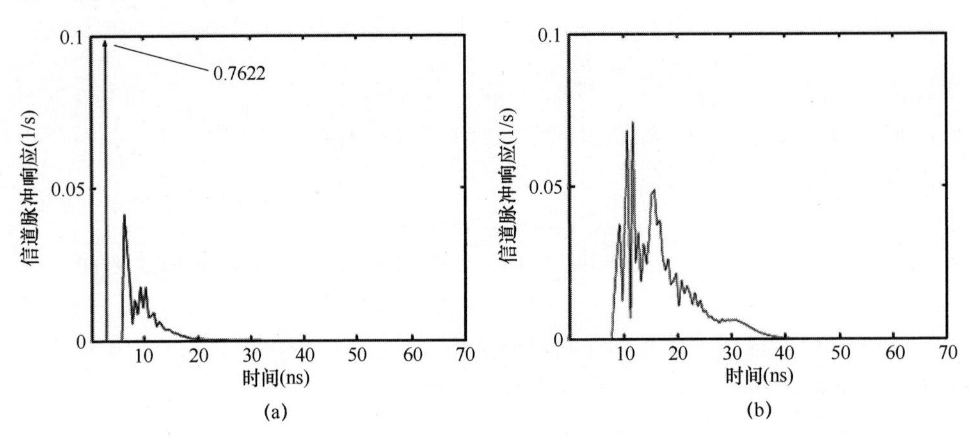

图 5.12　室内信道的脉冲响应

（a）视距链路；（b）非视距链路。

（转载自 IEE Proceedings-Optoelectronics.（the journal of IET Optoelectronics，以前称为 IEE Proceedings Optoelectronics），11/2003［21］）

一旦估计出脉冲响应函数，就可以根据式（5-28）计算出室内通信系统的接收光功率和信噪比。当假设接收机噪声为高斯噪声和环境噪声时，也可以计算出 IM/DD 方式下的误比特率。

5.4.5　室内无线光通信的最新研究进展

已有研究报道了红外多点散射结构通信[23]，进行了关于发射机和接收机光学前端光束整形光学元件制作的初步实验。发射端和接收端都使用全息光学元件时，可以使路径损耗减小超过 6dB，从而能使信噪比至少增加了 11dB，显著地增加系统的功率余量。

光源是室内无线光通信方面的最新研究热点之一。例如，最新使用白光LED（White LED，WLED）的可见光通信（Visible Light Communications，VLC）技术是由固态照明的WLED技术的进步推动的。这种类型的LED在无线光数据通信中具有巨大的潜力。WLED可以分为两类：三色和蓝光LED。已有关于数据速率高达400Mb/s的三色LED的仿真报道[24]。有研究指出了使用WLED的室内通信存在的挑战和可能性[25]。有研究报道了基于经典OFDM调制的改进方式的、采用蓝光LED的、数据速率高达500Mb/s的可见光系统[26]。根据标准，室内照明满足最小等级需要，能够产生高的信噪比（整个房间>60dB），因此VLC不需要全光强度。因此，利用VLC可以满足室内光通信系统对误比特率的要求。另外还有研究报道了基于人工神经网络（Artificial Neural Network，ANN）信道均衡的、PPM调制方式下的非视距室内光通信系统的误比特率性能[27]。其信道均衡是通过训练多层感知人工神经网络来实现。其研究结果表明：对于一个强散射信道而言，当数据速率为155Mb/s，采用16-PPM调制方式下，要求误比特率为10^{-5}时，采用基于ANN的信道均衡技术对信噪比的需求比非均衡的软译码情况低10dB。神经网络均衡是一种消除码间干扰的有效方式。有报道提出了一种适用于传感器网络的室内高宽带无线光链路[28]，演示了室内无线光链路在无码间干扰时具有1Gb/s，甚至更高的传输能力。因此，可以开发宽带基础设施，用于传感器节点之间进行高质量的视听数据通信。

参考文献

1. D.M.Riley，D.T.Moriarty，J.A.Maynard，Unique properties of solar blind ultraviolet communication systems for unattended ground sensor networks，Proc.SPIE，5611，pp.244－254（2004）
2. International Electrotechnical Commission（IEC），IEC 60825－12：Safety of Laser Products Part 12：Safety of Free Space Optical Communication Systems Used for Transmission of Information，（2005）
3. International Commission on Non-Ionizing Radiation Protection（ICNIRP）：Guidance on Limits of Exposure to Ultraviolet Radiation of Wavelengths between 180 nm and 400 nm（Incoherent Optical Radiation），initially published in Health Physics 49：331－340，1985；amended in Health Physics 56：971－972，1989；reconfirmed by ICNIRP in Health Physics 71：978，1996；republished in Health Physics87（2）：171－186（2004）
4. G.Chen，F.Abou-Gelala，Z.Xu，B.M.Sadler，Experimental evaluation of LED-based solar blind NLOS communication links，Optics Express，16（19），15059－15068（2008）
5. M.R.Luettgen，J.H.Shapiro，D.M.Riley，Non-line-of-sight single-scatter propagation model，J.Opt. Soc.Am A，8（12），1964－1972（1991）
6. H.Ding，G.Chen，A.K.Majumdar，Z.Xu，A parametric single scattering channel model for non-

line-of-sight ultraviolet communications, Proc.SPIE, 7091, (2008)

7. T.Feng, F.Xiong, G.Chen, Z.Fang, Effects of atmospheric visibility in performances of nonline-sight ultraviolet communication systems, Optik119, pp.612 – 617, (2008)
8. A.K.Majumdar, C.E.Luna, P.S.Idell, Reconstruction of probability density function of intensity fluctuations relevant to free-space laser communications through atmospheric turbulence, Proc.SPIE, 6709, pp.1 – 15, (2007)
9. H.Ding, G.Chen, A.K.Majumdar, B.M.Sadler, Z.Xu, Modeling of Non-Line-of-Sight Ultraviolet Scattering Channels for Communication, IEEE Journal on Selected Areas in Communications, 27 (9), 1535 – 1544, (2009)
10. H.Ding, G.Chen, A.K.Majumdar, B.M.Sadler, Z.Xu, Turbulence modeling for non-line-of sight ultraviolet scattering channels, Proc.SPIE, 8038, 8038OJ, (2011)
11. N.S.Kopeika, J.Bordogna, Background noise in optical communication systems, Proc.IEEE, 58, pp.1571 – 1577, (1970)
12. J.H.Franz, V.K.Jain, Optical communication components and systems.(Narosa, India, 2002)
13. L.C.Andrews, R.L.Phillips, Laser Beam Propagation through Random Media, SPIE Press Monogr., PM152, (2005)
14. D.J.T.Heatley, D.R.Wisely, I.Neild, P.Cochrane, Optical Wireless: The Story So Far, IEEE Commun.Mag., pp.72 – 82, (1998)
15. J.R.Barry, J.M.Kahn, W.J.Krause, E.A.Lee, D.G.Messerschmitt, Simulation of multipath impulse response for wireless optical channels, IEEE J.Sel.Areas in Commun., 11 (3), pp.367 – 379, (1993)
16. J.M.Kahn, J.R.Barry, Wireless infrared communications, Proc.IEEE, 85 (2), pp.265 – 298, (1997)
17. T.Ohtsuki, Multiple-subcarrier modulation in optical wireless Communications, IEEE Commun.Mag., 41 (3), pp.74 – 79, (2003)
18. H.Elgala, R.Mesleh, H.Haas, Indoor broadcasting via white LEDs and OFDM, IEEE Trans.Consumer Electron., 55 (3), pp.1127 – 1134, (2009)
19. J.Armstrong, A.Lowery, Power efficient optical OFDM, Electron.Lett., 42 (6), pp.370 – 372, (2006)
20. H.Elgala, R.Mesleh, H.Haas, Indoor optical wireless communication: Potential and state-of-the-art, IEEE Commun Mag., 49 (9), pp.56 – 62, (2011)
21. J.B.Carruthers, S.M.Carroll, P.Kannan, Propagation modeling for indoor optical wireless communications using fast multireceiver channel estimation, IEE Proc.—Optoelectron. (2003) .doi: 10.1049/ip-opt: 20030527, http: //iss.bu.edu/jbc/Publications/jbc-j7.pdf
22. J.B.Curruthers, P.Kannan, Iterative site-based modeling for wireless infrared channels, IEEE Trans.Antennas Propag., 50, pp.759 – 765, (2002)
23. M.Kavehrad, S.Jivkova, Indoor broadband optical wireless communications: Optical subsytems desigbns and their impact on channel characteristics, IEEE Wireless Commun., pp.30 – 35, (2003)

24. Y.Tanaka et al., Indoor visible light data transmission system utilizing white LED lights, IECE Trans.Commun., E86-B (8), 2420 - 2454, (2003)
25. D.O'brien, L.Zeng, H.Le-Minh, G.Faulkner, J.W.Walewski, S.Randel, Visible light communications: challenges and possibilities, IEEE 19th international symposium on personal, indoor, and mobile radio communications, PIMRC (2008) .
26. J.Vucic et al., 513 Mbit/s visible light communications link based on DMT-modulation of a white LED, J.Lightwave Tech., 28 (24), pp.3512 - 3518, (2010)
27. S.Rajbhandari, Z.Ghassemlooy, M.Angelova, Bit error performance of diffuse indoor optical wireless channel pulse position modulation system employing artificial neural networks for channel equalization, IET Optolectron., 3 (4), 169 - 179, (2009)
28. J.Fadlullah, M.Kavehrad, Indoor high-bandwidth optical wireless links for sensor networks, J Lightwave Techn, 28 (21), 3086 - 3094, (2010)

第 6 章　FSO 通信平台：无人机（UAV）和移动平台

6.1　引言

本章讨论了一种基于无人机（Unmanned Aerial Vehicle，UAV）的自由空间光（FSO）通信链路的新兴技术。UAV 未来在民用和军用两方面都会有很大应用前景，而 UAV 生成的大量数据需要高速率的通信连接，因此非常适合利用 FSO 通信技术。本章讨论了应用 FSO 通信链路的一些重要问题，如 FSO 通信单元的对准以及大气引起的光束衰减/起伏。跟踪和捕获中对准的技术难题已经得到解决。本章主要对以下内容进行详细描述：到 UAV 的 FSO 通信链路中的跟踪和对准，用于移动 UAV 的短长 Raptor 码以及 UAV 上的一种逆向调制器（Modulating Retroreflector，MRR）FSO 通信终端。本章还描述了一种在协同群模式下使用多个无人机的新方法。讨论了无人机群的具体技术，如用于无人机间 FSO 通信的自适应光束发散角、组网结构、可靠性和适用的调制方案（脉冲位置调制 PPM/开关键控 OOK；非相干检测）等。本章的另一部分讨论与移动平台有关的问题，即移动车辆和万向节中的跟踪问题。所面临的挑战有：由于发射机/接收机相对位置的不断变化，造成了 FSO 通信链路接收光束剖面和接收光功率也在不断变化。本章描述了适用于 FSO 通信的高速移动自组织网（Mobile Ad Hoc Networks，MANET）的一些基本构建，以及在高移动性下运行的协议。描述了一种能够实现角度分集、空间复用的多元素的 FSO 通信结构。给出了在大气湍流条件下，基于 FSO 通信的移动传感器网络的移动光链路性能。讨论了移动通信面临的挑战和潜在的解决方案。

6.2　UAV FSO 通信

FSO 通信领域的研究通常基于点对点链路或远距离链路。移动性（即发射和接收终端（或两者）之间的相对运动）是家庭无线电业务（Family Radio Service，FRS）通信技术所面临的最大挑战。通过将 UAV 作为通信终端，可以开发出许多灵活实用的应用。因为 UAV 的零人员伤亡风险，人们对于 UAV 的许多应用越来越感兴趣，特别是在监视领域。由于改进的高分辨率成像传感器的数据传输速率远高于射频（Radio Frequency，RF）技术所能提供的数据速率，因此使得在无人机和地面终端之间，以及无人机之间的通信链路需要传递更多的信息。为了满足这种日益增长的通信需求，而UAV又属于移动平台，因此需要在UAV间建立基于FSO的通信方式。

许多商用FSO通信链路能够在1～3km范围内以1～2 Gb/s的速率运行。大多数的FSO通信链路是固定的，但已经有人在考虑其在移动场景中的应用，包括：舰对舰[1]，地对空和空对空[2,3]通信系统，甚至深空通信[4]。

6.2.1　FSO通信链路的UAV应用场景

UAV平台有3种基本的FSO通信链路场景，包括：①地面对UAV；②UAV对地面；③UAV对UAV或UAV之间（无人机群）。

地面对UAV的移动FSO通信链路：图6.1为地面对UAV移动FSO通信链路，UAV速率可达每秒几百米。这种情况下，跟踪功能通常利用机械部件完成，如基于UAV全球定位系统（Global Positing System，GPS）数据的二维旋转万向节。小光束发散角会使跟踪难度变大。机械定位系统的不确定性误差和GPS定位误差会导致发射光束和探测器的失对准，从而引起接收信噪比（Signal to Noise Ratio，SNR）的起伏，最终限制链路的数据传输速率[5]。因此需要采用有效的跟踪方法来提高数据传输速率。

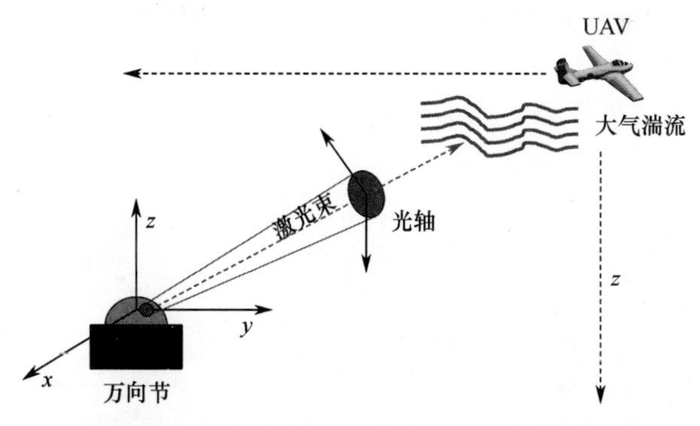

图6.1　地面对UAV移动FSO通信链路

UAV对地面的FSO通信链路：图6.2给出了UAV到固定地面站的日夜双向光通信链路的概念图。UAV的任务之一是在目标上空拍摄科学图像，然后通过光通信信道下载图像。

光通信终端通过射频链路接收来自地面的指令，并且接收由UAV GPS接收机所收集的持续更新的GPS信息。同时，UAV将其自身GPS信息提供给光通信终端。光通信终端利用UAV GPS接收机和地面位置的最新信息，通过发送信标信号来启动通信信号，对照射区域进行盲点检测。当信号终端跟踪到信标信号时，数据通信就开始了。文献［6］演示了2.5Gb/s的下行FSO通信链路，UAV高度为15.8～18.3km，激光器工作波长为1550nm，功率为200mW。当飞行终端指向要求为19.5μrad，偏移误差为14.5μrad，湍流引起的指向误差衰落概率为0.1%时，其误比特率（Bit Error Rate，BER）为10^{-9}。为了建立高数据速率的通信链路，还需要消除震动引起的不确定性。

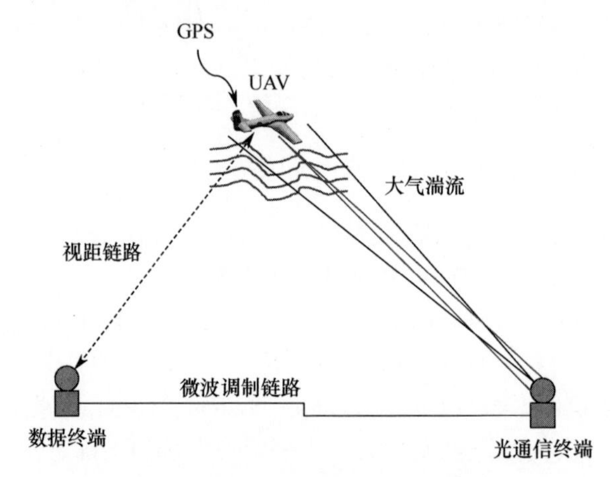

图6.2 UAV到固定地面站无线光通信

无人机群：UAV之间的链路。利用UAV来高速率传递信息正迅速引起人们的关注。在某些情况下，可能需要多种传感器来收集指定区域的数据。当使用UAV群作业时，可以增加观测面积，偶尔的UAV损失也不至于造成高效FSO通信链路数据传输的完全中断。高带宽的FSO通信能够为UAV群提供高速率的数据连接。图6.3所示为3种不同的UAV群网络结构：环形结构、星形结构和网状结构。

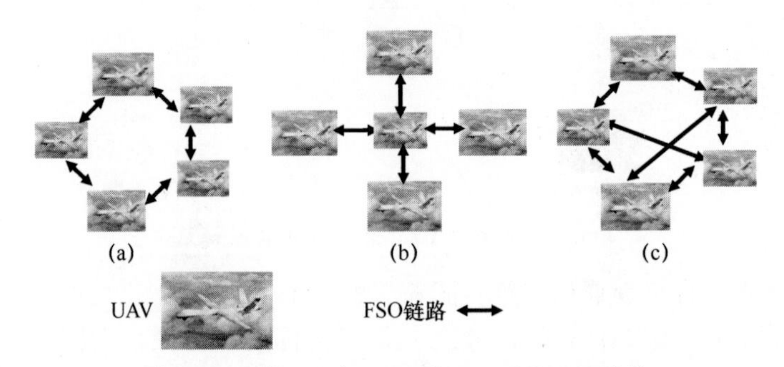

图6.3 3种不同的UAV群FSO通信网络结构

这里的关键是开发UAV实时并行处理多传感器信息的能力，从而能够以高达2.5Gb/s甚至更高的速率实时传输大量数据。

在环状结构下，所有的FSO通信链路都是双向的，当任意两个UAV之间的链路断开（或失效）时，信息仍然会在另一个方向的链路中传输，称为间接链路[7]。在星状结构中，编队中心有一架起中继作用的 UAV 作为光学多点单元（Optical Multipoint Unit，OMU）。所有配备收发器的 UAV 都与该 OMU 永久连接。OMU 的故障可能导致整个网络结构崩溃，因此可能需要一个冗余 OMU。网状结构结合了环状结构和星状结构的优点，能够提高可靠性。信息流可以通过多条路径由一个 UAV 传递到另一个 UAV，也可以通过环形网络的另一个方向传送。

大气湍流效应：对于不同的 UAV 场景，大气的影响不同。光信号在地球大气中传输会受到吸收、散射和湍流影响而造成衰落。吸收和散射是由光波与大气气体和微粒（如气溶胶和雾）的相互作用引起的，主要导致信号衰减。湍流是由光波折射率的随机变化引起的，当光束在湍流介质中传播时，大气湍流会引起光强起伏、光束漂移和光波空间相干性的损失。UAV FSO 通信链路由 3 种可能的传播方式：上行链路、下行链路和水平链路。上行链路是指从地面终端通过倾斜路径传输到空中终端的通信链路。下行链路是指从空中终端通过倾斜链路传输到地面终端的通信链路。通信终端（地面或空中）通过水平路径传输时的通信链路称为水平链路。很显然，由于这 3 种链路的大气模型遵循不同的分布特性，因此其对 UAV 接收信号的影响也不同。

与 UAV FSO 通信链路相关的大气模型：通过实际测量已经得到了湍流强度参数 C_n^2 的经验参数模型，通常用下述几种模型来表示大气湍流的影响，其中：h 为海拔高度（m）[8]。

（1）Hufnagel-Valley（HV）模型：

$$
\begin{aligned}
C_n^2(h) &= 0.00594\left(\frac{v}{27}\right)^2(10^{-5}h)^{10}\exp\left(-\frac{h}{1000}\right) \\
&\quad + 2.7\times10^{-16}\exp\left(-\frac{h}{1500}\right) + A\exp\left(-\frac{h}{100}\right)
\end{aligned} \tag{6-1}
$$

式中：v 为均方根风速，参数 A 的典型值为 $A = 1.7\times10^{-14}\,\mathrm{m}^{-2/3}$。

（2）修正的 Hufnagel-Valley（MHV）模型：

$$
\begin{aligned}
C_n^2(h) &= 8.16\times10^{-54}h^{10}\exp\left(-\frac{h}{1000}\right) + 3.02\times10^{-17}\exp\left(-\frac{h}{1500}\right) \\
&\quad + 1.90\times10^{-15}\exp\left(-\frac{h}{100}\right)
\end{aligned} \tag{6-2}
$$

（3）海洋环境激光通信（Submarine Laser Communication，SLC）日间模型：

$$
C_n^2 = \begin{cases}
0 & (0\mathrm{m} < h < 19\mathrm{m}) \\
4.008\times10^{-13}h^{-1.054} & (19\mathrm{m} < h < 230\mathrm{m}) \\
1.300\times10^{-15} & (230\mathrm{m} < h < 850\mathrm{m}) \\
6.352\times10^{-7}h^{-2.966} & (850\mathrm{m} < h < 7000\mathrm{m}) \\
6.209\times10^{-16}h^{-0.6229} & (7000\mathrm{m} < h < 20000\mathrm{m})
\end{cases} \tag{6-3}
$$

（4）CLEAR1 模型。

注：在这里，h 是指高于平均海平面（Mean Sea Level，MSL）的海拔高度，单位为千米（km）：

$$
\begin{aligned}
&1.23 < h < 2.13 \\
&\lg(C_n^2) = A + Bh + Ch^2 \\
&\text{其中}\ A = -10.7025, B = -4.3507, C = 0.8141 \\
\\
&2.13 < h < 10.34 \\
&\lg(C_n^2) = A + Bh + Ch^2 \\
&\text{其中}\ A = -16.2897, B = 0.0335, C = -0.0134 \\
\\
&10.34 < h \leqslant 30 \\
&\log(C_n^2) = A + Bh + Ch^2 + D\exp\{-0.5[(h-E)/F]^2\} \\
&\text{其中}\ A = -17.0577, B = -0.0449, C = -0.0005 \\
&D = 0.6181, E = -0.04495.5617, F = 3.4666
\end{aligned}
\tag{6-4}
$$

对于上行激光通信链路，即从地面终端到 UAV 的链路，大气湍流开始于发射机孔径外，可以假定其传播形式为球面波，使用 HV 湍流廓线模型。对于诸如 OOK 调制方式的特定调制方案，在已知波长、UAV 高度、发射机发散角和数据速率等参数时，可以计算出 UAV 通信的误比特率性能[8]。其计算是基于发射光束光强起伏服从 Gamma-Gamma 概率密度函数。

对于从 UAV 到地面终端的下行链路而言，利用平面波可以精确地模拟接收光波中心波段附近的地平面闪烁。此时，Rytov 方差（即平面波的光强起伏方差）主要取决于高空湍流，与弱起伏理论一致，UAV 天顶角很大的情况除外。可以计算出系统在 OOK 调制方式下的误比特率性能。同样可以用 HV 模型（与上行链路一致）。光强起伏概率与上行链路的情况一致[8]。

对于水平链路而言，路径中的 C_n^2 值保持不变。当估计光强起伏或光束漂移时，需要考虑 UAV 高度处的 C_n^2 值。

当 UAV 需要工作于大气散射条件下时，由气溶胶颗粒和雾引起的光波散射作用是非常重要的。短距离链路下适合采用 Kruse 模型[7]，该模型给出了一定波长（nm）下，衰减和能见度 V（km）的关系。在可见光和到达 2.5μm 以下的近红外（Near Infrared，IR）波段，衰减为[7]

$$
\gamma(\lambda) \approx \beta_a(\lambda) = \frac{\ln(\tau_{\mathrm{TH}})}{V}\left(\frac{\lambda}{550\mathrm{nm}}\right)^{-q} = \frac{3.912}{V}\left(\frac{\lambda}{550\mathrm{nm}}\right)^{-q} \tag{6-5}
$$

式中：τ_{TH} 为透过率。

距离为 d_{link} 的传输路径上的衰减 a_{dB} 可以利用测量的透过率 τ 或消光系数

$\gamma(\lambda)$（km^{-1}），利用下式计算：

$$a_{dB} = 10\lg\left(\frac{1}{\tau}\right) = \frac{10}{\ln(10)}\gamma(\lambda)d_{link} \tag{6-6}$$

文献［9］仿真给出了晴朗天气下，发散角为 50mrad，系统功率为 11mW 时，距离 1km 的两个 UAV 之间的结论。结果表明：中等雾条件需要 113mW 的发射功率；当距离变为 2km 时，所需的发射功率增加：晴朗天气下需要 44mW，多雾天气下需要 4.6W。

6.2.2　无人机 FSO 通信链路的跟踪对准

为了在地面站和 UAV 之间建立一个成功的 FSO 通信链路，最重要的标准是确保万向节能够在大气湍流条件下精确地跟踪移动 UAV。对于无人机来说，重要的是最小光束发散角要能使得由大气湍流造成的光束漂移引起的到达接收器的信号衰落概率低于规定的阈值。万向节用于对准和跟踪地面对 UAV 的 FSO 通信链路，需要对其进行验证，以保证其可重复性和精确度。增大发射光束的发散角也有助于 FSO 通信链路的对准和跟踪。

无人机和移动平台（两个移动平台）之间的跟踪算法实例：讨论两种场景下的跟踪算法，第一个场景是 UAV 与移动车辆平台之间的通信，第二个场景是有人驾驶空中侦察机与 UAV 之间的通信。

UAV 与移动车辆平台之间的通信场景：跟踪算法向万向节发送转向指令，从而使激光保持对准状态。通过跟踪算法确定万向节的角位置和速度，具体由下式确定[10]：

$$\theta = \arctan\left(\frac{z + z_P + z_R + z_Y}{y + y_Y}\right) \tag{6-7}$$

和

$$\alpha = \arctan\left(\frac{y + y_Y}{x + x_Y}\right) \tag{6-8}$$

$$\theta' = \frac{(\theta_2 - \theta_1)}{t} = \frac{\left(\arctan\left(\frac{z_{t_1} + z_{P_{t_1}} + z_{R_{t_1}} + z_{Y_{t_1}}}{y_{t_1} + y_{Y_{t_1}}}\right) - \arctan\left(\frac{z_{t_0} + z_{P_{t_0}} + z_{R_{t_0}} + z_{Y_{t_0}}}{y_{t_0} + y_{Y_{t_0}}}\right)\right)}{t} \tag{6-9}$$

$$\alpha' = \frac{(\alpha_2 - \alpha_1)}{t} = \frac{\left(\arctan\left(\frac{y_{t_1} + y_{Y_{t_1}}}{x_{t_1} + x_{Y_{t_1}}}\right) - \arctan\left(\frac{y_{t_0} + y_{Y_{t_0}}}{x_{t_0} + x_{Y_{t_0}}}\right)\right)}{t} \tag{6-10}$$

式中：x 和 y 分别为某一时刻 x 轴和 y 轴上两个平台之间的距离；α 为在 $x-y$ 平面上万向节的角位置，即偏航角；θ 为万向节在 $z-y$ 平面内的角位置，即倾斜角；z 为 z 轴上车辆的位置，包含 z 的其他变量也表示在 z 轴位置，但是受到各种力的影响；z_P 为受车辆倾斜角变化影响的车辆在 z 轴的位置；z_R 为受车辆横摇变化影响的车辆在 z 轴的位置；z_Y 为受车辆偏航角变化影响的车辆在 z 轴的位置；y_Y 为受车辆偏航角变化影响的车辆在 y 轴的位置；t_0 和 t_1 分别为车辆在位置 1 和位置 2 时的时间；x_Y 为受车辆偏航角变化影响的车辆在 x 轴的位置。

上述参数由 GPS、车载信息系统（Inter-Vehicular Information System，IVIS）和惯性导航系统（Inertial Navigation System，INS）所确定。激光发射角的增加与平台之间距离的增加成正比，因此光的扩展能决定系统的更新速率。与常规的 FSO 通信固定终端不同，当无人机和车辆均处于移动状态时，这种移动性对于成功建立 FSO 通信连接所需要的终端对准而言是一个巨大的挑战。如果能够知道上述所列的各种位置信息，就可以实现有效的跟踪。这种跟踪方法可用于 UAV 和地面车辆之间使用高带宽 FSO 通信技术来实时传递视频信息。

地面对 UAV 间 FSO 通信的链路余量分析：链路余量分析需要在给定发射机（包括发射机初始波束形状、波束宽度）和传播距离的情况下计算几何损失。发射机输入光束束宽 $2W_0$ 与振幅波 $U_0(r,0)$ 的复振幅相关：

$$U_0(r,0) = A_0\exp\left(-\frac{r^2}{W_0^2} - \frac{ikr^2}{2F_0}\right) \tag{6-11}$$

式中：A_0 为在光轴上的波振幅；F_0 为相位抛物线分布的曲率半径；r 为在横向方向上距离光束中心的距离；k 为光波数。

另一个参数 α 与光斑大小和相前曲率半径有关：

$$\alpha = \frac{2}{kW_0^2} + i\frac{1}{F_0} \tag{6-12}$$

仅考虑大气衰减（即无湍流）时的链路余量分析，需要考虑 FSO 通信的几何损失，是指接收平面上接收光学天线和光斑大小之比。利用式（6-11）表示发射的最低阶横向高斯光束，W_0 为有效光束半径，在接收平面上的光束半径为[11]

$$W(t) = W_0\left[\left(1 - \frac{\{[x_u(t)-x_g]^2 + [y_u(t)-y_g]^2 + [h_u(t)-h_g]^2\}}{F_0}\right) + \left(\frac{2\{[x_u(t)-x_g]^2 + [y_u(t)-y_g]^2 + [h_u(t)-h_g]^2\}}{kW_0}\right)\right] \tag{6-13}$$

式中：(x_g, y_g, h_g) 为地面站的坐标；$[x_u(t), y_u(t), h_u(t)]$ 为 UAV 的时变坐标。

接收机平面上的高斯光束可以表示为

$$U_0(r,L) = A_0(\Theta - i\Lambda)\exp\left(ikL - i\frac{r^2}{W^2}\frac{kr^2}{2F}\right) \tag{6-14}$$

式中：

$$\Theta = 1 + \frac{L}{F};\quad \Lambda = \frac{2L}{kW^2}。 \tag{6-15}$$

模拟结果表明：当波长为 1.55μm，UAV 高度为 4km，有效光斑尺寸为 3.03m 以及 UAV 高度为 8km，有效尺寸为 4.79m 时，几何损失分别为 -14.8dB

和 $-16.8\mathrm{dB}$[12]。当接收机灵敏度为 $-43\mathrm{dBm}$ 时，考虑几何损失、指向误差和光学损耗，仅考虑大气衰减时，FSO 通信接收机的灵敏度为 $-11.3\mathrm{dBm}$[11]。

6.2.3 UAV FSO 通信链路：实际问题和最新进展

建立 UAV FSO 通信链路需要考虑两个重要因素：首先，要确保地对 UAV、UAV 对地或 UAV 之间的 FSO 通信链路对准，然后在大气湍流条件下进行跟踪。需要考虑万向节的可重复性和准确性。另外，还需要对特定结构几何损失下光束发散角对于万向节转向公差的影响进行评估。人们对于万向节的一些特性进行了研究[3]。实验场景为：UAV 在海拔 4km 高度沿着半径为 4km 的圆形路径飞行，万向节水平仰角为45°，收发端机相距 5.66km。实验结果如下。

（1）万向节重复性（落在 $0.5\mathrm{mm}^2$ 范围内）和准确性（万向节误差范围在 0~0.2mm 之间）数据的 $X-Y$ 散点图。

（2）方位角和仰角的重复性分布情况，以米和度为单位：方位角重复性均值为 1.24m（226.89 μrad），标准差为 0.2m（52.36 μrad）；万向节仰角重复性均值为 0.41m（69.81 μrad），标准差为 0.22m（39.91 μrad）。

（3）万向节指向误差均值为 0.3m（55.85 μrad），标准差为 0.2m（34.91 μrad）。

（4）基于光强和指向误差的总方差，可以发现：信号电平值低于门限值的概率为 3.69×10^{-29}（一个非常小的值）。

上述实验结果表明：FSO 通信链路中的发散角足以抵消由万向节引入的任何对准和跟踪误差，在地对 UAV 的 FSO 通信链路中，信号衰落概率非常低。

人们定制设计和制造了一种具有宽视场（FOV）和快速时间响应的万向节[12]。该万向节是个 24V 的系统，带有集成电机控制器和驱动器，能够在水平和垂直方向上均提供180°的宽视场。因此，该系统具有更加连续的跟踪能力，速度能达到479rad/s，并且具有主被动隔振系统。该设计将提高 UAV FSO 通信链路所需的激光指向系统的精确性和稳定性。

自适应光束发散技术：文献［13］提出了一种自适应光束发散新技术，用于不同距离条件下 UAV 间的 FSO 通信。光通信链路采用单一的发散角会限制 UAV 间的传输距离，而自适应光束发散技术可以改善自由空间通信链路的性能，在 UAV 间的 FSO 通信应用中，相对于单一发散角而言更具有优势。一般的链路方程可以表示为

$$P_{\mathrm{rx}} = P_{\mathrm{tx}} \cdot L_{\mathrm{rx}} \cdot G_{\mathrm{tx}} \cdot L_{p} \cdot L_{R} \cdot L_{\mathrm{atm}} \cdot G_{\mathrm{rx}} \cdot L_{\mathrm{rx}} \tag{6-16}$$

式中：P_{rx} 为接收光功率；P_{tx} 为发射光功率；G_{tx} 为发射光学效率；L_P 为发射增益；L_R 为指向损失；L_{atm} 为大气衰减；G_{rx} 为接收增益；L_{rx} 为接收光学损失。

如果将发射增益、路径损耗和接收增益合并为一项，称为几何损失 L_{geo}，式（6-16）改写为

$$P_{rx} = P_{tx} \cdot L_{geo} \cdot L_P \cdot L_R \cdot L_{atm} \cdot L_{rx} \tag{6-17}$$

$$L_{geo} = [a_{rx}/(\theta_{div} \cdot R)]^2 \tag{6-18}$$

$$L_P = \exp[-8 \cdot (\theta_{err}/\theta_{div})^2] \tag{6-19}$$

式中：α_{rx} 为接收天线直径；θ_{div} 为光束发散角；R 为通信距离，θ_{err} 为指向误差。

当试图在两架 UAV 之间建立通信链路时，需要预先通过地面控制中继或群控制信道来确定对方的位置。想要及时得到每个 UAV 的精确位置非常困难，这是由于机载定位系统本身的不精确性，因此存在一个不确定区域，测量的 UAV 位置和实际的 UAV 位置可以在该区域中的任何地方。不确定区域的大小用直径 d_{uca} 描述。当平台抖动 θ_{jitter} 比不确定区域小很多时可以忽略不计，即

$$\theta_{div} \geqslant \theta_{uca} + \theta_{jitter} \tag{6-20}$$

接下来需要确定最优发散角，以便传递更多的光功率到不确定区域的边缘，从而保证处在该位置的 UAV 可以接收到足够多的功率进行通信。从式（6-18）和式（6-19）可知，大发散角会增加几何损失，但会降低一定指向误差下的指向损失。通过式（6-18）和式（6-19），可以得到满足式（6-20）的条件下，能够将最多光功率传递到不确定区域边缘的最优发散角。两个 UAV 之间的通信距离是不断变化的，从而影响最大角度指向误差，即光束的最大失准。当 UAV 在不确定区域边缘时，最大指向误差为

$$\theta_{max-err} = 0.5 \cdot (d_{uca}/R + \theta_{jitter}) \tag{6-21}$$

除了增大接收机孔径或发射功率外，一种更有效的方法就是采用自适应光束发散角，从而克服在式（6-20）约束下，距离造成的传播损失。因此，依据传输距离的不同而不断改变发散角，可以降低几何和指向误差所引起的衰减。在不确定区域边缘的总的损失可以表示为[13]

$$\text{EdgeLoss} = 0.36 \cdot \{a_{rx}/[1.4 \cdot (d_{uca} + \theta_{jitter} \cdot R)]\}^2 \tag{6-22}$$

对于高斯光束而言，准直光束直径为[14]

$$\theta_{div} = (4 \cdot \lambda)/(\pi \cdot d_{out}) \tag{6-23}$$

式中：λ 为发射波长；d_{out} 为准直输出光束直径。因此可以改变准直光束输出，提供自适应光束发散角调节功能，以提高 FSO 通信在不同距离条件下的通信性能。

地对 UAV 光信道下的短长 Raptor 码：人们最近提出了一种应用于地对 UAV 移动 FSO 通信信道的短长 Raptor 码，这种编码不受跟踪误差和大气闪烁引起的信道失准的影响[5]。UAV FSO 通信信道可能会产生严重的被发射机察觉的瞬时失准，从而导致数据包传输中断或被擦除，这时传统的固定码率擦除编码技术已不再适用。因此，人们提出将无速率 Raptor 码应用于移动 FSO 通信系统中，设计了短长 Raptor 码（16－1024）应用于抖动严重的 FSO 通信信道中。对于一个 1Gb/s 的发射器，设计一个具有 $k=64$ 个信息包的 Raptor 码，可以完成 560Mb/s 的信息传递，译码成本为每包 4.11 次操作，发射功率为 20dB。相同抖动信道条件下传统的自动请求重传（Automatic Repeat-Request，ARQ）技术的传输率仅为

60Mb/s。因此，短长 Raptor 码对于提高地对 UAV FSO 通信链路的性能是非常有效的。

基于逆向调制器（Modulating Retroreflector，MRR）的 UAV FSO 通信：10 多年前，海军实验室（Naval Research Laboratory，NRL）开始了对多量子阱（Multiple Quantum Well，MQW）逆向调制器的研究[15]。逆向调制系统将一个光学角反射棱镜和一个电光开关耦合，在一个平台上使用一个激光器和一个指示跟踪器来提供双向光通信。当时 NRL 的 MRR 使用了一个基于半导体的 MQW 开关，其调制速率大于 10Mb/s。多年前，NRL 用其设计研制的 MQW 设备进行了小型旋翼 UAV 和地面询问器之间的红外数据连接。该演示中，与飞行中无人机的光学连接只覆盖了 100～200 英尺①的范围。文献［15］提出了一种基于 MQW MRR 的无人机机载侦察概念。当使用阵列时，MQW MRR 系统减少了对机载通信系统的负载需求。小型 UAV 间的激光通信正好符合 MRR 的低指向性需求，因此可以用小而轻，且低成本的万向节来进行对准。对于小型 UAV，可以采用低精度的硬件，也可以降低对尺寸、重量、功率和成本的需求。MRR 发射器比传统的发射器更小、更轻，且功耗更小。NRL 使用小型 UAV 进行了初步的实验。对于小型 UAV 系统，MRR 发射器和光电探测器（PDs）可以安置在低成本的轻型万向节上。两个翼舱，每个翼舱都包含一个 MRR 万向节，一个光接收万向节，一个稳定相机和电子设备。据报道，该飞行测试通过下行激光通信链路完成了到地面的现场视频传输，同时通过激光通信链路将指向和变焦结果传送到相机，能够从 15 帧/s 的视频流中捕获帧[16]。

人们提出了一种用微机电（Micro-Electro-Mechanical Systems，MEMS）逆向调制器作为 UAV 上的通信终端，从而替代激光发射子系统和捕获、跟踪和对准（Acquisition Tracking and Pointing，ATP）子系统。地面站的 ATP 是通过 GPS 辅助的双轴万向节来实现跟踪和航路对准的，通过快速转向镜来实现精细对准。该系统基于信标光，利用逆向调制器的光学原理来实时确定 UAV 的位置。已提出了一种将逆向调制器作为远程通信终端的方式，该逆向调制器采用与地面询问激光器相同的路径将输入光束传回到地面站。考虑了基于液晶和基于 MEMS 两种方式的 MRR。对于 MEMS 设备，当发射激光束宽度为 0.2cm，传输距离在 10～1000m 范围时，目的是保持功耗低于 100mW 以下同时达到 >1Mb/s 的数据速率[17]。提出了一种空对地的 FSO 通信系统设计方法，其重点在于利用 MEMS 逆向调制器来实现最小载荷功率、尺寸和重量[18]，其地面站选择了一种基于液晶装置的精确对准技术。

UAV 群的 FSO 通信：UAV 群的未来应用之一，是携带多种传感器进行大面积监视和侦察。为了实时并行地处理多个传感器的信息，需要 100Mb/s～

① 1 英尺（ft）=0.3048 米（m）。

1Gb/s 的数据速率。对于 UAV 群而言，建立可靠的、高性能的无线通信链路是必不可少的。UAV 群需要两种通信系统：空对空 UAV 通信系统使无人机之间能够共享传感器和地图信息；空对地系统向地面站提供任务信息，用于任务控制和显示。每架无人机的行动都可以降低环境中其他无人机的风险。本章前面已经提到了用于 UAV 群的不同类型的网络：环形、星形和网状结构。由于成本较高，无人机间的链路一般是短链路[7]。与多雾环境相比，湍流对传播路径的影响可以忽略不计。对于短链路而言，全向波束和宽波束可以用于替代昂贵而沉重的跟踪系统。安装在 UAV 群上的全向多波束系统具有增强系统可靠性和可用性的潜力。由于 UAV 运动的持续性和各部件相对速度的不断变化，对于无人机群而言，保持视距（Line-Of-Sight，LOS）FSO 通信链路是非常具有挑战性的[19]。

6.3 移动 FSO 通信

最初，FSO 通信是为提供高带宽解决方案的固定终端设计的。引入移动 FSO 通信技术将会扩展更多的应用领域。但是移动通信也面临着自身的挑战，如为了连续数据传输而对保持视距链路的需求。因此，我们的目标之一便是开发能够跟踪移动终端的技术。

6.3.1 移动 FSO 通信中的光束发散和功率起伏

随着移动 FSO 通信中收发端机间距的不断变化，接收到的光束轮廓和光功率也会发生变化。利用发散光束可以简化 FSO 通信链路中收发端机间的对准。对于移动 FSO 通信链路而言，其传播范围随着时间不断变化，因此在接收平面上接收到的光束轮廓也在不断变化。因此，光束发散角随传输距离的变化而变化，接收功率也随之变化。从通信的角度来看，接收功率的变化导致信噪比不断变化，从而导致系统误比特率性能的变化。这就意味着，在移动 FSO 通信链路中，很难保持系统所需的恒定高数据速率。系统要求：即使收发终端之间的距离发生变化，接收功率水平也应该保持在最大和最小允许功率范围之内。

移动 FSO 通信链路分析：图 6.4 显示了位于移动平台上的收发端机之间的 FSO 通信链路配置。发射机 Tx 以 $v_{\mathrm{Tx}(t)}$ 的速率向上移动，接收机 Rx 以 $v_{\mathrm{Rx}}(t)$ 的速率向下移动，收发端机之间的距离 $R(t)$ 随时间而变化，当两个终端移动时，同时保持终端的水平间距 d 恒定不变。接收平面上的光束轮廓为 $W(t)$ 。在任何时间 t，Tx 和 Rx 之间的距离为

$$R(t) = \frac{d}{\sin\alpha(t)} \tag{6-24}$$

式中：$\alpha(t)$ 为 Tx 和 Rx 之间的角度，随时间变化。

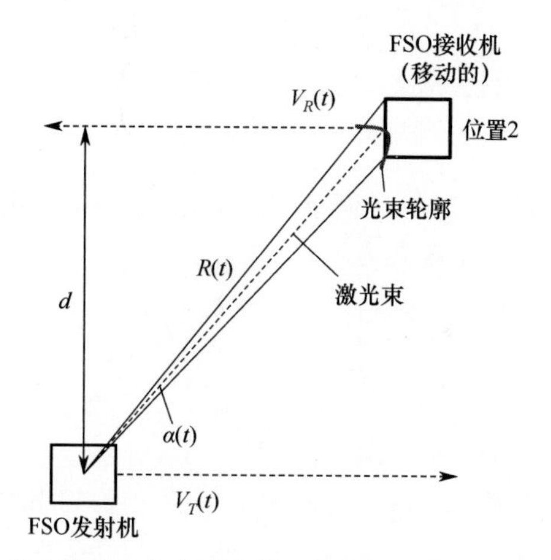

图6.4　位于移动平台上的收发端机之间的FSO通信链路配置

假设光束为低阶横向高斯光束，$U_0(\boldsymbol{r},0)$ 表示发射光束，可以表示为[20]

$$U_0(\boldsymbol{r},0) = A_0 \mathrm{e}^{\left(-\frac{r^2}{W_0^2}-\mathrm{j}\frac{kr^2}{2F_0}\right)} \tag{6-25}$$

式中：A_0 为波振幅；r 为距离中心线的横向距离；$\mathrm{j}^2=-1$；W_0 为发射端的有效光束半径；F_0 为相位分布的曲率半径；k 为光学波数。

如果将 α_0 用下式表示：

$$\alpha_0 = \frac{2}{kW_0^2} + \mathrm{j}\frac{1}{F_0} \tag{6-26}$$

此时式（6-25）可以写为

$$U_0(\boldsymbol{r}),R(t)) = A_0 \mathrm{e}^{\left(-\frac{1}{2}\alpha_0 kr^2\right)} \tag{6-27}$$

距离 $R(t)$ 处的光场可以表示成惠更斯－菲涅耳积分的形式[20]：

$$U_0(\boldsymbol{r},R(t)) = -2\mathrm{j}k\int\int_{-\infty}^{\infty} G(\boldsymbol{s},\boldsymbol{r};R(t))\,U_0(\boldsymbol{s},0)\,\mathrm{d}^2 s \tag{6-28}$$

式中：$U_0(s,0)$ 为源平面处（即地面站的发射平面处）的光波；$G(s,r;R(t))$ 为格林函数。

一般而言，格林函数是一个球面波，在近轴近似下可以表示为[20, 21]

$$G(\boldsymbol{s},\boldsymbol{r};R(t)) = \frac{1}{4\pi R(t)} \mathrm{e}^{\left[\mathrm{j}kR+\frac{\mathrm{j}k}{2R(t)}|\boldsymbol{s}-\boldsymbol{r}|^2\right]} \tag{6-29}$$

计算积分，具有复振幅 $\dfrac{A_0}{1+\mathrm{j}\alpha_0 R(t)}$ 的高斯光束波为

$$U_0(\boldsymbol{r},R(t)) = \frac{A_0}{1+\mathrm{j}\alpha_0 R(t)} \mathrm{e}^{\left[\mathrm{j}kR(t)-\frac{1}{2}\left(\frac{\alpha_0 kr^2}{\mathrm{j}\alpha_0 R(t)}\right)\right]} \tag{6-30}$$

式中：$[1+\mathrm{j}\alpha_0 R(t)]$ 为传输参数[21]。

依据输入平面的光束参数，如光束半径，下述参数定义为

$$\Theta_0 = \mathrm{Re}(1 + \mathrm{j}\alpha_0 R) = 1 - \frac{R(t)}{F_0} \tag{6-31}$$

$$\Lambda_0 = \mathrm{Im}(1 + \mathrm{j}\alpha_0 R) = \frac{2R(t)}{kW_0^2} \tag{6-32}$$

式中：参数 Θ_0 为由聚焦引起的波振幅变化；Λ_0 为由衍射引起的波振幅变化。

接收参数可以用发射参数来表示：

$$\begin{cases} \Theta = \dfrac{\Theta_0}{\Theta_0^2 + \Lambda_0^2} \\ \Lambda = \dfrac{\Lambda_0}{\Theta_0^2 + \Lambda_0^2} \end{cases} \tag{6-33}$$

式中：Θ 和 Λ 为接收机光束参数。接收机的光束半径 W 和相前曲率 F 为

$$\begin{cases} \Theta = 1 + \dfrac{R(t)}{F} \\ \Lambda = \dfrac{2R(t)}{kW^2(t)} \end{cases} \tag{6-34}$$

接收端的光束半径可以表示为

$$W(t) = W_0 (\Theta_0^2 + \Lambda_0^2)^{1/2} = \frac{W_0}{(\Theta^2 + \Lambda^2)} \tag{6-35}$$

Tx 和 Rx 之间的距离 $R(t)$ 与它们之间的角度 $\alpha(t)$ 有关，如式（6-24）所示。因此，光束半径可以写为

$$W(t) = W_0 \left[\left(1 - \frac{\dfrac{d}{\sin\alpha(t)}}{F_0} \right) + \left(\frac{2\dfrac{d}{\sin\alpha(t)}}{kW_0} \right) \right]^{1/2} \tag{6-36}$$

接收端的高斯光束为

$$U_0(\vec{r}, R) = A_0(\Theta - \Lambda)\mathrm{e}^{\left(\mathrm{j}kR - \frac{r2}{W2(t)} - \mathrm{j}\frac{krt2}{2F}\right)} \tag{6-37}$$

光波强度是光场振幅的平方。因此，接收端的光强为[20]

$$I^0(r, R) = |U_0(r, R)|^2 \tag{6-38}$$

接收端的总功率可以由下式计算[20]

$$P = \iint_{-\infty}^{\infty} I^0(r, R)\mathrm{d}^2 r \tag{6-39}$$

因此，对于移动终端（Tx 和 Rx）而言，可以计算出光束发散角和功率，以便通过旋转万向节来进行适当的校准，从而提高移动 FSO 通信链路的性能。

文献［22］给出了移动 FSO 通信链路的仿真结果，参数设置为：20mW 的激光发射器，波长为 1.55μm，距离 d 为 1000m，角度 $\alpha(t)$ 变化范围为 $-15° \sim +15°$，发射机的有效光束半径为 2cm，半光束发散角为 100μrad。仿真结果表明：最小和最大收发间距所对应高斯光束径向距离分别为 0.67 和 0.18，准直接收光束半径变化范围在 24.1 ~ 88.0cm（这种接收光束轮廓的变化，需要植入跟

踪算法来克服），对于工作在1.55μm，功率为20mW的激光发射机，其接收功率在16.9mW的最小值和19.9mW的最大值之间变化。

文献［23］提出了一种FSO通信系统的跟踪控制方法，这使得在短距离范围覆盖的用户网中的移动终端能够被跟踪。该FSO通信系统由带激光二极管（Laser Diode，LD）的发射终端和带PD的接收终端所组成。无论终端之间的位置如何变化，每个终端都控制激光束的路径，使其与PD的光轴对准。该文献提出了一种扩展卡尔曼滤波算法，用于估计光轴对准所需要的终端之间的相对位置和方向。

为了成功实现地对飞机间的FSO通信链路的PAT，文献［24］提出了一种高精度的、灵活的、数字控制的双自由度的机电系统，用于光学仪器、照相机、望远镜和通信激光器的定位。

6.3.2　MANET FSO通信链路

近年来，无线技术在各种用户应用中的普及，对无线通信提出了巨大的需求。为了提供全方位的链接，以随时随地收集和交换信息，无线连接是必不可少的，并有望在不久的将来成为互联网的主宰。通过WiFi和移动网络连接的智能手机能够使用户随时随地获取信息。因此，移动无线通信需求呈爆炸式增长，只有利用高带宽容量的无线光通信才能满足这一需求。具有多输入多输出（Multiple-Input-Multiple-Output，MIMO）协同工作的超高速MANET可以满足当今巨大的无线通信需求。本节将讨论基于概念节点设计的MANET FSO的基本概念。

移动FSO通信和MANET FSO通信：FSO通信和MANET是电信研究中的两个领域，在过去几年已显示出快速发展的趋势。通过FSO通信单元加强的MANET，能够为缺乏基础设施的典型服务提供改进的解决方案，如应急响应、灾难恢复、环境监测等。移动FSO通信的主要局限性在于：在所有有效通信时间内必须保证视距对准。发射机和接收机必须在聚焦光束上对准，从而具有补偿任何摆动或移动的能力。

对于MANET的成功运营而言，准确的对准是至关重要的。文献［25］提出了一种在自动对准电路中实现定时对准的方法，接口对准过程是周期性实现的，而不是每次发送一个数据包。引入一个以预定频率（大约0.5s）触发的定时器，从而计算网络对准问题。每一个收发器都确定其相邻收发器，并用一个表记录每一个对准的收发器。图6.5（a）所示为一个基本的多元天线示意图，其中节点A的接口有一个对准表，从而确定与节点B的哪个接口相对准（那些在节点A视场范围内的节点）。网络中的每一个收发器都有一个表，用于跟踪其相邻的收发器，从而保持对准。只有接口对准时，该信道才能在收发端机之间传递数据包。图6.5（b）展示了具有两个节点的移动应用场景：节点A（固定）和节点B（移动）。当节点B处于中间位置时（即在位置1和位置2之间或在位置2和位置

3之间），两个节点失对准。为了保持两个节点之间的通信连接，可以有针对性地选择发散角或增加收发机的数量。文献［26］设计了一种自动校准电路，用于解决区域切换问题。当两个节点移动时会引发失对准，然后重新对准，需要改变两个节点中的收发机，以适应这些变化。自动校准电路提供快速响应和不同的收发器之间的自动切换。如图6.5（b）中，随着节点B的位置从位置1切换到位置2和位置3，节点A的自动对准电路会从一个接口切换到另一个接口，最终指向节点B位置1的接口，从而实现在不同的物理信道中传递逻辑信息流。因此，为了确保数据传输不被中断，自动对准收发器模块是必不可少的。

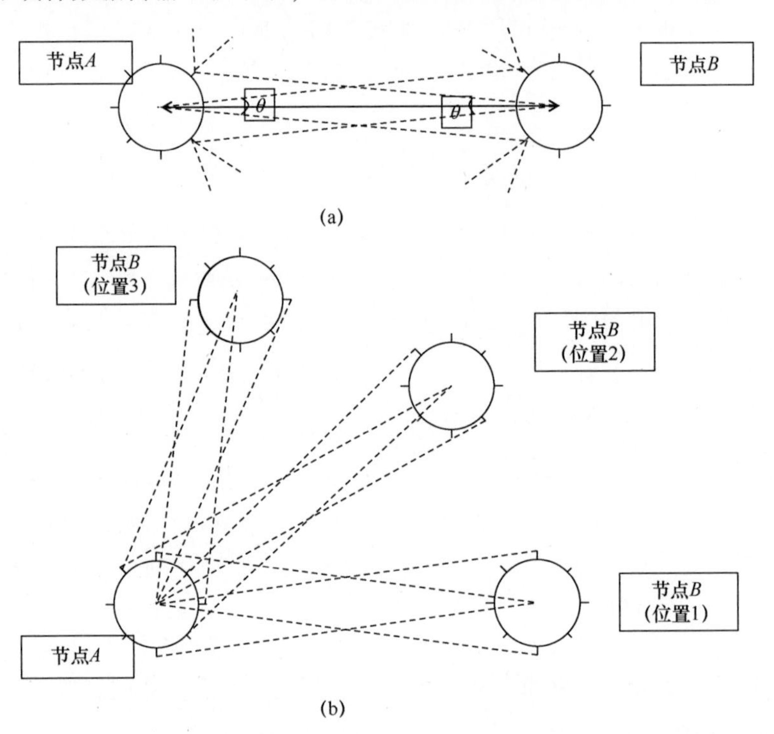

图6.5　（a）多元光学天线，节点A处的接口有一个对准表，用来确定对准节点B的哪个接口；（b）两个节点对准的场景示意图（转载自文献［25］）。

MANET对准的实际问题和最新进展：文献［26，27］设计了一种基于多收发器的球形结构无线光通信的MANET——球形FSO通信节点的概念。球形FSO通信节点能在所有方向上提供所需要的角度分集和视距连接。图6.6（a）展示了安装FSO通信收发机的三维阵列球面的一般概念。球面上的每个收发机都有一个发射机（如发光二极管，LED）和光接收器（如PD）。为了最大限度地减少光束发散造成的几何损失，在三维阵列的一个间隔内，发射机的尺寸要尽可能小，接收机的尺寸要尽可能大。这种排列方式不仅提高了距离特性（各个方向光源的可用度），而且还可以通过多个收发器实现多通道的同时通信。其中一种最优设计包括在蜂窝状阵列中构建节点，如图6.6（b）所示。同时也包括自动对准电路，用于用哪个收发机来进行数据通信。图6.6（c）描述了用于保持视距连接的三维球面FSO通信节点结构。

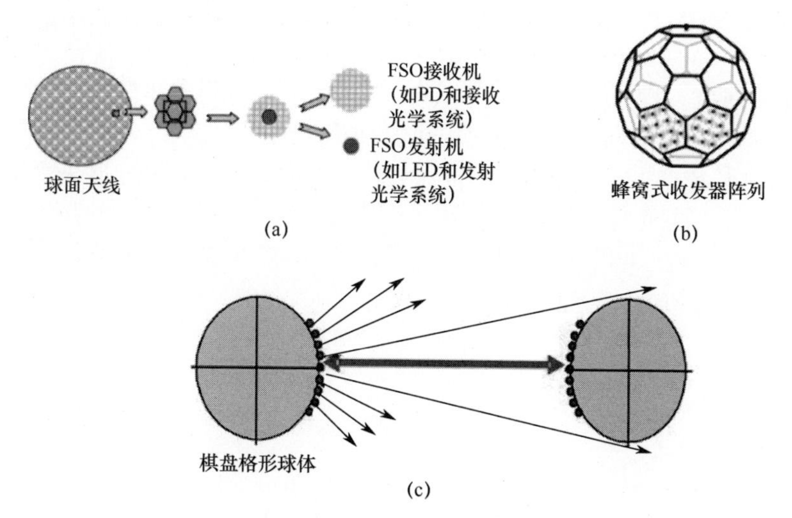

图6.6 带有光学收发机的三维球面FSO通信系统（见彩插）

（a）球面结构；（b）蜂窝式收发器阵列；（c）保持视距链路的三维球面FSO通信节点示意图

（转载自Springer Science + Business Media B. V.，2007，图1（a），1（b）和（3）[26]）。

通信覆盖传输模型与最优覆盖：更高的覆盖密度可以通过提高总覆盖率来提高通信性能，但也引入了邻近收发机的干扰。覆盖区域的定义为：FSO通信节点的视距链路内的点的集合。令r为圆形二维FSO通信节点的半径（为便于分析，首先考虑二维FSO通信节点的情况，然后分析三维的情况），ρ为收发机的半径，θ为收发机发散角，τ为二维圆形FSO通信节点上两个相邻收发机之间的弧长。假设在圆形FSO通信节点上有n个等间距的收发机，收发机的直径为2ρ，则τ为[27]

$$\tau = \frac{2\pi r - n2\rho}{n} = 2\left(\frac{\pi r}{n} - \rho\right) \tag{6-40}$$

两个相邻收发器之间的夹角可以表示为[27]

$$\varphi = 360° \frac{\tau}{2\pi r} \tag{6-41}$$

FSO通信收发机的收敛性（波瓣的垂直投影）近似为一个三角形和一个半圆的组合[27]。令R为三角形的高度，则半圆的半径为$R\tan\theta$，由此可以得到单个收发机的覆盖范围L为

$$L = R^2\tan\theta + \frac{1}{2}\pi\,(R\tan\theta)^2 \tag{6-42}$$

单个收发器的覆盖面积C可以在两种情况下分析：①邻近收发机的覆盖区域

不重叠；②邻近收发机的覆盖区域重叠。当 $\tan\theta \leqslant (R+r)\tan\left(\frac{\varphi}{2}\right)$ 时，邻近收发机的覆盖区域不重叠，覆盖面积即覆盖范围，即 $C = L$。当 $\tan\theta \leqslant (R + r)\tan\left(\frac{\varphi}{2}\right)$ 时，邻近收发机的覆盖区域重叠，此时的覆盖面积要去掉与邻近收发机相重叠的部分，即 $C = L - I$，其中 I 表示与邻近收发机相重叠部分的面积。文献［26］给出了重叠部分面积的描述和几何表示。

最大距离 R_{max}：二维 FSO 通信节点可以达到的最大距离 R_{max} 取决于发射机和接收机的光学和电光特性、几何结构、大气衰减和 FSO 通信节点的几何扩展。几何衰减 A_G 是发射机半径 γ、接收机（另一个接收 FSO 节点）半径 ζ（单位 cm）、发射机发散角 θ 以及收发节点间距 d 的函数，表示为[26]

$$A_G = 10\log\left(\frac{\zeta}{\gamma + 200R\theta}\right)^2 \tag{6-43}$$

大气衰减 A_L 取决于光波在大气中传输时，由大气分子和气溶胶引起的吸收和散射，表示为

$$A_L = 10\log(\mathrm{e}^{-\sigma R}) \tag{6-44}$$

式中：σ 为由吸收和散射引起的衰减系数。

对于 FSO 通信而言，Mie 散射占据主导地位，σ（km）可以以能见度（V，单位 km）的形式表示为（λ 为发射波长）[28]

$$\sigma = \frac{3.91}{V}(\lambda/550)^{-q} \tag{6-45}$$

式中：q 为散射粒子的尺度分布，取决于能见度 V。当 $V = 50\text{km}$ 时，$q = 1.6V^{1/3}$；当 $6\text{km} \leqslant V \leqslant 50\text{km}$ 时，$q = 1.3V^{1/3}$；当 $V < 6\text{km}$ 时，$q = 0.585V^{1/3}$。

当发射功率为 PdBm，接收灵敏度 $S = -43\text{dBm}$ 时，只有在满足下述不等式的条件下，才能探测到光信号：

$$S - P < A_L + A_G - (P + 43) < A_L + A_G \tag{6-46}$$

式（6-46）的最大解即为 R_{max}：

$$R_{max} = -(P + 43) < 10\log(\mathrm{e}^{-\sigma R}) + 10\log\left(\frac{\zeta}{\gamma + 200R\theta}\right)^2 \tag{6-47}$$

通过解式（6-47）可以得到一定收发机参数和大气条件下，FSO 通信距离 R 的最大解。二维圆形 FSO 通信节点中的最优收发机数量可以通过 n 个收发机的总的有效覆盖面积（即 nC）而得到。这里，C 取决于 P、θ、V 和 n。对于一定的 r 和 ρ，最优化问题可以表示为[27]

$$\max_{\theta,P,V,n}\{nC(\theta,P,V,n)\} \tag{6-48}$$

例如，可以得到某一条件下的最优化参数为 $\theta \geqslant 0.1\text{mrad}$，$P \leqslant 32\text{ mW}$ 以及 $V \leqslant 20200\text{m}$。

发展MANET技术对于满足现在和未来的电信的高速通信需求是至关重要的。

参考文献

1. V.Gadwal, S.Hammel, Free-space optical communication links in a marine environment.Proc.SPIE. 6304, 1－11（2006）
2. T.I.Kin, H.Refai, J.J.Sluss Jr., Y.Lee, Control system analysis for ground/air-to-air laser communications using simulation.Proc.IEEE 24th Digital Avionics Syst.Conf.1.C.3-1－1.C.3-7（2005）
3. A.Harris, J.J.Suss Jr., H.H.Refai, Alignment and tracking of a free-space optical communication link to a UAV.Proc.IEEE 24th Digital Avionics Syst.Conf., IEEE Conf.0-7803-9307-4/05/, 1.C.2-1－1.C.2-9（2005）
4. A.Biswas, S.Pazzola, Deep-space optical communications downlink budget from mars: System parameters.Interplanetary Network Progress Report, Jet Propulsion Laboratory（2003）
5. W.Zhang, S.Hranilovic, Short-length raptor codes for mobile free-space optical channels.978-1-4244-3435-009/IEEE ICC Proc.(2009)
6. G.G.Ortiz, S.Lee, S.Monacos, M.Wright, A.Biswas, Design and development of a robust ATP subsystem for the Altair UAV-to-Ground Laesrcom 2.5 Gbps Demonstration.SPIE Proc.4975, 103－114（2003）
7. Ch.Chlestil, E.Leitgeb, S.S.Muhammad, A.Friedl, K.Zettl, N.P.Schmitt, W.Rehm, N.Perlot, Optical wireless on swarm UAVs for high bit rate applications.Proc.IEEE Conf.CSNDSP 19th-21st July, Patras, Greece（2006）
8. A.K.Majumdar, F.D.Eaton, M.L.Jensen, D.T.Kyrazis, B.Schumm, M.P.Dierking, M.A.Shoemake, D.Dexheimer, J.C.Ricklin, Atmoepheric turbulence measurements over desert site using ground-based instruments, kite/tetherd-blimp platform and aircraft relevant to optical communications and imaging systems: Preliminary results.Proc.SPIE6304, 63040X-1-63040X-12（2006）
9. E.Leitgeb, Ch.Chlestil, A.Friedl, K.Zettl, S.S.Muhammad, Feasibility study: UAVs.TUGraz/EADS, Study（2005）
10. M.Al-Akkoumi, R.Huck, J.Sluss, Free-space optics technology improves situational awareness on the battlefield.SPIE Newsroom, 1－3（2007）.10.1117/2, 1200709.0858
11. A.Harris, J.J.Sluss, H.H.Refai, Free-space optical wavelength diversity scheme for fog mitigation in a ground-to-unmanned-aerial-vehicle communications link.Opt.Eng.45（8）, 86001（2006）
12. M.Locke, M.Czarnomski, A.Qadir, B.Setness, N.Baer, J.Meyer, W.H.Semke, High-performance two-axis gimbal system for free space laser communications onboard unmanned aircraft systems.Proc.SPIE.7923, 79230M-1－79230M-8（2011）
13. K.H.Heng, N.Liu, Y.He, W.D.Zhong, T.H.Cheng, Adaptive beam divergence for inter-UAV free space optical communications.IEEE Conf.IPGC（2008）
14. S.G.Lambert, W.L.Casey, Laser Communications in Space（Artech House, Boston, 1995）
15. G.C.Gilbreath et al., Large-aperture multiple quantum well modulating retroreflector for free-space

optical data transfer on unmanned aerial vehicles.Opt.Eng.40 (7), 1348 - 1356 (2001)

16. P.G.Goetz et al., Modulating retro-reflector lasercom systems at the naval research laboratory.The IEEE Military Communications Conference- Unclassified Program- Systems Perspective Track, 1601 - 1606 (2010) .978-1-4244-8180-410
17. A.Carrasco-Casado, R.Vergaz, J.M.Sanchez-Pena, Design and early development of a UAV terminal and a ground station for laser communications.Proc.SPIE.8184, 81840E-1 - 81840E-9 (2011)
18. A.Carrasco-Casado, R.Vergaz, J.M.Sanchez-Pena, E.Oton, M.A.Geday, J.M.Oton, Lowimpact air-to-ground free space communication system design and first results.IEEE Conference on Space Optical Systems and Applications, (2011) .978-1-4244-9685-311
19. S.S.Muhammad, T.Plank, E.Leitgeb, A.Friedl, K.Zettl, T.Javornik, N.Schmitt.Challenges in establishing free space optical communications between flying vehicle.IEEE Proceedings, CSNDSP08, 82 - 86, (2008) .978-1-4244-1876-308
20. L.C.Andres, R.L.Phillips, Laser Beam Propagation through Random Media (SPIE, Bellingham, 1998)
21. A.Ishimaru, Wave Propagation and Scattering in Random Media (IEEE, Piscataway, 1997)
22. A.Harris, T.Giuma, Divergence and power variations in mobile free-space optical communications. IEEE Third International Conference on Systems, 174 - 178 (2008) .978-0-7695-3105-208
23. K.Yoshida, T.Tsujimura, Tracking control of the mobile terminal in an active free-space optical communication system.SICE-ICASE International Joint Conference, 89-950038-5-5 98560/06, Bexco, Busan, Korea, 369 - 374, (Oct.18 - 21, 2006)
24. V.V.Nikulin, J.E.Malowicki, R.M.Khandekar, V.A.Skomin, D.J.Legare, Experimental demonstration of a retro-reflective laser communication link on a mobile platform.Proc.SPIE.7587, 75870F-1 - 75870F-9 (2010)
25. M.Bilgi, Capacity scaling in free-space-optical mobile ad-hoc networks.A Master' s Thesis, at the University of Nevada, Reno, May 2008
26. M.Yuksel, J.Akella, S.Kalyanaraman, P.Dutta, Free-space mobile ad hoc networks: Auto-configurable building blocks.Wirel.Netw.(Springer, 2007) .doi: 10.1007/s11276-007-0040-y
27. M.Yuksel, J.Akella, S.Kalyanaraman, P.Dutta, Optimal communication coverage for freespace-optical manet building blocks.http: //www.shivkumar.org/research/papers/unycn05.pdf, Access date 2014.Also see: CiteSeer × β, Devleoped by Pennsylvania State University, 2007 - 2010.http: //citeseerx.ist.psu.edu/viewdoc/summary? doi = 10.1.1.143.5616
28. H.C.van de Hulst, Light Scattering by Small Particles (Dover, New York, 1981)

第7章　其他相关主题：基于混沌和太赫兹的FSO通信

7.1　引言

本章讨论两个相关主题：①基于混沌和②太赫兹（THz）的自由空间光（FSO）通信。第一个主题是基于混沌的FSO通信，其中混沌在通信中的应用可以为编码、保密和超宽带通信等领域提供许多有前途的新方向。本章首先介绍了混沌系统光学混沌信号的产生和同步，可应用于数字通信系统中的加密/解密模块。其次介绍了一种用于保密通信的综合电/光同步混沌通信系统。混沌调制对FSO通信中收发器的电子非线性特性不敏感。本章指出混沌信号作为扩频通信的载波可能是非常具有吸引力的。介绍了一种采用相移键控（Phase Shift Keying，PSK）调制和相干数字接收机的保密自由空间通信系统，并从理论上分析了其在提高通信保密性方面的能力。本章最后介绍了湍流信道下混沌自由空间光通信的一些最新实验结论。

随着需求的增加，人们正考虑将太赫兹频率应用于短距离、高速率的通信中。基于太赫兹的FSO通信是本章的第二个主题。它有潜力为成像、通信、传感器和材料等研究领域提供新的可能。由于太赫兹波结合了光波和电磁波二者的特性，它比光波更容易发生反射和散射，因此可应用于短距离FSO通信系统。本章介绍了应用量子级联激光器和量子阱探测器的太赫兹波的产生、探测和调制，以及太赫兹FSO通信链路的最新研究成果。

7.2　基于混沌的FSO通信

7.2.1　混沌光通信基础

产生混沌的数学方法：任何对初始条件敏感的动态系统都可能出现混沌行为，即与先前的值存在密切的关系，因此系统在任意时间点的值都依赖于之前的取值。初始条件的微小差异会导致混沌系统输出结果的巨大差异。混沌系统具有密码系统的理想特性，利用混沌方法可以有效防止各种入侵。信息可以隐藏在混沌中，并通过FSO通信链路进行传输。信息只能在接收端通过生成相同的混沌来恢复。混沌可以通过数学方式生成，用递归算法计算取值，任意第 X_i 个取值直接取决于第 X_{i-1} 个取值的值。用数学方程简化计算，考虑如下函数：

$$f(x) = p \cdot x \cdot (1 - x) \tag{7-1}$$

式（7-1）可用于从数学上生成混沌，其中 p 的取值范围为 $0 < p < 4$，该方程也可写为

$$x_{n-1} = p \cdot x_n \cdot (1 - x_n) \tag{7-2}$$

初始值为 x_0，在该迭代形式下，第 n 个值依赖于之前的所有取值。这类函数的图也称为混沌映射。当 $0 < p < 3$ 时，函数经过若干次迭代后能够收敛到一个特定的值；当 p 大于3时，曲线分裂成两支，这种分裂称为分枝。从数学上看，这会导致混沌。随着参数“p”的进一步增大，曲线再次分岔。当“p”值越来越大时，分岔变得越来越快，直到大于某一值后，周期性完全被混沌所替代，此时的“p”值称为“聚点”。这种情况一般会发生在 $p > 3.57$ 时，当 $p = 4$ 时，混沌值在0～1范围内取值。这正是我们所感兴趣的地方。在 $3.6 < p < 4$ 范围内，可以观察到完全随机的混沌行为。

在非线性电路[1-3]和激光器[4]中产生的混沌信号可以作为通信系统中信息传输的载波。宽带信息载波的优点在于它可以增强通信信道的鲁棒性，以对抗窄带干扰。混沌通信中的宽带编码信号是在硬件级产生的，混沌载波能够在一定程度上增强数据传输的保密性。因此，可以利用确定性混沌系统产生的波形来设计一种新型的高速通信系统，以鲁棒的方式传递信息。混沌通信系统以混沌同步为基础，采用同步的混沌发射器和接收激光器在硬件级上对信息进行编码和解码。发射器产生的混沌信号将信息隐藏起来，只有通过适当的接收机才可以恢复信息。信息在发射机中被嵌入到混沌载波上，经过传输后，被与发射机相同步的接收机所恢复。在接收端进行非线性滤波处理，局部生成未携带信息的混沌信号，然后与发送的编码信号相减，从而恢复信息。只有当两个在空间上相互分离的发射器（激光器）发射的宽带混沌信号相互同步时，才有可能实现混沌光通信。为了满足两个激光器的同步需求，接收激光器必须能够很好地再现发射激光功率的不规则时间演化。从混沌载波中对信息进行解码是基于发射器和接收器之间混沌同步的非线性现象，因此可以通过将输入信号（混沌载波+信息）与混沌载波相减的方式提取信息。

7.2.2 大气湍流信道下的混沌FSO通信

已有研究提出并论证了利用光纤链路进行混沌通信的可行性[5,6]。文献［5］讨论了几种光学系统中的混沌通信，采用掺铒光纤环形激光器（EDFRL）产生混沌起伏的光信号，并将一系列伪随机信号组成的信息调制在该混沌上[5]。混沌和信息一起通过标准单模光纤从发射机传输到接收机，并在接收机中将信息从

混沌中恢复出来。目前已经实现了距离为 35km、数据速率高达 250Mb/s 的光纤通信。文献[6]实现了基于商用光纤链路的高速远距离混沌通信[6]，其传输距离超过 120km，数据速率达到 Gb/s 量级，误比特率低于 10^{-7}。这些研究结果为光混沌通信技术提供了令人信服的实践证明。

尽管人们已经对使用光纤信道的混沌光通信进行了大量研究，但对基于实际随机信道（如湍流）的 FSO 混沌通信的研究并不多。本节讨论在大气湍流信道下，基于混沌信号编解码来恢复信息的 FSO 通信系统的开发和设计。

1. 双通道混沌 FSO 通信链路

文献［7］报道了首批基于湍流信道的混沌自由空间光通信系统之一，在大气湍流引起的通信信号严重失真的情况下，研究了一种混沌自同步自由空间光通信系统。该实验采用了基于角反射器的双通道通信链路（约 5km 往返路径）。图 7.1所示为双通道混沌 FSO 通信系统的框图。耦合到单模光纤上 10mW 半导体激光束（λ = 690nm）向距离 2.5km 处的角反射器发射，反射光束被发射器使用的同一望远镜所接收，并由光电探测器检测。湍流闪烁指数约为0.8～0.9，属于强湍流区域。一个混沌光通信收发机包括能够产生短开关脉冲（约 10μs）混沌序列的激光器，并由来自混沌收发控制器的晶体管 - 晶体管逻辑（Transistor-Transistor Logic，TTL）脉冲信号所触发，其中时间间隔的混沌序列对应于将二进制信息加载到混沌信号上的混沌迭代过程，这其中使用了混沌脉冲位置调制（Pulse Position Modulation，PPM）。脉冲间隔以大约 60kb/s 的比特率在 10～25μs 范围内混沌起伏。混沌脉冲位置调制接收机接收光电探测器检测到的畸变混沌脉冲，并最终从混沌迭代中恢复信源信息。这种混沌通信方式称为混沌脉冲位置调制（Chaotic Pulse Position Modulation，CPPM）。最终测得二进制伪随机数据的传

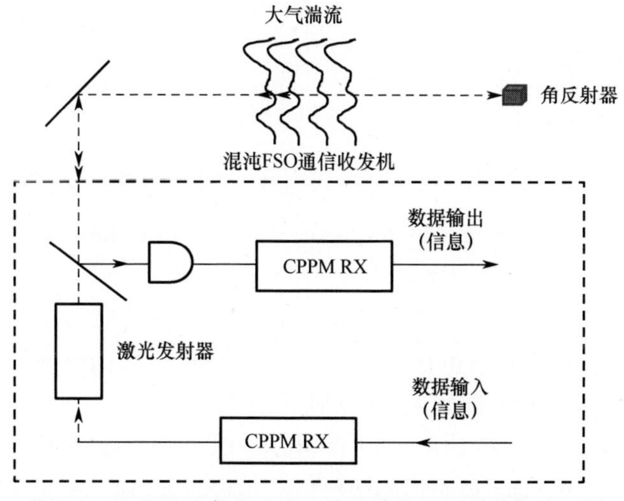

图 7.1　大气湍流条件下的双通道混沌 FSO 通信系统框图

输误比特率为 1.92×10^{-2}。该研究验证了大气湍流信道下自同步混沌通信的概念。

2. 单通道混沌 FSO 通信链路

图 7.2 所示为大气湍流信道下的混沌 FSO 通信系统框图。在发射端，主激光器通过延迟光电反馈形成混沌，然后在产生的混沌载波中嵌入信息。在接收端，需要一个双半导体激光器（从激光器）与混沌主激光器相同步，以便通过分析混沌和接收信号之差，并通过低通滤波来恢复信息。这里所描述的系统能够有效隐蔽发射机上的信息，从而使得截获方无法恢复隐藏的信息。编码信息 $m(t)$ 可以通过混沌强度调制（Chaotic Intensity Modulation，CIM）或加性混沌调制（Additive Chaos Modulation，ACM）两种方式进行调制。其中，第一种调制方式（CIM），信息在输出发射机之前通过强度调制的方式进行加载，因此发射功率 $P_T(t)=[1+m(t)]P_M(t)$，其中 $P_M(t)$ 为混沌载波功率。第二种调制方式（ACM），信息加载到反馈回路中，从而影响混沌的产生，创建对称方案（信息同时传送给主激光器和从激光器）。接收端的信号功率 P_R 转换为光电流 I_R。在从激光器中加入偏置电流，并通过同步过程产生混沌载波 P_S。如果同步非常准确，则两载波相同，$P_S=P_M$，此时便可通过计算 I_R-I_S 的差恢复出信息。低通滤波器消除了高频噪声和混沌成分，其带宽 B_{LPF} 等于 PPM 脉冲的带宽：$B_{\text{LPF}}=R_bM(d\log_2M)^{-1}$，其中 R_b 为数据比特率，M 为 PPM 调制阶数，d 为时隙占空比。注意的是，这里的信息是通过 PPM 方式进行编码的。

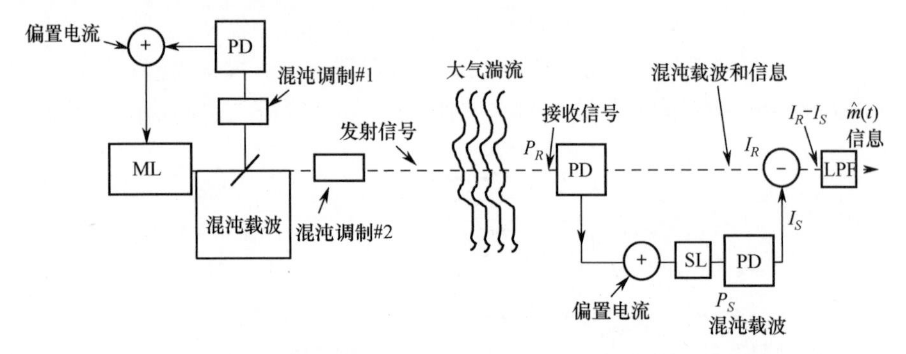

图 7.2 大气湍流信道下混沌 FSO 通信系统框图编码信息 $m(t)$ 可以通过混沌强度调制（Chaotic Intensity Modulation，CIM）或加性混沌调制（Additive Chaos Modulation Method，ACM）两种方式调制

最近有学者对多径反射和环境光噪声下，1550nm 波段的室内混沌自由空间通信系统的性能进行了数值仿真[8]。报道了 CIM 和 ACM 两种调制方式下 Q 因子与比特率的关系。具体细节详见参考文献［8］。

文献［9］提出了一种混合电光同步混沌通信系统，报道了自由空间传播试验。系统采用电子电路混沌源和激光发射器。混沌信号通过电子方式注入光载波上，并通过在半导体激光器的直流（Direct Current，DC）注入电流中加入电流增强混沌信号的方式进行传输。产生的光混沌载波（可在其上加载信息）可以在自由空间中进行传输。接收到的信号由光电探测器产生，并被相匹配的接收机电路所接收。因此，该系统可实现混沌同步并成功恢复信息。混沌载波脉冲信息可以利用激光束通过视距、点对点和自由空间的方式进行传输。混沌电路[9]是一种采用现场可编程门阵列（Field Programmable Gate Array，FPGA）的延迟差分反馈（Delay Differential Feedback，DDF）混沌系统。图7.3所示为这种混合电光同步混沌FSO通信系统框图，该系统可工作于湍流信道中。DDF可以产生高维混沌，提高通信安全性。当添加信息时，匹配的接收机DDF电路只与混沌发射机同步，通过将输出与接收机电路的输入相减来恢复信息。文献［9］清楚地展示了电光混合混沌通信系统的原理。

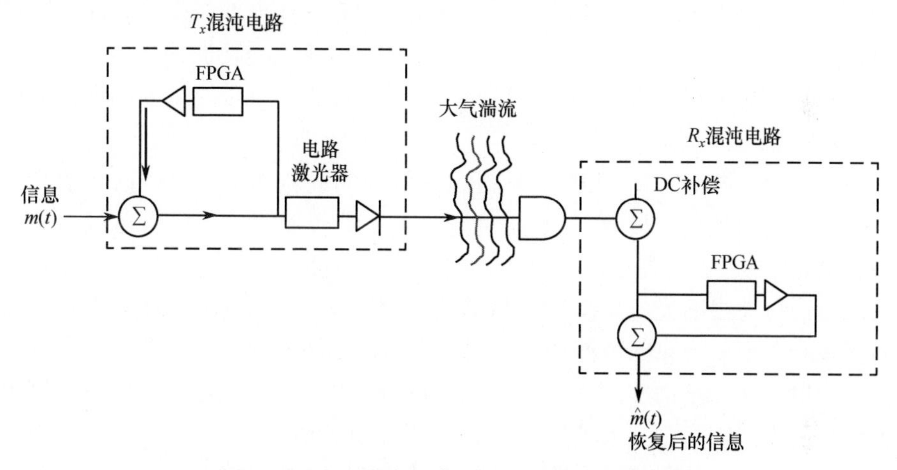

图7.3　混合电光光同步混沌FSO通信系统框图

图7.4所示为在FSO通信链路中传输光信号的混沌密码学新方案。混沌动力学和同步是通过将电流注入一对普通的、混沌信号驱动的激光器上来获得的。

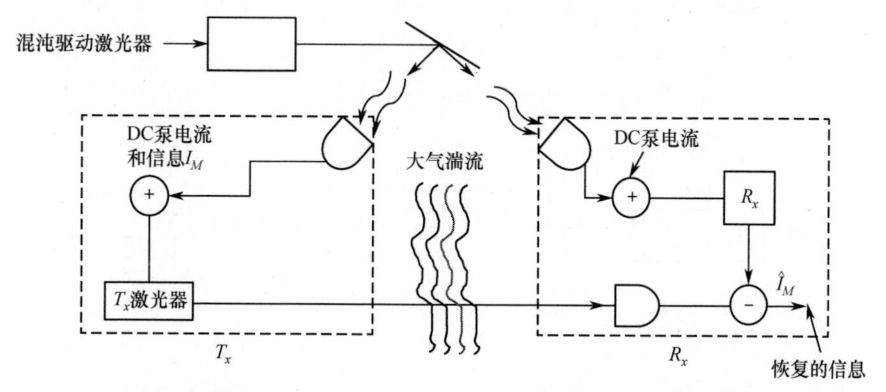

图7.4　用半导体激光器作为发射和接收机的保密数据传输，该激光器通过将电流注入到普通的混沌驱动信号的方式来进入混沌状态和完成同步

7.2.3 基于声－光混沌的保密 FSO 通信链路

文献［10］报道了带反馈的声光（Acousto-Optic，AO）系统产生的混沌对携带数据的激光束进行加密的方法，讨论了这种加密解密技术在 FSO 通信系统应用中的初步结论，报道了通过对混合 AO 系统输出的衍射光进行外信号调制的数据混沌加密方法。数值模拟表明，在接收端使用相同的 AO 器件可以对编码数据进行解密。在 AO 调制器中通过对衍射光的外调制完成对光信号的加密，然后通过与另一个 AO 器件进行同步混沌解调来完成对编码信号的恢复和解密，这种方法被证明是可行的[11,12]。

目前报道的大多数混沌加解密系统都是利用半导体激光外腔反馈的非线性动力学进行的。研究人员还利用掺饵光纤激光器的非线性特性产生了混沌。研究人员通过一些结论证明了以下技术的可行性[11,12]：①利用 AO 调制器中衍射光的外部调制对光信号进行加密；②通过与另一个 AO 器件的同步混沌解调来恢复和解密编码信号。

文献［11］报道了一种基于 AO Bragg 器件的混沌加密系统：该系统产生衍射激光束，利用光电二极管（PD）对衍射光束进行探测，其输出再以电子方式反馈到 Bragg 器件。在基于 AO 器件的 FSO 通信链路中，通过混沌加密保证数据的安全。通过适当的光电系统反馈和增益参数设计，实现了在 AO 器件输出端对衍射光束和非衍射光束的混沌调制。通过在直流偏压上加入一个调制信号的方式来调整偏置电压，从而实现调制[10]。也可以通过对混沌激光束进行外调制形成混沌信号的方式来实现。混沌加密光束可以通过接收机 PD 来进行检测。图 7.5 所示为 AO 混沌加密解密系统的原理图，其中 PD 的输出电流与 AO 系统产生的混沌信号相叠加，该系统与发射机的 AO 系统一致。通过调整 AO 反馈电路中的延迟时间等参数，可以将混沌调制带宽扩展到 MHz 量级或更高[10]。

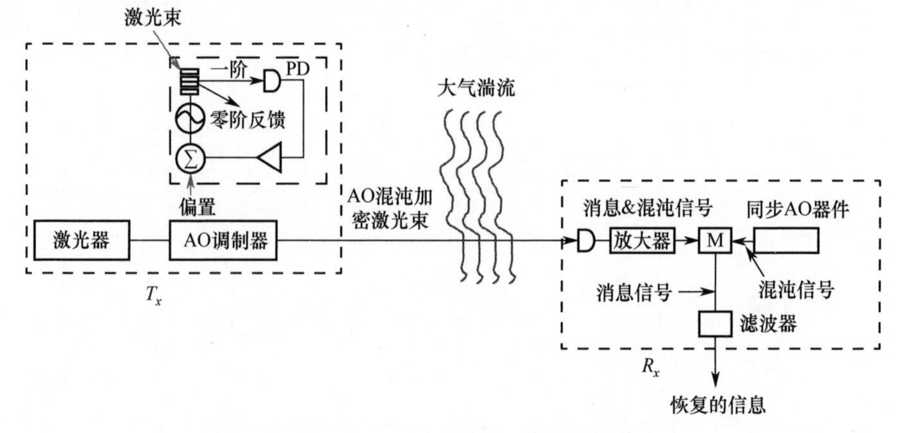

图 7.5　AO 混沌加密解密系统的原理图

7.3　太赫兹 FSO 通信

Edholm 带宽定律预测：在过去的 25 年里，无线短距离点对点通信的带宽需求基本每隔 18 个月翻一番，从现在起的 10 ~ 15 年内，对数据速率的需求大约为 5 ~ 10Gb/s。要达到 10Gb/s 的数据速率，载波频率需要增加到 100GHz 以上，因此将很快发展到 THz 频率范围。预计 2017—2020 年，无线局域网（Local Area Network，LAN）系统将被太赫兹 FSO 通信系统补充或取代。电磁频谱中的 THz 区域通常定义为 0.1 ~ 10THz 的频率范围，对应于 2mm ~ 30μm 的自由空间波长范围。图 7.6 所示为电磁频谱图，其中太赫兹区域覆盖 0.1 ~ 10THz。与微波或毫米波相比，太赫兹无线通信链路具有的优势为：超高带宽、无需频率申请（超过 300GHz，无需向联邦频率分配委员会（Federal Frequency Allocation Commission，FCC）申请、比 MMW 链路更小的自由空间衍射以及高安全性。相比于红外（IR）链路而言，太赫兹仍然具有优势：一定天气条件下（雾和灰尘），衰减损失比红外的小、闪烁效应更弱、相比 IR 系统更高的人眼安全性。具有千兆或更高数据速率的太赫兹通信系统具有很多潜在的高带宽应用，如宽带接入光纤光网络和高速有线局域网的无线扩展、低数据速率无线 LAN 和高速光纤光网之间的无线桥、高清晰度电视（High Definition Television，HDTV）以及便携式手持设备之间的宽带室内无线通信。

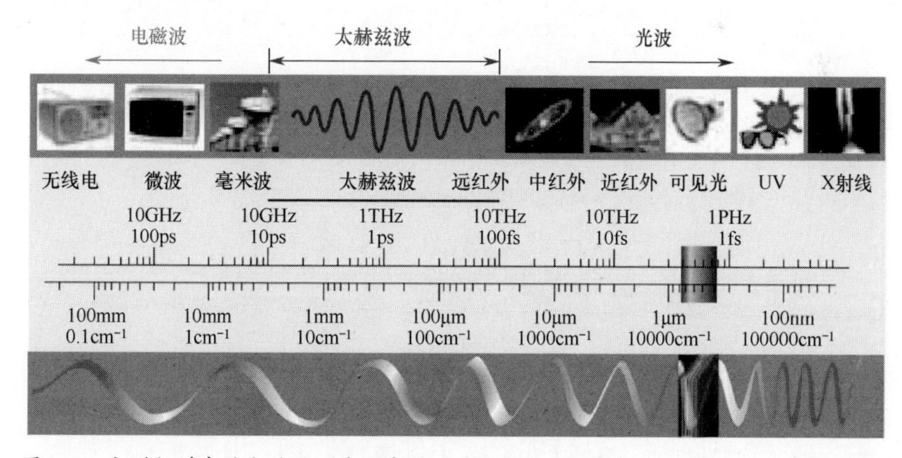

图 7.6　电磁频谱中的太赫兹区域示意图（见彩插）（转载自 Springer Science + Business Media B. V.，2011，图 1[15]）

7.3.1　太赫兹 FSO 通信链路的大气效应

对于室外太赫兹 FSO 通信链路，不利的大气条件，如雾、雨、灰尘、雪和湍流等，会影响传输链路的性能，从而限制接收机处的信噪比和可实现的误比特率。图7.7比较了毫米波、太赫兹波和红外波大气衰减。有雾条件下，625GHz频段上太赫兹的吸收系数约为20dB/km，比1.5μm IR所受到的200dB/km的值要小很多。因此，太赫兹通信系统可以作为雾天IR通信链路失效时的备用通信方式。在大于200GHz、小于10THz的频段范围内，衰减主要由水蒸气引起，此时雨和雾造成的衰减要小得多。在实际的FSO通信系统中，雾和烟灰会引起IR光的严重衰减。图7.8给出了大气中太赫兹辐射的透过率。对于现有的太赫兹探测器和源而言，超过20m的测量距离是非常难以实现的[15]。由于较大的衰减，太赫兹波并不适用于远距离FSO通信。

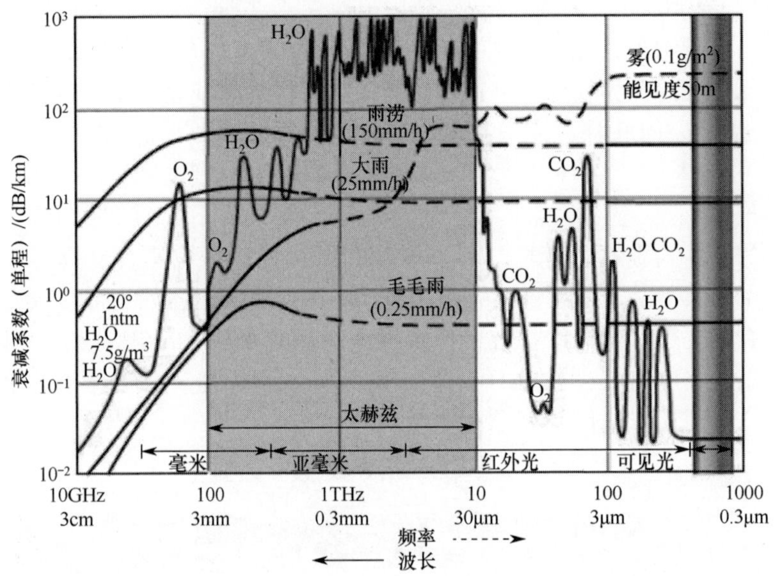

图7.7　毫米波、太赫兹波和IR（红外）波的大气衰减系数

（转载自Springer Science + Business Media B. V.，2011，图1[15]）

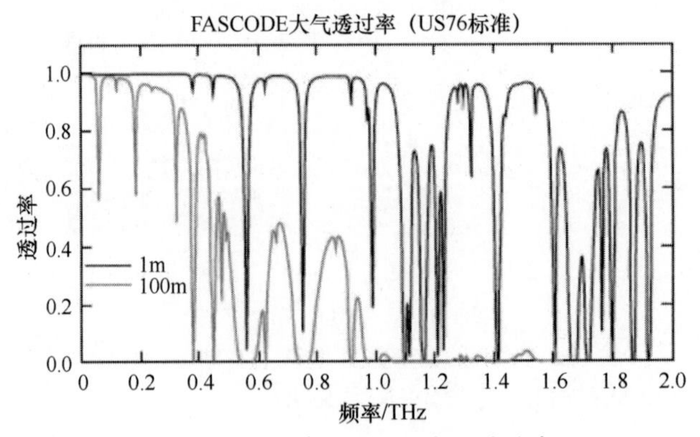

图7.8　大气中太赫兹辐射的透过率

（转载自Springer Science + Business Media B. V.，2011，图1[15]）

（1）**雾衰减**：雾衰减是在太赫兹区域各种散射的结果。散射计算中的无量纲尺度参数α定义为$\alpha = \frac{2\pi r}{\lambda}$，其中$r$为太赫兹散射中的粒子半径，$\lambda$为工作波长。根据尺度参数$\alpha$的取值，各类散射过程可以定义为：$\alpha < 1$（瑞利散射）、$\alpha \approx 1$（Mie散射）以及$\alpha > 1$（几何散射）。在625GHz频率下，半径为1～20μm的典型雾滴的尺度参数$\alpha = 0.013 \sim 0.261$。在625GHz，瑞利散射主要由大气中的雾粒子引起。瑞利散射可以平分为前向散射和后向散射。太赫兹散射的其他部分（如较大的Mie散射）也会对整体散射过程起到一定的作用。

（2）**闪烁效应对太赫兹通信链路的影响**：闪烁是光波在湍流大气中传播时强度和相位随机起伏的结果。混合空气团折射率随时间和空间的随机变化会引起闪烁。波前不同部分之间的随机偏转和干涉会在数千米传输路径中破坏传输相位波前。与红外FSO通信相比，太赫兹波束的闪烁要低很多。尽管闪烁效应限制了FSO通信的性能，太赫兹波段所受到的闪烁影响比IR区域要小得多。

（3）**灰尘和烟雾衰减**：由于与太赫兹波长相比，灰尘和烟雾等大气粒子的尺寸相对较小，因此由空气粒子引起的太赫兹衰减最小。根据预测，烟雾对1THz的影响很小或没有[16]。在相同的大气条件下，IR波长衰减强烈，而太赫兹波几乎不受影响。因此，在战场环境下，大气通信链路中在空气粒子含量极高的情况下，太赫兹通信比IR无线链路性能更好。即使在灰尘和烟雾等不利的大气条件下，也可以建立可靠的太赫兹通信。

7.3.2　室内太赫兹通信

由于太赫兹波束较高的衰减，室内通信似乎是一种非常可行的方法。室内通信系统必须依靠除视距（Line-of-Sight，LOS）链路外的非视距（Non-Line-Of-Sight，NLOS）链路，包括墙壁反射。利用弗里斯方程建立可靠的室内太赫兹链路，需要31dB的天线增益来补偿自由空间衰减[17]。链路预算分析表明，当链路距离分别为1m、3m、5m和10m时，350GHz的太赫兹链路10%带宽需要的天线增益分别为22dB、27dB、30dB以及33dB[18]。但这种天线的设计在太赫兹波段时很难实现。实现室内太赫兹通信的另一个因素是反射“墙纸”，它能够在室内NLOS路径中增加墙壁对太赫兹波束的反射。此外，对于高数据速率，多径之间会存在码间干扰（Intersymbol Interference，ISI），因此必须选择合理的数据速率来消除ISI。

7.3.3　太赫兹无线光通信概念及硬件开发

（1）**太赫兹发射机/源**：可以用太赫兹时域系统来建立太赫兹通信链路。这种结构具有以下特征：①THz发射机和接收机都使用光电导天线（Photo Conductive Antenna，PCA）结构；②传输中心频率为0.3THz；③最大数据传输速率受

Ti:Saphire 激光器的重复速率（约 80MHz）和 PDA 电子带宽（约 1MHz）的限制；④需要调整发射机和接收机的距离和选通脉冲时间来获得最大的 THz 信号。

（2）**最新的一些太赫兹通信链路包括：**利用改进的太赫兹时域系统和基于二维电子气体耗尽的外部调制器，通过太赫兹通信链路传输音频信号，最高速率为 25kHz，距离为 0.48m[19]。

模拟太赫兹链路通过直接调制 THz 接收机偏置电压的方式，将音频信号调制到太赫兹载波上，在 20kHz 的速率下，可以达到 100cm 的传输距离[20]。

具有最大调制指数的太赫兹脉冲的双极性开关键控调制，通过对光电导发射机天线偏置电压的直接数据编码，实现高数据速率[21]。

当与数据速率相关的 ISI 是由有限接收机带宽引起时，可以实现误比特率 $< 10^{-8}$ 的无差错操作。

（3）**光子 MMW/单行载流子光电探测器（Uni-traveling Carrier Photodetector，UTC-PD）光电子系统：**THz 通信链路是近几年日本电报电话公司（Nippon Telegraph and Telephone Corporation，NTT）发展起来的。其开发的一些太赫兹通信系统有：光子 MMW/UTC-PD THz 源和肖特基二极管探测器[22]、光子 MMW/UTC-PD THz 源和 MMIC 接收机[23]以及一套集成的 MMIC 发射接收机[24]。

（4）**集成电路系统：**提出了一种共平面形波导 MMIC 芯片组，该芯片组包括放大器、调制器和解调器，组成一个 10Gb/s 无线通信链路中的太赫兹发射接收机，在 800m 距离上实现了 10^{-12} 的误比特率传输[24]。一台具有前向纠错编码功能的 120GHz 的发射机，将太赫兹通信链路扩展到 5.5km，无差错数据传输速率能达到 10Gb/s[25]。

（5）**多路微波系统：**这是一种使用微波倍增器系统在 300GHz 下传输模拟和数字视频信号的方法，该方法传输具有 6MHz 带宽的彩色视频基带信号，该基带信号作为信号发生器，被调制到超高频（Ultrahigh Frequency，UHF）载波（855.25MHz）上，并通过太赫兹链路进行传输。

（6）**量子级联激光器（Quantum Cascade Laser，QCL）系统：**一个 QCL 太赫兹自由空间通信系统由一个 3.8THz 激光器和一个低温冷却（12K）量子阱光电探测器组成。该系统可以在 2m 长的传输路径上传输模拟音频数据。一个重复频率为 455kHz 的 8ns 的音频调制脉冲信号对 QCL 进行电调制。光电探测器输出的电信号经过放大后，通过 10kHz 的低通滤波器后，信号最终传递到 AM 收音机的天线输入端，以恢复音频信号[27]。

表 7.1 所列为载波频率超过 100Hz 的超高速无线通信链路测量和硬件开发的一些最近进展。

关于 THz 无线光通信的具体技术细节，感兴趣的读者可以查阅文献［32］以及本节提到的其他相关文献。

表7.1 一些最新的太赫兹硬件和通信链路参数

频率/GHz	太赫兹系统	太赫兹硬件	最远距离	调制速率/带宽	BER	参考文献
300	太赫兹时域	a. 外调制器（模拟） b. PDA（模拟） c. 数字	a. 0.48 b. 1 c. 1	a. 6kHz b. 5Kb/s c. 1MHz	c. 10^{-8}	a. [19] b. [20] c. [21]
120	光电子/UTC-PD	光MZM调制器	250（数字） 450（ASK）	3Gb/s	10^{-10}	[23]
120	毫米波集成电路	MMIC MMIC	a. 800 b. 5800	a. 10Gb/s b. 10Gb/s	a. 10^{-12} b. 10^{-12}	a. [24] b. [25]
300	微波倍增	次谐波混频器	22	6MHz		[26]
3800	量子级联激光器（QCL）	QCL的电调制	2	QCL	10kHz	[27]
a. 30，000（30THz） b. 10，000（10THz） c. 30～1500	太赫兹探测器（非制冷的）	a. 压电的（NEP = (1－3) $\times 10^{-9}$ (W/$Hz^{1/2}$)) b. 肖特基二极管（NEP = 10^{-10}） c. HgCdTe HEB（NEP $\approx 4\times10^{-10}$）		a. 100Hz b. 10^{10}Hz c. $<10^{8}$Hz		[28]
a. 1400 b. 750 c. 460	太赫兹调制器	a. 硅 b. Meta/ErAs/GaAs c. Meta/HEMT		a. τ = 5ns b. τ = 20ps c. 10MHz		a. [29] b. [30] c. [31]

参考文献

1. K.M.Cuomo, A.V.Oppenheim, Phys.Rev.Lett.71, 65 (1993)
2. L.Kocarev et al., Int.J.Bifurcation Chaos.Appl.Sci.Eng.2, 709 (1992)
3. T.L.Carroll, L.M.Pecora, IEEE Trans.Circuits Syst.40, 646 (1993)
4. P.Colet, R.Roy, Opt.Lett.19, 2056 (1994)
5. G.D.Vanwiggeren, R.Roy, Chaotic communication using time-delayed optical systems.Int.J. Bifurcation Chaos.9 (11), 2129－2156 (1999)
6. A.Argyris, D.Syvridis, L.Larger, V.Annovazzi-Lodi, P.Colet, I.Fischer, J.Garcia-Ojalvo, C. R.Mirasso, L.Pesquera, K.A.Shore, Chaos-based communications at high bit rates using commercial fibre-optic links.Nature.438 (17), 343－346 (2005)
7. N.F.Rulkov, M.A.Vorontsov, L.Illing, Chaotic free-space laser communication over a turbulent

channel.Phys.Rev.Lett.89 (27), 277905-1 –27705-4 (2002)
8. L.U.Fabrizio Chiarello, M.Santagiustina, Securing wireless infrared communications through optical chaos.IEEE Photonics Technol.Lett.23 (9), 564 –566 (2011)
9. J.P.Toomey, D.M.Kane, A.Davidovic, E.H.Huntington, Hybrid electronic/optical synchronized chaos communication system.Opt.Express.17 (9), 7556 –7561 (2009)
10. A.K.Ghosh, P.Verma, S.Cheng, R.C.Huck, M.R.Chatterjee, M.Al-Saedi, Design of acousto-optic chaos based secure free-space optical communication links.Proc.SPIE 7464, 7464OL (2009)
11. M.R.Chatterjee, J.J.Hunag, Demonstartionof acousto-optic bistability andchaos by direct nonlinear circuit modeling.Appl.Opt.31 (14), 2506 –2517 (1992)
12. M.R.Chatterjee, M.AlSaedi, Examinationof chaotic signal encryption, synchronizationand retrieval using hybrid acousto-optic feedback.Proc.OSA FiO/LS/META/OF & T, paper no.FWC3 (2008)
13. S.Cherry, Edholm' s law of bandwidth.Spectrum, IEEE.41, 58 –60 (2004)
14. M.Koch, Terahertz Communications: A 2020 Vision, in Terahertz Frequency Detection and Identification of Materials and Objects, ed.by R.E.Miles, X.-C.Zhang, H.Eisele, A.Krotkus (Springer Science and Business Media, Dordrecht, 2007), pp.325 –338
15. A.Rogalski, F.Sizov, Terahertz detectors and focalplane arrays.Opto-Electron Rev.19 (3), 346 –404 (2011) (Springer)
16. C.M.Mann, Towards Terahertz Communication Systems, in Terahertz Source and Systems, ed. by R.E.Miles, P.Harrison, D.Lippens (Kluwer, Norwell, 2001)
17. M.Koch, Terahertz Frequency Detection and Identification of Materials and Objects, Nato Science for Peace and Security Series-B: Physics and Biophysics, ed.by R.E.Miles, X.C.Zhang, H.Eisele, A.Krotkus (Springer Science and Business Media, Dordrecht, 2007), pp.325 –338
18. R.Piesiewicz, T.Kleine-Ostmann, N.Krumbholz, D.Mittleman, M.Koch, J.Shoebel, T.Kurner, pp. 24-39, IEEE Antennas Propag.Mag.49 (24) (2007)
19. T.Kleine-Ostmann, K.Pierz, G.Hein, P.Dawson, M.Koch, Audio signal transmission over THz communication channel using semiconductor modulators.Electron.Lett.40, 124 –126 (2004)
20. T.-A.Liu, G.-R.Lin, Y.-C.Chang, C.-L.Pan, Aireless audio and burst communication link with directly modulated THz photoconductive antenna.Opt.Express.13, 10416 –10423 (2005)
21. L.Moller, J.Federici, A.Sinyukov, C.Xie, H.C.Lim, R.C.Giles, Data encoding on terahertz isgnals for communication and sensing.Opt.Lett.33, 393 –395 (2008)
22. A.Hirata, T.Kosugi, N.Meisl, T.Shibata, T.Nagatsuma, High-direcetivity photonic emitter using photodiode module integrated with HEMT amplifier for a 10-Gbit/s wireless link.IEEE Trans.Microw.Theory Tech.52, 1843 –1850 (2004)
23. A.Hirata, H.Takahashi, R.Yamaguchi, T.Kosugi, K.Murata, T.Nagatsuma, N.Kukutsu, Y.Kado, Transmission characteristics of a 120-GHz-band wireless link using radio-on-fiber technologies.J.Lightwave Technol.26, 2338 –2344 (2008)
24. R.Yamaguchi, A.Hirata, T.Kosugi, H.Takahashi, N.Kukutsu, T.Nagatsuma, Y.Kado, H.Ikegawa, H.Nishikawa, T.Nakayama, 10-Gbit/s MMIC wireless link exceeding 800 meters.IEEE Radio and Wireless Symposium 695 –698 (2008)

25. A.Hirata, T.Kosugi, H.Takahashi, J.Takeuchi, K.Murata, N.Kukutsu, Y.Kado, S.Okabe, T.Ikeda, F.Suginosita, K.Shogen, H.Nishikawa, A.Irino, T.Nakayama, N.Sudo, 5.8-km 10-Gbps data transmission over a 120-GHz-band wireless link, IEEE International Conference on Wireless Information Technology and Systems (ICWITS), 1 –4 (2010)
26. C.Jastrow, K.Munter, R.Piesiewicz, T.Kurner, M.Koch, T.Kleine-Ostmann, 300 GHz channel measurement and transmission system.IRMMW-THz 33rd International Conference on Infrared, Millimeter and Terahertz Waves, 1 –2 (2008)
27. P.D.Grant, S.R.Laframboise, R.Dudek, M.Graf, A.Bezinger, H.C.Liu, Terahertz free space communications demonstration with quantum cascade laser and quantum well photodetector.Electron. Lett.45, 952 –954 (2009)
28. F.F.Sizov, V.P.Reva, A.G.Golenkov, V.V.Zabudsky, Uncooled detector challenges for THz/sub-THz arrays imaging.J.Infrared Millim.Te.doi: 10.1007/s10762-011-9789-2 (2011)
29. T.Nozokido, H.Minamide, K.Mizuno, Modulation of submillimeter wave radiation by laser produced free carriers in semiconductors.Electron.Comm.Jpn.80, 1 –9 (1997) (Pt.II)
30. H.T.Chen, W.J.Padilla, J.M.O.Zide, S.R.Bank, A.C.Gossard, A.J.Taylor, R.D.Averitt, Ultrafast optical switching of terahertz metamaterials fabricated on ErAs/GaAs nanoisland superlattices.Opt. Lett.32, 1620 (2007)
31. D.Shrekenhamer, A.C.Strikwerda, C.Bingham, E.D.Averitt, S.Sonkusale, W.J.Padilla, High speed terahertz modulation from metamaterials with embedded high electron mobility transistors.Opt.Express.19, 9968 (2011)
32. J.Federci, L.Moeller, Review of terahertz and sub-terahertz wireless communications.J.Appl. Phys. 107, 111101-1 –111101-22 (2010)

第8章　基于逆向调制器的FSO通信

8.1　引言

本章将讨论逆向调制器在自由空间光通信和数据链中的应用优势。由于现有的通信系统能够支持“快门”技术进而达到可用的通信率，应用调制回射器技术越来越被人们所关注。逆向调制器的功耗很小，尺寸和质量也非常小。本章的结构安排如下：

(1) 简介和背景；

(2) 基于逆向调制器的自由空间光通信系统描述；

(3) 逆向调制器技术；

(4) 基于逆向调制器（MRR）的FSO通信系统性能分析；

(5) 应用。

8.2　简介和背景

新型光子学元器件的发展为自由空间光通信在灵活性、移动性方面的各种应用提供了新的机会。与此同时，为了建立多通信节点和提高移动性，对通信终端的高数据传输率、低重量、低功耗和小体积等方面的要求也日益增加。某些节点可能位于比较偏远的地区，工作环境恶劣，甚至没有电力供应。为了实现信息的高速传输，需要能够传递大量数据的新型传感器。在这种情况下，逆向通信，即采用逆向调制的通信方式是非常有吸引力的，这种逆向调制的半被动光节点比传统的收发机更加适用。传统的FSO通信要求每个终端有一个相对复杂的跟踪对准系统，成本较高。传统FSO通信链路两端采用相似的终端，而MRR的链路则是非对称链路。MRR将典型通信链路的双向对准问题变成了单向对准问题。一个逆向调制通信系统由一个发射机/接收机站和一个远端的逆向调制器构成，该逆向调制器可以设置为“开”和“关”两种状态。与传统的FSO通信系统相比，逆向调制器系统在保持了原有的一些优点的基础上，复杂性降低，可靠性提高，显著降低了系统远端的硬件体积、功耗和重量需求。

逆向通信的原理是：一束问询激光束从远端一个可以设置“开”和“关”状态的反射镜上提取信息。问询激光束照亮逆向调制端，经过调制后被反射，沿光路返回配有相关探测器接收装置的发射单元，该探测器恢复来自逆向调制端的数据信号。注意：该系统的一端具有相对复杂和昂贵的激光发射机和接收机，且配有跟踪对准装置；另一端在光学调制器后面配有一个反射器，该端只有在收到激光发射器的问询时才进行通信。入射激光首先依据输入信息流被调制，然后直接被反射给对端接收机（与发射机位于同一位置）接收。被调制后的反射光可以看作携带数据信息的比特流。由于 MRR 系统没有激光器和跟踪装置，因此可以做得非常紧凑、轻便且非常便宜。这一概念也为设计与本地集线器的点对多点通信提供了可能性，该集线器由激光问询器和多个分布式 MRR 模块组成。

类似于传统的 FSO 通信系统，MRR FSO 通信也会在各种的天气条件下受到大气效应对光信号传输的影响。基于调制回射器的 FSO 通信系统也会有光信号传输问题。为了有效部署这些 MRR 系统，以成功地实现 FSO 通信，必须清楚地了解不同地理位置由吸收、散射和湍流引起的大气效应。此外，与传统的单向通信链路不同，我们还需要掌握 MRR 传输链路的双向（折叠）传输路径特性。由于大气信道的动态变化造成的信号损失、起伏和失真也是影响 MRR FSO 通信的主要因素。

逆向调制 FSO 通信技术具有一些极佳的优点，令它在未来的许多应用中被人们所喜爱。其优点是：能在质量轻（约 10 ~ 100g）、体积小、功耗低（低于 100mW）的条件下，实现高容量的安全通信；采用大视场角，从而减少对问询激光收发机的指向性需求；MRR 无需主动激光发射器。

8.3　MRR FSO 通信系统描述

基于逆向调制器的 FSO 通信系统由一个收发端机和一个 MRR 组成。收发端机通常包含一个激光源（问询器）、一个光电探测器、光学器件和一个捕获跟踪模块（该模块使激光指向 MRR 单元）。MRR 由一个反射器（如角反射棱镜）和一个调制器组成。依据反射器的类型，当加载到调制器上的输入电压根据输入信息流而变化时，反射回问询器的光束特性（如强度或极性）也会发生变化。MRR FSO 通信链路与传统的点对点链路不同，如图 8.1（a）所示。典型的点对点链路两端都使用类似的终端（例如两端都使用收发机），而且根据需要，可以同时进行双向通信。而基于逆向调制器的通信链路是非对称链路，由两个不同的终端组成：其中一端有一个 MRR，而另一端是一个激光问询器，如图 8.1（b）所示。问询器使用连续波（Continuous Waveform，CW）照射到反射器，形成前向链路。问询光束的目的是为反射信号提供必要的光功率。MRR 利用输入数据流对 CW 光束进行调制，调制后的光束沿着与问询激光器相同的方向被反射回去，然后问询接收器收集反射回来的光束，并恢复数据流。这种光反射链路基本工作于半双工（Half-Duplex，HDX）模式。如需要双向或全双工（Full-Duplex，

FDX）数据传输，可以在 MRR 终端增加一个光电探测器来接收来自问询器的半双工数据。对于双向数据传输模式，MRR 仅在问询器光束为 CW（未携带信号）时，才根据数据流来调制光束。因此，两端共享问询光束进行通信，每一段都工作于 HDX 模式。全双工模式下的 MRR 系统（图 8.1（c））将在 8.4 节中进行详细讨论。

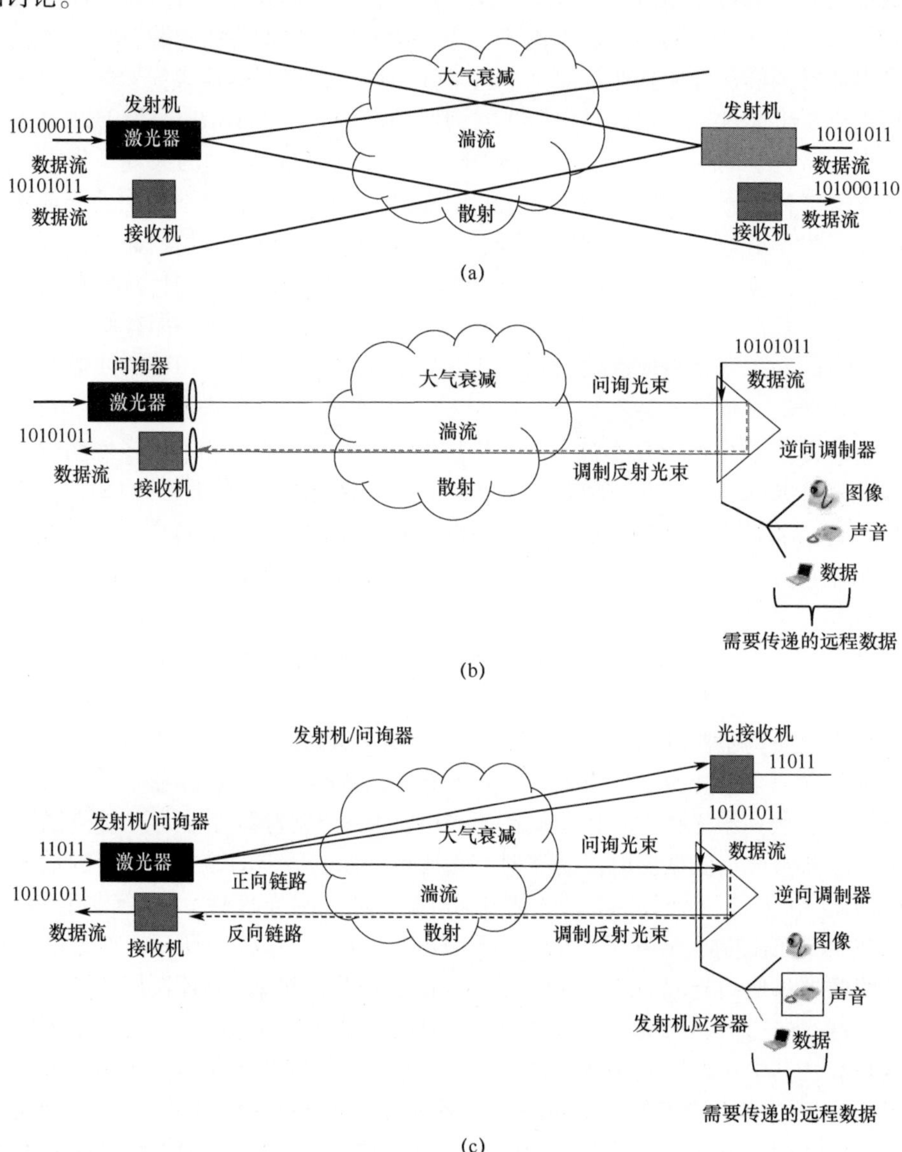

图 8.1　FSO 通信系统

（a）传统 FSO 通信系统；（b）基于 MRR 的 FSO 通信系统（半双工模式）；（c）基于 MRR 的 FSO 通信系统（全双工模式）。

8.4　MRR 技术

在 MRR 通信中，学者们提出的逆向调制器有：电光相位调制器、声光调制器和微机电系统（Micro Electro Mechanical Modulator，MEM）调制器。声光和电光相位调制器对大气相位误差敏感，因此不适用于 FSO 通信系统。最近又提出了另一种基于电吸收的半导体多量子阱（Multiple Quantum Well，MQW）结构的调制器。MEM 调制器的反射率较低。本节将讨论不同类型的逆向调制技术及其基本工作原理。

FSO 通信调制器与光纤通信调制器不同。典型的光纤通信调制器是以波导为基础的，信号光平行于横截面为几微米量级的调制器表面进行传输，从而达到每秒千兆比特的传输速率。而在 FSO 通信调制器中，光信号沿垂直方向传播到横截面为几毫米量级的调制器表面。调制速率取决并受限于制造和集成工艺。设计每秒千兆比特甚至更高传输速率的自由空间光通信调制器是一项非常具有挑战性的技术。影响 FSO 调制器的其他因素还包括功耗、体积、重量、鲁棒性以及能够与大气信道动态变化相匹配的调制方式的适应性。本节将介绍一些适用于 FSO 通信的光调制技术。目前，已经提出、研究并开发出了许多相关的调制技术，包括电光调制器（Electro-Optic Modulator，EOM）、声光调制器（Acousto-Optic Modulator，AOM）和微机电系统调制器（Micro-Electromechanical Modulators System，MEMS）。

8.4.1　EOM

EOM 是一种光学装置，在这里，激光束的特性（如功率、相位和偏振等）随着电信号而发生改变。基本上，电光装置中材料的光学特性是随着外加电压的控制而改变的。当光载波在设备中传输时，材料的光学特性会发生改变，特别是介电常数张量会转化为光载波的某些参数（如相位、振幅、频率、极性和位置）的变化量。EOM 调制器常用的几种材料有：铌酸锂（$LiNbO_3$）、磷酸二氢钾（KDP）和砷化镓（GaAs）。

电光器件的操作和应用依赖于对晶体施加电压时所引起的双折射现象。在双折射晶体中，入射光线会分成两束，这两束光线根据其偏振特性不同而以不同的方式进行传播。因此，这种材料具有两种不同的折射率，每种折射率对应两个垂直偏振分量中的一个。在 FSO 通信中应用的调制器设备可以利用光波的相位、偏振、振幅和频率特性以可控的方式来设计，并且通常会在某个单一波长下表现出最佳性能，而在宽带激光器下的性能有所下降。在通信应用中，这些调制器设备可以在模拟或数字调制模式下使用，具体取决于通信系统的要求，调制带宽可以扩展到千兆赫兹范围内。由于模拟调制对信噪比（Signal to Noise Ratio，SNR）

的需求比较高，限制其局限于窄带、短距离范围内应用，因此数字调制更适用于大带宽、远距离的通信系统。

1. 电光调制的基本原理

假设电场为 E、电光介质的折射率 $n(E)$ 是电场 E 的函数，可按照泰勒级数在 $E=0$ 处展开[1]：

$$n(E) = n + \alpha_1 E + \frac{1}{2}\alpha_2 E^2 + \cdots \tag{8-1}$$

当展开系数为 $n=n$ (0) 时：

$$\alpha_1 = (\mathrm{d}n/\mathrm{d}E)\big|_{E=0} \text{ 和 } \alpha_2 = (\mathrm{d}^2 n/\mathrm{d}E^2)\big|_{E=0}$$

将式 (8-1) 用电光系数 $r = -2\alpha_1/n^3$ 和 $s = -\alpha_2/n^3$ 来表示：

$$n(E) = n - \frac{1}{2}rn^3 E - \frac{1}{2}sn^3 E^2 + \cdots \tag{8-2}$$

式 (8-2) 中的二阶和高阶项通常比 n 小许多个数量级，因此大于三阶的更高项可以忽略。r 和 s 的取值取决于外加电场的方向和光的偏振方向。

普克尔斯效应：在某些材料中，当式 (8-2) 中的第三项与随 E 线性变化的第二项相比可以忽略时，则

$$n(E) \approx n - \frac{1}{2}rn^3 E \tag{8-3}$$

这样的介质被称为普尔克斯介质，系数 r 被称为普尔克斯系数。由电场引起的折射率的变化非常小。一些常用作普尔克斯介质的晶体有：$NH_4H_2PO_4$ (ADP)、KH_2PO_4 (KDP) 和 $LiNbO_3$[1]。

克尔效应：在一些中心对称的材料中，$n(E)$ 是偶对称函数（即 E 的逆保持不变，式 (8-2) 中的系数 r 为0)，所以式 (8-2) 可写为

$$n(E) = n - \frac{1}{2}sn^3 E^2 \tag{8-4}$$

符合这种特征的材料称为克尔介质。

2. 相位调制

相位调制的原理是使用一种如铌酸锂的晶体，其折射率是局部电磁场强度的函数，因此当光暴露在电场中时，穿过晶体的速度会变慢。因此，EOM 中激光的相位便可以通过改变晶体电场的方式来进行控制，可以通过适当的配置电光晶体和输入偏振器的方式，对光波进行相位调制。晶体出射的光波相位与光穿过晶体的时间成正比。图 8.2 所示为相位调制过程的概念。当给晶体施加外调制电压 V 时，外加电压 V 会使得晶体横截面的主轴随着偏振光在新的 x' 主轴的传播而旋转。当外加电压开或关时，输入偏振器与其中一个主轴平行对齐。

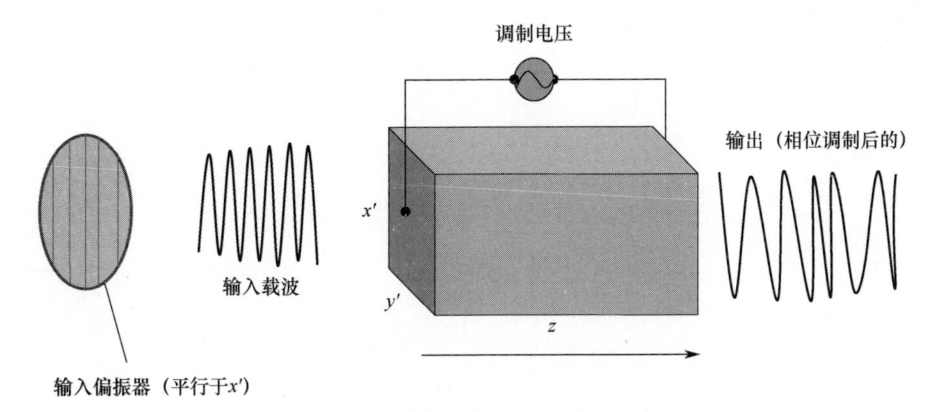

图 8.2　相位调制器（纵向）：偏振方向沿新 x′轴

图 8.2 描述了一个沿 x′轴的偏振器，其输入光电场 $E_{ix'}(t) = E_i\cos wt$ 。晶体输出端的输出电场在 $z = L$ 处的表达式为[2]

$$E_0(t) = E_i\cos(wt - \varphi) \tag{8-5}$$

其中总的相移为

$$\varphi = \frac{2\pi}{\lambda}(n_{x'} + \Delta n_{x'})L = \varphi_0 + \Delta\varphi_{x'} \tag{8-6}$$

式（8-6）中，自然相位项 $\varphi_0 = \dfrac{2\pi}{\lambda}Ln_{x'}$（ $n_{x'}$ 为 x′ 方向的未扰动折射率）；当在 x′ 方向有偏振时，由电场引起的相位项为 $\Delta\varphi_{x'} = \dfrac{2\pi}{\lambda}L\Delta n_{x'}$ ；$\Delta n_{x'}$ 为折射率的变化，且 $\Delta n_{x'} \approx \dfrac{1}{2}n_{x'}^3 \cdot rE$（r 为 EOM 的电光系数）。带入折射率的变化值，则引发的相移可以表示为 $\Delta\varphi_{x'} = \dfrac{\pi}{\lambda}n_{x'}^3 rV$ ，其中调制电压 V 与外加电场 E 的关系为 $E = V/L$ 。注意，$\Delta\varphi_{x'}$ 与 L 无关，与 V 线性相关。对于横向调制器（即调制电压的加载方向与光传播方向相垂直），$E = V/d$（d 为横向尺寸），其引发的相移为 $\Delta\varphi_{x'} = \dfrac{\pi}{\lambda}n_{x'}^3 rV\left(\dfrac{L}{d}\right)$（是纵横比 $\dfrac{L}{d}$ 和电压 V 的函数）。

相移为 π 时对应的外加电压称为半波电压。当 $\Delta\varphi_{x'} = \pi$ 时，纵向调制器 $V_\pi = \lambda/n_{x'}^3 \cdot r$ ，而横向调制器 $V_\pi = (\lambda/n_{x'}^3 r)(d/L)$ 。

当采用直流（Direct Current，DC）电压时，晶体的方向有两种可能：①晶体的主轴不会随着外加电压 V 旋转；②晶体有一个与光波传播方向垂直的特征平面。当施加电场时，该轴会在这个平面内旋转，则输入光波的偏振方向一定会沿着新轴中的一个。这样，就能保证在外加电压关和开时，都能使偏振方向总是沿着主轴方向。通过外加电压的开和关，就可以实现相位调制。

当施加一个正弦调制电压时（$V = V_m\sin\omega_m t$），相应的电场为 $E = E_m\sin\omega_m t$ 。

此时的总相移为

$$\varphi = \frac{2\pi}{\lambda}\left(n_{x'} - \frac{1}{2}n_{x'}^{3} \cdot rE_{m}\sin w_{m}t\right)L = \frac{2\pi}{\lambda}n_{x'}L - \delta\sin w_{m}t \tag{8-7}$$

式中：参数δ为相位调制指数或相位调制深度，表示为$\delta = \left(\frac{\pi}{\lambda}\right)n_{x'}^{3} \cdot rE_{m}L = \pi V_{m}/V_{\pi}$。如果忽略常相位项$\varphi_0$，利用贝塞尔函数，则

$$\cos(\delta\sin w_{m}t) + \mathrm{j}\sin(\delta\sin w_{m}t) = \exp[\mathrm{j}\delta\sin w_{m}t] = \sum_{l=-\infty}^{\infty}J_{l}(\delta)\exp[\mathrm{j}\,lwt] \tag{8-8}$$

则输出光场为[2]

$$\begin{aligned} E_0(t) = E_i[&J_0(\delta)\cos wt + J_1(\delta)\cos(w + w_m)t - J_1(\delta)\cos(w - w_m)t + \\ &J_2(\delta)\cos(w + 2w_m)t + J_2(\delta)\cos(w - 2w_m)t + \cdots] \end{aligned} \tag{8-9}$$

因此，输出光波由w和$(w + nw_m)$（$n = \pm 1$）等频率成分组成。

未调制时，$\delta = 0$，$J_0(0) = 1$。$n \neq 0$时，$J_n(0) = 0$，$E_0(t) = E_i\cos wt = E_{i_{x}'(t)}$。当$\delta = 2.4048$时，$J_0(\delta) = 0$，这意味着所有的能量都传输到了谐波频率上。

3. 偏振调制

非线性晶体的种类和方向以及外加电场的方向可以决定相位延迟，相位延迟取决于偏振方向。普克尔斯介质可用于偏振态调制。输入一个线性偏振（通常与晶体轴线成45°），输出偏振一般为椭圆偏振，而不是简单的具有旋转方向的线性偏振状态。输出端偏振状态的变化是由两个正交波相干叠加造成的，称为偏振调制。例如，对于纵向偏振调制器，输入偏振器可以指向x'主轴的45°方向，与扰动的x'轴和y'轴有关。输入光波沿着这两轴被平均分解为两个线性正交的本征偏振。如果光波沿着x轴方向偏振，且沿着z轴传播（分别表示快轴x'和慢轴y'），则传播场可表示为

$$\begin{cases} E_{x'} = E_0\cos\left[wt - \left(\frac{2\pi}{\lambda}\right)n_{x'}z\right] \\ E_{y'} = E_0\cos\left[wt - \left(\frac{2\pi}{\lambda}\right)n_{y'}z\right] \end{cases} \tag{8-10}$$

沿着这两个快、慢轴的折射率为

$$\begin{cases} n_{x'} \approx n_x - \frac{1}{2}r_x n_x^3 E = n_x - \Delta n_x \\ n_{y'} \approx n_y - \frac{1}{2}r_y n_y^3 E = n_y - \Delta n_y \end{cases} \tag{8-11}$$

式中：n_x、n_y为无外加电场时的折射率；r_x、r_y为在有外加电压时EOM的电光系数。两种偏振在晶体中以不同速度传播引起的相位差或相位延迟Γ表示为[2]

$$\Gamma = \frac{2\pi}{\lambda}(n_{x'} - n_{y'})L = \frac{2\pi}{\lambda}(n_x - n_y)L - \frac{\pi}{\lambda}(r_x n_x^3 - r_y n_y^3)EL = \Gamma_0 + \Gamma_i \tag{8-12}$$

式中：Γ_0为无外加电压时的自然相位延迟；Γ_i为由外加电压V引起的相位延迟。

输出光场可以用延迟 Γ 表示：

$$E_{x'} = \cos wt$$

$$E_{y'} = \cos(wt - \Gamma)$$

通过施加适当的电压幅值，可以控制输出偏振。在不考虑自然双折射情况下，$n_x - n_y = 0$，半波电压 V_π 被定义为使得相位延迟 $\Gamma = \Gamma_i = \pi$ 时的外加电压。此时，垂直偏振输入变为水平偏振输出。则总的相位延迟与 V_π 的关系（假设无双折射）为

$$\Gamma = \Gamma_0 + \pi\left(\frac{V}{V_\pi}\right) \tag{8-13}$$

为了实现偏振调制，晶体横截面上必须有双折射。对于一个特征横截面，在不施加外加电压（$V=0$）的情况下，输入偏振在晶体中传播不发生改变。当外加电压使轴相对于输入偏振的横截面上旋转 45°时，输入会分解为两个相等的分量，最终改变输出的偏振态。对于具有自然双折射的横截面，输入偏振态会随着外加电压的变化而变化。

4. 幅度调制

结合其他光学元件，特别是偏振器，普克尔斯介质也可以用于其他类型的调制，如幅度调制。幅度调制器由一个能够改变偏振态的普克尔斯器件和一个能将改变后的偏振态转换为传输光振幅和功率变化的偏振器组成。一个 1/4 波片引入偏置，以产生线性调制。输出与输入光强的比值即透过率 $T = I_0/I_i$ 与光强调制器参数相关。调制器的透过率为

$$T(V) = \sin^2(\Gamma/2) = \sin^2\left(\frac{\Gamma_0}{2} + \frac{\pi V}{2V_\pi}\right) \tag{8-14}$$

为了完成线性调制，必须通过添加附加相位延迟的方式引入一个 $\Gamma_0 = \frac{\pi}{2}$ 的固定偏置，例如，电光晶体输出的（$\lambda/4$）波片。对于正弦调制电压 $V = V_m \sin\omega_m t$，晶体输出端的延迟为

$$\Gamma = \Gamma_0 + \Gamma_i = \frac{\pi}{2} + \Gamma_m \sin w_m t \tag{8-15}$$

式中：$\Gamma_m = \frac{\pi V_m}{V_\pi}$，为幅度调制指数或幅度调制深度，此时透过率可写为[2]

$$T(V) = \sin^2\left(\frac{\pi}{4} + \frac{1}{2}\Gamma_m \sin w_m t\right) = \frac{1}{2}\left[1 - \cos\left(\frac{\pi}{2} + \Gamma_m \sin w_m t\right)\right] \tag{8-16}$$

当 $V_m \ll 1$ 且 $\Gamma_m \ll 1$ 时，$T(V) \approx \frac{1}{2}[1 + \Gamma_m \sin w_m t]$（即调制电压和调制深度较小），透过率或者输出强度与调制电压呈线性关系。

8.4.2 AO 调制

这种情况下，光场由声信号调制。调制器是一种声光晶体，这意味着折射率取决于压力。声波压力的变化会导致折射率的变化。声波在晶体中传播时，由于声压的不同，存在高折射率区和低折射率区，声波产生一个衍射光栅，这样就可以在晶体内产生一个间距。AOM 在透明介质中引入折射率的周期性调制，使光的散射类似于布拉格衍射。

声波产生了周期性的折射率调制，在介质中传播时形成周期性的密度光栅。声波由射频（Radio Frequency，RF）信号驱动的压电换能器所产生。晶体另一端的吸声器阻止声波返回换能器。由于布拉格衍射，激光束的方向略有改变。我们必须区分出在原始光束方向的“透过率”和将原始光束衍射成一阶光束的“效率”。声波的强度决定了 AOM 的效率，因此被用来调制光强度。AOM 的转换速度受声波穿过光束直径所需时间的限制。为了实现高速调制，光束直径必须很小。因此，必须优化调制器的光强和激光损伤阈值。光从移动的折射率光栅散射而来，会产生与声波频率相等的轻微的衍射光频移。声波的运动就像一个移动的衍射光栅，衍射光束的频率产生了 $\pm f_m$ 的多普勒频移，受光的频率调制。

工作在布拉格体制下的 AOM 可用于实际的传输结构中，以完成高速高频率 MRR。布拉格衍射条件为

$$2\lambda_S \sin\theta_B = \lambda_L \tag{8-17}$$

式中：λ_S 为 AOM 晶体中的声波波长；θ_B 为布拉格角；λ_L 为激光波长。

入射光束在声波波前处发生镜面反射，这里的衍射光束和入射光束在整个声波波前同相。图 8.3 所示为基于 AOM 逆向调制器的 FSO 通信基本概念。

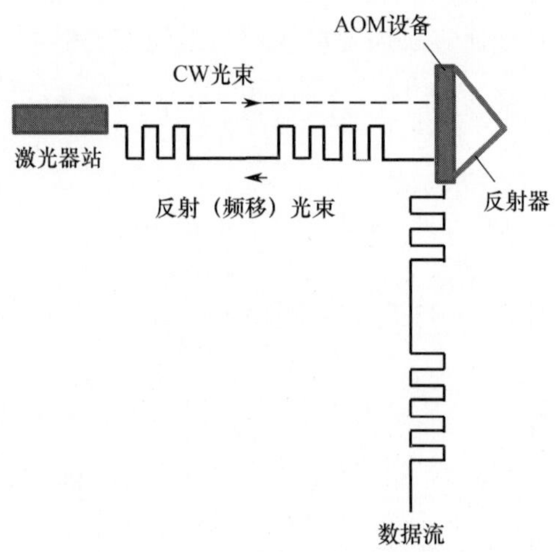

图 8.3 基于 AOM 逆向调制器的 FSO 通信的基本概念（来自问询器的 CW 激光束入射到 AOM 设备上，产生了频移的光束被反射回问询器）

当一个 RF 脉冲序列（代表信息流）施加在 AOM 上时，AOM 设备对问询激光束进行衍射。衍射光束通过 AOM 反射回问询激光器上，并且可以通过有无频率调制来检测回波信号[3]。数据传输速率由脉冲间隔决定，这就要求来自 AOM 的衍射光脉冲的上升时间和 RF 脉冲宽度相当或小于脉冲间隔。实验证明[3]：在布拉格体制下，1MHz 的数据传输速率要求 RF 功率为 2W，调制器封装的质量和体积分别约为 1kg 和 3000cm^3。研究发现，在 Raman-Nath 体制下，应用于自由空间光通信的潜在频率可以达到 1GHz。

由于 AOM 设备在建立远程 FSO 通信链路上的简便性，使得其有可能适用于高速 FSO 通信。基于电光相位调制的器件可用于高速（GHz）FSO 通信，其中 MRR 可以安装在移动平台上，如卫星或无人机（Unmanned Aerial Vehicle，UAV）。利用外差检测技术可以获得足够大的信噪比来对反射信号进行检测。

8.4.3　液晶（LC）/铁电液晶（FLC）调制器

液晶（Liquid Crystal，LC）材料处于固态和液态之间，在某些条件下具有各向异性，但仍保持流动性。液晶相分为三种：近晶相、向列相和胆甾相。近晶相结构具有平移和取向有序性，接近固态，向列相液晶只有方向有序性而没有长程有序性，胆甾相液晶来自手性分子（与其镜像不同）的向列相晶体，具有螺旋形旋转结构。向列相液晶在电光应用中得到了广泛的应用。向列相液晶一个十分有用的特性就是介电各向异性 $\Delta\varepsilon = \varepsilon' - \varepsilon''$（其中 ε' 和 ε'' 是介电张量 ε 的两个不同的介电常数），导致 LC 与外部外加电场相互作用。当呈现正介电各向异性时，材料的平均方向对准电场方向，而当电场被移除时，弹性会使其恢复到初始平衡状态。向列相液晶的调制模式可以用以下方式描述。LC 器件可以实现不同的调制模式，具体取决于取向层、外部电场的方向和入射光的偏振特性。当指向矢平行于取向层且没有扭曲时，可以实现纯相位调制和相位幅度混合调制[4]。可以计算出不同偏振角度 α 和不同延迟下的复调制。当入射光的偏振方向与 LC 光轴平行（$\alpha = 0$）时，可以实现纯相位调制，而对于垂直于光轴的偏振光，即 $\alpha = 90°$，LC 不会改变其入射光的偏振或相位；对于其他角度（0°～90°），偏振状态将会发生改变，导致偏振器第二通道处的幅度损失；当偏振方向 $\alpha = 45°$ 时，可以实现最佳强度调制，但不能实现完全的纯幅度调制。

FLC 的电光特性：与向列相类型不同的是，FLC 在材料主体上表现出网状偶极子，且由于其电偏振特性，在 DC 场下可以快速地切换。铁电液晶是手性近晶相 C 设备，具有层状结构，即分子与层面法线方向呈一定角度（“圆锥角”）。此外，该结构中还存在一些固有的扭曲。表面稳定铁电液晶（The Surface Stabilized Ferroelectric Liquid Crystal，SSFLC）结构是 FLC 器件中最常见的结构。这种情况下，材料的自然扭曲会受到表面条件的抑制。当 DC 电压施加在显示基板上时，分子围绕圆锥体旋转，使得在中心区域，分子指向的方向在液晶盒平面上发生大约45°的变化。因此，铁电液晶的方向可以很快地从沿入射光的偏振方向切换到光偏振方向的45°方向。使用铁电液晶材料来处理半波光，到达出射偏振器的光状态可以从0°变化至90°，以实现黑白操作。

LC 光学快门：在 MRR FSO 通信中，通常问询激光器将光束发送到 MRR，该 MRR 在反射器之前放置 LC 调制器，然后 MRR 将带有调制信息的输入信号反射回问询器。使用 FLC 技术的快门拥有大直径电子快门（<100μs）的速度，同时具有无振动 LC 快门的优势。图 8.4 所示为基于 FLC 的光开关原理：电极之间的电压使得 FLC 分子的光轴方向在两种状态下切换，从而改变出射光的偏振方向。

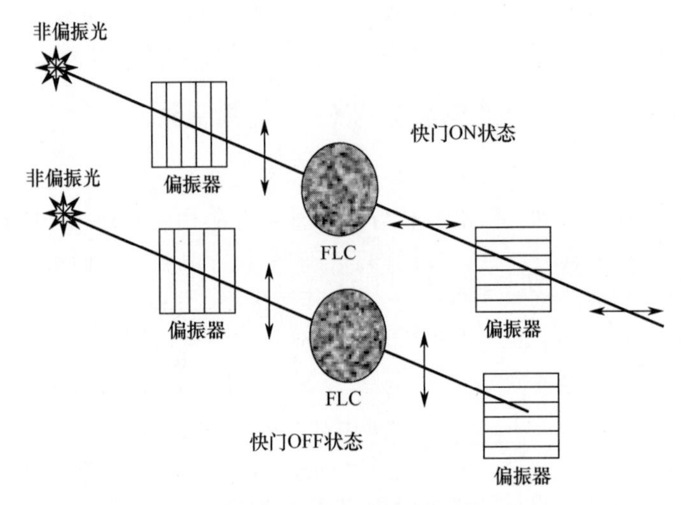

图 8.4 基于 FLC 的光开关原理

将 FLC 盒放置于线性交叉偏振器之间，或使用一个偏振光源和一个线性偏振器时，FLC 可以起到光学快门的作用。图 8.5 所示为分子方向是如何相对铁电液晶层的 x 轴旋转角度 θ 的。当被放置于两个封闭的玻璃板之间时，其表面的相互作用只允许存在这两个稳定的分子旋转角度 $\pm\theta$ 。沿 z 轴方向施加 $+E$ 或 $-E$ 电场时，分子方向可以转换为 $+\theta$ 或 $-\theta$ 两个稳定状态，因此光轴会在这两个方向之间切换。如果入射光线与 x 轴之间的线性偏振夹角为 θ 时，$+\theta$ 状态下偏振方向与光轴平行。此时，波的传播没有延迟且折射率为 n_e 。$-\theta$ 状态下，偏振面与光轴的夹角为 2θ 。当 $2\theta=45°$时，延迟为[1]

$$\Gamma = 2\pi(n_e - n_0)d/\lambda_0 \tag{8-18}$$

式中：d 为 FLC 盒的厚度；n_0 为寻常光折射率。当 $\Gamma=\pi$ 时，偏振面旋转 90°，意味着通过反转外加电场，可以使偏振面旋转 90°。当 FLC 放置在两个交叉偏振器之间时，可以变成强度调制器。室温下 FLC 开关的响应时间通常 <20μs，比向列相 LC 快得多，其开关电压通常为 ±10V。

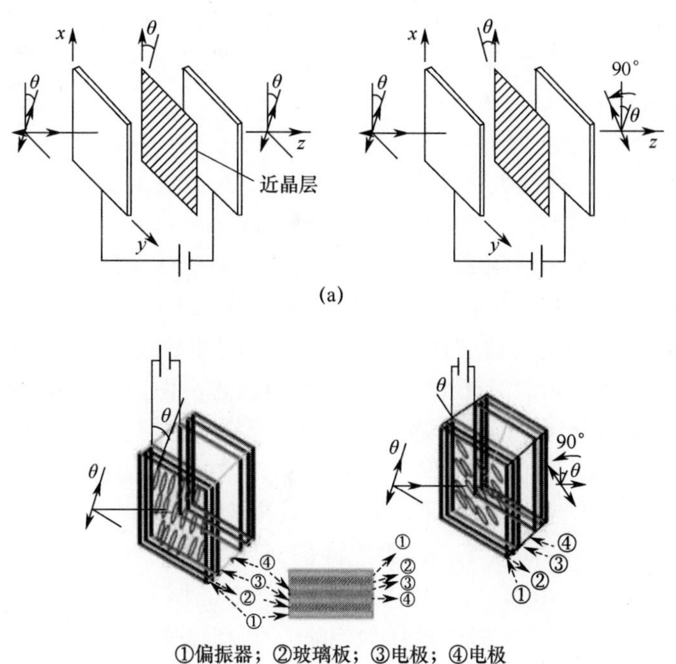

图8.5 (a) 当外加电压为 $+E$ 或 $-E$，在角度 $+\theta$ 或 $-\theta$ 处的FLC分子方向示意图，显示出了在两个方向之间的切换能力（转载自 John Wiley & Sons, Inc. 1991[1]）；(b) 放置在两个封闭玻璃板之间的FLC原理图

8.4.4 MQW 调制器技术

与其他类型的MRR技术相比，基于MQW的MRR设备具有许多优点，包括：功耗低（mW级，低于1W）、重量小、结构紧凑、转换速度快（在FSO通信中约45Mb/s）。MQW的工作原理是基于半导体MQW中的电吸收，利用Stark（斯塔克）效应改变晶体透射窗口的吸收，而且材料的吸收随电场的变化而变化，吸收峰仍能被分辨，半导体的光学调制速度非常快（约40GHz）。MQW设备是基于采用分子束外延（Molecular Beam Epitaxial，MBE）技术制备的GaAs/AlGaAs的p-i-n器件模式[5,6]。

图8.6（a）所示为MQW原理图。当在器件上以反向偏压的方式施加一个中等电压（约2～20V）时，其吸收特征会发生变化，从而导致波长量级的改变。设备在接近这个吸收曲线附近的透过率会发生明显的变化，因此可以充当高速开关快门。调制器由大约100个非常薄（约10nm）的几种半导体材料层组成，如GaAs、AlGaAs和In GaAs，外延沉积在大尺寸半导体晶片上（直径约3in）[5]。这种设计结构类似于一个p-i-n二极管，其中的薄层在特定波长下引起了急剧的吸

收特征。图 8.6（b）所示为如何通过施加中等电压来改变特定工作波长下的透射率。信号可以以开关键控（On - Off - Keying，OOK）的格式加载到问询载波光束上。MQW 调制器的对比度可以定义为 I_{max}/I_{min}（I_{max} 和 I_{min} 为无电压和有一定电压两种电压状态所对应的两个开关位置的光强度）。开关速度取决于器件的材料特性和孔径面积，因此数据速率受电阻电容（Resistor Capacitor，RC）、时间常数的限制（$R \approx 5 \sim 10\Omega$，为薄层电阻；$C \approx 5$ nF/ cm^2）。功耗为 CV^2f，其中 f 为驱动频率。该器件属于透射式调制器，对比度是施加到器件上的驱动电压的函数，并且随着电压的增加而增加，直到饱和。文献［5］描述了施加电压在 15 ~ 25 V 之间时，调制器的对比度在 1.7：1 ~ 4：1。对于超过 1km 或更远距离的 FSO 通信，需要大孔径尺寸来保证接收光功率的信噪比。但同时，MQW 快门的速度与调制器的面积成反比。因此，需要对 MQW 调制器进行合理的设计，以实现远距离、高速率的 FSO 通信。但是，大孔径 MQW 快门可能会造成较大的功率损失，电功率消耗程度为[5]：$D_{mod}^4 \cdot V^2B^2R_s$，其中 D_{mod} 为调制器直径，V 为外加电压，B 为器件的最大数据速率，R_s 为器件的薄层电阻。海军研究实验室（Naval Research Laboratory，NRL）考虑用“像素块”MQW 调制器来解决这些问题，实现了包含 9 个“像素块”、器件直径为 5mm、调制速率超过 10Mb/s 的透射式调制器。

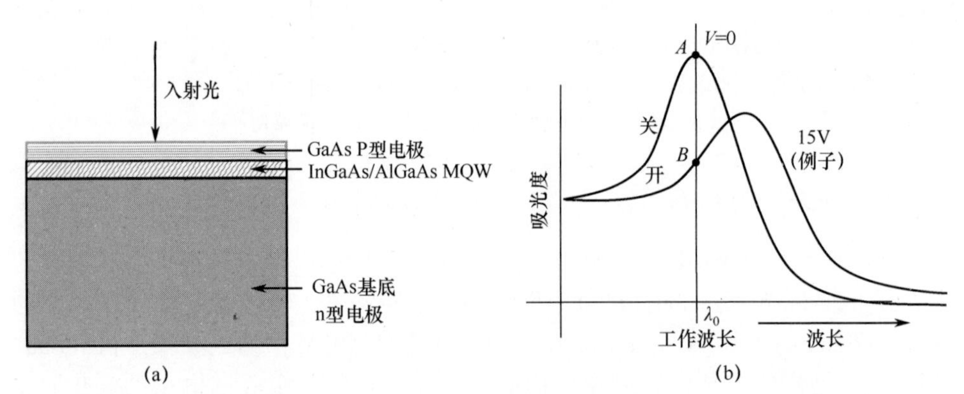

图 8.6　(a) MQW 原理图（GaAs 材料生长在活跃区域约 1μm 厚的交替层中）；(b) 典型特征（工作波长 λ_0（问询激光器波长）下，从无电压（$V=0$）到中等电压（约 15V）下的对比度变化）

NRL 考虑了两种将入射光反射回问询激光器的逆向反射器：①角棱镜光学逆向反射器，连接在 MQW 调制器的后面；②“猫眼”逆向调制器，通过将一个小 MQW 快门阵列放置在光学焦平面上形成逆向反射器。这样，一个小尺寸光斑（mm）就可以实现高数据速率，并且阵列与光学系统的结合有效地增大了孔径尺寸[7]。图 8.7 所示为焦平面“猫眼”逆向调制器的原理。

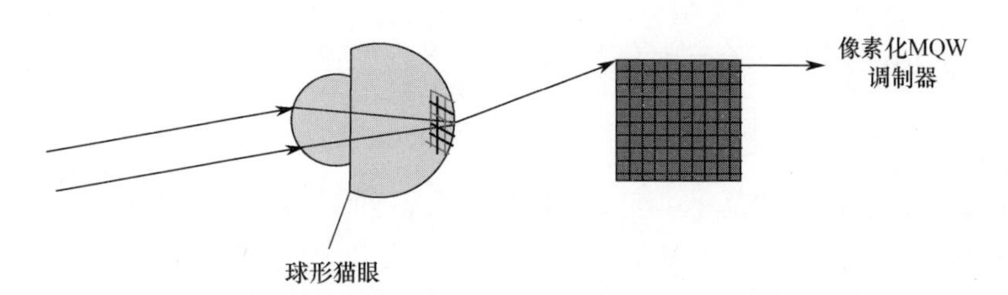

图8.7　具有像素化MQW（在焦平面上）的“猫眼”逆向调制器的原理图（转载自SPIE，2002[10]）。

MQW-MRR的进展和最新应用：目前基于MQW技术的FSO能够达到数十Mb/s的传输速率。NRL是研究MRR FSO通信中MQW调制器的先驱，在各种空间[9]、飞机和地面平台[9,10]展开了相关的应用研究，波长一般采用850nm、980nm和1.55μm的红外波段。下面介绍一些利用“猫眼”概念的逆向调制器。据报道，在一架小型无人机上完成了高达5Mb/s的传输速率[9]，该设备是采用980nm快门的角棱镜调制器，在12V驱动下的对比度为2:1。文献［11］描述了使用“猫眼”逆向调制器的MQW-MRR，是通过将MQW放置在“猫眼”焦平面上完成的，已经完成了1km范围内10Mb/s的自由空间光通信。与传统的角棱镜逆向调制器系统相比，“猫眼”MQW-MRR具有将系统的最大传输速率提高一个数量级以上的潜力。图8.7展示了焦平面“猫眼”逆向调制器的基本概念。通过在焦平面上使用大量的像素块，可以在不降低孔径尺寸和无需大幅度增加功率的条件下，提高数据传输速率。系统视场和速度参数能够在不使用大量像素块的条件下达到优化和平衡。由于对平台限制小、重量轻、功耗小，“猫眼”逆向调制器是远距离、高速率FSO通信链路的最佳选择。NRL报道了一个“猫眼”MRR，重410g（包括电子设备），在4km链路上达到10Mb/s的通信速率[12]，最新的实验室样机能够达到70Mb/s的速率[11]。文献［13］报道了在切萨皮克湾上，建立的一个基于1.6cm焦平面“猫眼”MRR的FSO通信链路，采用5W的激光问询器，在7km距离上实现了45Mb/s的数据速率。文献［14］报道了一个连接小型机器人的光学调制器FSO通信链路，采用6个MRR阵，光电探测器视场的方位角为180°，仰角为30°，在1.5Mb/s的数据速率下，通信距离达到1km。NRL还报道了应用于小型UAV的MRR激光通信终端，最大距离为2.5km，数据速率为2Mb/s[15]，实现了对地面的实时视频传输。最近报道了利用MRR的小型卫星高速率下行通信链路[16]，该链路中，当MRR调制反射信号时，激光地面站需要“照亮”卫星上的逆向反射器，他们是将数据流加载到反射光束上，被地面探测器所接收。他们还指出了未来利用纳米卫星完成各种任务的可能性。

8.4.5 MEMS 可变形反射镜逆向调制器

1. MEMS MRR 的概念

MEMS MRR 是一种基于可变形 MEMS 反射镜的调制角反射器 MRR 系统，该反射镜可以从平面反射面（无外加电压）切换到由变形镜构成的衍射面（有外加电压）。FSO 通信系统的性能直接受逆向调制器特性的影响，具体为：波前像差和有效光学孔径影响最大作用距离；调制响应时间和对比度影响数据带宽。而系统的整体可用度和鲁棒性则取决于调制器接收视场角、波长范围以及抗物理和热冲击能力等。在一些实际应用中，MRR 可用于远距离数据传输，大气湍流条件下的通信范围可达 0.1 ~ 10km，有效的光学孔径须为 1cm 或更大，波前畸变小于 $\lambda/10$。该系统能够在很宽的入射角范围内工作，最高可达 ±30°。通信系统的操作波长范围也是一个重要的影响因素（即 MRR 设备必须与发射问询激光器波长相匹配）。设计 MRR FSO 通信系统最后还要考虑的是，在适当 SNR 下，数据调制对比度为 10∶1（最理想状态下，至少需要 2∶1）时，数据调制速率至少为 100kHz（最终需要达到 10kMHz/s 或 100kMHz/s 的数据传输率）。

最近有研究表明：基于 MEMS 的逆向调制器适用于数百米范围内的低成本、低功耗紧凑型通信，用来检测和调制输入问询激光束，然后将调制信号反射回发送端（即问询器）。这种 MRR 由一个基于 MEMS 的机电调制器和一个无源反射器组成（如一个空心反射器），其中 MEMS 调制器用作反射器三个反射面中的一个（或多个）。采用 MEMS 技术的调制器既可以作为平面镜（无外加电压），使逆向发射光最大化；也可以作为非平面（波纹或变形）镜（有外加电压），减少反射回发送端的光量，通过在这两个电压之间的切换可以实现调制。

2. 基于 MEMS 的逆向调制概念

近年来，许多研究者设计开发了基于 MEMS 的 MRR。本节将对这些调制器在 FSO 通信中应用的概念和基本工作原理进行描述。以下讨论两种类型的 MEMS-MRR：①第一种 MEMS 器件[17]是基于将大多数入射光反射回光源的平面镜状态和作为衍射光栅的波纹（变形）状态之间的交替切换，波纹状态将大量的光转移到更高阶上而耗尽（因此大部分输出光无法反射回光源）；②另一种[18]则采用由六角凹透镜阵列组成的 MEMS 可变形镜阵列，完成从平面反射面（无外加电压）到衍射面（有外加电压）的切换。

图 8.8 所示为基于 MEMS 的 MRR 的基本概念图。MEMS 调制器是一种槽深可控的反射衍射光栅，作为组成角反射镜的三面镜子之一，它能够通过在无源（无外加电压）平面镜状态和有源衍射状态（有外加电压）之间的切换来调制连续激光束。电调制的可变形 MEMS 镜嵌入一个中空反射器中[17]，被一个紧凑的 1.55μm 的激光收发系统所问询。MEMS 镜对问询激光束进行调制，并将调制后

的信号反射回问询源，并对其进行译码。MEMS 调制器采用静电致动作用使几排边缘支撑的窄板变形，从而形成衍射光栅。由拉伸氮化硅层支撑的反射金镜面保持在接地电位，并将电压施加到导电基板上，从而使这两个表面之间产生静电力，导致柔性镜面的偏转。这种类型的致动器可以建模为一对平面电极，重叠有效面积为 A，间距为 g（紧密间隔）。在电极之间施加电压 V，产生的静电引力 F_e 为[17]

$$F_e = \frac{\varepsilon_0 A V^2}{2g^2} \tag{8-19}$$

式中：ε_0 为空气的介电常数（8.8×10^{-12}F/m）。当电极向另一个方向偏转一个量 z 时，需对式（8-19）进行修正：

$$F_e = \frac{\varepsilon_0 A V^2}{2(g-z)^2} \tag{8-20}$$

当一个致动器电极保持固定，而另一个可变电极由刚度系数为 k 的机械柔性弹簧支撑时，反向电极运动的机械恢复力 F_m 可表示为

$$F_m = -kz \tag{8-21}$$

当平衡状态下的电力和机械力相等时（$F_e = -F_m$），外加电压和平衡偏转 z 的关系为[17]

$$V = \sqrt{\frac{2kz(g-z)^2}{\varepsilon_0 A}} \tag{8-22}$$

式（8-22）给出了 g、z 和 v 之间的关系。利用静电致动来调制问询激光束的优点是：致动器几乎不消耗功率、无滞后、MEMS 可变形镜易于制造。当 MEMS 调制器上无外加电压时，远场衍射图样的 0 阶光强包含问询激光系统的逆向反射光束，该光束已经被安装在逆向反射器组件中的调制器所接收。随着外加电压的施加，调制器发生偏转，第 0 阶衍射光强减小，而离轴高阶衍射光强增大。MEMS 镜可作为空心反射器中的一个面，将调制光束返回问询器[17]。

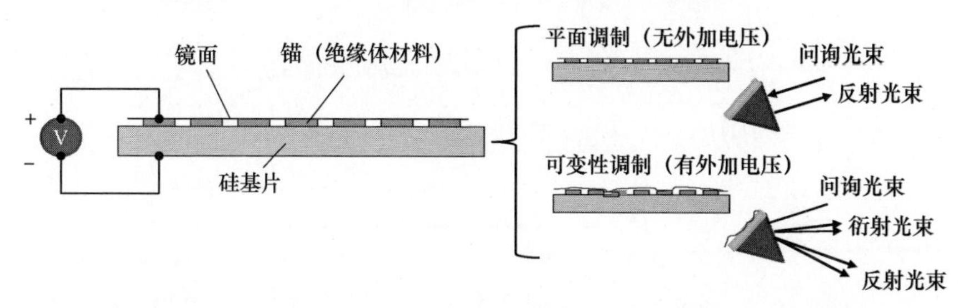

图 8.8　基于 MEMS 的 MRR 的基本概念图（转载自 SPIE，2009[17]）

MEMS 调制器可以有多种结构。一种是通过使用 MEMS 致动器沿光束方向移动反射器的方式来进行简单的相位调制[19]。当反射器的质量与其移动的共振频率成反比（即限制调制速率）时，使用球形“猫眼”反射器。前面讨论了用

MEMS 致动光栅来替代角反射器中一个镜子的结构[20]。对于大范围的 FSO 通信应用，现有的 MRR 器件无法满足所有的需求，诸如速度、波长、大角度视场、轻量级、尺寸、功耗、调制比、工作距离等。这些问题在前面已经讨论过。此外，对基于 MRR 的 FSO 通信应用而言，系统一定是工作在不断变化的大气环境条件（如湍流、散射和海洋大气环境）下的。

文献［21］报道了具有可变气隙的鼓面结构的大口径 MEMS 标准具调制器，用于“猫眼”反射器光学系统。文献［22，23］描述了类似 MEMS 器件结构的改进型作为第一面可变形镜而不作为标准具的概念。第一面 MEMS 可变形反射镜从平面转换为六角形阵列的凹透镜。球面微透镜的光分布由几何曲率（几何区域）所确定，多个发散光束之间的干涉抑制了零级反射率（衍射效应）。图 8.9 所示为这种用于逆向调制器的 MEMS 可变形反射镜的一般概念图。注意：这里的远场衍射图样（在位于问询激光器附近的接收平面处观察）是可变形镜面（镜阵列）的傅里叶变换。零级衍射光束决定了 FSO 通信接收端接收到的信号功率，该接收端放置于问询激光束的旁边。研究发现[23]其性能如下：在角棱镜逆向反射镜中使用三个反射镜，每个反射镜都与角棱镜法向呈 54.7°，传输距离至少为 1km，驱动电压增大（≈79V），从而增加设备响应到大于 1MHz，在 20℃ 和 100℃温度下运行，消光比为 7∶1，在 1.5μm、入射角达到 ±68° 时，对比度可达到 10dB。

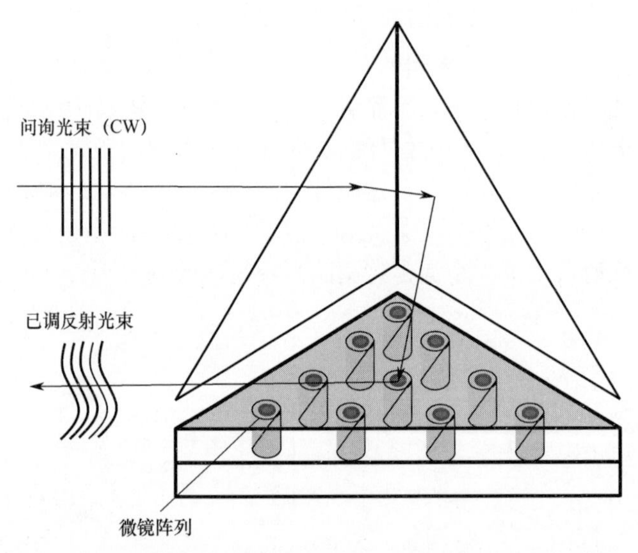

图 8.9　利用 MEMS 可变形微镜阵列的逆向调制器概念图（转载自 IEEE，2006[18]）

3. 微光电机械系统（Micro-Opto-Electro-Mechanical System，MOEMS）调制器

一些基于 MEMS 的调制器技术是利用 MEMS 微镜与其支撑基板之间的干涉

来调制入射光[24,25]。调制器工作于波长大于 1.3μm 的大光谱波段上，以及大角度范围（120°）。该调制器由平行于基板并由位于基板上方的微束悬挂的硅微镜阵列组成。微镜作相干移动，从而起到干涉开关的作用。通过施加静电力调节大量法布里－珀罗腔来调节可移动镜和下面的硅胶基板之间的空隙来实现调制。调制装置的基本概念为：调制器传输可以建模为一个法布里－珀罗标准具，其中镜面反射率由硅的菲涅尔反射系数决定。问询激光器波长下调制器的透过率与入射角 θ 、镜子和基板的空间 δ 的关系为[25]

$$T_{\mathrm{mod}} = \frac{T^2}{(1-R)^2} \cdot \frac{1}{1 + \frac{4R}{(1-R)^2} \cdot \sin^2\left(\frac{\phi}{2}\right)} \tag{8-23}$$

其中

$$\phi = \frac{4\pi}{\lambda}\delta\cos\theta$$

并且

$$R_{\perp} = \left\{\frac{(\sqrt{n^2 - \sin^2\theta} - \cos\theta)^2}{n^2 - 1}\right\}^2$$

$$R_{11} = \left\{\frac{n^2\cos\theta - \sqrt{n^2 - \sin^2\theta}}{n^2\cos\theta + \sqrt{n^2 - \sin^2\theta}}\right\}^2$$

式中：T 和 R 为硅的透射率和反射率；n 为硅在波长 λ 处的折射率（$n=3.5$）；$R_{\perp}$ 和 R_{11} 分别为垂直和平行偏振的菲涅耳反射系数。对于一个给定的入射角，通过改变间隙可以获得良好的调制器对比度。对于特定间隙的高透射率，光通过后向反射镜，然后返回到问询器；反之，如果特定间隔下透过率比较低，则入射光以某个随机角度被发射出去。可以根据入射角 θ ，调整标准具间的间距在 0.1～1.6μm 范围内变化，从而使得该设备可以在最大和最小透射率之间切换。在基片与微镜之间施加的外加电压决定的静电力将微镜向下拉，以改变间距。这种利用基于干涉的 MEMS 光调制器可以用于 1km 范围内、200kb/s 速率的通信。

4. MEMS 可切换逆向反射膜调制器

有些应用要求信号必须是肉眼可见的。这些应用中一些理想化的要求是：>100nm的宽可见光谱范围（半峰全宽度（Full Width Half Maximum，FWHM）），调制对比度 >10：1，大反射面积（>100cm²），可接收输入角度范围广，切换速度像人眼响应一样快（<100ms），以便明显识别高光学效率（即接收的逆向反射光强要远大于环境漫反射的反射强度）。另一个重要的考虑因素是低调制功率。文献［26］介绍了几种用于快速视觉识别的电调制后向反射膜技术的例子。这种类型的应用对于需要肉眼快速响应的 FSO 视觉通信是非常有用的。本节讨论基于电润湿的开关技术，是最适合的调制技术之一，可以快速切换，可以在整个可

见光到红外光谱上进行调制，而且几乎不依赖于角度。电润湿的基本机理是利用机电力来减小电介质表面的液体接触角。当电压为 V 时，接触角 θ_v 可表示为[26,27]

$$\cos\theta_v = \cos\theta_y + CV^2/2\gamma_{cl} \tag{8-24}$$

式中：θ_y 为杨氏角（无外加电压）；C 为疏水膜每单位面积的电容（F/m^2）；γ_{cl} 为导电流体（如水）和绝缘流体（如油）之间的界面表面张力。极性流体充当一个电极。依据诸如 C 和 γ_{cl} 的材料性质，对于施加 10 ~ 100V 电压的、尺寸 < 100μm 的器件，可以应用电润湿以几 ms 的速度改变光传输。

入射光必须经过调制层传输、反射，然后再次通过调制层。文献［27］描述了基于集成到角棱镜的电润湿小透镜的可切换后向反射器。图 8.10 说明了其基本原理，角棱镜反射器背板涂有电润湿膜，并注入油（$n>1.4$）和水（$n\approx 1.3$）。由于油的折射率高于水的折射率，油和水形成凹形弯月面，起到凹透镜的作用。研究人员用了 800μm 的角棱镜，当电压关闭（$V=0$）时，入射到电润湿后向反射器上的光会被凹形弯月面折射，从而产生光学散射，因此，该设备起到一个漫反射镜的作用。当施加电压 V 时，电润湿减小了与疏水电介质的水接触角。当外加电压≈19V 时，水接触角≈125°，弯月面变平坦，设备起到一个传统逆向反射器的作用。当输入角度为 ±30° 时，对比度大于 10∶1。如果角棱镜尺寸缩小到 10μm，则切换速度会变得非常快，可以 <0.1ms（远远超过了人眼的反映时间）。另外，还可以制造大的反射面（>100cm²），而且也是薄的、可变形的（即可以直接放在曲面上）。

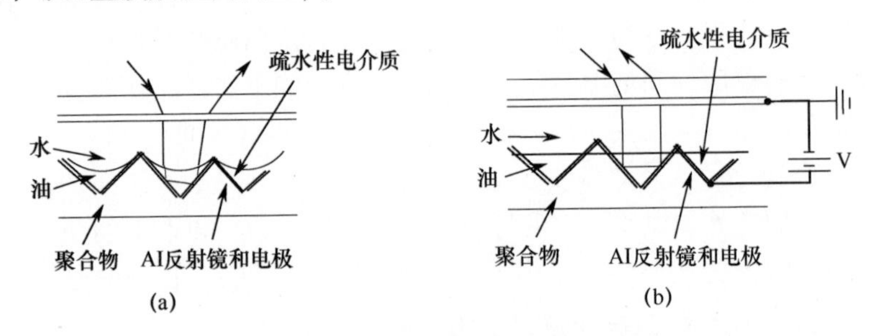

图 8.10 电润湿微透镜逆向调制器

（a）散射状态（无外加电压）；（b）逆向反射（有外加电压）

（转载自 the Optical Society of America（OSA），2012 [26]）。

8.4.6 一种新的 MRR 技术：基于单模光纤（Single-Mode Optical Fiber，SMF）的放大逆向调制器（Amplified-Retro-Modulator，ARM）

1. 单通道 ARM

MRR 激光通信系统反射链路的性能受逆向调制器尺寸（面积）的限制。大孔径逆向调制器可以反射回更多的信号，但也会更重且消耗更多电能。文献［28］描述了一种 MRR 新概念——放大逆向调制器。放大器使逆向调制器的有效面积增加了 300 多倍，使系统在不增加重量和功耗的情况下，达到与大孔径逆向调制器一样的效果。

放大逆向调制器是如何工作的？

该概念是基于一种高效的 FSO－SMF 耦合器开发的。而传统耦合器的损失较大。FSO 接收元件是一种耦合到固体光学元件末端的单模光纤，其效率得到了提高，使用这种逆向调制器可以实现 2.5Gb/s 的高数据传输[28]。耦合到单模光纤的传统 FSO 系统，聚焦深度（Depth-of-Focus，DOF）非常小，在理想成像系统下可表示为

$$\mathrm{DOF} = \frac{d}{2\mathrm{NA}} \tag{8-25}$$

式中：d 为焦斑；NA 为光纤的数值孔径。

对于常规单模光纤，当模式场直径为 10.5μm、NA 为 0.13 时，DOF 为 40μm。因此，热膨胀或任何机械振动都会引起透镜位置的微小变化，从而导致严重的耦合效率损失。新概念采用了带尾纤的实心玻璃光纤准直器，由于光纤直接耦合到准直器玻璃上，因此对热和机械扰动不太敏感。为了有效地将光耦合到 SMF 中，接收机入口处的光学扩展量不能超过 SMF 的光学扩展量，并且会受到 SMF 的 V 参数上限的制约：

$$V = \frac{2\pi\alpha_{\mathrm{core}}}{\lambda}\cdot \mathrm{NA} = \frac{2\pi\alpha_{\mathrm{core}}}{\lambda}\cdot \sin(\theta) \leqslant 2.405 \tag{8-26}$$

式中：α_{core} 为光纤芯的半径；λ 为工作波长；θ 为光纤的接收角。

单模光纤的光学扩展量为

$$\xi_{\mathrm{SMF}} = \pi\cdot(\alpha_{\mathrm{core}}\cdot \mathrm{NA})^2 \leqslant \frac{(1.2025\cdot\lambda)^2}{\pi} \tag{8-27}$$

式中：ξ_{SMF} 为单模光纤的光学扩展量。为了有效耦合，接收机的光学扩展量 ξ_{receiver} 不能超过单模光纤的光学扩展量 ξ_{SMF}。理论上，将直径为 2cm 的光束耦合进入光纤的 FOV 为 68μrad 或 14arcsec，但实验中的 FOV 值却很低[28]，可以通过适当的透镜系统设计增加 0.8arcsec。

文献［28］指出，将高效 FSO-SMF 光耦合器与高速调制器和极低功耗掺铒光纤放大器（Erbium Doped Fiber Amplifiers，EDFAs）相结合，可以实现 FSO 信号与单模光纤的高效光耦合。可以开发一种 ARM，使其反射信号是相同孔径传统 MRR 反射信号的 2000 倍，可以达到几 Gb/s 的调制速率。一个放大的 2.5Gb/s 的 ARM 的总功耗仅为 120mW。

典型的 MRR 上的入射光强为

$$I_{\mathrm{inc}} = \frac{P_{\mathrm{T}}\cdot\eta_{\mathrm{T}}\cdot\eta_{\mathrm{atm}}}{\Omega_{\mathrm{T}}\cdot R^2} \tag{8-28}$$

式中：P_T 为发射功率；η_T 为发射系统的光学效率；η_{atm} 为大气传输效率；Ω_T 为光束发散角；R 为传输距离。传统 MRR 的反射信号为[30]

$$
\begin{aligned}
P_s &= I_{inc} \cdot A_{eff\_retro} \cdot \eta_{receiver} \cdot \eta_{atm} \cdot \frac{A_{receiver}}{\Omega_r \cdot R^2} \\
&= \frac{P_T \cdot \eta_T \cdot \eta_{atm}^2 \cdot \eta_{receiver} \cdot A_{receiver}}{\Omega_T \cdot \Omega_r \cdot R^2} \cdot A_{eff\_retro}
\end{aligned}
\tag{8-29}
$$

式中：A_{eff_retro} 为逆向调制器的有效区域；$A_{receiver}$ 为接收机面积；Ω_r 为反射光束发散角；λ 为问询激光器的波长。如果逆向调制器的增益为 G，则其有效面积为

$$
A_{eff\_retro} = G \cdot A_{retro} \tag{8-30}
$$

式中：A_{retro} 为逆向调制器的物理面积。由式（8-30）可知，增益为 G 的 ARM 的反射信号为[28]

$$
P_s = \frac{P_T \cdot \eta_T \cdot \eta_{atm}^2 \cdot \eta_{receiver} \cdot A_{receiver}}{\Omega_T \cdot \Omega_r \cdot R^4} \cdot A_{retro} \cdot G \tag{8-31}
$$

由式（8-31）可知，增益为 G 的 ARM 的反射信号比相同孔径的 MRR 增加了 G 倍。利用具有 40dB 小信号增益的商用 EDFA 系统，可以将逆向调制器的有效面积增加将近 4 个数量级[28]。自发辐射噪声对于接收机 SNR 的影响可以忽略不计。图 8.11 所示为大气湍流条件下 ARM 系统的原理框图。来自问询二极管激光束（SMF 尾纤/准直）的未调制光子被 ARM 的接收天线收集，并耦合进 SMF（尾纤）。该方法提供了从自由空间到 SMF 的可靠高效耦合。放大后（使用 EDFA）再进行调制，输出光子从较小孔径的光纤尾纤准直器中发出，该准直器与询问器激光位置处的接收孔径对准。因此，放大和调制的光束被反向反射回光源，并由接收光学器件收集。在文献［28］中演示了第一个工作在 2.5Gb/s 的逆向调制器。

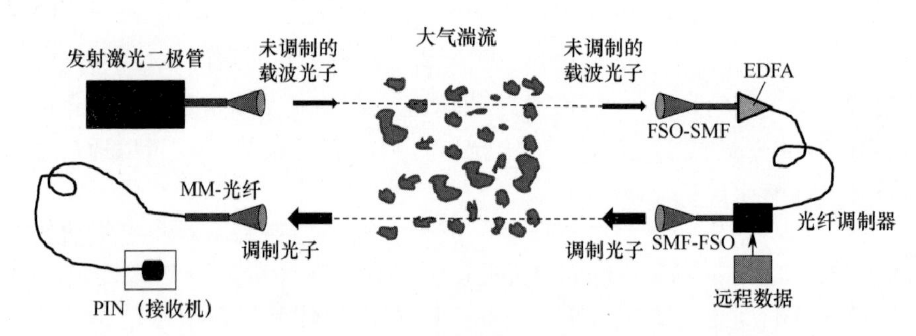

图 8.11　基于单模光纤的放大逆向调制器（Amplified Retro Modulator，ARM）
（转载自 Thomas Shay/SPIE，2004[28]）

2. 基于光纤阵列（多通道）的 ARM

上面描述的 ARM 仅限于约 ±0.004°的极小 FOV。为了克服这一限制，最近

有一项专利（专利号：us8,301,032 B2，2012 年 10 月 30 日）描述了一个宽 FOV 的放大光纤逆向调制系统[31]。其概念是为输入和输出光束提供像素化光纤阵列系统，以保持每组小透镜/光纤阵列之间的一对一相关性，同时也可以确定光源的准确位置。该专利描述了一种实现宽 FOV“光纤逆向调制”系统的方法，其远端设备可以接收到大角度的问询信号。接收的系统包括光学器件、与纤维光纤连接的 $N\times 1$ 组合器、探针光电探测器，$N\times 1$ 电子开关，$1\times N$ 空间路由器，单模光放大器等。图 8.12 给出了“光纤逆向调制器”系统的示意图。该系统包括光 - 电 - 光（Optical-to-Electrical-Optical，OEO）转换过程的全光中继器。组合的广角透镜和微透镜/SMF 尾纤准直器满足了将入射光耦合到微透镜阵列的需求。广角远心透镜与单元件 FSO - SMF 耦合器阵列相结合。入射信号光子进入远心透镜，成像到微透镜阵列上，然后经过组合器后的输出信号（在组合器之后）在低噪声高效 EDFA 中进行光学放大。然后在电光调制器中根据外部数据对信号进行调制。最后，经过调制和放大的光子从输出端口（发射光学天线）发送回问询激光器（发射器）所处的位置。当输入和输出天线对准形成平行光束时，这种结构称为放大的逆向调制器。

大气湍流对放大光纤逆向调制器（Amplified Fiber Retro-Modulator，AFRM）的影响：需要评估大气湍流对基于光纤耦合器阵列的 AFRM 系统的影响，可以通过估算大气湍流引起的到达角起伏方差的方式来完成：

$$\sigma_{\alpha}^{2} = 2.914D^{-1/3}H^{-5/3}\int_{0}^{H}z^{5/3}C_{n}^{2}(z)\,\mathrm{d}z \tag{8-32}$$

式中：D 为孔径直径；C_n^2 为湍流强度；H 为高度。如果通信链路是倾斜的，$C_n^2(z)$ 需要用 $\sec(\theta)\cdot C_n^2(z)$ 来代替，其中 θ 表示天顶角（偏离垂直方向的角度），并且积分范围应取倾斜方向的距离。

基于卫星系统的问询激光器和低功耗 Gb/s 放大光纤逆向调制器的链路分析实例：图 8.13 所示为卫星激光问询器和地基 ARM 的仿真结果。假设星地距离为 370km，大气传输效率为 0.5。逆向反射光束由直径 6in① 的卫星接收器接收。假定发射机效率为 0.5，所需误比特率（Bit-Error-Rate，BER）为 10^{-9}，信噪比为 144，逆向调制器系统的增益为 4×10^{5}。仿真结果给出了在不同发射机发散角条件下，卫星接收功率与所需激光器发射功率之间的关系。两条水平虚线表示卫星在 100Mb/s 和 2.5Gb/s 数据速率下所需要的接收功率。要实现 2.5Gb/s 的数据速率，当发射机发散角为 6.8mrad 时，需要 160mW 的激光功率；而当发散角为 27mrad 时，则需要大约 2.5 W 的激光功率，这些数据是非常实用的。

不同 MRR 技术的对比：表 8.1 总结了本节所讨论的各种 MRR 技术的区别。

① 1in≈0.0254m。

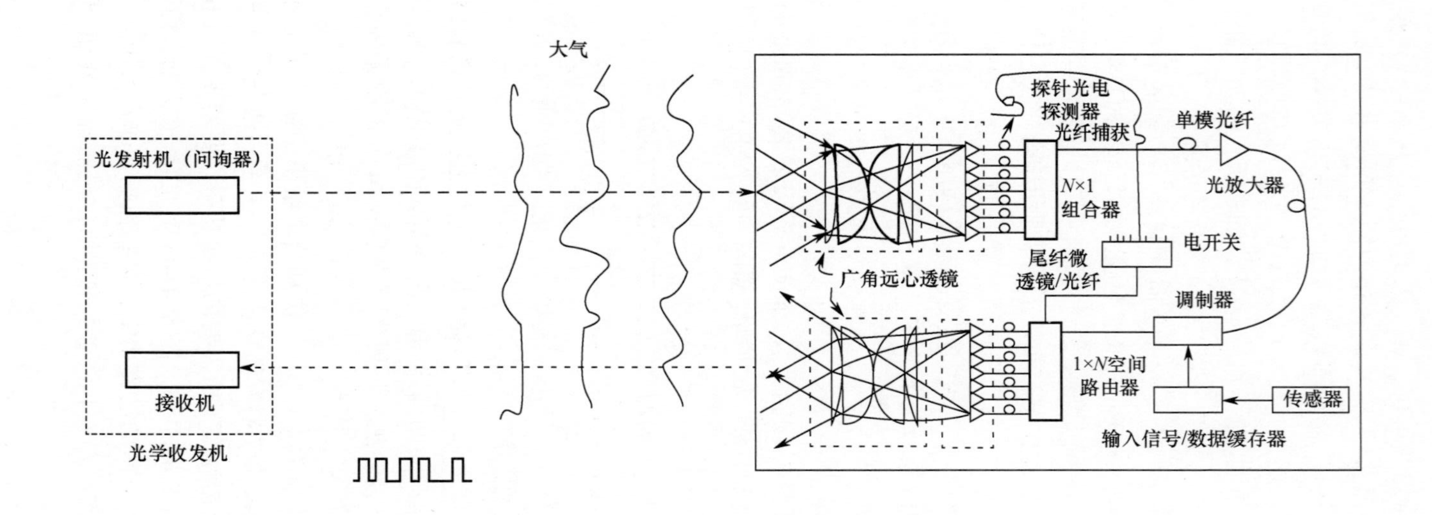

图8.12 “光纤逆向调制器”系统的示意图

（参考文献：ArunK. Majumdar，Thomas M、Shay，US patent：US 8，301，032 B2，October 30，2012）

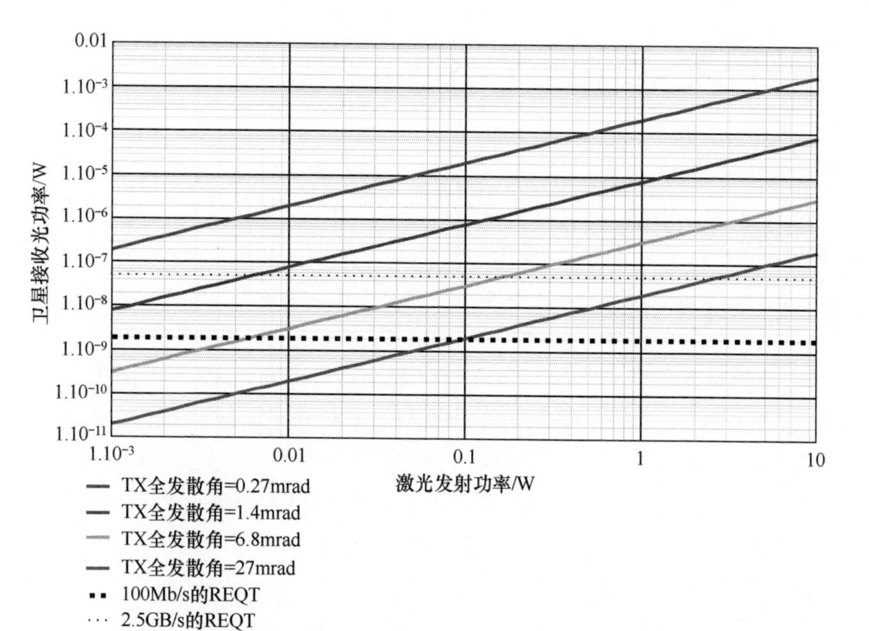

图 8.13　接收功率与所需激光器发射功率的关系图：以卫星激光问询器和使用光纤阵列的地基“光纤逆向调制器”系统为例（见彩插）

表 8.1　各种 MRR 技术的区别

MRR 技术	液晶（LC）/铁电液晶（FLC）	MQW	电光技术	MEMS	放大光纤逆向调制器：单信道/光纤阵列
调制	偏振和振幅	振幅	偏振和振幅	振幅	振幅
速度	慢	中快	快	低/中等	可能非常快
功耗	非常低	中等	高	低	非常低
所需电压	低	低	高	低/中等	N/A（不需要任何电光、声光、LC 或 MQW 材料）
MRR 直径	大	中等	中等	小	非常小
重量	小	小	大	小	非常小
评价		简单耐用，易于形成宽 FOV 阵列；响应随温度而变化，猫眼可实现高带宽	AOM 可以非常紧凑且高速	低成本，可变形微透镜阵列可实现更高的调制对比度和更大的 FOV	单信道的 FOV 非常小，光纤阵列逆向调制器可以实现大 FOV

8.5 MRR FSO 通信系统性能分析

本节将讨论以下内容：第一，用于评估收发端机接收功率的链路预算分析；第二，确定 MRR 通信系统的信噪比；第三，计算大气湍流条件下 MRR FSO 通信系统的误比特率；第四，讨论大气散射效应对逆向反射接收信号功率的影响。

8.5.1 链路预算分析

MRR 链路场景：为了建立 MRR FSO 通信链路，问询激光器需要照亮装备有 MRR 的终端。小型光电探测器或调制器本身就能够检测到入射光束并提示数据传输。如果逆向反射光束受到振幅调制，则实现 HDX 通信。可以通过简单的 OOK 调制来实现，而更先进的调制方式（如脉冲位置调制（Pulse Position Modulation，PPM））可用于实现更高的数据速率。对于 FDX 方式，如偏振调制，可以用于问询上行链路，而在 MRR 下行链路上，可以对返回数据进行振幅调制（OOK）。接收望远镜与问询器位于同一位置，并配备必要的光学系统、探测器和电子设备，从而对接收数据流进行译码。

链路预算计算：MRR 系统主要由三部分组成：MRR 设备、数据压缩器和数据系统。MRR 使典型通信链路的双向特性变成了一个单向对准的问题。因此，一个逆向反射通信系统包括一个激光发射机/接收机站和一个有“开”或“关”两种状态的远程逆向反射器。链路预算就是对链路光功率损耗的计算，会受到由发射机输出功率和接收机灵敏度给出的系统动态范围的限制。除去整个链路的所有光学损耗后，任何剩余的动态范围称为“链路余量”，是允许链路在不利气象条件下的工作能力。逆向反射器的损耗基本有三种：吸收损失、波前损失（由于逆向反射器光学系统的不完善）和对比度（例如由于量子阱调制器一定百分比调制深度而引起的损耗）。

MRR FSO 通信的局限性：所有的 FSO 通信都会受到大气的制约，如大气衰减。此外，大气湍流会导致光束扩展和漂移，以及接收信号的随机起伏（闪烁）。大气衰减引起接收信噪比大而慢的变化，而湍流则造成信噪比的快速起伏（即衰落）。在大雾中，衰减可能高达 80dB/km 甚至更高，而在其他条件下，衰减可能仅有几 dB/km。由于闪烁和光束漂移，湍流降低了探测器接收的信号能量。因此，大气限制了 FSO 通信系统的性能，是下述链接预算分析中需要重点考虑的因素。为了实现 MRR FSO 通信，必须考虑湍流和散射等大气效应的影响。例如，问询光束中的光子受到大气散射而后向反射回光学接收机的现象，会降低接收机的信噪比。为了使 FSO 通信系统的误比特率满足要求，需要采用抑制技术来降低湍流和散射对 MRR FSO 通信系统的影响。

8.5.2　链路预算模型

MRR 在光链路中既是接收机又是发射机，MRR 光链路预算可以用增益和损耗表示。为了估计 MRR 通信系统的距离，必须对到达接收机的反射光功率进行估算。MRR 光通信链路预算以增益和损失的形式可表示为[12,17]

$$P_{\mathrm{rec}} = P_{\mathrm{laser}} G_{\mathrm{Tx}} L_{\mathrm{Tx}} L_{\mathrm{R}} T_{\mathrm{atm}} G_{\mathrm{MRR}} L_{\mathrm{MRR}} M L_{\mathrm{R}} T_{\mathrm{atm}} G_{\mathrm{Rx}} L_{\mathrm{Rx}} \tag{8-33}$$

式中：P_{rec} 为接收信号功率；P_{laser} 为问讯激光器功率；G_{Tx} 为发射天线增益（激光准直瞄准）；L_{Tx} 为发射机损耗；L_{R} 为传播引起的几何损失；T_{atm} 为大气衰减 $= \mathrm{e}^{-\alpha R}$，其中 α 为大气衰减系数；G_{MRR} 为 MRR 天线增益 $= \left[\dfrac{\pi D_{\mathrm{retro}}}{\lambda}\right]^4 S$（$D_{\mathrm{retro}}$ 为逆向反射器的光学孔径，即 MRR 直径；λ 为问询激光器波长；S 为 MRR 的光学 Strehl 比[2]，MQW 逆向调制器的典型值，$S = 0.4$）；L_{MRR} 为 MRR 的光学损失；M 为 MRR 的调制效率；G_{Rx} 为接收机天线增益（与问询器接收孔径有关）；L_{Rx} 为接收机损耗。

上述链路预算方程中的一些参数可以通过下列公式得到。

$G_{\mathrm{Tx}} = \dfrac{32}{\theta_{\mathrm{div}}^2}$，其中：$\theta_{\mathrm{div}}$ 为发射机发散角（峰值的 $1/\mathrm{e}^2$ 处）。

$L_{\mathrm{R}} = \left[\dfrac{\lambda}{4\pi R}\right]^2$，其中：$R$ 为距离。

$G_{\mathrm{Rx}} = \left[\dfrac{\pi D_{\mathrm{Rx}}}{\lambda}\right]^2$，其中：$D_{\mathrm{Rx}}$ 为接收孔径直径。

逆向反射链路与距离的四次幂有较强的依赖关系，由于其链路的双向（双通道）性，其在距离上的衰减较其他传统 FSO 通信链路更严重。与传统的单向自由空间光通信链路的 R^2 的依赖性相比，这种 R^4 的依赖性对于通信系统性能的要求更高。例如，要将通信距离增加 10 倍，就需要增加 4 个数量级的光功率。另外，接收光功率还取决于逆向反射器直径的四次方。对于 MRR 系统，需要采用大孔径来减小传输损耗，同时也需要采用高调制速率。但是调制器的开关时间通常是有限的，与调制器有效面积的大小成反比。因此，大的逆向反射镜孔径会降低数据速率，因此在低功耗条件下，要想能够最大限度地提高反射光功率，同时提高数据传输速率，需要对孔径大小进行权衡。在地面应用中，大气损失主要是由吸收和散射引起的，如瑞利散射和气溶胶散射。不同波长下的传输效果不同，因此需要选择合适的问询激光器波长。最后，大气湍流会导致接收光功率出现大而快速的信噪比起伏（以毫秒量级衰落）。

根据上述方程可以计算出给定系统结构下的接收光功率。在给定的数据速率和编码调制方案下，探测器接收到的光子数为

$$n_p = \frac{Q \cdot P_{\mathrm{rec}}}{h\nu R} \tag{8-34}$$

式中：n_p 为每比特光子数；Q 为探测器的量子效率；h 为普朗克常数（$6.63\times10^{-34}\mathrm{J\cdot s}$）；$\nu$ 为光频率 $=c/\lambda$；R 为数据速率。

8.5.3 大气湍流条件下 MRR 系统的误比特率（BER）计算

了解闪烁对大气湍流引起的功率起伏的影响对于提高 FSO 通信系统的性能是至关重要的。BER 是衡量通信链路性能的标准指标，一般的 BER 要求是 10^{-6}。BER 本身会受到逆向调制设备对比度的限制。当接收信号比较低时，即在通信链路的低光子级特性下，BER 由信号电平、探测器噪声和逆向调制器对比度所决定。为了提高 MRR FSO 通信系统的 BER，需要结合采用压缩技术、信号处理和自适应光学等技术。

大气湍流导致问询光束和反射光束的扩散，从而降低了平均信号电平，而且也会引起光强的时空起伏（闪烁）。闪烁会导致接收信号在平均值上下起伏，当信号比较低时，可能会产生传输数据的丢失。假设将信号分为逻辑 1（有信号）和逻辑 0（无信号），根据接收信号的强度和逻辑状态的概率，会存在一个最优阈值，然而，当存在大气湍流（闪烁效应引起的）时，给定比特内的最优阈值会随着时间而变化。在这种情况下，只要湍流引起的时间起伏比比特率慢得多，就仍然存在一个最优的可变阈值。

1. 大气湍流条件下的 MRR FSO 通信系统模型

与上述方程类似，问询器接收机从 MRR 接收到的信号功率为[32]

$$P_{\mathrm{rec}}=\left\{\frac{16T_{\mathrm{atm}}^{2}}{\pi^{2}R^{4}}\frac{P_{\mathrm{laser}}}{\theta_{\mathrm{div}}^{2}}\frac{A_{\mathrm{rec}}}{f_{\mathrm{rec}}}\frac{\sigma_{\mathrm{MRR}}}{C_{\mathrm{logic}}}\right\}\cdot\frac{1}{W_{\mathrm{Eo}}^{2}}\frac{1}{W_{\mathrm{ER}}^{2}}\cdot(T_1\cdot T_2)$$
$$=\frac{G_{\mathrm{R}}G_{\mathrm{sys}}}{R^{4}}\cdot\frac{1}{W_{\mathrm{Eo}}^{2}}\frac{1}{W_{\mathrm{ER}}^{2}}\cdot(T_1\cdot T_2) \tag{8-35}$$

第一个括号项 $\{\cdots\}$ 可以写为 $G_{\mathrm{R}}G_{\mathrm{sys}}/R^4$，表示无湍流时从 MRR 系统接收到的功率，其他项体现了湍流对接收功率的影响。式（8-35）中：T_{atm} 为大气透过率；θ_{div} 为发射机发散角；f_{rec} 为接收光学系统的采集效率。MRR 的特征由横截面 σ_{MRR} 和对比度 C_{MRR} 描述，其中 C_{MRR} 是在逻辑 1 和逻辑 0 之间的“开/关”对比度。式（8-35）中，逻辑 1 对应的接收功率可以通过 $C_{\mathrm{logic}}=1$ 来计算，而逻辑 0 对应的接收功率可以通过 $C_{\mathrm{logic}}=C_{\mathrm{MRR}}$ 来计算。使用参数 G_{R}（偏离 1）来确定系统偏离由 G_{sys} 给定的系统配置的程度（如由入射角的改变而引起变化）。$1/W_{\mathrm{Eo}}^{2}W_{\mathrm{ER}}^{2}$ 表示光束在出射（问询器到 MRR）和返回（MRR 到问询器）路径中传播的光束扩展所导致的平均功率的减小。T_1 和 T_2 定义为出射和返回路径中的时变（由于闪烁）透过率。对于重复频率为 f_{rep} 的脉冲问询器，单脉冲平均接收能量为 $E_{\mathrm{rec}}=P_{\mathrm{rec}}/f_{\mathrm{rep}}$。

2. 大气湍流对 MRR FSO 通信的影响

为了分析 MRR FSO 通信系统在大气湍流下的工作性能，需要考虑以下因素。

（1）问询激光束在大气湍流条件下，传输 R 距离后的接收光功率起伏，其中大气湍流由折射率结构常数 C_n^2 、内尺度 l_0 和外尺度 L_0 来表征。对于水平路径，C_n^2 的典型值为$10^{-12} \sim 10^{-16} \mathrm{m}^{-2/3}$，$l_0 \approx 2 \sim 10\mathrm{mm}$，$L_0$ 的取值与光路离地高度大小相当。接收光功率的起伏通常由 Rytov 方差 σ_1^2 所描述[33]：

$$\sigma_1^2 = 1.23 C_n^2 k^{7/6} R^{11/6} \tag{8-36}$$

式中：k 为波数，$k = 2\pi/\lambda$ ，其中 λ 为问询激光器的波长。

（2）从问询器传输到 MRR 后的光束直径，在前述接收光功率公式中由 W_{EO} 表示，且 $W_{\mathrm{EO}} = W_{\mathrm{e}}/W$ ，其中 W 为无湍流情况下的光束直径，W_{e} 可以通过下式计算[33]：

$$W_{\mathrm{e}} = W\left(1 + 1.33 \sigma_1^2 \Lambda^{\frac{5}{6}}\right)^{1/2} \tag{8-37}$$

式中：$\Lambda = \dfrac{2R}{kW^2}$ 。

（3）从 MRR 反射到接收机处的光束直径 W_{ER} ：在这种情况下，光束从 MRR 传回到问询激光器的过程中，大气湍流会造成光束直径的变化。

（4）激光束光强起伏的概率密度函数（Probability Density Function，PDF）——单通道 PDF 和双通道 PDF。

单通道 PDF：大气湍流条件下传输的光强起伏的统计特性用 PDF 来描述，目前被广泛使用的一种模型形式为 Gamma - Gamma PDF 模型[33]：

$$p(I) = \frac{2(\alpha\beta)^{\frac{\alpha+\beta}{2}}}{\Gamma(\alpha)\Gamma(\beta)} I^{\frac{\alpha+\beta}{2}-1} K_{\alpha-\beta}\left(2\sqrt{\alpha\beta I}\right) \tag{8-38}$$

式中：I 为相对于平均值的归一化光强；α 和 β 为表征闪烁的参数；$K_\nu(x)$ 为第二类修正贝塞尔函数；$\Gamma(x)$ 为伽玛函数。当闪烁指数给定后，就可以计算出相应的 α 和 β 值[33]。

双通道 PDF：光束首先来自问询激光器，其功率为 P_0 ，传输到 MRR 孔径处功率为 P_1 ，通过接收天线后产生的反射功率为 P_2 。上述 MRR 接收光功率方程中的传输参数 T_1（从问询激光器到 MRR）和 T_2（从 MRR 返回问询激光器）随着大气湍流而时变起伏。两个方向的有效传输参数的平均值为 1，而且两个方向的传输参数是不相关的，因此联合 PDF 可以表示为各自 PDF 的乘积，因此双通道 PDF 可以表示为[32]

$$\begin{aligned} &T = T_1 T_2, \text{则 } \mathrm{d}T_2 = \mathrm{d}T/T_1 \\ &P(T_1, T_2) = P(T_1) P(T_2) \end{aligned} \tag{8-39}$$

这样就可以得到整个往返传输的总的 PDF：

$$P(T)\mathrm{d}T = \int P_1(T_1)P_2\left(\frac{T}{T_1}\right)\frac{\mathrm{d}T_1}{T_1}\mathrm{d}T \tag{8-40}$$

因此双通道 PDF 就可以通过两个方向各自的 PDF 而计算出来。图 8.14 所示为 MRR 通信场景下双通道传输的 PDF。图中还分别给出了 MRR 孔径平均和接收机望远镜孔径平均下的单通道 PDF。从图中可以明显看出，即使采用孔径平均（以减少闪烁引起的起伏），双通道传输也会导致大幅度的起伏，而且接收机接收低功率的概率很高。基于 MRR 的通信链路设计中，各种系统参数的设定需要充分考虑这一因素（如不同湍流条件下的孔径大小、问询激光器功率等）。

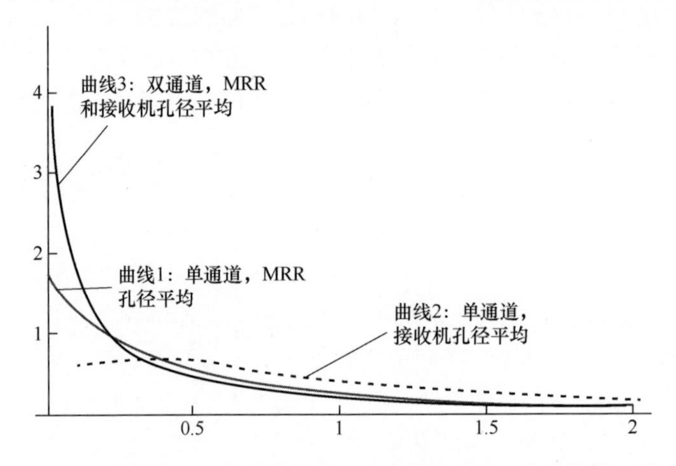

图 8.14 大气湍流条件下逆向调制器的双通道传输 PDF：为了比较，同时画出了单通道传输 PDF 的曲线（转载自 SPIE，2004[32]）

3. MRR 系统的误比特率计算

为了确定 MRR-FSO 通信系统的误比特率，需要了解接收信号的基本原理、噪声对系统的影响以及信噪比与通信系统性能（用误比特率表征）之间的关系。文献［34，35］对接收信噪比和误比特率之间的关系进行了讨论。在几乎所有的探测领域，微弱信号的检测能力最终都会受到不需要的噪声的影响，制约了对有用信号的探测。对于激光通信系统而言，散弹噪声、背景噪声和热噪声构成了接收机的总噪声。数字激光通信系统的目的是在最大可能的传输距离上，以最小的差错概率，每秒钟传输最多的比特数。电信号通过调制器转换为光信号，“1”表示发射光脉冲，而“0”表示不发射光脉冲。每秒传输的“1”和“0”的数目决定了链路的传输速率（比特率）。在接收端，光信号由光电转换器（如光电探测器）所检测，然后，由一个判决电路来识别“1”信号或“0”信号，从而恢复发送的信息。例如，在 OOK 调制中，译码是根据脉冲时隙内是否具有足够高的能量来进行的。阈值的选择以获得最佳的正确译码性能（即使错误译码概率最小）为准则，最终得到系统误比特率。因此，激光通信系统的性能可以通过误比特率来评估，主要取决于调制方式和信噪比。噪声包括所有可能的噪声源，包括散弹噪声、暗电流噪声、光电探测器后电子器件的热/约翰逊噪声以及背景噪声。

因此，MRR 系统的误比特率计算包括三个步骤：①计算探测器的信噪比（无湍流）；②根据平均信号能量和信号门限值计算误比特率（无湍流）；③计算湍流起伏信号下的误比特率，具体如下。

（1）以雪崩光电探测器（Avalanche Photodetector，APD）为例，计算接收孔径处的信噪比。

APD 的散弹噪声电流为[32]

$$I_{\text{noise-Det}} = \sqrt{2eB(I_{\text{surf}} + (I_{\text{sig}} + I_{\text{bulk}} + I_{\text{bkgr}})M^{2+\varepsilon}) + I_{\text{amp}}^2} \tag{8-41}$$

式中：e 为电子电荷；B 为系统带宽，I_{surf}、I_{sig}、I_{bulk}、I_{bkgr}、I_{amp} 分别为表面暗电流、信号电流（接收信号功率 P_s 对应的电流）、体积暗电流、背景电流（与背景光功率 P_{bkgr} 对应），信号馈入前置放大器而产生的噪声电流，M 是操作模式下的 APD 增益。电流单位均为安培，ε 为探测器的过量噪声系数。SNR 由下式给出：

$$\text{SNR}_{\text{Det}} = \frac{\eta P_s}{I_{\text{noise-Det}}} \tag{8-42}$$

式中：探测器效率 $\eta = MR$；R 为探测器响应率（A/W）。

（2）根据平均信号能量和信号阈值计算误比特率（无湍流）。

假设探测器噪声服从高斯分布，均值为 S_{mean}、方差为 σ_s^2 的接收信号 S 的概率分布函数可以表示为

$$P(S) = \frac{1}{\sigma_s\sqrt{2\pi}}\exp\left\{-\frac{(S - S_{\text{mean}})^2}{2\sigma_s^2}\right\} \tag{8-43}$$

逻辑 1 和逻辑 0 信号的分布函数是不同的。假设一个脉冲串，其起伏仅由散弹噪声引起，逻辑 1 和逻辑 0 的平均信号 S_1 和 S_0 分别表示为 $S_1 = RE_{\text{mean}}$ 和 $S_0 = RE_{\text{mean}}/C_{\text{MRR}}$，相应的噪声分量分别为 $N_1 = NE_{\text{mean}}$ 和 $N_0 = N(RE_{\text{mean}}/C_{\text{MRR}})$。其中，$E_{\text{mean}}$ 为接收机接收到的单个脉冲的平均能量，C_{MRR} 为逻辑状态 1 的平均信号与逻辑状态 0 的平均信号的比值。假设虚警概率等于漏检概率，即错误检测逻辑 1 的概率与错误检测逻辑 0 的概率相同，则可以得到阈值信号 S_{th}：

$$S_{\text{th}} = \frac{(\sigma_0 S_1 + \sigma_1 S_0)}{(\sigma_0 + \sigma_1)} \tag{8-44}$$

最终可以得到误比特率：

$$\text{无湍流：BER}_0 = \frac{1}{2}\left\{\text{erfc}\left(\frac{S_1 - S_{\text{th}}}{\sqrt{2}\sigma_1}\right) + \text{erfc}\left(\frac{S_{\text{th}} - S_1/C_{\text{MRR}}}{\sqrt{2}\sigma_0}\right)\right\} \tag{8-45}$$

式中：erfc 为互补误差函数。

（3）湍流信号起伏下的误比特率（即有湍流情况下）。

为了确定大气湍流条件下的误比特率，将 BER_0 看成是条件概率，对其在随

机信号 PDF 上取平均值，从而确定系统平均误比特率[34,36]。该计算需要确定大气湍流下光强起伏的 PDF 模型，利用前述提到的 Gamma-Gamma 分布。湍流起伏条件下 MRR FSO 通信链路的误比特率可以表示为

$$\text{存在湍流条件下：}\mathrm{BER}_{\mathrm{Turb}}=\int_{0}^{\infty}\mathrm{BER}_{0}(E)p(E)\,\mathrm{d}E \tag{8-46}$$

式中：BER_0 为前述方程给定的，无湍流情况下给定脉冲的误比特率；$p(E)$ 为考虑脉冲重复频率 f_{rep} 的输入能量的 PDF（注：脉冲问询器单脉冲的平均接收能量 E_{rec} 与接收功率 P_{rec} 和重复频率相关，$E_{\mathrm{rec}}=P_{\mathrm{rec}}/f_{\mathrm{rep}}$）。前述分析中提到了Gamma-Gamma 分布在弱湍流到强湍流范围内有效。图 8.15 所示为大气湍流条件下，系统参数相对横截面 G_{R} 与 $\mathrm{BER}_{\mathrm{Turb}}$ 的关系图（在不同湍流强度参数 C_n^2 下）。相对截面 G_{R} 值为 0.3% 意味着对数尺度值为 $\log_{10}(G_{\mathrm{R}})=-2.5$。从图中可以明显看出，对于给定的系统 G_{R} 值，随着湍流强度由无湍流情况（$C_n^2=0$）增大到 $C_n^2=10^{-16}\mathrm{m}^{-2/3}$，再增大到 $C_n^2=10^{-15}\mathrm{m}^{-2/3}$，MRR 系统的误比特率不断增加。$C_n^2$ 和系统所需误比特率共同决定了大气湍流条件下逆向调制通信系统的性能极限。可以通过增加系统参数 $G_{\mathrm{R}}G_{\mathrm{sys}}$ 的方式来提高误比特率，这可以通过利用高的问询激光器功率、大孔径 MRR 或更高效的几何会聚能力来实现。需要综合衡量所有参数，以确定最佳的 MRR FSO 通信系统。

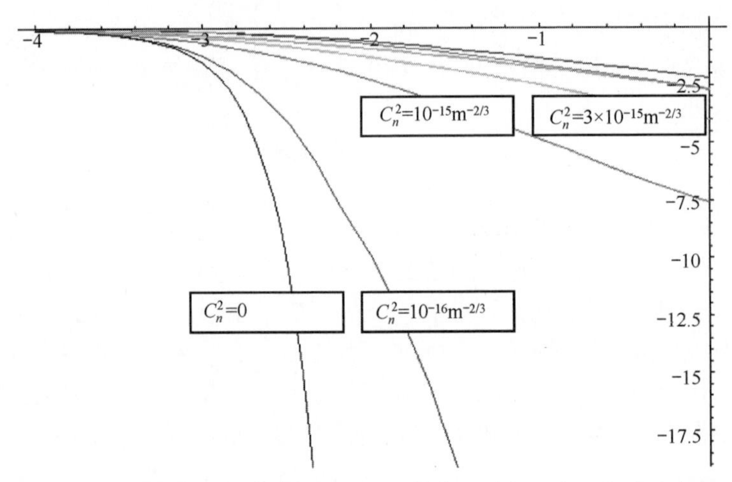

图 8.15 不同湍流强度 C_n^2 条件下，误比特率（对数尺度）与系统参数 G_{R}（对数尺度）的关系（见彩插）（转载自 SPIE，2004[32]）

参考文献［37］描述了 MRR 自由空间光通信系统在弱湍流下性能评估方法的最新研究成果。图 8.16 所示为各种大气湍流空间谱（Kolmogorov 谱，Von Karman 谱以及改进 Von Karman 谱）模型下，误比特率和信噪比的关系。该结果适用于弱湍流区域，其 PDF 假设服从对数正态分布。结果表明，误比特率计算中采用不同的空间谱（即不同的湍流模型），会导致通信系统设计所需信噪比的不

同。MRR FSO 通信系统的性能评估模型是误比特率关于信噪比、孔径尺寸、MRR 尺寸、内外尺度大小、C_n^2 以及通信距离的模型。该模型可用于网络设计和网络路由选择。

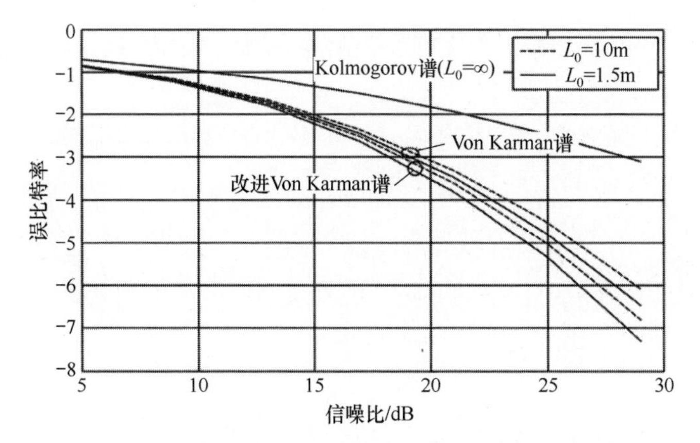

图 8.16　不同大气模型（空间谱）下误比特率（对数尺度）和信噪比（dB）的关系（转载自 IET，2012[37]）

8.5.4　大气散射对 MRR FSO 通信系统的影响

8.5.3 节讨论了晴空湍流（Clear Air Turbulence，CAT）对 MRR FSO 通信系统性能的影响，本节将讨论大气散射效应。从问询激光器发出的光子在大气中传输时总会发生散射。散射光子是接收机捕获的总光子的重要组成部分，因此分析大气散射对 MRR 通信链路的影响是非常重要的。

此时的通信信道是由空气分子和气溶胶粒子组成的大气：空气分子的光学参数包括消光系数 k_e^{air} 、散射系数 k_s^{air} 和吸收系数 k_a^{air} ，气溶胶粒子的光学参数也包括消光系数 k_e^{aer} 、散射系数 k_s^{aer} 和吸收系数 k_a^{aer} 。大气的总的消光系数 k_e 、散射系数 k_s 和吸收系数 k_a 为[38]

$$\begin{cases} k_e = k_e^{air} + k_e^{aer} \\ k_s = k_s^{air} + k_s^{aer} \\ k_a = k_a^{air} + k_a^{aer} \end{cases} \tag{8-47}$$

MRR 的状态由数据位“0”或“1”控制，例如分别对应于调幅器的“关”和“开”状态。接收端捕获逆向调制光束，并对数据进行译码。

当 MRR 处于 on 状态时，接收端的逆向反射功率为[38]

$$\begin{aligned} P_r &= P_t\eta_t\exp(-k_eL)\frac{A_{retro}\cos\phi}{L^2\Omega_t}\eta_{retro}\exp(-k_eL)\frac{A_r}{L^2\Omega_{retro}}\eta_r \\ &= P_t\eta_t\eta_{retro}\eta_r\cos\phi\exp(-2k_eL)\frac{A_{retro}A_r}{L^4\Omega_t\Omega_{retro}} \end{aligned} \tag{8-48}$$

式（8-48）的参数为：问询激光器功率 P_t，波长 λ，发射光束角 θ，立体角 $\Omega_t=4\pi\sin^2(\frac{\theta_t}{4})$。接收机参数为：探测面积 A_r，接收视场角 θ_r，立体角 $\Omega_r=4\pi\sin^2(\frac{\theta_r}{4})$，发射端和接收端之间的距离为 r。MRR 的参数为：有效面积 A_{retro}，MRR 入射角 ϕ，反射光束发散角 θ_{retro}，MRR 光束立体角 $\Omega_{retro}=4\pi\sin^2(\frac{\theta_{retro}}{4})$。问询激光器、接收器和 on 状态 MRR 的光学效率分别为 η_t、η_r、η_{retro}，通信距离为 L。空气分子发生瑞利散射，气溶胶粒子发生 Mie 散射。图 8.17 所示为通信距离对逆向反射功率和散射功率的影响，随着通信距离的增加，逆向反射功率快速减小，而散射功率在此范围内保持不变。

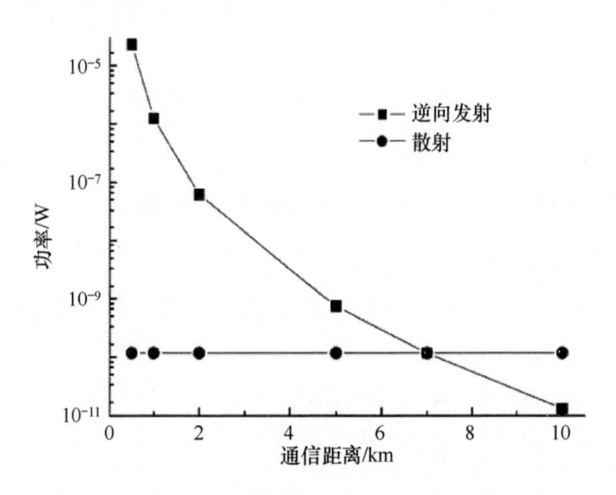

图 8.17　通信距离对逆向反射功率和散射功率的影响

（转载自 The Optical Society of America（OSA），2012[38]）

图 8.18 所示为气象学距离（有时称为“能见度”）对逆向反射功率和散射功率的影响。当气象学距离减小时（即能见度变差），逆向反射功率也相应减小，而散射功率却增大，满足低能见度情况的预期。因此，在较短的气象学距离或较差的能见度条件下，散射功率可能会导致高灵敏度接收机过载。因此，在设计 MRR FSO 通信系统时，需要在大多数散射条件下工作，因此需要根据接收机光学 FOV、问询器激光功率、距离等系统参数进行相应的设计。综上所述，在设计基于 MRR 的 FSO 通信系统时，除了逆向反射功率外，还需要权衡考虑散射功率，特别是其在通信距离较长或气象学距离较短（低能见度）时的情况下。

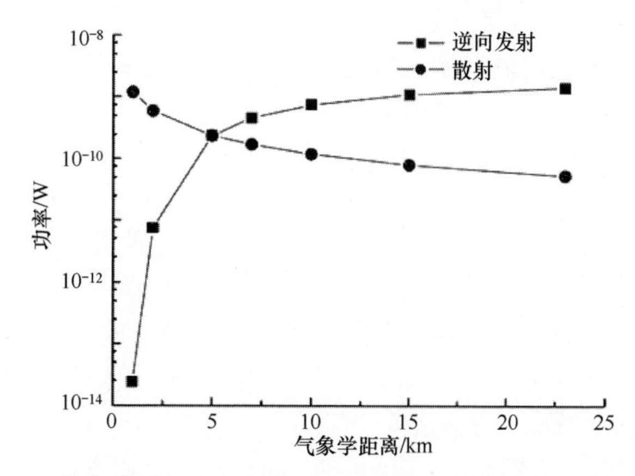

图 8.18　气象学距离（能见度）对逆向反射功率和散射功率的影响
（转载自 The Optical Society of America（OSA），2012[38]）

8.6　应用

MRR FSO 通信是一个令人兴奋的研究领域，在商业、生物医学、搜索和救援以及工业等许多领域都有着广泛的应用。基于 MRR 的自由空间激光通信的商业应用和数据连接应用领域正在不断增长。本节总结该领域的一些最新实验成果和潜在的应用，并对其中的一些应用进行具体讨论。通过前面几节背景知识的掌握，读者应该能够充分了解这些具体的应用。MRR FSO 通信的一些应用如下。

（1）地对空、空对地通信：无人机实时视频传输、航天器间的光通信和导航（自由空间平台制导控制、安全通信）。

（2）远程遥测应用：包括 Mini Rover，它是为 NASA 的国际空间应用而建造的，它将以精确的模式移动，并显示一些声音和图像数据，属于互联网控制的机器人。

（3）在广泛分散的区域中定位感兴趣的对象，光学标记（用于远程定位消耗品的标记识别）。

（4）自主移动机器人通信。

（5）水下光通信。

（6）基于 FLC、基于 MQW 以及基于光纤逆向调制的车辆与基础设施间的通信（远程信息处理，汽车安全），到车辆的通信，车辆间的双向光通信。

（7）光学标签（识别、传感器）。

（8）高速无线局域网（Wireless Local Area Networks，WLAN）。

（9）医疗应用，人体透皮无线光通信。

（10）办公室内部通信。

（11）内部电子总线交互/通信。

高空气球平台的逆向调制激光通信：Swenson 等在文献［39］中介绍了第一次逆向调制实验，首次证明了逆向调制通信的可行性。他们采用基于 FLC 的调制器，以 12kb/s 的数据速率实现了下行链路，并在一次地面的突破性实验中，使用时分复用技术实现了双向通信。这种基于 FLC 的逆向调制器是低功率的，为 2mW，接收角度接近 45°（半角）。对于空间应用，这种类型的 MRR 可以满足大面积、大接收角度、低功耗等关键要求，但在较高频率下的速度和调制深度非常低。前面已经详细介绍了用于逆向调制的 FLC 的细节。气球的浮空高度为 31km，收集有效载荷反射的调制光。Swenson 等还提出了另一种逆向调制通信链路的概念，该链路的远程终端是一颗近地轨道卫星。

UAV 与地面站之间的数据链路：Gilbreath 等[30]使用 NRL 的 MQW 逆向调制器（前面讨论过）进行了小型旋翼无人机和地面问询激光器之间的红外数据链路。该演示证明了与 100 ~ 200ft① 高度范围内飞行的无人机之间进行 Mb/s 速率的光学通信的可行性，可以实现几乎实时的每秒 Mb 数量级的压缩视频传输。无人机上可以获得视频或其他形式的数据，然后通过 MRR 使用适当的格式进行调制，当被激光器/接收系统问询时，将视频信号逆向反射到接收端。当采用 MRR 阵列替代单个 MQW MRR 时，可以降低对指向性的要求，并且可以加大机载平台的 FOV，以适应宽指向性的输入光束。这种通信系统不需要安装大型的万向节和电源，因此非常轻，可以应用于非常小的平台。现场试验采用直径为 0.5cm 的 InGaAs 传输型 MQW 逆向调制器，向下放置于无人机的尾部，采用六元 MRR 阵列，UAV 的飞行高度为 35m。试验表明，基于 NRL MWQ 的 MRR 在高信号水平上支持超过 10Mb/s 的传输速率，在无人机上捕获的数据速率为 400kb/s 和 910kb/s。此外，还演示了使用联合图像专家组（Joint Photographic Experts Group，JPEG）压缩的彩色视频以 1.2Mb/s 的速率几乎实时的传输。用于实时视频传输的 MQW 逆向调制器阵列的最新实验结果为[11]：15 帧/s 和 30 帧/s 小波压缩的彩色视频，能够在 30m 的距离下实现 4 ~ 6Mb/s 的传输速率。另外还给出了使用“猫眼逆向调制器”的 1550nm 波段的实验结果：在实验室 2m 的距离范围内，能够对 30 帧/s 的彩色视频以 3Mb/s 的速率进行实时传输[40]。该设备功耗约 75 ~ 100mW，质量为 10g。

研究人员[41]设计了一种使用 MRR 技术的 UAV 到地面站的自由空间激光通信系统，大大降低了无人机上的功率、尺寸和重量。将负担转移到地面站，同时由于 MRR 通过将输入激光束反射回发射光源，起到一个指向参考的作用，因此降低了对捕获、跟踪和指向子系统的要求。基于 MEMS 的 MRR 可以实现每秒几百 kb 数量级的数据传输速率，甚至更高速率的通信，其中，地面站激光发射机

① 1ft≈0.3048m。

以几百 Mb/s 的速率进行 OOK 调制。基于 MEMS 的调制器是一种反射式衍射光栅，具有可控槽深，是逆向反射装置的三面反射镜之一。MEMS 调制器可以通过在无功率平面镜状态和激励衍射状态之间的切换来实现对 CW 激光束的调制。

MRR 技术能够实现 UAV 与水面浮标之间的信息传输，也可以实现与地面车辆之间的信息交换。单个 MRR 可以被多个激光器同时问询。文献［42］介绍了一种基于空分多址（Space Division Multiple Access，SDMA）和时分复用（Time Division Multiplexing，TDM）的、采用光学逆向调制技术的点对点传感器网络结构。讨论了 FDX 模式下的逆向调制链路。

卫星通信系统中的 MRR 应用：MRR 设备很小，允许来自小卫星的低功率、高数据速率的通信下行链路。对于空对空的卫星间链路，其卫星可以是微卫星或更小的卫星（纳米卫星）。对于纳米卫星而言，采用 MRR 技术的通信常常占据主要的功率预算。对于小型卫星，文献［43］建议采用理想的通信系统[43]，其特点是空间段可以在低功耗条件下，实现双向高速率的数据传输。讨论了一种以 MRR 器件为空间段传输单元的高度不对称系统结构。

航天器平台间的激光问询、通信和导航：Gilbreath 等描述了一种利用 MQW 逆向调制器实现航天器间激光问询、通信和导航的新概念[44,45]。讨论了一种 MRR 技术，可以实现紧凑、低功耗、低质量的 Mb/s 量级的光学数据传输，同时可以在三轴位置上实现厘米级的相对导航，在两轴倾斜方向上实现以弧分为单位的相对导航。对于需要在 10m 左右的近距离进行操作的对接任务，这个概念可以与基于视觉的系统相结合。

远程定位物体的光学标记：Gilbreath 等[46]报道了一种用于提供远程定位物体光学标记的低功耗、轻量级的 MQW 逆向调制器阵列。标签识别是通过使用适当的代码解调逆向反射信号来完成的。在 40m 范围内使用 1/2cm 的 MQW 设备阵列。MRR 技术可能是定位和识别诸如食物和在轨燃料等消耗品的一种潜在的解决方案，这将是未来 NASA 的远程载人任务所需要的。MRR 技术的概念对于捕获和跟踪而言也是有用的。该系统的空间应用前景非常大，可以在更低的功耗条件下，支持比其他现有设备更快的数据速率、更远的传输范围。文献［47］报道了一种基于 MEMS 的光学标签在 1km 激光通信实验中的应用。这个概念是基于利用干扰来实现调制，通过施加静电力来调整可移动反射镜和底层硅基片之间的间隙，从而调整大量的法布里 - 珀罗空腔。将基于 MEMS 的光调制器作为一个逆向调制标签的干扰开关，比特率为 200kb/s。

移动机器人通信：MRR 技术通过建立小型机器人间的光学连接，实现了在自主移动机器人通信中的广泛应用。小型机器人可应用于对人类有害或危险的区域，并使用大带宽的光通信从远程定位区域传回视频和其他数据。单个 MRR 在 1km 范围内以 Mb/s 速率运行时需要 1°左右的指向精度，这就需要主动的指向和跟踪。文献［48］介绍了安装在小型机器人上的 6 元 MRR 和光电探测器组成的阵列，其视场为180°（方位角）×30°（仰角）。在1km范围内建立了1.5Mb/s的光学以太网链路。该系统波长为1550nm，最大限度满足人眼安全，发射孔径为2in，问询激光器功率为350mW。文献［49］介绍了一种用于自主移动机器人的收发器设计及其性能。机器人是自主的，需要在没有主人的情况下自我协调。对于机器人应用而言，机器人的诸如位置、速度、制动、转弯、尺寸和目的等信息的交换是非常重要的，这就可以使用MRR技术。目前逆向反射机器人实现的最大通信距离为60ft。文献［50］在小型月球车上模拟了采用逆向调制器的精致或移动的微型传感器套件间的高速通信链路。通信子系统主机平台功耗为50mW、质量为50g。使用这种技术的一个典型例子是在着陆在行星上的航天器之间建立通信联系，在周围分布有数十到数百个传感器或携带微型探月车的传感器。

单激光束上的FDX通信：T. M. Shay等[51,52]报道了在单激光束上FDX通信的首次实验演示。FDX光通信意味着可以同时实现双向传输，前向发射光束（即问询激光束）传递前向链路数据的同时，还作为返回链路的载波。MRR根据输入数据对入射的前向链路光束进行调制，并反向反射回问询激光器（接收机处）。在MRR附近的光电探测器作为通信链路（发射器为问询激光器）中的接收器。MRR是与问询激光器处接收器相对应的发射器。因此，可以在两端形成Tx－Rx对，从而实现FDX操作。正向数据格式必须能够向被动终端提供恒定的平均功率，并且必须选择返回数据格式，使得前向数据对返回链路探测系统不可见。Shay等演示了前向数据的子载波FSK调制以及对返回链路的循环极化键控（Circularly Polarized Keying，CPK）[53]。二极管问询激光器发射线偏振光，经过1/4波片后将其转换成圆偏振光束，并将恒定平均功率的光束发送到MRR。LC反向调制器将入射光束定向回询问器位置，并根据二进制数据位信息向返回光束分配左旋和右旋圆偏振。LC逆向调制器将入射光束反射回问询激光器位置处，并根据二进制数据比特信息，将左旋偏振和右旋偏振分配给返回光束。当数据位为“1”时，LC将右旋偏振光转换为左旋偏振，而当数据位为“0”时，不发生改变。第二个1/4波片将返回的左旋和右旋偏振光分别转换为两个正交偏振光束。偏振分束器将两个正交的线偏振分开。返回的信号光子经过光学滤光器后，入射到位于问询器处的接收器上。LC快门由相位分离的复合薄膜LC快门制成，其消光比在20kHz以上随频率迅速下降，无偏数据消耗1/2W的电力，在20kb/s时消光比低于3.5%。子载波FSK调制用于前向数据链路，返回数据采用OOK调制。这种MRR FSO通信概念可应用于地对低轨卫星（LEO）的光学通信系统，可提供来自LEO卫星的轻型、低功耗、低数据速率通信。

FSO通信中基于光纤的2.5Gb/s ARM：前面描述过使用高效FSO SMF耦合器的ARM的概念。其应用包括潜在的高数据率（约2.5Gb/s）FSO通信[51]。光学放大器能够使逆向调制器的有效面积增加318倍，因此可以在提供相同反射信号的同时，大大地减少逆向调制器系统的尺寸和重量。

用于高速率安全数据通信和远程数据传输的宽视场放大光纤逆向调制器：该技术的概念已经在前面描述过。文献［54］描述了该概念在大气条件下在基站和远程站之间高数据速率远程光学通信系统中的应用。远程站包括两组透镜和单模光纤阵列组成的逆向调制器，称为“光纤逆向调制器”。仅用一个光学放大器和一个调制器就可以实现放大的逆向调制。位于基站的发射器向“光纤逆向调制器”发送问询激光束，该“光纤逆向调制器”根据输入信号/数据对光束进行调制，并将调制后的光束重新定向到基站供接收器检测。该技术包括敌我识别（Identification of Friend-or-Foe，IFF）技术、安全通信以及利用光纤耦合透镜阵列实现光视场的技术。仿真结果表明了该技术在星基问询激光器和陆基放大逆向调制器中的应用。该仿真假设卫星距离为 370km，大气传输效率为 0.5，误比特率 $BER = 10^{-9}$，$SNR = 144$，逆向调制系统的增益为 4×10^5。结果表明，要达到 2.5Gb/s 的数据传输速率，对于发散角为 6.8mrad 的发散光束而言，仅需要 160mW 的激光功率，而对于 27mrad 的发散光束，则需要约 25W 的激光功率。这些数字都是非常实用和现实的，显示了 ARM 系统概念的实用性。

基于 MRR 的水下光通信：水下传感器和航行器间的通信在海洋探测和观测中具有重要意义。水下光通信可以在短距离内实现高数据速率、低延迟以及隐蔽的通信。然而水下环境中的光学散射和吸收限制了其应用。在清澈的水中，点对点光链路的距离可以接近 200m。可以将逆向调制器和激光器同时放置于问询激光器平台（如潜水艇或无人水下航行器）。功率受限的平台（传感器节点或小型无人航行器）充当光源，将光束向 MRR 传输。该系统可实现低功耗的双向光通信。研究人员制造了一种利用法布里 – 珀罗光学腔来调制可见光波长的 MRR，用于水下通信，在这种通信中，反射光或透射光的强度可以通过改变光腔间距来进行调节[55]。在正交相移键控（Quadrature Phase Shift Keying，QPSK）调制方式下演示了速率分别为 250kb/s、500kb/s 和 1Mb/s 的数据传输。另一种水下逆向调制通信链路的应用场景是，当一方（如潜艇）比另一方（例如潜水员）消耗更多的能量时[56]，将功率要求和系统复杂度主要分配给潜艇，潜水员可以配备一个小型逆向调制器，并可以收集由问询激光器获得的信息。

基于 MEMS 可变形微镜阵列的 MRR 远程遥测：MRR 可用于远程遥测应用，包括在大范围内分布的远程问询环境传感器以及安全通信链路。问询激光器可以安装在飞越大面积区域的飞机上，来问询远程传感器。远程遥测的通信范围可以从 0.1km 扩展到 10km，并且必须能够在不同的环境条件下工作。该系统需要工作于大范围入射角条件下，最大能到 ±30°，可能采用空心角反射镜。文献［19］描述了一种具有 MEMS 反射镜的 MRR，该反射镜从平面镜变形为一个凹面反射微透镜的六边形阵列，以分散反射波前。一个镀金的氮化硅膜挂在直径为 1mm 的圆形空腔上，施加电压为 79V，调制对比度为 7∶1，入射角为 35°时实现

100kHz 的调制速率。

医学应用（经皮的逆向反射光无线通信）：MRR 链路是一种极具吸引力的医疗通信解决方案，可用于与体内装置的经皮高数据速率通信，例如心脏起搏器、智能假肢、与大脑接口的神经信号处理器、充当人造眼睛的摄像机以及收集体内信号等，这些只是其中的一部分例子。研究人员已经探索了作为经皮通信方式的逆向光链路的潜力，并实验研究了其信道特性[57]。MRR 由于其低功耗（约为 μm 量级），在医学应用中极具吸引力。另一种生物医学应用为特别植入的脑－机接口，产生需要经皮传输的大量数据。在植入体中可以使用 MRR 建立近红外（≈854nm）链接，但需要保证激光器和探测器在体外[58]，而调制器和电子驱动设备是这个系统中唯一需要植入的部分。

本章讨论了 MRR 技术的一些应用，但仍然还有很多待探索的应用领域，包括头盔和车载逆向调制器组成的通信链路、车对车的双向光学通信、车与基础设施间的通信（远程通信、交通安全）、内部电子总线交互/通信、办公室内部通信和工业制造等。读者可能会对这些应用更感兴趣。

致谢：特别感谢新墨西哥大学电气与计算机工程系 Thomas M. Shay 教授仔细阅读本章内容，并提出的宝贵意见。

参考文献

1. B.E.A.Saleh, M.C.Teich, Fundamentals of Photonics, Chap.18, Electro-Optics (Wiley, Hoboken, NJ, 1991)
2. T.A.Maldonao, Handbook of Optics, Vol.II, Chap.13 (McGraw-Hill, New York, NY, 1995)
3. G.Spirou, I.Yavin, M.Wheel, A.Vorozcovs, A.Kumarakrishnan, P.R.Battle, R.C.Swanson, A high-speed-modulated retro-reflector for laser using an acousto-optic modulator.Can.J.Phys.81, 625 – 638 (2003)
4. E.Hallstig, Nematic liquid crystal spatial light modulators for laser beam steering.Dissertation, Faculty of Science and Technology, ACTA Universitatis Upsaliensis, Uppsala, Sweden, 2004
5. G.C.Gilbreath, W.S.Rabinovich, T.J.Meehan, M.J.Vilcheck, R.Mahon, R.Barris, M.Ferraro, I. Sokolsky, J.A.Vasquez, C.S.Bovais, K.Cochrell, K.C.Goins, R.Barbehenn, D.S.Katzer, K.Ikossi-Anastasiou, M.J.Montes, Compact light weight payload for covert data link using a multiple quantum well modulations retro-reflector on a small rotary-wing un-manned airborne vehicle. Proc.SPIE4127, 57 – 67 (2000)
6. G.Charmaine Gilbreath, W.S.Rabinovich, T.J.Meehan, M.J.Velcheck, M.Stell, R.Mahon, P. G.Goetz, E.Oh, J.A.Vesquez, K.Cochrell, R.L.Lucke, S.Mozersky, Progress in development of multiple-quantum-well retro modulators for free-space data links.Opt.Eng.42 (6), 1611 – 1617 (2003)
7. M.L.Bierman et al., Design and analysis of a diffraction limited Cat's eye retroreflector.Opt.Eng.41

(7), 1665 - 1660 (2002)
8. G.C.Gilbreath et al., Large-aperture multiple quantum well modulating retroreflector for free-space optical data transfer on unmanned aerial vehicles.Opt.Eng.40 (7), 1348 - 1356 (2001)
9. G.C.Gilbreath et al., Progress in development of multiple quantum well retro-modulators for free space data link.Opt.Eng.42, 1611 - 1617 (2003)
10. G.Charmaine Gilbreath, W.S.Rabinovich, T.J.Meehan, M.J.Vilcheck, M.Stell, R.Mahon, P.G.Goetz, E.Oh, J.Vasquez, K.Cochrell, R.Lucke, S.Mozersky, Real time video transfer using multiple quantum well retromodulators.SPIE Proc.4821 (61), 155 - 162, (2002) . (Gil-breath et al., Real-time 1550 nm retro-modulated video link.Proceedings of the 2003 IEEE Aerospace conference, paper No.1560, March, 2003
11. W.S.Rabinovich, P.G.Goetz, R.Mahon, L.Swingen, J.Murphy, G.C.Gilbreath, S.Binari, E.Waluschka, Performance of Cat's eye modulating retro-reflectors for free-space optical communications.Proc.SPIE5550, 104 - 114 (2004)
12. P.G.Goetz, W.S.Rabinovich, R.Mahon, L.Swingen, G.C.Gilbreath, J.L.Murphy, H.R.Burris, M.Fa Stell, Practical considerations of retro-reflector choice in modulating retro-reflector systems. Digest of IEEE LEOS summer Topical Meetings, 2005
13. W.S.Rabinovich, P.G.Goetz, R.Mahon, L.Swingen, J.Murphy, M.Ferraro, H.Ray Burris Jr., C.I. Moore, M.Suite, G.Charmaine Gilbreath, S.Binari, D.Klotzkin, 45-Mbit/s Cat's eye modulating retro-reflectors.Opt.Eng.46 (10), 104001 (2007)
14. W.S.Rabinovich, J.L.Murphy, M.Suite, M.Ferraro, R.Mahon, P.Goetz, K.Hacker, E.Saint Georges, S.Uecke, J.Sender, Free-space optical data link to a small robot using modulating retro-reflectors.Proc.SPIE7464, 746408 - 1 (2009)
15. P.G.Goetz et al., Modulating retro-reflector laser com systems at the Naval Research Laboratory.IEEE Military communications conference-Unclassified Program-systems Perspectives Track, 2010
16. A.Guillen Salas, J.Stupl, J.Mason, Modulating retro-reflectors: Technology, link budgets and applications.63rd International Astro-nautical congress, Naples, Italy, IAC-12, B4, 6B, 11, 2012
17. L. Zip-Schatzberg, T. Bifano, S. Cornelissen, J. Stewart, Z. Bleir, Secure optical communication system utilizing deformable MEMS mirrors. Proc. SPIE7209, 72090C-1 - 72090C-15 (2009) . (L. Zip-Schatzberg, T. Bifano, S. Cornelissen, J. Stewart, Z. Bleir, Secure optical communication system utilizing deformable MEMS mirrors. Proc. SPIE7318, 73180T-1 - 73180T-12 (2009))
18. T.K.Chan, J.E.Ford, Retroreflecting optical modulator using an MEMS deformable micromirror array.J.Lightwave Technol.24 (1), 516 - 525 (2006)
19. C.Jenkins, W.Johnstone, D.Uttamchandani, V.Handerek, S.Radcriffe, MEMS actuated spherical retro reflector for free-space optical communications.Electron.Lett.41 (23), 1278 - 1279 (2005)
20. D.Peterson, O.Solgaard, Free space communication link using a grating light modulator. Sensor.Actuator.83 (1 - 3), 6 - 10 (2000)
21. C.Luo, K.W.Goossen, Optical micro electromechanical system array for free-space retro communication.IEEE Photonic.Technol.Lett.16 (9), 2045 - 2047 (2004)

22. T.K.Chan, Retro-modulators and fast beam steering for free-space optical communications.Ph.D dissertation, University of California, San Diego, 2009
23. T.K.Chan, J.E.Ford, Retro-reflecting optical modulator using an MEMS deformable micro mirror array.J.Lightwave Technol.24 (1), 516 – 525 (2006)
24. K.W.Goossen, Micro machined modulator and methods for fabricating the same, US Patent.6519073, 2003
25. A.M.Scott, K.D.Ridley, D.C.Jones, M.E.MoN.e, G.W.Smith, K.M.Brunson, A.Lewin, K.L.Lewis, Retro reflectors Communications over a kilometer range using a MEMS-based optical tas.Proc. SPIE.7480, 74800 L-1 – 74800 L-10 (2009)
26. P.Schultz, B.Cumby, J.Heikenfeld, Investigation of five types of Switchable retro reflector films for enhanced visible and infrared conspicuity applications.Appl.Optics51 (17), 3744 – 3754 (2012)
27. F.Mugele, J.C.Baret, Electro wetting: From basics to applications.J.Phys.Condens.Matter 17, R705 – R774 (2005)
28. T.M.Shay, R.Kumar, 2.5-Gbps amplified retro-modulator for free-space optical communications.Proc.SPIE5550, 122 – 129 (2004)
29. G.Keiser, Optical Fiber Communications, 2nd edn.(McGraw-Hill, New York, 1991)
30. G.C.Gilbreath, W.S.Rabinovich, T.J.Meehan, M.J.Vilcheck, R.Mahon, R.Burris, M.Ferraro, I.Sokolsky, J.A.Vasquez, C.S.Bovais, K.Cochrell, K.C.Goins, R.Barbehenn, D.S.Katzer, K.Ikossi-Anastasiou, M.J.Montes, Compact, lightweight payload for covert data link using a multiple quantum well modulating retro-reflector on a small rotary-wing unmanned airborne vehicle.Proc.SPIE4127, 57 – 67 (2000)
31. A.K.Majumdar, T.M.Shay, Wide field-of-view amplified fiber-retro for secure high data rate communications and remote data transfer, US Patent, No.US 8, 301, 032 B2, date of patent Oct.30, 2012
32. A.M.Scott, K.D.Ridley, Calculations of bit error rates for retroreflective laser communications systems in the presence of atmospheric turbulence.Proc.SPIE5614, 31 – 42 (2004)
33. L.C.Andrews, R.L.Phillips, C.Y.Hopen, Laser Beam Scintillation with applications (SPIE, Bellingham, Washington, 2001)
34. A.K.Majumdar, Free-space laser communication performance in the atmospheric channel.J. Opt. Fiber.Commun.Rep.2, 345 – 396 (2005)
35. A.K.Majumdar, J.C.Ricklin, Free-Space Laser Communications (Springer, New York, 2008)
36. L.C.Andrews, R.L.Phillips, Laser Beam Propagation through Random Media, 2nd edn.(SPI E, Bellingham, Washington, 2005)
37. N.Avlonitis, P.B.Charlesworth, Performance of retro reflector-modulated links under weak turbulence.IET Optoelectron.6 (6), 290 – 297 (2012)
38. H.Yin, T.Lan, H.Zhang, H.Jia, S.Chang, J.Yang, Theoretical evaluation of scattering effect on retroreflective free-space optical communication.J.Opt.Soc.Am.A Opt.Image Sci.Vis.29 (12), 2608 – 2611 (2012)
39. C.M.Swenson, C.A.Steed, I.A.DeLaRue, R.Q.Fugate, Low power FLC-based retro modulator com-

munications system.Proc.SPIE2990, 296 – 310

40. G.Charmaine Gilbreath, W.S.Rabinovich, R.Mahon, L.Swingen, E.Oh, T.Meehan, P.G.Goetz, Real-time 1550 nm retromodulated video link.Proceedings of the 2003 IEEE Aerospace Conference, Paper No.1560, 2003
41. A.Carraso-Casado, R.Vergaz, J.M.Sanchez-Pena, Free-space laser communications with UAVs.Report of RT Organization, # RTO-MP-IST-099
42. J.L.Gao, Sensor network communications using space-division optical retro-reflectors for in-situ science applications.IEEE paper, 0-7803-7651-X/03, 2003
43. A.G.Salas, J.Stupl, J.Mason, Modulating retroreflectors: Technology, link budgets and applications.63rd International Astronautical Congress, Naples, Italy, # IAC-12.B4, 6B, 11, 2012
44. G.Charmaine Gilbreath, N.Glenn Creamer, W.S.Rabinovich, T.J.Meehan, M.J.Vilcheck, J.A.Vasquez, R.Mahon, E.Oh, P.G.Goetz, S.Mozersky, Modulating retroreflectors for space, tracking, acquisition and ranging using multiple quantum well technology, Proc.SPIE 4821, 494 – 507 (2002)
45. N.Glenn Creamer, G.Charmaine Gilbreath, T.J.Meehan, M.J.Vilcheck, J.A.Vasquez, W.S.Rabinovich, P.G.Goetz, R.Mahon, Interspacecraft optical communication and navigation using modulating retroreflectors.J.Guid.Control Dyn.27 (1), 100 – 106, (2004)
46. G.C.Gilbreath, T.J.Meehan, W.S.Rabinovich, M.J.Vilcheck, R.Mahon, M.Ferraro, J.A.Vasquez, I.Sokolsky, D.Scott Katzer, K.Ikossi-Anastasiou, P.G.Goetz, Retromodulator for optical tagging for LEO consumables.Technical Report, NRL, 2007
47. A.M.Scott, K.D.Riley, D.C.Jones, M.E.McNie, G.W.Smith, K.M.Brunson, A.Lewin, K.L.Lewis, Retroreflective communications over a kilometer range using a MEMS-based optical tag.Proc. SPIE7480, 2009
48. W.S.Rabinovich, J.L.Murphy, M.Suite, M.Ferraro, R.Mahon, P.Goetz, K.Hacker, W.Freeman, E.Saint Georges, S.Uecke, J.Sender, Free-space optical data link to a small robot using modulating retroreflectors.Proc.SPIE7464, 746408-1 - 746408-9, (2009)
49. K.Alhammadi, Applying wide field of view retroreflector technology to free space optical robotic communications.PhD dissertation in Electrical Engineering, North Carolina State University, Raleigh, North Carolina, September 2006
50. H.Hemmati, C.Esproles, W.Farr, W.Liu, P.Estabrook, Retro-modulator with a mini-rover.Proc.SPIE5338, 50 –56, (2004)
51. T.M.Shay, J.A.MacCannell, C.D.Garrett, D.A.Hazzard, J.A.Payne, N.Dahlstrom, S.Horan, The first experimental demonstration of full-duplex communications on a single laser beam.Proc. SPIE5160, 265 – 271 (2004)
52. T.M.Shay, D.Hazzard, S.Horan, J.A.Payne, Full-duplex optical communication system, U.S.Patent.No.US 6, 778, 779 B1, Aug.17, 2004
53. T.M.Shay, D.A.Hazzard, Circular Polarization Keying, patent pending, Serial No.60/170, 889
54. A.K.Majumdar, T.M.Shay, US Patent No.US 8, 301, 032 B2, Oct.30, 2012
55. W.Cox, K.Gray, J.Muth, Underwater optical commun ication using a modulating

retroreflector.http：//www.sea-technology.com/features/2011/0511/retroreflector.php，2014 Compass Publications，Inc.，published in Sea Technology，Vol.52，Issue 5，p.47，May 2011.

56. S.Arnon，Underwater optical wireless communication network.Opt.Eng.49（1），015001（2010）

57. Y.Gil，N.Rotter，S.Arnon，Feasibility of retroreflective transdermal optical wireless communication.Appl.Optics51（18），4232 – 4239，(2012)

58. M.Y.Abualhoul，P.Svenmarker，Q.Wang，J.Y.Anderson，A.J.Johansson，Free-space optical link for biomedical applications，34th Annual International Conference of the IEEE EMBS，San Diego，California USA，pp.1667 – 1670，28 August – 1 September，2012

第 9 章　混合无线光/射频通信

9.1　引言

自由空间光通信（FSOC）的概念始于 20 世纪 60 年代末期。激光器的出现使得小型发射器（即较小的发射光斑）和小型的高天线增益的接收器成为可能[1,2]。具体来说，与相同尺寸的射频（RF）系统而言，FSOC 系统效率会更高，且数据速率能提高几个数量级。不幸的是，在 20 世纪 70 年代和 80 年代，FSO 通信系统的潜力并没有发挥出来，这是由于当时的电光转换效率和光探测效率比较低，同时为了克服发射机指向误差的影响，必须增大发射器光斑尺寸，而且更重要的是，光信道的影响会导致光通信链路质量的下降。其结果是，在过去的 40 年里，光通信相比于射频通信的优势并未得以实现，但光纤通信（Fiber Optical Communications，FOC）除外。这是因为光纤通信克服了上述探测器效率的问题，激光可以很容易地入射到光纤光缆，并且光纤通信不会受到 FSO 通信所面临的信道影响。光纤通信的成功能够为 FSO 通信系统的实现提供参考，但前提是 FSO 通信能够克服信道的影响。实际上，FSO 通信或射频通信自身都无法像光纤通信一样，提供完全可靠的数千兆或太比特每秒（（Gb/s）或（Tb/s））的通信。然而，它们有潜力通过在网络基础设施中的合作来实现这一目标，也就是说，通过一种混合的无线光 – 射频网络结构来实现，见表 9.1。

表 9.1　FSO/RF 混合通信信道特性

	RF	FSO	RF 和 FSO
数据速率	低数据速率	高数据速率	支持高可靠性、高数据速率的 FSO 通信
信道稳定性和 QoS	稳定信道	突变信道	提高网络可用性服务质量（Quality of Service，QoS）
气象条件的影响	云的影响：相对免疫	必须在晴朗/薄雾条件下使用	云天适合采用射频通信
	雨的影响：有时会受降雨的影响	比射频通信受到的影响小	雨天适合采用 FSO 通信

（续）

	RF	FSO	RF 和 FSO
其他优势			物理层的多样性提高了抗干扰能力； 尺寸、重量和功率更集约； 共用供电、稳定平台等； 有效利用平台空间

为了实现强大的高吞吐量骨干通信网，FSO/RF 必须采用信道分集和协同等新的混合网络连接技术，从而获得比单独使用 FSO 通信或射频通信时更高的性能。表 9.2 概述了混合系统的各个组成部分及其作用（即所克服的问题）。这是本章的主题，具体来说，我们将给出一个示例系统的框架、基本组成和工作性能数据，从而说明在混合通信系统中确实需要一些功能部件来确保其在任意天气条件下实现链路的高可用性。

表 9.2　混合光射频网络可靠性机制

属性	晴朗	湍流	云	中断	多径
混合 RF/FSO 链路					
自适应光学					
RF 自适应均衡					
光学 AGC					
编码					
MANET					
链路层重传					
局部深队列					
网络应答					

9.2　混合无线光/射频通信

美国国防部高级研究计划局（Defense Advanced Research Projects Agency，DARPA）和空军研究实验室（Air Force Research Laboratory，AFRL）的最新研究表明，一个集成 FSO 通信、定向射频通信和自适应网络的混合通信系统，其仿真性能能够与光纤通信系统的性能相媲美。AFRL 在“射频/光综合组网战术瞄准网络技术（IRON-T2）2006/2007”项目支持下开展了相关的试验，其主要结论已公开报道[1,3-6]。整个 IRON-T2 项目最终于 2008 年完成，证明了混合光/射频通信系统的有效性。试验数据表明，混合系统中的 FSO 通信技术能够在昼夜工作条件下支持可靠的千兆比特链路。在雾、云等无法进行光通信的气象条件下，如果不存在大气波导和伴随的多径干扰时，可以通过射频通信方式来保持较低速率的通信链路。在逆温情况下，低角度射频链路常发生严重的多径效应。不断变化的大气条件，会导致一种通信方式失效，或者两种方式都失效，或者两者均有效。因此，没有所谓的全天候、任意条件的通信链路存在，但是混合光/射频通信系统的可用性比任何一个单独系统的都要高。此外，在射频通信中采用增强的均衡子系统可以在一定程度上缓解一些多径干扰。并且，可以通过基于链路故障的预测和检测来调整工作计划中的飞行轨迹，从而减小链路故障率。

此后，DARPA 和 AFRL 基于 IRON-T2 项目的研究成果，在 DARPA 光射频通信辅助（Optical RF Communications Adjunct，ORCA）项目和后续的自由空间光通信实验性网络试验（FSO Experimental Network Experiment，FOENEX）项目下，进一步研究混合 FSO/RF 系统的性能和设计。ORCA/FOENEX 项目的目的是设计、构建和测试一个混合光射频机载骨干网络的原型。基于 Internet 协议（IP）的混合 FSO/RF 网络旨在具备战术数据回传通信功能。空中节点之间的通信距离预计可达 200km，海拔高度为 25000ft 或更高，而空对地斜程链路的通信距离能达到 50km。电气和电子工程师协会（Institute of Electrical and Electronics Engineers，IEEE）2009 年的一篇文章指出[1]，建立机载平台混合 FSO/RF 通信能力所面临的主要挑战是如何克服远距离、低倾角条件下的大气湍流和低空射频通信中的多径效应。

9.2.1　ORCA 项目和混合通信系统概述

ORCA 项目中的混合网络总体方案是基于对高速率、远距离战术通信的需求而设计的，旨在为用户提供高可用性的通信保障。采用系统级的方法对 ORCA 项目进行设计和开发，能够充分考虑技术间的交叉和交互作用，以达到预期的性能。最终的设计能够基于一致性原则，充分考虑系统的多样性、可靠性和适应性问题，实现从双物理层到移动自组网（Hoc Networking，MANET）机制的升级。

ORCA 网络包含多个空中和地面平台，每个平台包含一个或多个混合终端，并同步通过混合 FSO/RF 链路互连（每个 ORCA 终端都包含 FSO 和 RF 通信收发器）。一个平台要成为网络中的一个“内部”节点，具备数据转发功能，需要有两个或更多独立的链路。虽然“边缘”节点（如地面终端）可以包含单个混合链路，但平台上多个网络节点的存在可以提高整个网络的可靠性和可用性。

ORCA 网络利用远距离、低速率 RF 全向信号启动，当各空中和地面平台进入通信范围后为混合终端提供初始遥测信息传输。遥测信号比在单独 FSO 通信或定向射频通信信道中传输的更远，使得终端可以建立组长并启动网络计划。一旦终端进入 FSO 和/或射频通信链路范围内时，就启动网络。光链路采用半协同捕获、跟踪和指向（Acquisition，Tracking，and Pointing，ATP）系统，该系统由宽视场（Wide-Field of View，WFOV）相机、窄视场（Narrow-Field of View，NFOV）相机和具备湍流补偿功能的波前传感器（Wave Front Sensor，WFS）精跟踪环组成。各平台利用遥测系统提供的初始指向信息进行节点连接分配，并将窄光学信标信号发向预定的接收平台位置。然后，在各预定节点上的“接收”WFOV 捕获并锁定各自跟踪门内的信标。然后，NFOV 传感器建立更小的跟踪门，利用它锁定信号，各节点上的 WFS 提供精密信号跟踪，建立 FSO 通信链路，并开始传输数据。射频链路也同时使用遥测数据启动链路捕获与传播。一旦在 ORCA 边缘节点之间建立了端到端的传输路径，网络就开始进行数据传输。

数据流以多种方式使用混合系统中的 FSO 通信和射频通信链路。例如，高吞吐量数据流可以使用 FSO 通信链路作为主要传输介质，而诸如语音或聊天等低数据流可以使用射频通信链接作为主要介质。或者，所有数据都使用 FSO 通信链接作为主要传输介质，当发生中断和其他 FSO 通信链路不可用的情况下，再转移到 RF 通信链路上。

在工作过程中，该通信网络必须适应飞机机动和大气条件变化所引起的链路条件的不断变化。每个终端的视场都受到平台上（即机身）孔径位置的限制，并且各链路都可能会受到飞机相对位置的影响而被挡住。这种中断是可预测的，拓扑管理软件能够在发生中断事件之前预先调整网络。此外，不可预测的因素（如云层或严重的大气湍流）可能会降低光链路的质量，或导致不可预测的中断，迫使网络适应。

在混合网络中，可以通过多种方式克服链路丢失或质量下降的问题。在亚秒级光链路中，严重的光强闪烁会引起链路中断事件（Link Disruption Event，LDE），从而导致不可恢复的数据包错误。ORCA 网络使用链路层重传方案，快速检测闪烁事件的发生，并将未恢复的数据包在 FSO 通信或射频通信链路上重传。如果 LDE 的持续时间较长或链接质量下降太严重，网络中的数据包可能会绕过受影响的链路进行传输，从而导致网络拓扑结构的改变。根据网络规模和条件，混合网络中的端到端链路可以暂时不可用，直到网络能够重新适应新的结构。目前，ORCA 网络设计包含一个 5s 的数据缓存，一旦重新建立了端到端路径后，就可以重放。

该网络系统的主要组成部分是 FSO 通信、射频通信和网络子系统，ORCA 系统框图如图 9.1 所示。ORCA 项目的重点是开发每个子系统的关键技术，以及研究三个子系统的混合方式，从而使系统性能最大化。预计其综合能力将具有较高的可靠性，并满足军事和商业的应用需要。通过将 FSO 通信和射频通信配对而建立的混合链路可以提高每个已建立链路的可用性。网络的重传、高速路由、拓扑管理和重放机制增加了网络中端到端路由的可用性。

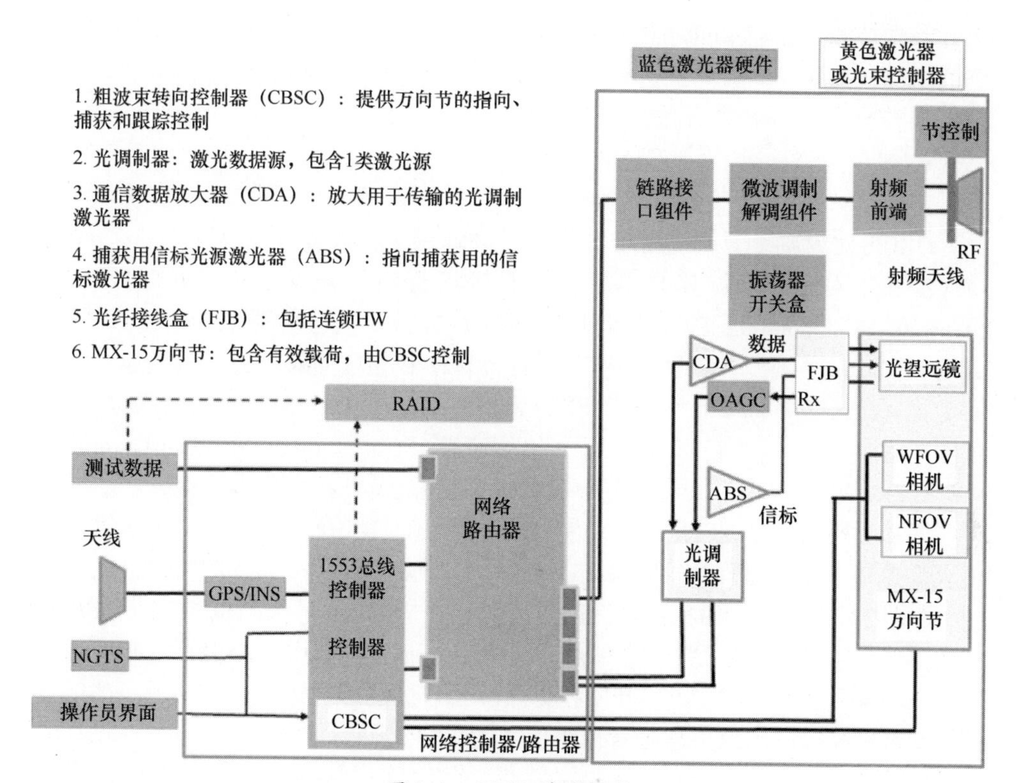

图 9.1 ORCA 系统框图

9.2.2 FSO 通信子系统概述

ORCA FSO 通信子系统在设计时要求发射机能够精确地指向接收机，以便于信号的捕获。然后将自由空间光耦合到单模光纤中，并减小光纤中的功率起伏，以最大限度地提高接收机的灵敏度。捕获和指向功能由半协作式 ATP 系统完成，该系统由 WFOV 相机、NFOV 相机和带湍流补偿的 WFS 精跟踪环路组成。

湍流不仅会影响信号的捕获，还会对 FSO 通信链路产生很大的干扰。传输光束会受到湍流的影响，而产生光束漂移、光斑扩展和闪烁效应，造成光信号在空间和时间上的畸变[7-10]。为了提高机载链路的可靠性，需要采用一定的技术手段来克服光学孔径内气流所产生的气动光学效应。ORCA FSO 通信系统的一个关键技术是其发射机和接收机是互易的，都有自适应光学器件，能够校正发射和接收光束，从而最大限度地将光耦合到光纤中。

ORCA 系统集成了自适应光学（Adaptive Optics，AO）子系统和光学自动增益控制器（Optical Automatic Gain Controller，OAGC），它们的功能是将接收到的高动态光信号转换为能够被光学调制器处理的稳定信号。AO 子系统使用倾斜装置来校正光束漂移，使用可变形反射镜来补偿闪烁效应。OAGC 提供低噪光学放大和稳定功能，保证40dB的动态范围，从而避免在高输入功率条件下光学探测器的饱和或损坏。文献［2-6］中对这些子系统进行了详细的描述，本节只给出其性能特点。

9.2.3 RF通信子系统概述

ORCA射频通信子系统用于实现高效高速的定向视距（Line-of-Sight，LOS）空对空和空对地通信。其时域分集是通过均衡和长分组turbo前向差错控制（Forward Error Control，FEC）编码来实现的。差分反馈均衡器（Differential Feedback Equalizer，DFE）减小了由频率选择性衰落和相位偏移等失真效应引起的码间干扰（Inter-Symbol Interference，ISI），同时减小了在LOS信号之后到达接收天线的反射信号（即多径干扰）所引起的衰落。采用turbo乘积（turbo product code）FEC码，减小可靠接收数据所需要的单位比特的接收信号能量。

图9.2所示为最近一次测试中实验样板系统的RF子系统框图。大多数硬件组成都是基于在其他数据通信系统中得到验证的现有设备。针对ORCA RF链路（特别是空对空链路）的独特属性进行了一些相应的改进。其中就包括判决反馈均衡器（DFE），它可以减少空对空链路中由地面反射而产生的多径影响，详见2009年6月发表的文章[11]。DFE对反射通道分量进行估计，并利用适当的时延进行滤波，从而减小反射信号对视距信号的影响。

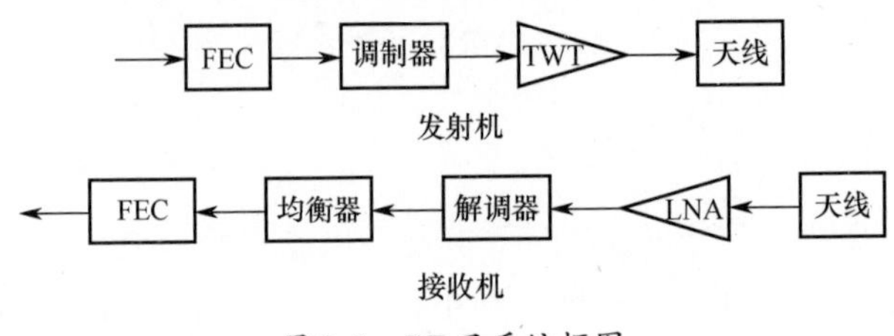

图9.2 RF子系统框图

9.2.4 网络子系统概述

ORCA网络的目标是提供一个基于IP的传输（骨干）级网络，其端到端网络可用性大于95%。该网络是一种ad hoc网络，在飞机和地面站上设置ORCA节点，并可以发现彼此，根据现场条件形成具有拓扑结构的网络，并随着时间的推移不断调整拓扑结构。该网络拓扑通过重新指向终端孔径以建立新的通信链路或者围绕降级链路重组路由分组的方式来适应平台和环境的变化。ORCA网络使用隧道将这种移动性从外部网络中隐藏起来。传入的IP数据包在ORCA网络内部被封装和管理，以便可靠地传送到出口点，使ORCA网络看起来像一个到外部网络的单跳。

混合网络的关键硬件是高速路由器。ORCA混合路由器的底板能容纳

100Gb/s的总吞吐量，允许在单个平台上的每个方向上以10Gb/s的速度切换多达四个双工混合链路和一个用户端口。每个混合链路使用一个专用的包含RF和FSO端口的混合交换模块（Hybrid Switching Module，HSM）卡。每个HSM对应一个混合终端或用户端口，每个路由器（最多包含5个HSM）对应一个节点。网络将同一HSM上的每个混合通信链路（即一组FSO和RF通信链路）作为两个网络节点之间的单个通信链路来管理。

除了硬件设计方面的挑战外，还开发了很多网络技术。LDE是由平台移动性、大气条件、地形和平台遮挡引起的。一些LDE（如平台遮挡）是可以被预测的，使得网络可以预先采取措施来克服，如通过其他网络路径重新路由，或者重新指向接收孔径来创建新的网络拓扑。其他LDE（包括大气闪烁）并不总是可预测的，需要反馈机制。如前所述，ORCA网络使用多种手段来克服造成不同时间尺度LDE的现象，具体如下。

纠错编码（Error Correction Coding，ECC）：FSO链路使用Reed-Solomon turbo码，RF链路使用turbo乘积码，对亚秒级LDE造成的误码进行校正。

重传：当无法通过ECC方法恢复数据包时，网络对亚秒级LDE提供第2层重传。在FSO链路上丢失的重传数据包可以通过FSO链路或RF链路进行重传。

综合服务质量（Quality of Service，QoS）和深度队列：对于由云引起的数秒长的LDE（<5s），内部节点可以使用深度队列技术来减少中断。链接保持打开状态，并保留数据包，直到它们可以通过链接重新发送为止。

重新路由：如果一个LDE持续数秒（>5s），那么本地节点将通过与本地节点建立的其他链路来重新传送数据包。

重新指向：如果不可能重新路由，网络可以引导网络节点重新指向一个或多个孔径，调整网络拓扑以改善端到端的连接。一旦建立了新的链路，本地节点就恢复数据传输。

重放：当无法从前向节点重传和重新路由时，网络将重放来自边缘节点的长5s的数据。当重新指向操作的耗时超过填满本地节点队列的时间时，就可能需要重放。

9.3　FSO通信系统

随着人们对大带宽和高数据传输速率的需求日益增长，FSO通信已经成为一个重要的应用领域。虽然早期的注意力主要集中在光学通信系统比射频通信系统所能提供的更高的数据速率上，但激光通信还有一些其他的优势：①与射频通信系统相比，其质量、功率和体积更小；②激光束固有的窄光束/高增益特性；③使用频率和带宽无需申请。

9.3.1 背景

FSOC 是一种视距通信技术，它使用激光来提供带宽连接，而不需要光纤光缆。在美国，只有 5% 的大公司与光纤基础设施（主干网）相连，但 75% 的公司与光纤的距离在 1mile 范围内①（被称为“最后一公里问题”）。随着带宽需求的增加和企业转向高速局域网（Local Area Network，LAN），通过数字用户线路（Digital Subscriber Line，DSL）、有线调制解调器或传输系统（T1s）等低速链路与外部网络的连接性能变得更加令人沮丧。

典型的 FSO 通信系统的激光波长为 850nm 和 1550nm。通常采用满足人眼安全需求的低功率红外激光器，工作在无需电磁申请的频段中。然而，限制激光器的发射功率就限制了其应用范围。在不同的天气情况下，在近地水平链路上的 FSO 通信距离可以从几百米到几千米，甚至更远，足以建立主干网和许多终端用户之间的宽带连接。对于飞机对地或飞机对飞机的链路，距离可以达到 100km，甚至更远。由于恶劣天气（主要是浓雾或云层）会严重限制这些视距设备的覆盖范围，因此可以使每个光收发器节点（或链路终端）与网络中的几个邻近节点进行通信。这种“网状拓扑”可以确保大量数据能可靠地从传感器单元传输到中央控制中心和用户。

对雾的敏感性减缓了近地 FSO 通信系统的商业化部署。事实证明，雾（或者雨雪）会极大地限制 FSO 通信链路的最大作用距离。由于雾会导致接收光功率的显著降低，所以实际的 FSO 通信系统必须设计一定的“链路余量”，使得在必要时可以使用多余的光功率来克服雾的衰减影响。在理想的晴空条件下，大气激光通信链路的绝对可靠性仍然会受到大气成分吸收和持续存在的大气湍流的物理限制。对于给定的链路余量，分析链路可用度更有意义，它等于有效通信时间（总运行时间减去由于雾或其他物理因素造成的中断时间）的百分比。链路可用度要求随着应用场景的变化而不同。

FSO 通信技术始于 20 世纪 60 年代，但随着 20 世纪 70 年代初期光纤的发明以及大气对光传输的有害影响，严重限制了其当时的推广应用。如今，FSO 通信系统可以在建筑物之间、建筑物与光纤网络之间、地面与卫星之间提供高速连接。此外，FSO 通信系统通常可以在数天甚至数小时内安装完毕，而安装光纤则需要数周甚至数月的时间。现在，由于全球对高速率连接的访问需求不断增长，以及光纤网络在某些环境中的固有局限性，使得人们对 FSO 通信重新产生了兴趣。

下面列举了一些目前人们感兴趣的几类常见的 FSO 通信信道，并简要描述了其主要大气影响。

（1）飞机 – 地面：从飞机到地面的激光通信主要受到离地面接收器最近的

---

① 1mile ≈ 1.609km。

大气湍流的干扰。下行传输链路面临的主要影响是闪烁和到达角起伏。此外，可能还需要解决由平台速度引起的飞机边界层效应。

（2）地面 – 飞机：从地面向飞机发射的激光束主要受到发射器附近大气湍流的干扰。上行链路的主要影响是光束扩展、闪烁以及光束漂移。

（3）飞机 – 飞机：虽然飞机高于大部分地面形成的大气湍流之上，但湍流仍然是一个令人不可忽视的问题，同时，平台速度引起的飞机边界层效应也需要克服。

9.3.2　FSO 通信系统性能建模

FSO 通信链路预算可以在各种条件下预测系统的性能，可以实现更加有效的操作使用规划。这项工作非常有意义，但需要能够在各种环境条件下建立能准确描述系统和各部分性能的底层模型。在链路预算中最基本的是大气光信道模型，但在许多 FSO 通信系统中，可能还需要建立 AO 增益模型和 OAGC 模型。AO 系统可能仅包含倾斜校正，或者对于更复杂的系统，也可能包含一些高阶的 AO 校正模式。大气模型描述大气对进入接收器孔径的光功率的影响，AO 增益模型描述各种大气扰动的影响及其被抑制的程度，目的是使传输光功率更好地聚焦到光纤中。OAGC 模型描述系统将接收光信号转换成稳定可用的光信号并将其传递到调制解调器的能力。除此之外，往往还需要引入其他的一些抑制技术，如 FEC 编码方案或发射/接收机的空间分集等。

光信道模型　大气通常分为两大类：大气边界层（Atmospheric Boundary Layer，ABL）和自由大气[12,13]。ABL 是指距离地球表面约 1 ~ 2km 的区域，在该区域，地表加热会导致对流层的不稳定，导致热羽流和强光学湍流（即折射率起伏）。地面以上的前几百米处定义为表层，大约占 ABL 高度的 10%，其特性取决于大气参数中的空地差异。自由大气是指在 ABL 上方的那部分大气，在这个区域，地球表面摩擦对空气运动的影响可以忽略不计，通常可以将空气看作理想流体。

大气或光学湍流通常由折射率结构常数 C_n^2（单位为 $m^{-2/3}$）表征。白天，地面附近的光学湍流最强，C_n^2 取值通常为 $10^{-14} \sim 10^{-12} m^{-2/3}$，甚至更高。在此期间，空气温度梯度为负，研究表明，随着海拔的升高，C_n^2 的取值通常从地表开始按照 $h^{-4/3}$（h 表示海拔高度）的规律减小[14]。夜间，地球表面因辐射而变冷，比空气温度更低，产生较为稳定的条件。这种表面冷却会产生强烈的逆温层，可达数十米或数百米，甚至更高。在逆温层中，C_n^2 通常会随着风速的增加而增加，直到风速达到 4m/s 左右时，再随风速的增大而减小。此外，夜间 C_n^2 值随海拔的降低一般不再遵循 $h^{-4/3}$ 的海拔依赖关系，而是遵循由相似性理论预测的 $h^{-2/3}$ 的幂律关系，更适用于对稳定大气条件的描述。转换时刻一般发生在日出后 1.5h 和日落前 0.5h。在这段时间内，空气温度和地表温度基本相同，C_n^2 取一天当中的最小值，此时称为平静期，通常持续几分钟到半小时。

计算光在大气中传播的光学湍流影响是很有必要的，这将有助于建模和对光束传播相关实验结果的分析。由于该计算很大程度上依赖于光学湍流模型，因此，掌握特定地域的 C_n^2 特性至关重要。在均匀地形水平传输路径的应用中，通常假设结构常数 C_n^2 在路径中保持不变。该常数通常可以使用闪烁计来进行有效的测量，得到的是沿同一路径或附近平行路径的 C_n^2 的平均值。如果传播路径是垂直或倾斜的，则必须用某些光学湍流的解析或数值模型来描述 C_n^2 随高度的变化。这种模型称为 C_n^2 廓线模型，通常表示 C_n^2 在给定高度下的平均值，部分模型是基于多年的实测数据得到的。

目前，已经有一些 C_n^2 廓线模型（包括白天和夜间的模型）被应用于地对空或空对地链路中[12]。其中使用最广泛的模型之一是 Hufnagel-Valley（HV）模型：

$$C_n^2(h) = 0.00594\left(\frac{w}{27}\right)^2\left(\frac{h}{10^5}\right)^{10}\exp\left(-\frac{h}{1000}\right)+ 2.7\times10^{-16}\exp\left(-\frac{h}{1500}\right)+A\exp\left(-\frac{h}{100}\right) \tag{9-1}$$

式中：h 的单位为米（m）；w 为高空风速的均方根（Root-Mean-Square，RMS），单位为 m/s；A 对应于地面附近 C_n^2 的典型值，单位为 $m^{-2/3}$。当 $w=21\text{m/s}$，$A=1.7\times10^{-14}m^{-2/3}$ 时，即为常用的 HV-5/7 模型。该模型是对 Hufnagel[13,15]针对地表以上 3～24km 高度范围提出的原始经验模型的改进。

与其他廓线模型相比，HV 模型的优势之一是包含了两个可调整的参数 w 和 A。也就是说，允许高空风速和局部近地面湍流条件的变化，使得 HV 廓线模型适用的地理位置范围更广。同时，该模型还能够建立与 Fried 参数 r_0 和等晕角 θ_0 测量值间的关系。然而，式（9-1）中描述近地面湍流条件的最后一个指数项的预测值，与 Walters 和 Kunkel[14]发现的 $h^{-4/3}$ 规律（与许多其他的早期实验结论一致）的预测值相比，在海拔达到 1km 左右时，会有些偏低。因此，对于特别依赖于近地面 C_n^2 特性的应用而言，HV 模型就不再适用。此时，Hufnagel 模型的另一种修正模型可能更加合适，其白天在近地面服从 $h^{-4/3}$ 的变化规律[8-17]，即

$$C_n^2(h) = M\left[0.00594\left(\frac{w}{27}\right)^2\left(\frac{h+h_S}{10^5}\right)^{10}\exp\left(-\frac{h+h_S}{1000}\right)+ 2.7\times10^{-16}\exp\left(-\frac{h+h_S}{1500}\right)+C_n^2(h_0)\left(\frac{h_0}{h}\right)^{4/3}\right],\ h>h_0 \tag{9-2}$$

式中：h 为离地高度，该模型称为逐时分析程序（Hourly Analysis Program，HAP）模型。该模型基于近地面的 C_n^2 观测值对式（9-1）的最后一项进行了修正。地面附近的观测特性，式（9-1）中的最后一个指数函数由出现在式（9-2）中的最后一项所取代。此外，HAP 模型还引入了海平面以上的参考高度 h_S 和表示平均高

空背景湍流强度的尺度因子 M。

图9.3所示为从参考高度 $h_0 = 1 \sim 3100\text{m}$ 高度范围内，HV和HAP两种廓线模型的曲线，近地面 C_n^2 取值为 $1.7 \times 10^{-14}\text{m}^{-2/3}$。HAP模型中，取 $M = 1$，$h_S = 0$，$w = 21\text{m/s}$。在最初的几百米范围内，HV和HAP模型的取值区别很大，但从大约1～20km甚至以上，它们的取值基本相同。为了对比，还给出了具有相同近地面 C_n^2 值的 $-2/3$ 幂次的HAP模型。

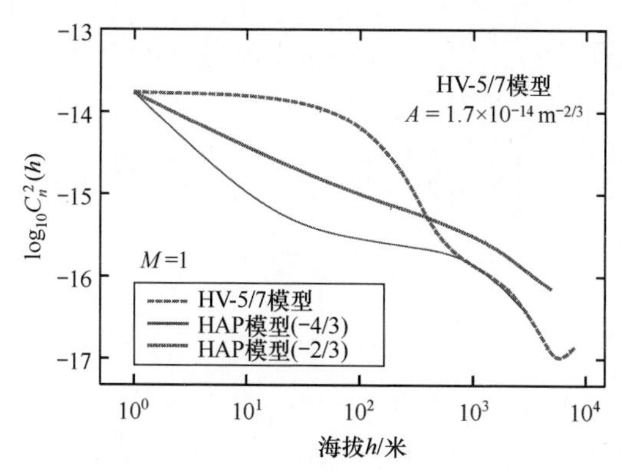

图9.3　HV模型（1）和HAP模型（2）在海拔1～3100m范围内的比较（见彩插）

由于高度函数的幂次特性从白天的 $h^{-4/3}$ 变化到晚上的 $h^{-2/3}$，所以昼夜间必然存在一个转换期。Andrews等[8]最近提出了一个类似于 h^{-p} 的转换模型，其中 p 取决于白天的时间点长度。一个时间点定义为日出到日落之间的小时数的1/12。因此，这个更普适的模型是利用实际的日出和日落时间来确定 p 的取值的。

大气对激光束的影响：光传播的三种主要大气现象是吸收、散射和折射率起伏。大气分子和粒子对光传输的吸收和散射与波长有关，主要引起光功率的衰减。另一方面，折射率起伏也称为光学湍流，会导致光波强度和相位的随机起伏。这种强度和相位的随机起伏会对其中传输的激光束产生许多不利的影响，包括以下几方面[10]：

（1）光束扩展——光束发散角的增加，会导致接收器处的平均功率降低。

（2）光束漂移——接收平面内束心的随机运动。

（3）横向空间相干性损失——在成像和相干检测中，限制了有效接收机孔径。

（4）到达角起伏——接收平面上的到达角起伏会造成探测器平面上的图像抖动（或“舞动”）。

（5）闪烁——光强起伏会降低接收信噪比（Signal to Noise Ratio，SNR），增加信号衰落的概率。

统计特性分析：FSO通信系统的可靠性可以通过以下几个性能指标来分析。

（1）Strehl比（Strehl Ratio，SR）——大气湍流中激光束的长期平均光强与自由空间中激光束的长期平均光强之比。如果接收机位于发射机的远场，则接收

机平面（Receiver Plane，RP）的 SR 可以表示为[9]

$$\mathrm{SR}_{\mathrm{RP}} = \frac{1}{\left[1 + (D_{\mathrm{Tx}}/r_{0\mathrm{T}})^{5/3}\right]^{6/5}} \tag{9-3}$$

式中：D_{Tx} 为发射机孔径直径；$r_{0\mathrm{T}}$ 为发射机平面内的 Fried 参数。自由空间中 SR 的最大值为 1，在探测器平面（Detector Plane，DP）内的 SR 为

$$\mathrm{SR}_{\mathrm{DP}} = \frac{1}{\left[1 + (D_{\mathrm{Rx}}/r_{0\mathrm{R}})^{5/3}\right]^{6/5}} \tag{9-4}$$

式中：D_{Rx} 为接收机孔径；$r_{0\mathrm{R}}$ 为接收机平面内的 Fried 参数。对于沿 z 轴传播的距离为 L 的光束，两个 Fried 参数定义为

$$\begin{cases} r_{0\mathrm{T}} = \left[0.423k^2 \int_0^L C_n^2(z) \left(1 - \dfrac{z}{L}\right)^{5/3} \mathrm{d}z\right]^{-3/5} \\ r_{0\mathrm{R}} = \left[0.423k^2 \int_0^L C_n^2(z) \left(\dfrac{z}{L}\right)^{5/3} \mathrm{d}z\right]^{-3/5} \end{cases} \tag{9-5}$$

式中：k 为光波数。

（2）桶中功率（Power In Bucket，PIB）——进入接收器孔径的平均功率。如果用 P_{Tx} 为发射器出射的激光功率，则接收机处的平均 PIB 为

$$\langle \mathrm{PIB} \rangle = P_{\mathrm{Tx}} \cdot \frac{D_{\mathrm{Rx}}^2}{8W^2} \cdot \tau_{\mathrm{atm}} \cdot \tau_{\mathrm{opt}} \cdot \mathrm{SR}_{\mathrm{RP}};\quad D_{\mathrm{Rx}} \leqslant 2\sqrt{2}W \tag{9-6}$$

式中：W 为在接收平面上的高斯光束的半径；τ_{atm} 为大气传输损耗；τ_{opt} 为接收机传输损耗。

另一种表示远场平均 PIB 的方式为

$$\langle \mathrm{PIB} \rangle = P_{\mathrm{Tx}} \cdot \frac{A_{\mathrm{Tx}}A_{\mathrm{Rx}}}{(\lambda L)^2} \cdot \tau_{\mathrm{atm}} \cdot \tau_{\mathrm{opt}} \cdot \mathrm{SR}_{\mathrm{RP}};\quad D_{\mathrm{Rx}} \leqslant 2\sqrt{2}W \tag{9-7}$$

式中：A_{Tx} 和 A_{Rx} 分别为发射孔径和接收孔径的面积；$\lambda = 2\pi/k$，为波长。

（3）光纤功率（Power in the Fiber，PIF）：当光纤位于探测器平面时，$\langle \mathrm{PIF} \rangle$ 表示进入光纤的平均功率，其最大值为

$$\langle \mathrm{PIF} \rangle = \langle \mathrm{PIB} \rangle \cdot \tau_{\mathrm{fiber}} \cdot \mathrm{SR}_{\mathrm{DP}} \tag{9-8}$$

式中：τ_{fiber} 为由于环形器的存在而造成的光纤损耗。

对于飞机－飞机或飞机－地面的链路，除了飞机与光接收器之间大气湍流引起的光束起伏外，飞机周围的气动光学边界层也会引起光束起伏，从而进一步降低接收的平均光功率。有时，可以将气动光学边界层建模为一个薄的随机相位屏，从而可以估算出额外的光束扩展[18]。

除了 SR、PIB 和 PIF 之外，FSO 通信系统的其他可靠性或性能指标还包括与信号波束相关的衰落统计。部分衰落时间（也称为衰落概率）描述了接收光强低于某个给定阈值的时间百分比，比衰落概率更重要的是平均衰落时间，即在给定的时间范围内，低于阈值的衰落的平均长度，以及在给定的数据速率下，每次

衰落所丢失的数据包。

衰落概率定义为

$$\mathrm{Pr_{fade}} = 1 - \frac{1}{2}\int_0^{\infty} p_I(s)\,\mathrm{erfc}\left(\frac{\mathrm{TNR} - \langle \mathrm{SNR}\rangle s}{\sqrt{2}}\right)\mathrm{d}s \tag{9-9}$$

式中：TNR 为门限噪声比；<SNR>为平均信噪比；$p_I(s)$ 为接收机孔径所接收的随机光强的概率密度函数（Probability Density Function，PDF）。常用的光强 PDF 模型有对数正态模型和 Gamma-Gamma 模型[10]。当平均信噪比足够高时，计算衰落概率可以只考虑大气的影响，即

$$\mathrm{Pr_{fade}} = \int_0^{I_\mathrm{T}} p_I(s)\,\mathrm{d}s \tag{9-10}$$

式中：I_T 为光强阈值。低于指定阈值的光强值的数量表示单位时间的衰落数 $\langle n(I_\mathrm{T})\rangle$，则平均衰落时间可表示为 $\mathrm{Pr_{fade}}/\langle n(I_\mathrm{T})\rangle$ [10]。最后，每次衰落的平均丢包率由平均衰落时间和数据包速率的乘积确定。

9.3.3　闪烁抑制技术

中等到饱和区域的湍流会使光束产生光束漂移、空间和角度扩展、闪烁以及其他不利影响[10]。其中闪烁是影响系统性能的主要因素，人们提出了许多新的技术和手段来抑制其影响。本节，我们将介绍一些非相干通信系统中常用的闪烁抑制技术。

孔径平均　大气湍流是降低 FSO 通信系统可靠性的主要因素之一。例如湍流引起的闪烁很容易导致 FSO 通信链路出现严重的瞬时衰落。在某些情况下，可以通过增加发射功率来缓解这种衰落，但这并不总是可行的。增加接收机孔径的大小也可以抑制闪烁引起的衰落。如果接收机孔径比光强相关宽度大，则其探测器处的闪烁水平会比小孔径接收时的低，这种效应称为孔径平均效应。但是，如果接收孔径小于光强起伏的相关宽度，那么该孔径基本就类似于一个“点孔径”。当然，接收机所处的平台很可能会限制接收器孔径的实际大小，因此固定大小的接收器可能不足以减小特定链路的衰落。另一种降低闪烁的方法是空间分集，使用几个间隔足够远的小孔径接收器来代替一个大孔径接收器。此外，在发射机处发射多个光束的空间分集技术也可以抑制闪烁的影响。

在适当条件下，AO 补偿可以通过减小湍流引起的相位畸变的方式来降低大气效应的影响。相位起伏的减少将有效增大到达接收器孔径并聚焦到光纤中的功率，有效改善接收机平面和探测器平面上的 SR。例如，假设 AO 系统只补偿发射机和接收机的倾斜量，改进的约为[9]

$$\begin{cases} \mathrm{SR_{RPTT}} = \dfrac{1}{\left[1 + 0.28\,(D_\mathrm{Tx}/r_\mathrm{0T})^{5/3}\right]^{6/5}} \\ \mathrm{SR_{DPTT}} = \dfrac{1}{\left[1 + 0.28\,(D_\mathrm{Rx}/r_\mathrm{0R})^{5/3}\right]^{6/5}} \end{cases} \tag{9-11}$$

用式（9-11）替换式（9-6）和式（9-7）中的 SR，可以很容易地得到倾斜校正下相应的平均 PIB 和 PIF。发射端的倾斜校正基本上可以消除接收机平面上的光束漂移，而接收端倾斜量校正可以消除由到达角起伏引起的探测器平面的图像抖动，最终结果是使得光纤中的光功率增大。

然而，人们发现在某些情况下，孔径平均与 AO 技术一起仍然不足以建立完全可靠的 FSO 通信链接。因此，必须采用其他方法（如将 OAGC 与 FEC 相结合的方案）来提高 FSO 通信网络的可靠性和服务质量（Quality of Service，QoS）。

约翰斯·霍普金斯大学（John Hopkins University，JHU）应用物理实验室（Applied Physics Laboratory，APL）的光学调制解调器：本节介绍约翰斯·霍普金斯大学应用物理实验室设计的光学调制解调器，它显著提高了接收机的灵敏度，降低了湍流效应，系统增益提高了超过 20dB。它使得 ORCA/FOENEX 项目中，在湍流饱和区域（该区域即使使用了 AO 系统后还会产生 20～30dB 的损失，即未处理时的信道衰落大于 45～55dB 范围）下工作的 FSO 通信能够近乎无差错的进行通信。图 9.4 所示为该光学调制解调器的基本结构，它由两部分组成，第一部分为 OAGC，第二部分为 FEC[15-17]。Juarez 等利用这两个部分的配置设计了一个光学调制解调器，用于将广泛变化的光学信号转换为数字数据流，以便于网络路由器进行处理[4,11,19]，最终可以使链路性能提高 25～30dB。

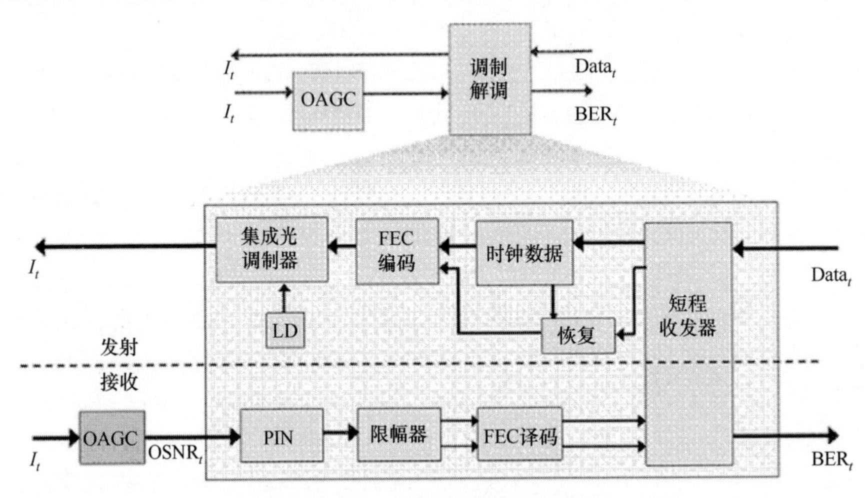

图 9.4　光学调制解调器框图

为了保证可靠的检测，OAGC 必须具备多个功能来稳定高起伏的接收信号。首先要保护光电二极管和后续电子设备避免受到高光功率造成的饱和或灾难性损坏，这种情况有可能发生在短距离（<10km）链路或弱湍流条件下的远距离（>100km）链路下。此外，采用固定增益光学前置放大器的结构，如掺铒光纤放大器（Erbium-Doped Fiber Amplifier，EDFA），也特别容易产生该影响，因为其在对“Q 开关”效应中的快速功率切换产生响应时，很可能会使输出功率远高于探测器的功率阈值。OAGC 必须具备的第二个功能是提供低噪声的光放大，以提高接收机灵敏度，这对于最大程度地提高通信链路余量至关重要。最后，OAGC 必须能够降低与接收机后续电子器件耦合产生的功率瞬变，并降低误比特率性能。OAGC 通过一系列的多级光放大或衰减实现该功能[5,11,19]，从而能够在检测器上输出恒定的功率（Constant Power，POF）。实际上，时变光输入信号［$I(t)$］被转换为一个具有可变光信噪比的定输出信号［OSNR(t)］。图 9.5 所示为 OSNR 和 OAGC 与 PIF 的关系。信号调制方式为不归零（Non-Return-to-Zero，NRZ）开关键控（On-Off Keying，OOK）。第一代系统的最大增益能达到 40 ~ 45dB。图 9.5 中，POF 表示经过 OAGC 后光纤输出的功率。

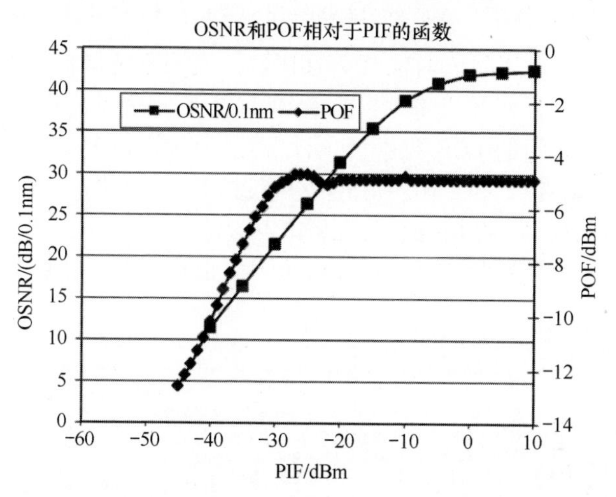

图 9.5　光信噪比（OSNR）和光纤输出功率（POF）与光纤输入功率（PIF）的关系

调制解调器用于在 10Gb/s 以太网客户端和 11Gb/s FSO 通信链路之间建立接口。具体来说，调制解调器使用的是商用现货（Commercial Off-the-Shelf，COTS）RS 增强型 FEC［255，239］，占用光链路芯片开销的 7%，可以在高接收功率、可变 OSNR 条件下正常工作。实验证明，即使 OAGC 的输入功率范围超过 4 个数量级，COTS FEC 芯片也能提供 8dB 的增益。低于系统灵敏度导致的中断的主要代价是在衰减之后 FSO 侧时钟恢复电路获取时钟所需的时间，实验测量的特征值大约为 100μs。图 9.6 所示为第一代 OAGC 和使用 COTS FEC 的 OAGA 的误比特率对比结果，该实验比较了两种情况下，使用 InGaAs PIN/TIA 接收器的 OAGC 和不使用 OAGC 的误比特率性能。对于未使用 OAGC 的情况，低接收光功率会使光接收机处于匮乏状态，并导致限幅放大器产生无法被 FEC 纠正的判决误差。此时，FEC 能够带来的增益很小，这是因为低接收光功率会导致接收信噪比迅速降低。这并不奇怪，因为 FEC 芯片组是为具有光学预放功能的光纤通信系统而设计的，其链路配置、OSNR 和功率水平都有明确的规定。而在 FSO 通信系统中，由于接收功率的动态性，这种严格的 OSNR 和功率管理是无法做到的。

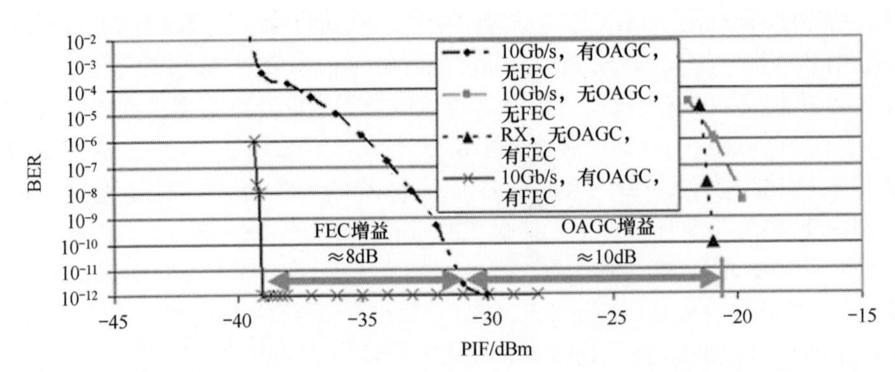

图 9.6 仅使用 OAGC 和有 OAGC 和 FEC 条件下，误比特率与光纤输入功率 PIF 的关系

图 9.7 给出了在下午晚些时候（4～6PM），光调制解调器在 183km 链路上的工作情况。该图特别显示了 2009 年 5 月 18 日在第 2 次飞行中获取的 PIF 数据，以及在实验室测试期间的 POF 数据。预计湍流条件为 5xHV 5/7，光学调制解调器 NRZ-OOK 调制格式，并以 10.3125Gb/s 的线路速度工作，所使用的 FEC 是前面提到的低开销（7%）的 RS 码。2007 年首次演示的 OAGC 实验中，在误比特率为 10^{-12}时，PIF 的噪声下限为 -39dBmW[4]，但从图 9.7 可以看出，OAGC 能

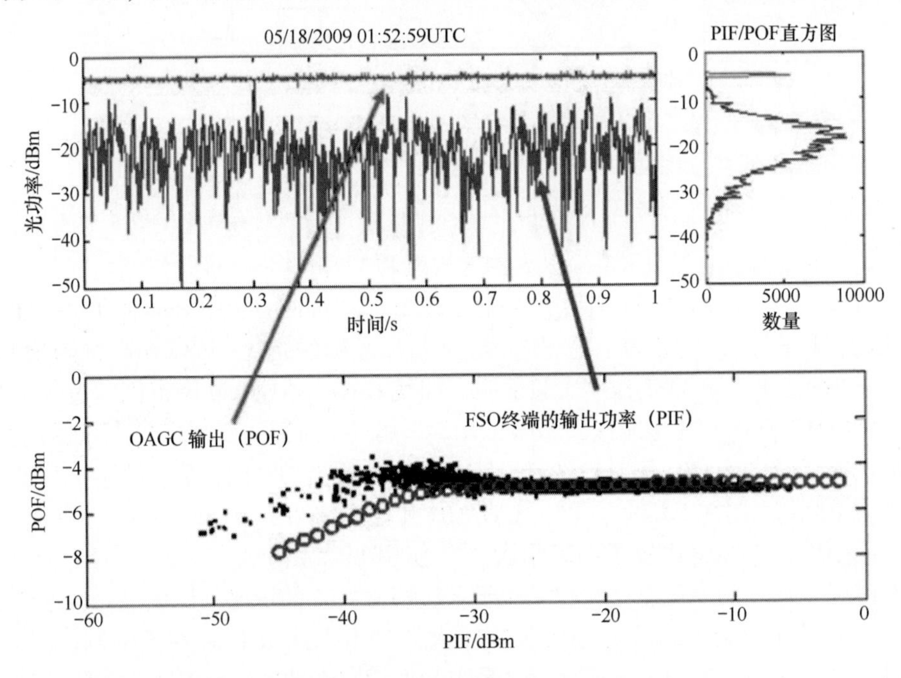

图 9.7 5 月 18 日在内华达州的 OAGC 实测数据性能与实验室测试性能的对比（见彩插）

够在更大的 PIF 范围内保持恒定的输出功率，从而将噪声下限降低到 -41dBmW。这主要归功于在内华达州的现场测试之前进行了一次小的系统升级。

分集技术： MIT 林肯实验室的研究人员开展的自由空间光通信机载链路（Free-space Optical Communications Airborne Link，FOCAL）项目使用了空间分集、FEC 和交织技术来减少衰落损耗，能达到约 20dB[5,20]，本节将给出其基本方法和结论[5]。

如果光束统计独立，则光学分集可通过使用多个接收孔径来降低衰落。在该实验中，使用了 4 个接收机孔径。要实现这种独立性，需要使光束间距大于 Fried 参数[5,20]。这是 FOCAL 项目采用的第一个闪烁抑制技术，在飞机平台上有 1 个孔径尺寸为 2.54cm 的发射机，在地面有 4 个孔径尺寸为 2.54cm 的接收机，彼此之间的间距为 10～48cm。每个接收孔径分别对下行链路信号进行检测，然后对信号进行求和以进行时钟恢复和比特检测，接收滤波器的带宽为 10GHz，在每个检测电路中都包含一个动态可变光衰减器（Variable Optical Attenuator，VOA），从而使判决电路中的信号电平保持恒定，图 9.8 所示为系统框图和实测数据的示例。

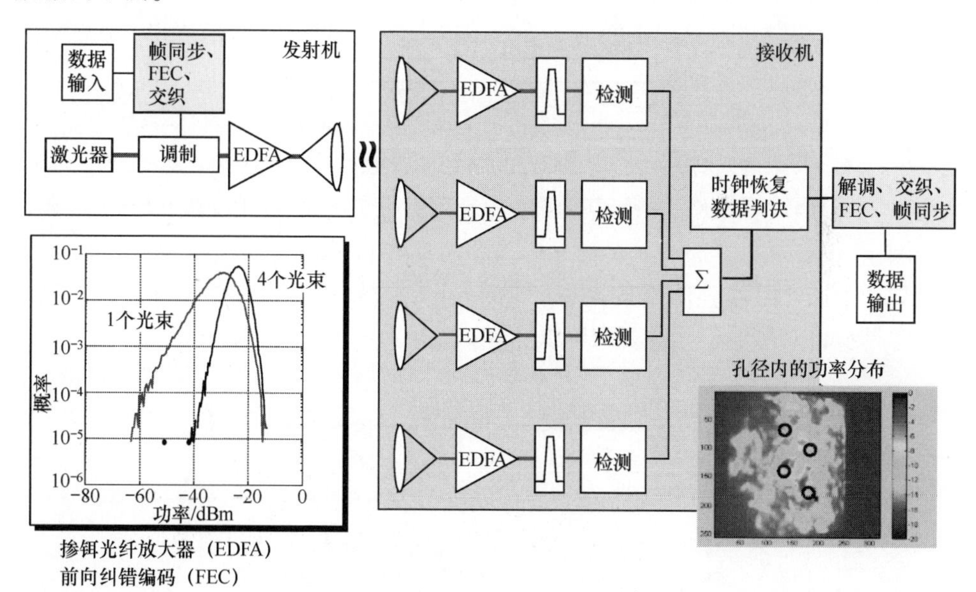

图 9.8　FOCAL 实验的下行链路采用在飞机上安装单个发射机，在地面上安装 4 个独立的接收探测器的结构。接收机输出进行非相干叠加，图中左下角的概率分布图展示了改进的效果，右下角给出了探测器的布局和闪烁图像[5]（见彩插）

该项目采用的第二个闪烁抑制技术是带交织的 FEC 编码，图 9.9 所示为交织的基本概念。FEC 在每个码字中增加冗余符号，因此能确保即使存在某些符号因衰落而丢失时，也可以恢复所有符号。所使用的 Reed-Solomon（255，239）码可以纠正每个码元的 8 字节（字符）错误。对于具有 RS（255，239）FEC 码的 OTU1 帧，64 个码字（每个码字包含 255 个字节）构成一个约 50μs 的帧，远远小于毫秒级的大气衰落。如果码字中的所有符号都丢失，则 FEC 无效。交织通过设置码元符号间隔超过大气衰落时间的方式来提供时间分集，在这里，符号间隔为 5ms，解交织后的延迟时间为 1.25s。将减少闪烁衰落的抑制方案与在数据域中进行充分交织的 FEC 码相结合，可以使深衰落信道中的通信变得易于处理，并大大扩展空－地通信的可用范围。

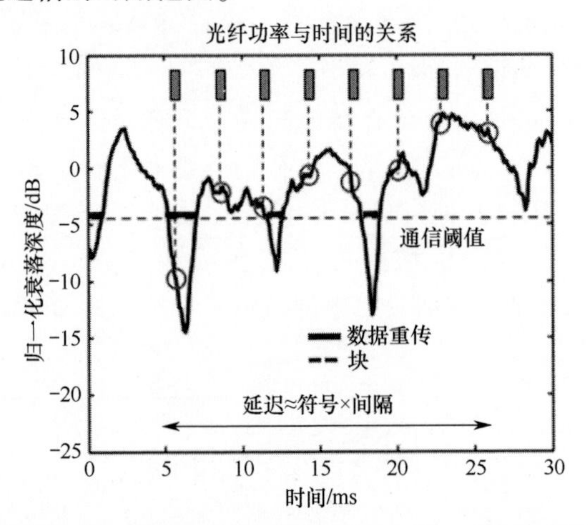

图 9.9　交织是一种将代码块分割为在时间上分开的字符串，以便将整个码块在信道传输期间衰落的可能性降到最低。使用编码可以在即使某些符号译码不正确的情况下恢复整个代码块[5]

图 9.10 所示为平均功率水平（称为静态损耗）的改善和信号起伏（称为动态损耗）的减小。在强湍流条件下，空间分集、交织和编码等技术的综合应用可以很容易地将对传输信号的要求降低 20dB 以上。

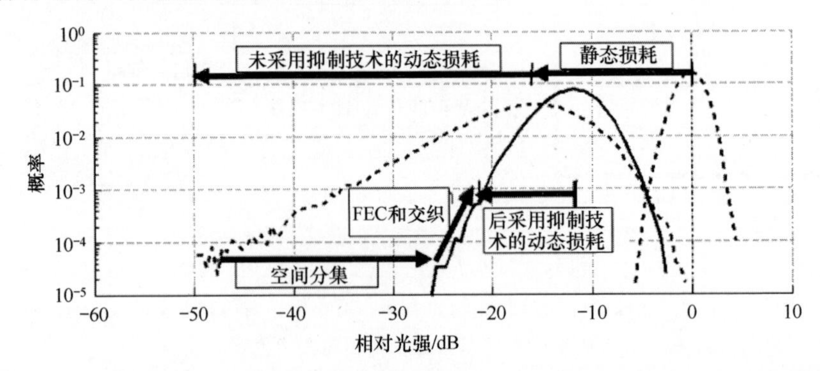

图 9.10　弱湍流短链路（右侧虚线）、强湍流长链路（左侧虚线）和采用了闪烁抑制技术的长链路（实线）等条件下，接收信号分布函数的比较。优化的抑制技术可以将传输信号功率需求降低 20dB 以上

9.3.4 FSO通信实验结果

在过去的几年中，DARPA和AFRL在提高FSO通信链路性能方面取得了重大的进展。本节将总结其中的一些结果。

ORCA项目：ORCA FSO通信子系统需要发射器和接收器孔径的精确对准，从而进行信号采集，将光从自自由空间耦合到单模光纤中，并减小光纤中的功率变化，以最大限度地提高接收机的灵敏度。PAT功能由WFOV相机、NFOV相机和具有湍流补偿功能的精跟踪环WFS组成的半协同PAT系统提供。

湍流不仅会影响光信号的采集过程，它对FSO通信链接本身的破坏性更大。ORCA FSO通信系统的一个重要特点是发射机和接收机都是互易的，并且每个都包含一个AO子系统，从而校正发射和接收光束，使光信号最大限度地耦合进单模光纤中。此外，ORCA系统还包含一个OAGC，它与AO子系统一起，构成了将高动态接收光信号转换成可由光调制解调器处理的稳定信号的关键部件。OAGC能够提供低噪声光放大和稳定性，产生40 dB的动态范围，从而使光检测器与可能导致探测器饱和或损坏的高输入功率隔离开[11,21]。

2009年，在两条链路上进行了ORCA系统的性能测试，其中一条是在帕图森河海军航空站（Patuxent River Naval Air Station，PAX）的地-飞机的70km链路，另一条是在内华达州测试和训练场（Nevada Testand Training Range，NTTR）上从2289m高的羚羊峰到8016m高的英国航空公司1-11（BAC1-11）号飞机之间80~200km的双向链路。NTTR实验测试于2009年5月16日到18日展开，这三天的大气环境基本相似。2009年5月16日在羚羊峰离地1.0m处用典型闪烁计测量的C_n^2数据如图9.11所示。当天中午，地面的C_n^2取值大于$10^{-12}\text{m}^{-2/3}$，属于

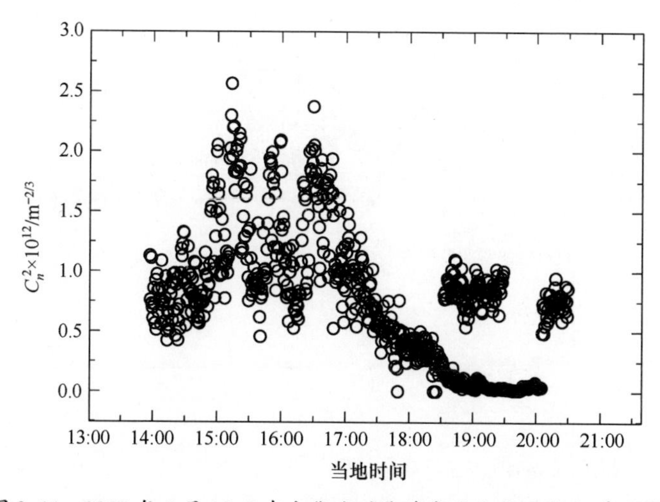

图9.11　2009年5月16日在内华达州羚羊峰近地面测量的C_n^2取值

非常强的大气湍流。在羚羊峰上的接收器处的 Fried 参数典型值为 2 ~ 15cm，而在 BAC1-11 飞机接收器处的 Fried 参数值为 20 ~ 70cm。

C_n^2 平均取值的典型值在 $10^{-17}\mathrm{m}^{-2/3}$ 的数量级上，但偶尔突然增大约一个数量级[8]。这种现象是由于飞机飞越高山山峰时会产生强烈的上升气流。图 9.12 所示为飞机和羚羊峰之间包含高山山峰的一个典型路径。

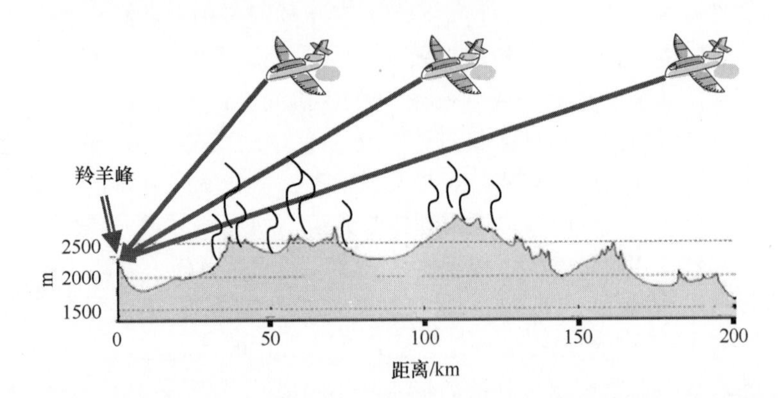

图 9.12　从羚羊峰（最左边）向东（84°）的地面轮廓图，NTTR 使用了一个三孔径闪烁仪测量从 BAC1-11 飞机到地面的整个路径上的平均 C_n^2 值来表征大气信道

图 9.13 所示为在 2009 年 5 月 17 日第一次飞行时下行链路上记录的 PIF 数据与传输距离的关系。虽然在图 9.13 中看不出来，但有数据表明，当飞机横向（侧向）移动时，其平均 PIF 值与飞机正对接收器（零万向节角度）移动时的低大约 4 dB[22]。在图 9.14 中可以更清楚地看到平均 PIF 的下降，图 9.14 给出了在

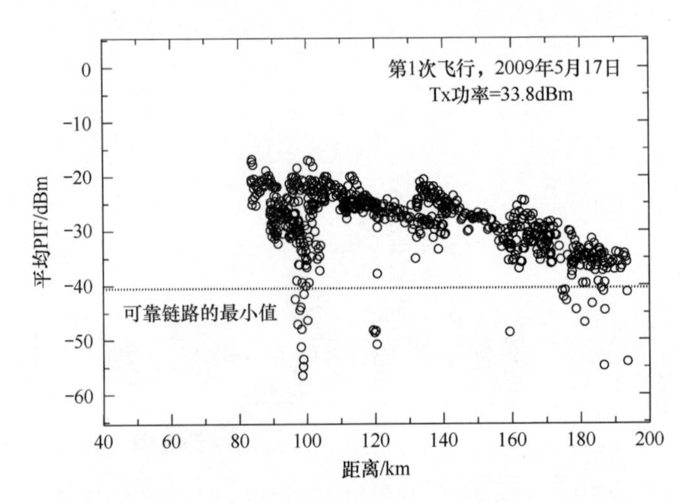

图 9.13　2009 年 5 月 17 日，在 NTTR 的第 1 次飞行期间，平均 PIF 数据关于通信距离的函数，其发射机出射功率为 33.8dBmW，数据帧长为 5s

2009 年 5 月 17 日的第一次飞行期间，110 ~ 120km 距离范围内的平均 PIF 数据与万向节角度之间的关系曲线。从图中可以看出，当万向节角度从较小的值移动到更大的负万向节角度或更大的正万向节角度时，平均 PIF 数据将会减少几个 dB。然而，在测试期间万向节的角度值并未被精确记录，因此图 9.14 中横坐标上的平均万向节角度仅表示其近似值，而非精确值。

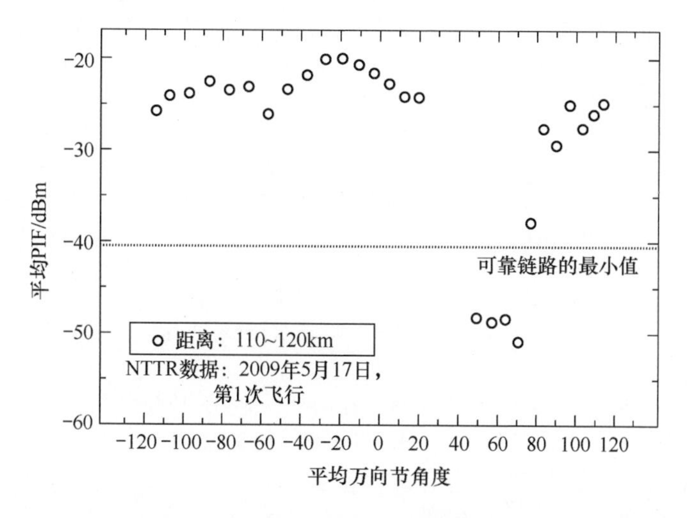

图 9.14　2009 年 5 月 17 日，在 NTTR 的第 1 次飞行期间，在 110 ~ 120km 距离范围内，平均 PIF 数据关于万向节角度的函数关系图，横坐标上的万向节角度只是近似值

当飞机几乎横向于传播链路飞行时，由于受到气动光学边界层效应的影响，平均 PIF 会有 4dB 的损失。实际上，大多数 PIF 数据不会有 4dB 的损失，因为 AO 系统可以补偿这种气动光学效应，但也并非总是如此。对飞机信标光束功率谱密度（Power Spectral Density，PSD）的分析结果表明，当万向节与传播路径的夹角接近 90°时，飞机附近的气动光学层效应最大；而当万向节角度接近 0°时最小。从图 9.15 的 PSD 曲线中可以清晰地看出这种气动光学效应，该图清晰地给出了在 2009 年 5 月 16 日的第二次飞行期间，3 孔径闪烁仪中的 2in 孔径处所接收到的飞机信标光数据，该信标光束不像信号光束那样有 AO 校正功能。这两个图是 NTTR 测试期间得到的所有此类 PSD 数据图的典型图，绘制的是 $fS(f)$ 关于 $\log_{10}f$ 的函数，其中 f 为频率，$S(f)$ 为 PSD。通过这种方式绘制数据曲线，可以确定哪些频率包含光强方差的最大功率。图 9.15 左侧的 PSD 图对应于万向节角度为 4°的（飞机基本是正面的）情况，而右侧 PSD 对应于万向节角为 85°的（当飞机是侧面的）情况。右侧 PSD 图中，在较高频率处出现的第二个“峰值”可能是因为由飞机周围的气动光学边界层引起的信号起伏造成的。与仅来自大气湍流的衰落相比，这些高频信号起伏会导致每秒更

多的衰落，但是其衰落时间更短。通过计算，其平均衰落时间大约为 1 ~ 2ms 或更短，常常会低于 0. 5ms。

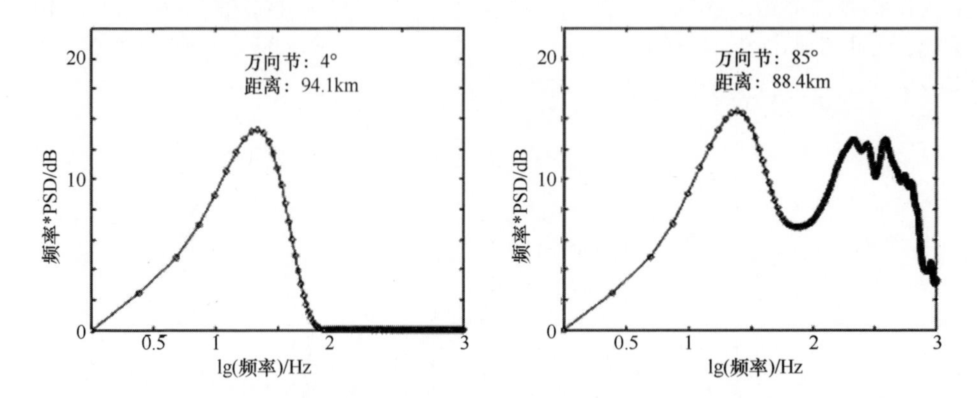

图 9. 15　$fS(f)$ 关于 $\lg(f)$ 的函数曲线图，左侧为万向节角度接近 0°时的 PSD，右侧是万向节角度接近 90°时的 PSD

FOENEX 项目：ORCA 项目的第二阶段最终于 2010 年开始，称为 FOENEX 项目。FOENEX 项目相对于 ORCA 项目的改进包括使用一个新的 OAGC 和具备传统 FEC 的 RZ-DPSK 调制解调器。空 – 空链路上 FSO 通信子系统的性能指标为：使用 10Gb/s FSO 通信链路，达到等于或大于 2. 5Gb/s 的信息速率，链路可用性大于或等于 95%，丢包率小于或等于 10^{-6}。对于空 – 地或地 – 空链路，系统的性能指标为：使用 10Gb/s 的 FSO 通信链路，达到等于或大于 1. 7Gb/s 的信息率，链路可用性等于或大于 60%，最大丢包率为 4×10^{-6}。对于射频通信子系统，空 – 空链路上的信息速率要求等于或大于 112Mb/s，链路可用性等于或大于 95%，丢包率小于或等于 4×10^{-7}。空 – 地或地 – 空链路的数据速率指标为大于或等于 185Mb/s，链路可用性和丢包率指标与空 – 空链路相同。机载平台由 ORCA 项目中使用的 BAC1-11 飞机改为双水獭飞机。

2011 年 6 月 7— 9 日，在加利福尼亚州霍利斯特机场和弗里蒙特峰之间 17km 的范围内进行 FOENEX 系统的初次测试。霍利斯特机场和弗里蒙特峰之间传播路径的地面剖面图如图 9. 16 所示。霍利斯特机场地面附近的大气条件用 BLS900 边界层闪烁仪进行了三天的测量，结果如图 9. 17 所示。这三天内的地面大气条件基本一致。除了 BLS900 闪烁仪之外，在 ORCA NTTR 测试中还使用了一个三孔径闪烁仪系统（Threeaperture Scintillometer System，TASS）来测量霍利斯特地区的信道传输特性[17]。路径上的加权平均 C_n^2 值在任意时刻的取值都在 $1.9 \sim 2.9 \times 10^{-15}\mathrm{m}^{-2/3}$ 范围内。

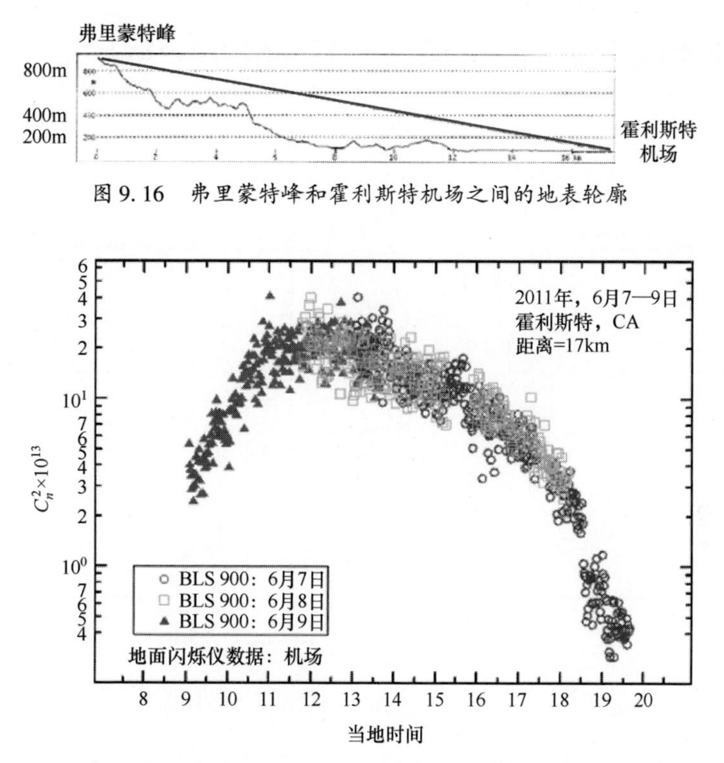

图 9.16　弗里蒙特峰和霍利斯特机场之间的地表轮廓

图 9.17　2011 年 6 月 7—9 日，BLS 900 闪烁仪测量的霍利斯特机场的地面 C_n^2 取值

基于 TASS 测量的加权路径平均 C_n^2 值，可以确定 HAP 模型的参数 M 和 $C_n^2(h_0)$，然后可以利用该廓线模型计算路径两端的 Fried 参数以及平均 PIB 和 PIF。霍利斯特机场链路接收端的 Fried 参数在当天中午的取值为 1.5 ~ 2.5cm，在下午晚些时候增加到 3.0 ~ 4.5cm。在弗里蒙特链路的接收端，Fried 参数值大约为 1 ~ 2cm。

在 2011 年 6 月 7—9 日的 4 个或 5 个测试周期中，计算了 FOENEX 项目中 1550 nm 数据光束的平均 PIB 和 PIF 值。基于 2011 年 6 月 7 日下午 6：30—7：30 在霍利斯特机场的链路末端测量的数据，利用 HAPC_n^2 廓线模型，利用式（9-6）和式（9-8）计算出的平均 PIB 和 PIF 值如图 9.18 所示，该图还给出了测量的 PIB 和 PIF 的 45s 平均值。①号区域表示在链接两端打开 AO 的时间，②号区域表示发射端 AO 开启而接收端 AO 关闭的时间，③号区域表示发射端 AO 关闭而接收端 AO 开启的时间，水平线代表这些特定测试时间内的平均理论值。图 9.19 给出在弗雷蒙特峰链路末端的数据。图 9.18（b）中仅发射机 AO 开启和图 9.19（b）中仅接收机 AO 开启时的理论和测量的平均 PIF 值之间的差异原因尚不清楚。

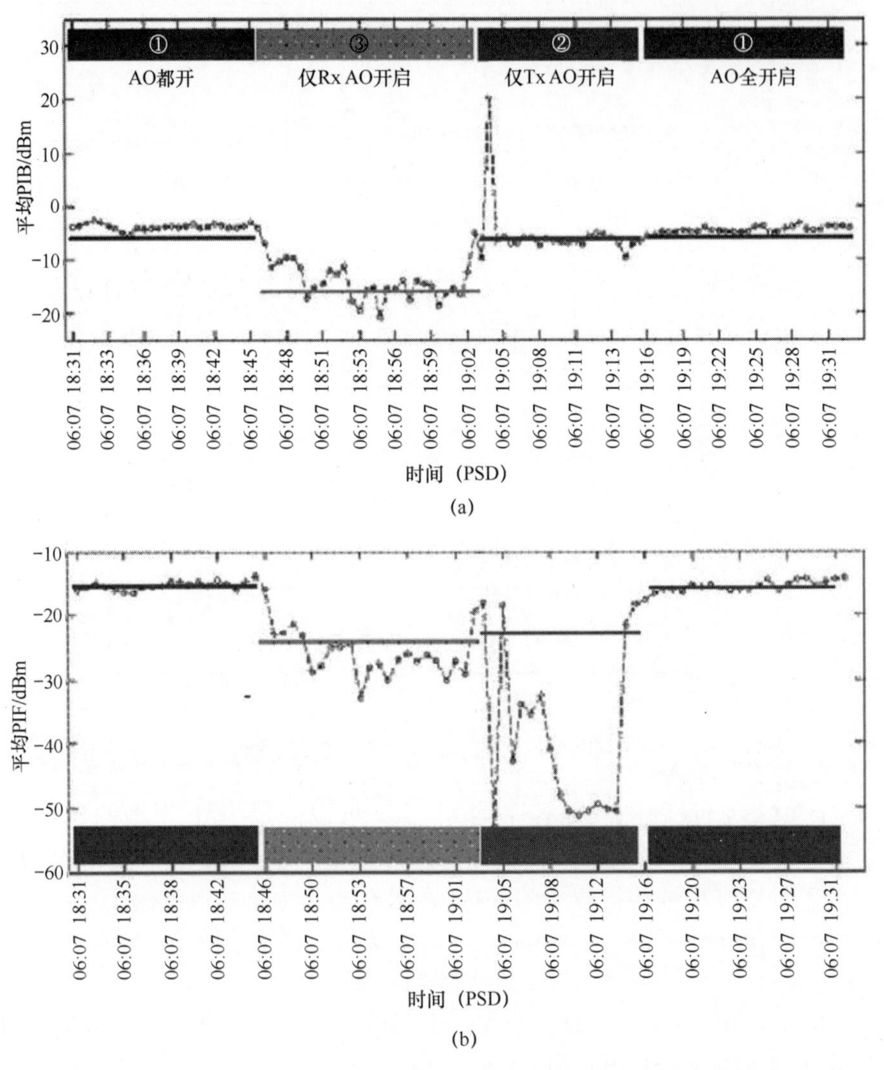

图 9.18 (a) 2011 年 6 月 7 日下午 6：30—7：30 在霍利斯特机场的 17km 链路测试的平均 PIB 数据；(b) 测量的平均 PIF 数据，PIB 数据以 7.68kHz 的频率采集，平均时间为 45s，而 PIF 数据以 20 kHz 的频率采集，平均时间为 45s

2011 年 6 月 8 日下午 1—2 点和下午 5：10—6：15 以及 2011 年 6 月 9 日下午 12：15—1：40 测量值计算的理论上的平均 PIB 值与图 9.18（a）和图 9.19（a）中的数据十分相似，并且与测量的 PIB 值精确匹配（当发射激光功率相同时）。另一方面，尽管理论上的平均 PIF 值与图 9.18（b）和图 9.19（b）（在发射激光功率相同的情况下）中的十分相似，但测量的 PIF 值比图 9.18（b）和图 9.19（b）中的值下降大约 5～10dB，这种在其他测试时间段内平均 PIF 损失的原因仍然是未知的。

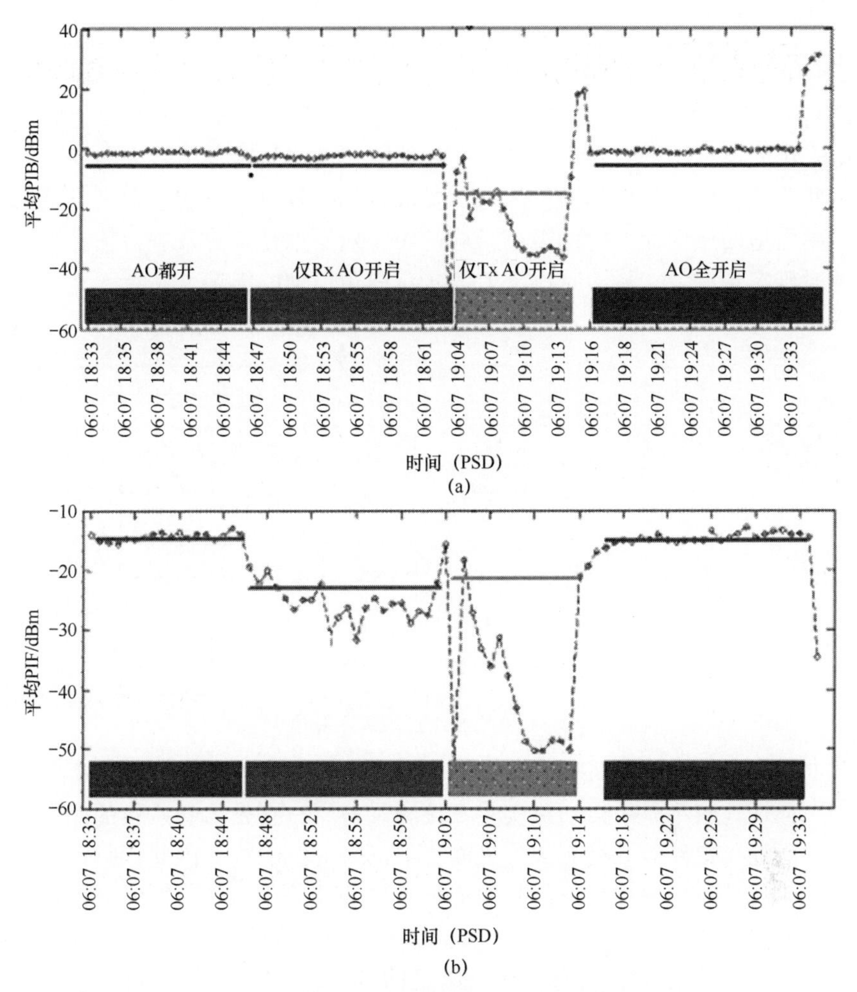

图9.19　弗雷蒙特峰链路末端的数据，与图9.18类似

9.4　RF通信系统

射频通信子系统面临的挑战是在不利条件下获得可靠的射频通信链路，作为FSO通信链路的补充。为了实现这个目的，RF通信子系统必须能够在定向LOS链路（如空-空链路和空-地链路）上实现高效高速的通信。时域分集可以通过均衡和将长分组长度turbo码作为FEC编码来实现。DFE可以减小由诸如频率选择性衰落和相位偏移等失真效应引起的ISI，并减轻在LOS信号之后到达接收天线的反射信号（即多径干扰）引起的衰落。为了减小进行可靠数据传输所需的每比特的最小能量，还可以采用TPC FEC技术。当然，还必须要考虑整个系统的尺寸、重量和功率（SWaP），尤其是对于发射功率和孔径尺寸受限的系统。

9.4.1 RF 子系统

图 9.20 所示为 ORCA/FOENEX 项目的射频通信系统架构，是目前大多数射频系统采用的典型结构。硬件是基于在其他数据链路系统得到验证的现有设备上进行一些修改，以满足射频通信的特殊要求。其中就包括 DFE，它可以减轻空-空链路中由地面反射而产生的多径影响。DFE 对反射信道分量进行估计，并采用适当的时延实现滤波，从而减小反射信号对视距信号的影响。

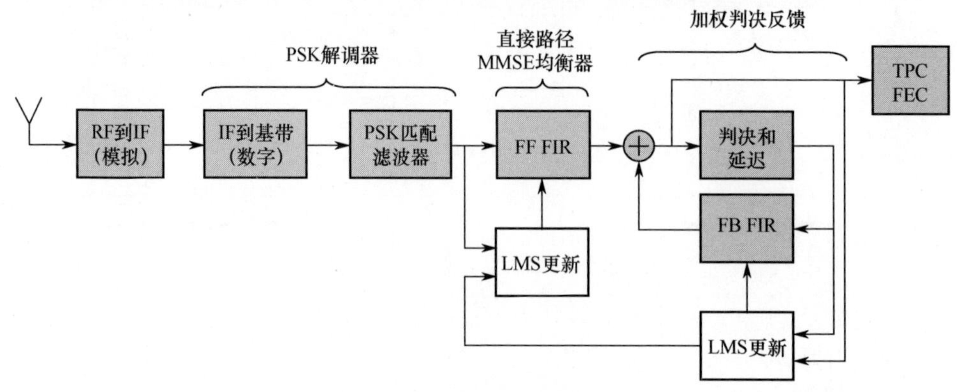

图 9.20 射频通信系统架构

与 FSO 通信系统的链路预算一样，确定射频通信可用性的度量指标是误比特率性能，而误比特率是可以通过实验直接测量得到，它是信号质量的函数。由于空-空射频通信链路容易受到地球表面反射信号的影响[4]，因此接收信号可能包含非平凡干扰分量，是由反射信号的能量延迟造成的。因此，射频通信模型使用信号与干扰加噪声的比（Signal-to-Interference-Plus-Noise Ratio，SINR），而不是使用 SNR 作为信号质量的度量。对于给定的 SINR，FEC 的性能可以用误比特率来衡量。

9.4.2 RF 信道模型

在 ORCA/FOENEX 系统中，发送的射频信号使用正交相移键控（Quadrature Phase Shift Keyed，QPSK）调制到 Ku 波段，经滤波后的 QPSK 响应由等效基带信号表示：

$$x(n) = \sqrt{E_b}\,d(n)\,e^{j\theta(n)} \tag{9-12}$$

式中：E_b 为每比特的能量；$d(n)$ 为幅度；$\theta(n)$ 为在 n 时刻由脉冲成型滤波器输出的相位。

接收信号由两个信道分量组成，第一个信道是通过对流层的直接 LOS 路径，第二个信道是延迟时间 D 的反射路径。每条路径上的信道响应是时变的，导致接收信号到达时间的起伏。在某一时刻 n 接收到的复合信号可以表示为由每个符号

$x(n)$ 分别与 LOS 信道和反射信道的信道响应 $h_l(n)$ 和 $q_m(n)$ 的加权线性组合：

$$y(n) = \sqrt{E_\mathrm{b}} \sum_{i=0}^{L-1} h_i(n) \cdot x(n-l) + \sqrt{E_\mathrm{b}} \sum_{m=0}^{M-1} q_m(n) \cdot x(n-D-l) + \eta(n) \tag{9-13}$$

式中：第一项包含 L 个 LOS 信号分量；第二项包含延迟 D 个符号的 M 个反射信号。因此，接收器处的信号包含 $L+M$ 个符号的能量、幅度和相位，从而导致 ISI。$l=0$ 时得到所期望的分量为

$$y_\mathrm{d}(n) = \sqrt{E_\mathrm{b}} h_0(n) \cdot x(n) \tag{9-14}$$

其他分量表示产生 ISI 的不希望出现的分量：

$$l_0(n) = \sqrt{E_\mathrm{b}} \sum_{i=0}^{L-1} h_i(n) \cdot x(n-l) + \sum_{m=0}^{M-1} q_m(n) \cdot x(n-D-l) + \eta(n) \tag{9-15}$$

联合信道效应可以建模为非相干平坦衰落和由多径引起的非相干频率选择性衰落的叠加。每个延迟路径的幅度都可以看作服从一定均值和标准差的复高斯随机变量。

能量 I_0 可以表征为零均值、非相干信号分量的期望值，使得振幅可以作为 LOS 和反射路径的比特能量和信道响应的函数：

$$I_0 = E\left[|I(n)|^2 \right] = E\left[\left| \sqrt{E_\mathrm{b}} \sum_{i=1}^{L-1} h_i \right|^2 + \left| \sqrt{E_\mathrm{b}} \sum_{m=1}^{M-1} q_m \right|^2 \right] \tag{9-16}$$

$$I_0 = E_\mathrm{b} \cdot E\left[\sum_{i=1}^{L-1} |h_i|^2 + \sum_{m=1}^{M-1} |q_m|^2 \right] \tag{9-17}$$

因此可以计算得到 SINR：

$$\mathrm{SINR} = \frac{E_0}{N_0 + I_0} = \frac{E_\mathrm{b}}{N_0}\left(1 + \frac{I_0}{N_0}\right)^{-1} \tag{9-18}$$

式中：$N_0 = E[\eta(n)]$，为复噪声谱密度。

9.4.3 DFE 性能模型

反射路径的长延迟会导致稀疏延迟扩展，大延迟扩展使得最佳线性滤波方法难以实现。在飞行过程中，地形和飞机间距的改变所引起的反射信号时变延迟会进一步加剧滤波的困难。因此，DFE 以简化约束长度的 RAKE 接收器的形式实现，包含一个前向路径，并与线性干扰相抵消。从视距路经信号中减去硬判决输出的反射信道的延迟估计和滤波估计，可以得到发送数据序列的估计值。接收器框图说明了该概念并显示了均衡前后的多径功率延迟分布，其中 DFE 消除了长延迟路径干扰。

DFE 根据前馈和递归反馈分量计算信号估计：

$$\hat{x}(n) = \boldsymbol{w}(n)^\mathrm{H} y(n) - \boldsymbol{b}(n)^\mathrm{H} \mathrm{sgn}(\hat{x}(n-D)) \tag{9-19}$$

式中：$(\cdot)^\mathrm{H}$ 为 Hermitian 转置；$\boldsymbol{w}(n) = [w_0\ w_1 \cdots w_{L-1}]^\mathrm{T}$ 和 $\boldsymbol{b}(n) = [b_0\ b_1 \cdots b_{M-1}]^\mathrm{T}$

为与自适应滤波器系数对应的 FIR 矢量。

在 n 时刻，前馈滤波器输出为

$$
\begin{aligned}
r(n) &= \boldsymbol{w}(n)^{\mathrm{H}} y(n) \\
&= \sum_{k=0}^{k-1} w_k(n)^{\mathrm{H}} \left(\sqrt{E_{\mathrm{b}}} \sum_{i=0}^{L-1} h_i(n-k) x(n-l-k) + \right. \\
&\quad \left. \sqrt{E_{\mathrm{b}}} \sum_{m=0}^{M-1} q_m(n-k) x(n-m-D-k) + \eta(n-k) \right)
\end{aligned} \tag{9-20}
$$

将式（9-20）代入式（9-19）得到所需符号 $x(n)$ 的 DFE 估计值：

$$
\begin{aligned}
\hat{x}(n) = & \left(\sqrt{E_{\mathrm{b}}} \sum_{i=0}^{L-1} \sum_{k=0}^{K-1} w_k(n)^{\mathrm{H}} h_i(n-k) x(n-l-k) + \right. \\
& \left. \sqrt{E_{\mathrm{b}}} \sum_{m=0}^{M-1} \sum_{k=0}^{K-1} w_k(n)^{\mathrm{H}} q_m(n-k) x(n-m-k-D) + \sum_{k=0}^{K-1} w_k(n)^{\mathrm{H}} \boldsymbol{\eta}(n-k) \right) - \\
& \sum_{p=0}^{p-1} b_p(n) \cdot \operatorname{sgn}[\hat{x}(n-p-D)]
\end{aligned} \tag{9-21}
$$

这里的两层求和会产生如下关系：

$$
\begin{aligned}
& \sum_{i=0}^{L-1} \sum_{k=0}^{K-1} w_k(n) h_i(n-k) x(n-l-k) \\
& = \boldsymbol{w}(n)^{\mathrm{H}} \boldsymbol{H}(n) \boldsymbol{X}_L(n) \\
& = [w_0^{\mathrm{H}} \quad w_1^{\mathrm{H}} \quad \cdots \quad w_{K-1}^{\mathrm{H}}] \begin{bmatrix} \boldsymbol{h}(n)^{\mathrm{T}} & 0 & \cdots & 0 \\ 0 & \boldsymbol{h}(n-k)^{\mathrm{T}} & & \vdots \\ \vdots & \vdots & & 0 \\ 0 & 0 & \cdots & \boldsymbol{h}(n-K+1)^{\mathrm{T}} \end{bmatrix} \\
& \qquad \begin{bmatrix} x(n) \\ x(n-1) \\ \vdots \\ x(n-K-L-2) \end{bmatrix}
\end{aligned} \tag{9-22}
$$

式中：$\boldsymbol{h}(n)^{\mathrm{T}} = [h_0(n) \quad h_1(n) \quad \cdots \quad h_{L-1}(n)]$，为在 n 时刻的信道响应（用行向量表示）；$\boldsymbol{X}_L(n)$ 为长度为 $L+K$ 的列向量。以相同的方式定义 $\boldsymbol{Q}(n)$，将其排列成二次型：

$$
\begin{aligned}
\hat{x}(n) = & \sqrt{E_{\mathrm{b}}} \boldsymbol{w}(n)^{\mathrm{H}} \boldsymbol{H}(n) x_L(n) + \sqrt{E_{\mathrm{b}}} \boldsymbol{w}(n)^{\mathrm{H}} \boldsymbol{Q}(n) x_M(n-D) \\
& - \boldsymbol{b}(n)^{\mathrm{H}} \hat{x}(n-D) + \boldsymbol{w}(n)^{\mathrm{H}} \boldsymbol{\eta}(n)
\end{aligned} \tag{9-23}
$$

第一项为 LOS 信号，其余的项是由多径反射和滤波噪声所引起的符号间互扰，首先类似于式（9-22）去掉与式（9-15）相对应的项：

$$\sum_{i=1}^{L-1}\sum_{k=1}^{K-1} w_k(n)^{\mathrm{H}} h_i(n-k)x(n-l-k) = \boldsymbol{w}_{K-1}(n)^{\mathrm{H}}\boldsymbol{H}_{L-1}(n)\boldsymbol{X}_{L-1}(n) \tag{9-24}$$

接下来假设没有传播错误，即 $\hat{x}(n-D)=\sqrt{E_{\mathrm{b}}}x(n-D)$，所以 DFE 的 SINR 与滤波器系数的关系为

$$\mathrm{SINR}_{\mathrm{DFE}} = \frac{E\left[\,|\boldsymbol{w}_0(n)^{\mathrm{H}}\boldsymbol{h}_0(n)x(n)|^2\,\right]}{E\left[\left|\boldsymbol{w}_{K-1}(n)^{\mathrm{H}}\boldsymbol{H}_{L-1}(n)x_{L-1}(n)+\boldsymbol{w}(n)^{\mathrm{H}}\boldsymbol{Q}(n)x_M(n-D)-\boldsymbol{b}(n)^{\mathrm{H}}x_p(n-D)+\frac{1}{\sqrt{E_{\mathrm{b}}}}\boldsymbol{w}(n)^{\mathrm{H}}\eta(n)\right|^2\right]} \tag{9-25}$$

假设数据和噪声是零均值的，信道、数据和噪声都是互不相关的，$E[\boldsymbol{x}^{\mathrm{H}}\boldsymbol{x}]=1$ 且 $\|\boldsymbol{v}\|^2 \overset{\mathrm{def}}{=} \boldsymbol{v}^{\mathrm{H}}\boldsymbol{v}$，则式（9-25）变为

$$\mathrm{SINR}_{\mathrm{DFE}} = \frac{E\left[\,|\boldsymbol{w}_0(n)^{\mathrm{H}}\boldsymbol{h}_0(n)|^2\,\right]}{E[\|\boldsymbol{w}_{K-1}(n)^{\mathrm{H}}\boldsymbol{H}_{L-1}(n)\|^2]+E[\|\boldsymbol{w}(n)^{\mathrm{H}}\boldsymbol{Q}(n)\|^2]+E[\|\boldsymbol{b}(n)\|^2]+\frac{N_0}{E_{\mathrm{b}}}E[\|\boldsymbol{w}(n)\|^2]} \tag{9-26}$$

对于经典线性最小均方误差（Minimum Mean Square Error，MMSE）滤波器，可以定义干扰矢量 $\boldsymbol{v}(n)=[h_0\quad h_1\quad\cdots\quad h_{L-1}]\boldsymbol{0}_D^{\mathrm{T}}[q_0\quad\cdots\quad q_{M-1}]^{\mathrm{T}}$，其中 $\boldsymbol{0}_D^{\mathrm{T}}$ 为一个维数等于信道延迟 D 的零向量。此时，假设传输系统不需要反馈滤波器，则最优 MMSE 权向量 $\boldsymbol{w}(n)^{\mathrm{H}}$（$\boldsymbol{V}(n)$ 的定义与 $\boldsymbol{H}(n)$ 和 $\boldsymbol{Q}(n)$ 相同）为

$$\boldsymbol{w}_{\mathrm{opt}}(n)=\boldsymbol{R}_{yy}^{-1}p_{xy}=\boldsymbol{R}_{yy}^{-1}E[x(n)y(n)]=(E_{\mathrm{b}}\boldsymbol{V}(n)\boldsymbol{V}(n)^{\mathrm{H}}+N_0I)^{-1}\cdot v(n) \tag{9-27}$$

然而，式（9-27）需要一个滤波器，可以跨越 D 个符号的延迟扩展，并且许多系数只产生噪声。该方法使用了一种改进的 DFE 结构，它假定前馈和后馈滤波器都是线性的（由系统的特定几何结构来调整）。因此，可以假设直接 LOS 和反射路径是完全可分的（由于延迟 D）。这种方法允许使用更小的滤波器，从而简化硬件实现。在这种情况下，前馈滤波器将输入参考信号定义为 $x(n)$ 的前 L 个样本，从而均衡 LOS 路径，而反馈滤波器基于 $x(n)$ 的延迟估计向量进行运算。

如前所述，假设数据和噪声为零均值，信道、数据和噪声均互不相关，且 $\hat{x}(n-D)=\sqrt{E_{\mathrm{b}}}x(n-D)$，此时的均方误差为

$$\begin{aligned}\mathrm{MSE} &= E\left[\,|e(n)|^2\,\right]=E\left[\,|x(n)-(\boldsymbol{w}(n)^{\mathrm{H}}y(n)-\boldsymbol{b}(n)^{\mathrm{H}}\hat{x}(n-D))|^2\,\right]\\ &= \boldsymbol{w}(n)^{\mathrm{H}}\boldsymbol{R}_{yy}w(n)-E_{\mathrm{b}}\boldsymbol{b}(n)^{\mathrm{H}}\boldsymbol{R}_{xx}\boldsymbol{Q}(n)^{\mathrm{H}}\boldsymbol{w}(n)-E_{\mathrm{b}}\boldsymbol{w}(n)^{\mathrm{H}}\boldsymbol{Q}(n)\boldsymbol{R}_{xx}^{\mathrm{H}}\boldsymbol{b}(n)\\ &\quad +E_{\mathrm{b}}\boldsymbol{b}(n)^{\mathrm{H}}\boldsymbol{R}_{xx}\boldsymbol{b}(n)\end{aligned} \tag{9-28}$$

根据正交原理，我们知道，错误序列 $\boldsymbol{e}(n)$ 与接收信号不相关：$E[\boldsymbol{e}(n)\boldsymbol{y}^{\mathrm{H}}(n)]=0$，则由式（9-28）可以看出：

$$\boldsymbol{w}(n)^{\mathrm{H}}\boldsymbol{R}_{yy}=E_{\mathrm{b}}\boldsymbol{b}(n)^{\mathrm{H}}\boldsymbol{R}_{xx}\boldsymbol{Q}(n)^{\mathrm{H}} \tag{9-29}$$

和

$$\boldsymbol{w}(n)^{\mathrm{H}}=E_{\mathrm{b}}\boldsymbol{b}(n)^{\mathrm{H}}\boldsymbol{R}_{xx}\boldsymbol{Q}(n)^{\mathrm{H}}\boldsymbol{R}_{yy}^{-1} \tag{9-29a}$$

结合式（9-28）和式（9-29）可得

$$\mathrm{MSE}=E_{\mathrm{b}}\boldsymbol{b}(n)^{\mathrm{H}}(\boldsymbol{R}_{xx}-E_{\mathrm{b}}\boldsymbol{R}_{xx}\boldsymbol{Q}(n)^{\mathrm{H}}\boldsymbol{R}_{yy}^{-1}\boldsymbol{Q}(n)\boldsymbol{R}_{xx}^{\mathrm{H}})\boldsymbol{b}(n) \tag{9-30}$$

代入 $\boldsymbol{R}_{yy}$，并应用矩阵求逆引理（Sherman-Morrison Woodbury）$(\boldsymbol{A}+\boldsymbol{UDV})^{-1}=\boldsymbol{A}^{-1}-\boldsymbol{A}^{-1}\boldsymbol{U}(\boldsymbol{D}^{-1}+\boldsymbol{VA}^{-1}\boldsymbol{U})^{-1}\boldsymbol{VA}^{-1}$），有

$$\begin{aligned}&\boldsymbol{R}_{xx}-E_{\mathrm{b}}\boldsymbol{R}_{xx}\boldsymbol{Q}(n)^{\mathrm{H}}\boldsymbol{R}_{yy}^{-1}\boldsymbol{Q}(n)\boldsymbol{R}_{xx}^{\mathrm{H}}\\&=\left(\boldsymbol{R}_{xx}^{-1}+\boldsymbol{Q}(n)^{\mathrm{H}}\left(\frac{1}{E_{\mathrm{b}}}\boldsymbol{R}_{yy}-\boldsymbol{Q}(n)\boldsymbol{R}_{xx}\boldsymbol{Q}(n)^{\mathrm{H}}\right)^{-1}\boldsymbol{Q}(n)\right)^{-1}\end{aligned} \tag{9-31}$$

由式（9-30）和式（9-31）给出了 MSE 的表达式：

$$\mathrm{MSE}=E_{\mathrm{b}}\boldsymbol{b}(n)^{\mathrm{H}}\underbrace{\left(\boldsymbol{I}+\boldsymbol{Q}(n)^{\mathrm{H}}\left(\boldsymbol{H}(n)\boldsymbol{H}(n)^{\mathrm{H}}+\frac{N_0}{E_{\mathrm{b}}}\boldsymbol{I}\right)^{-1}\boldsymbol{Q}(n)\right)^{-1}\boldsymbol{b}(n)}_{\boldsymbol{R}_b} \tag{9-32}$$

为了消除平凡解 $w=b=0$ 以最小化式（9-32），需要使用约束条件。通常在单位功率约束条件下（$\boldsymbol{b}^{\mathrm{H}}\boldsymbol{b}=1$）使用拉格朗日乘子，首先构造拉格朗日方程：

$$L(\boldsymbol{b},\lambda)=E_{\mathrm{b}}\boldsymbol{b}(n)^{\mathrm{H}}R_{\mathrm{b}}\boldsymbol{b}(n)-\lambda(\boldsymbol{b}(n)^{\mathrm{H}}\boldsymbol{b}(n)-1) \tag{9-33}$$

然后计算其导数，使其等于0，从而求出使 MMSE 最小时的的最优 $\boldsymbol{b}$：

$$\frac{\mathrm{d}L(\boldsymbol{b},\lambda)}{\mathrm{d}\boldsymbol{b}}=E_{\mathrm{b}}\boldsymbol{R}_{\mathrm{b}}\boldsymbol{b}(n)-\lambda\boldsymbol{b}(n)=0 \tag{9-34}$$

其特征向量关系为

$$\boldsymbol{R}_{\mathrm{b}}(n)\boldsymbol{b}_{\mathrm{opt}}(n)=\frac{\lambda}{E_b}\boldsymbol{b}_{\mathrm{opt}}(n) \tag{9-35}$$

和

$$\begin{aligned}\mathrm{MMSE}&=E_{\mathrm{b}}\boldsymbol{b}_{\mathrm{opt}}(n)^{\mathrm{H}}\boldsymbol{R}_{\mathrm{b}}(n)\boldsymbol{b}_{\mathrm{opt}}(n)\\&=\frac{\lambda}{E_{\mathrm{b}}}\boldsymbol{b}_{\mathrm{opt}}(n)^{\mathrm{H}}\boldsymbol{b}_{\mathrm{opt}}(n)=\lambda_{\min}\end{aligned} \tag{9-36}$$

因此，最优 $\boldsymbol{b}(n)$ 为解特征方程 $\det(A-\lambda I)=0$ 得到的 $\boldsymbol{R}_{\mathrm{b}}$ 的最小特征值相对应的特征向量：

$$\lambda_{\min}=\arg_{\lambda}\min\left\{\det\left[\left(\boldsymbol{I}+\boldsymbol{Q}(n)^{\mathrm{H}}\left(\boldsymbol{H}(n)\boldsymbol{H}(n)^{\mathrm{H}}+\frac{N_0}{E_{\mathrm{b}}}\boldsymbol{I}\right)^{-1}\boldsymbol{Q}(n)\right)^{-1}-\lambda_{\min}\boldsymbol{I}\right]=0\right\} \tag{9-37}$$

$\boldsymbol{b}_{\mathrm{opt}}(n)$ 是下列方程的解：

$$\left[\left(\boldsymbol{I}+\boldsymbol{Q}(n)^{\mathrm{H}}\left(\boldsymbol{H}(n)\boldsymbol{H}(n)^{\mathrm{H}}+\frac{N_0}{E_{\mathrm{b}}}\boldsymbol{I}\right)^{-1}\boldsymbol{Q}(n)\right)^{-1}-\lambda_{\min}\boldsymbol{I}\right]\boldsymbol{b}_{\mathrm{opt}}(n)=\boldsymbol{0} \tag{9-38}$$

式中：$\boldsymbol{0}$ 是全零矩阵。

既然拉格朗日方程提供了 MMSE 意义上的最优反馈滤波器、使 MSE 最小化的前馈滤波器，采用的方式是求出式（9-27）相对于给定的 $\boldsymbol{b}(n)$ 和 $\boldsymbol{w}(n)$ 的导数，并将其结果设置为 0：

$$\begin{aligned}\boldsymbol{w}_{\mathrm{opt}}(n)^{\mathrm{H}}&=E_{\mathrm{b}}\boldsymbol{b}_{\mathrm{opt}}(n)^{\mathrm{H}}\boldsymbol{Q}(n)^{\mathrm{H}}\boldsymbol{R}_{yy}^{-1}\\&=\boldsymbol{b}_{\mathrm{opt}}(n)^{\mathrm{H}}\boldsymbol{Q}(n)^{\mathrm{H}}\left(\boldsymbol{H}(n)\boldsymbol{H}(n)^{\mathrm{H}}+\boldsymbol{Q}(n)\boldsymbol{Q}(n)^{\mathrm{H}}+\frac{N_0}{E_{\mathrm{b}}}I\right)^{-1}\end{aligned} \tag{9-39}$$

在 $\boldsymbol{b}^{\mathrm{H}}\boldsymbol{b}=1$ 的约束下替换最优权重后，假设选择了理想的延迟值（$D=D_{\mathrm{opt}}$ 使得 $\hat{x}(n=D)=\sqrt{E_{\mathrm{b}}}x(n-D)$），得到的 SINR 类似于式（9-18）和式（9-26）：

$$\mathrm{SINR}_{\mathrm{DFE}}=\frac{E_{\mathrm{b}}\,|h_0|^2}{N_0\left(\lambda_{\min}+E\left[\left\|\mu\left(b(n),\frac{E_{\mathrm{b}}}{N_0}\right)\right\|^2\right]\right)} \tag{9-40}$$

式中：$E[\,|\mu(b(n)),\mathrm{SNR}|^2]$ 为由在反馈过滤中的决策错误造成的，这里不对该项进行过多的说明（式（9-40）中，在 $\hat{x}(n-D)=\sqrt{E_{\mathrm{b}}}x(n-D)$ 的假设下有 $E[\,|\mu(\boldsymbol{b}(n),\mathrm{SNR})|^2]=0$）。然而，通过最小二乘迭代自适应算法确定 $\boldsymbol{w}_{\mathrm{opt}}(n)$ 和 $\boldsymbol{b}_{\mathrm{opt}}(n)$ 的经验表明，该项使得当输入 SINR 由式（9-18）中 $E_{\mathrm{b}}/(I_0+N_0)\approx$ 4dB 确定时，可实现的输出 SINR 降低了约 1dB。

例：考虑具有输入－输出关系的信道模型 $\boldsymbol{h}(n)=[1.2\quad 0.8\quad -0.5]$，$\boldsymbol{q}(n)=[0.2\quad 0.5\quad -0.2]$，$D=10$，$E_{\mathrm{b}}=1$，$\eta$ 是方差为 0.1 的白噪声。

$$\begin{aligned}y(n)=&\sqrt{E_{\mathrm{b}}}(1.2x(n)+0.8x(n-1)-0.5x(n-2))+\\&\sqrt{E_{\mathrm{b}}}(0.2x(n-10)+0.5x(n-11)-0.2x(n-12))+\eta(n)\end{aligned}$$

信道响应 $\boldsymbol{H}$ 和 $\boldsymbol{Q}$ 为

$$\boldsymbol{H}=\begin{bmatrix}1.2&0.8&-0.5&0&0\\0&1.2&0.8&-0.5&0\\0&0&1.2&0.8&-0.5\end{bmatrix},\boldsymbol{Q}=\begin{bmatrix}0.2&0.5&-0.2&0&0\\0&0.2&0.5&-0.2&0\\0&0&1.2&0.5&-0.2\end{bmatrix}$$

$$\boldsymbol{w}_{\mathrm{opt}}(n)^{\mathrm{H}}=E_{\mathrm{b}}\boldsymbol{b}_{\mathrm{opt}}(n)^{\mathrm{H}}\boldsymbol{Q}(n)^{\mathrm{H}}\boldsymbol{R}_{yy}^{-1}=[-0.1948\quad 0.2106\quad -0.1948]$$

$$\mathrm{MMSE}=N_0\lambda_{\min}=0.08086$$

对应的特征向量 $\lambda_{\min}$ 为

$$\boldsymbol{b}_{\mathrm{opt}}(n)^{\mathrm{H}}=[-0.2035\quad -0.2889\quad 0.5500\quad -0.7289\quad 0.2035]$$

$$\mathrm{SINR_{DFE}} = \frac{E_{\mathrm{b}}\ |h_0|^2}{N_0(\lambda_{\min})} = 12.51\mathrm{dB}$$

此时的最佳 SINR（$I_0 = 0$）为

$$\mathrm{SINR_{DFE}} = \frac{2E_{\mathrm{b}}}{N_0} = 13.01\mathrm{dB}$$

这就意味着，在特定信道下均衡后的剩余干扰为 0.5dB，其输入 SINR 为

$$\mathrm{SINR_{input}} = \frac{E_{\mathrm{b}}}{N_0 + I_0} = \frac{E_{\mathrm{b}}}{N_0}\left(1 + \frac{I_0}{N_0}\right)^{-1} = -1.21\mathrm{dB}$$

9.4.4 RFC SNR

图 9.21 所示为 ORCA/FOENEX RFC 系统的典型链路预算，并与实测数据进行了对比。和预期的一样，实测值与理论值之间具有很好的一致性。图 9.22 所示为射频链路在大约 200km 范围内的 E_{b}/N_0 曲线，其结果表明，除了受到机翼遮挡外，链路余量显著。

参数	单位	空－空	测量值
鹤雨区	1996 Ver.	海洋 D	
斜程距离	km	200	200
Tx 高度（海平面以上）	ft	25000	25000
Rx 高度（海平面以上）	ft	25000	25000
编码比特率（信道速率）	Mb/s	140.8	140.8
信息率需求	Mb/s	112	112
最大输出功率	dBm	49.00	49.00
发射天线增益	dBi	26.50	26.50
净 EIRP	dBm	68.39	68.39
自由空间损耗	dB	-161.98	
低角度衰落（95% 的最坏情况 ISI <5 个符号）	dB	-0.06	-165.89
预期大气衰减@95%	dB	-0.56	
接收天线增益	dBi	26.50	26.50
RFE 处的 Rx 信号功率	dBm	-71.46	-71.00
95% 可用度的 C/N（晴朗天气－大气损耗）	dB	19.64	18.00
95% 最坏条件下，DFE 输出的 $E_{\mathrm{b}}/(N_0 + I_0)$	dB	15.63	12.00
95% 可用度时的链路余量	dB	10.83	7.20

图 9.21　空－空链路余量估算和测量值

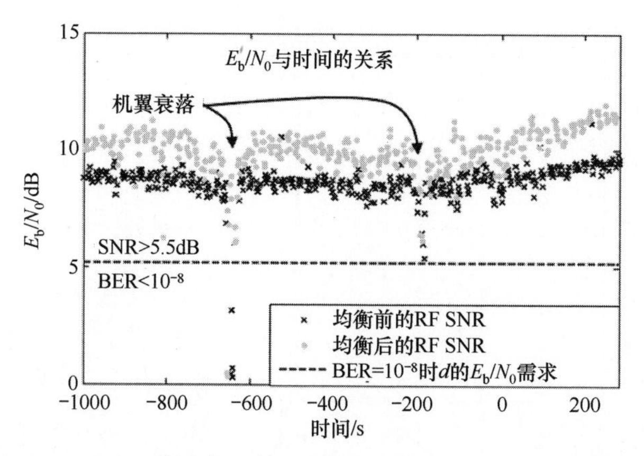

图 9.22 200km 范围内，空－山射频链路的 E_b/N_0 与时间的关系

9.4.5 均衡器性能验证

利用 IRON-T2 项目中夏威夷的实测数据对 DFE 进行验证。均衡器的性能可以用前述定义的 SNR 和 SINR 指标来分析。图 9.23 所示为通过将已知的测试数据与均衡前（a）和均衡后（b）的信号进行交叉相关来计算功率延迟曲线。图 9.23（a）显示了海洋反射的存在，比预期的 LOS 信号延迟 53 个，该曲线是基于 2008 年 10 月 28 日下午 12：35：10 的测试数据得到的。

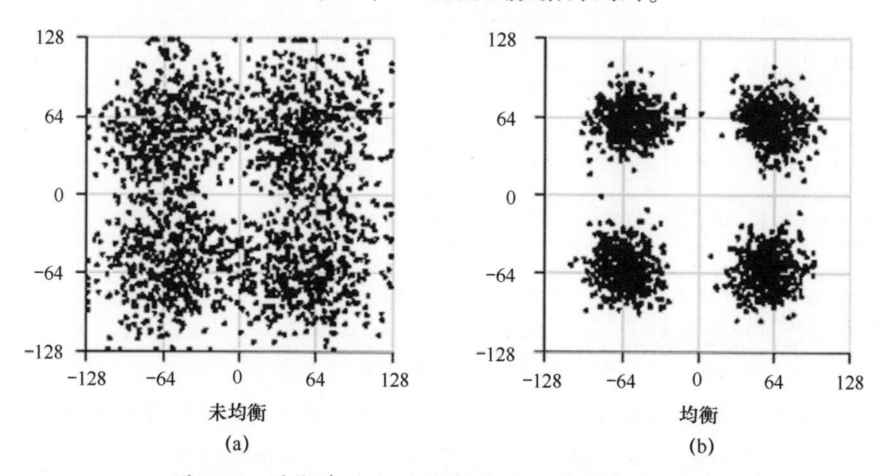

图 9.23 均衡前（a）和均衡后（b）的功率延迟曲线

在上例中，均衡前 C/I 的估计值为 6.3dB，均衡后 C/I 的估计值为 24.8dB，C/I 增益为 18.5dB。此时，在 FEC 输入端的干扰被抑制到仅比 AWGN 大约 1dB。

图 9.24 所示为在有均衡和未均衡的情况下，恢复的软判决数据，从中可以直观地看出 E_b/N_0 的改善情况，图 9.24 对应于 2008 年 10 月 28 日下午 12：35：10（即 1028123510）记录的数据，如图 9.25 所示。

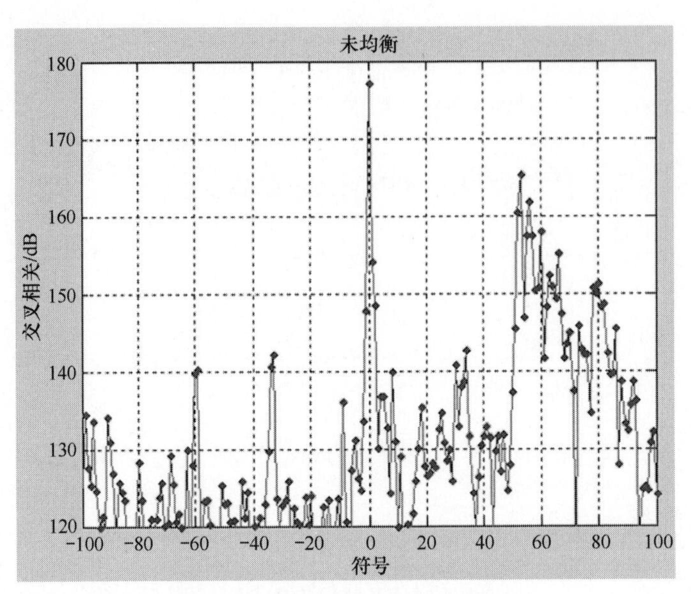

图 9.24　均衡后 SNR 的定性改善

信道			硬件测试				结果	
波形时间标签	RFE输出的 C/N(dB)	(C/I) (dB)	未均衡		均衡		$E_b/(N_0+I_0)$ 增益	剩余的 (I_0/N_0)(dB)
			$E_b/(N_0+I_0)$ (dB)	BER	$E_b/(N_0+I_0)$ (dB)	BER		
102808091137	7.4	6	0.8	0.3	2.8	0.0495	2.0	1.6
102808123310	7.4	7	2.0	0.0706	3.2	0.0439	1.2	1.2
102808122910	7.5	5	1.2	0.0755	3.1	0.0388	1.9	1.4
102808090737	8.7	6	3.8	0.0329	5.0	1.30×10^{-3}	1.2	0.7
102808123510	8.9	5	1.7	0.1	4.9	4.30×10^{-4}	3.2	1.0
102808101940	9.9	7	2.9	9.10×10^{-3}	5.8	0.00	2.9	1.1
102808090937	10	5	2.2	0.0688	6.2	0.00	4.0	0.8
102808084537	10.3	8	3.9	4.30×10^{-3}	6.5	0.00	2.6	0.8
102808122510	10.3	11	5.4	0.00	6.7	0.00	1.3	0.6
102808081807	10.7	8	5.2	1.15×10^{-3}	6.7	0.00	1.5	1.0
102108144619	12.7	5	3.7	5.16×10^{-2}	9.2	0.00	5.5	0.5
102108153206	18.8	16	14.2	0.00	15.2	0.00	1.0	0.6

图 9.25　DFE 有效性测试结果汇总

尽管 DFE 能够抑制海洋反射引入的 ISI，但仍需准确估计海洋反射波的到达时间，并相应地调整 DFE，以保证其正常工作。所使用的 DFE 具有一个参数可调的“DFE 延迟”，可用于将均衡（Equalizer，EQ）FIR 滤波器与海洋反射的预期到达时间相同步。

使用软件调制解调模拟器对 668 个夏威夷射频数据中的 12 个进行了进一步的 DFE 评估。图 9.25 给出了在 ORCA/FOENEX 硬件上测试的 12 个实测数据样本的列表，值得注意的是，即使在 C/N_0 非常高的情况下，小于 10dB 的 C/N_0 值也可能会导致误比特率下限大于 10^{-3}，说明在这些情况下多径干扰占主导地位。

9.5　网络系统

网络由节点组成，节点可以是飞机、地面车辆、士兵、传感器以及其他用户和信息发生装置。本节讨论 ORCA 网络布局及其在这些节点之间的通信和数据传输性能。

9.5.1　网络结构

图 9.26 所示为 FOENEX 高级系统架构[6]。图 9.26 中：IPCM 为平台间通信管理器（FOENEX MANET、拓扑管理器和网络控制）；XIA 是 ORCA/FOENEX 开发的 XFUSION 接口组件（XIA 是为 ORCA/FOENEX 开发的第三代，第一代是为 IRON-T2 开发的，第二代是为 ORCA 第 1 阶段的 XFUSION 开发的）混合感知网络路由器和控制器[6]。在该配置中，网络子系统通过 XIA 混合感知 IP 路由器得以实现，能够为射频通信和 FSO 通信子系统提供无缝集成，以充分利用两种信道的优势形成混合通信链路，最终满足 FOENEX 的网络可用性和 QoS 要求。

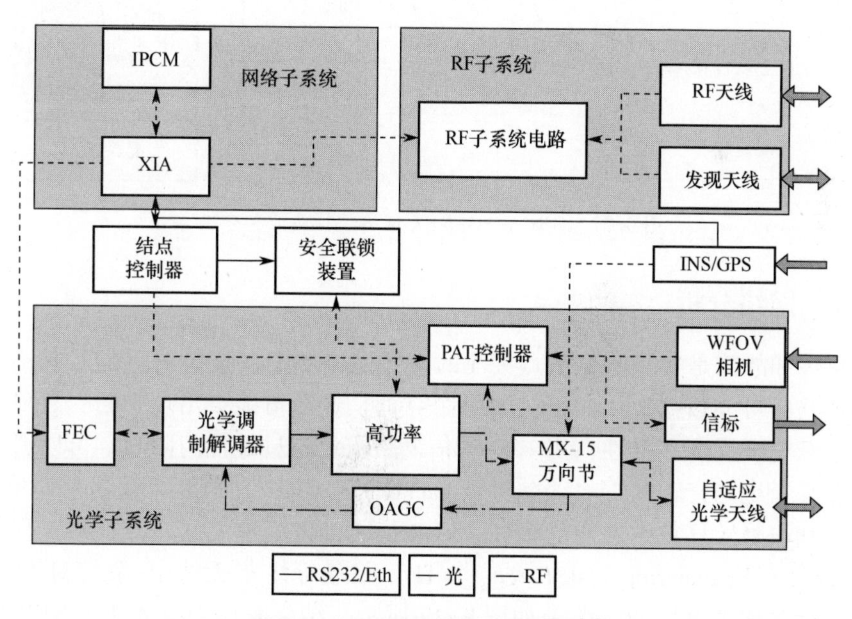

图 9.26　FOENEX 高级系统架构[2]

图 9.27 所示为 ORCA/FOENEX 网络堆栈[6]。FOENEX 网络系统和相关的网络堆栈使用分层的方法来提高网络可用性。在物理层，系统利用混合链路（射频和 FSO 信道的混合）的概念在网络节点之间进行通信。这些混合链路为

链路层重传提供可靠的分组传送技术、流量从一个混合信道转移到另一个混合信道的优先故障转移技术以及判别混合链路中断原因（大气闪烁或云）的技术。这些链路层功能与 Diffserv 服务质量（Quality of Service，QoS）功能、本地深度队列技术以及将网络流量分离为内部（主要任务用户）和外部（次要任务用户）流量的能力聚合成一个整体。FOENEX MANET 提供网络节点发现功能，用于网络的形成/重建，以及基于预期或已发生的网络中断事件对网络拓扑进行反应性和前瞻性的管理。通过使用第 2 层交换技术（如 IPCM 适配层或 IAL）来抑制移动性对路由和更高层次协议及应用程序的影响，以保证网络的稳定性。

· FOENEX网络堆栈的功能
  - 基于实时网络控制（发现子系统和平台间通信管理器（IPCM））的网络发现、形成/重建能力
  - 混合链路管理和控制能力
  - 基于链路中断预测、湍流影响下的第2层重传、2-3s云中断的深度队列以及5s中断的数据重传等技术的链路中断抑制能力
  - 降低移动对互联网协议影响的移动管理能力
  - 优先级、内部和外部网络用户、流量管理和流量控制的综合区分QoS能力

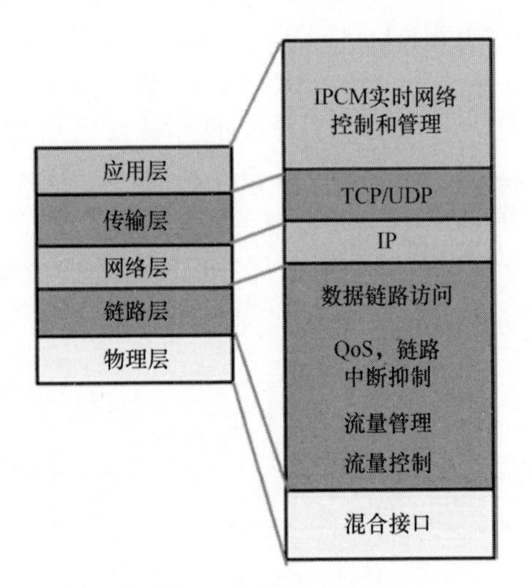

图 9.27　ORCA/FOENEX 网络堆栈能力和分类

9.5.2　网络分析

重传和故障是实验测试重点关注的主要网络功能。重传的目的是提高 FSO 通信链路的可靠数据包传输率，因为 FSO 通信链路可能会出现中断。故障转移利用了双物理层的多样性，当 FSO 通信链路质量超过重传门限时，可以通过射频链路重新定向传输数据。误包率（Packet Error Rate，PER）数据是评价第 2 层重传和故障转移技术性能的指标。PER 是通过将流量类型和因特网工程任务组（Internet Engineering Task Force，IETF）服务等级与无线 IP 系统对 PER 的需求进行对比来评估的。结果如图 9.28 所示，结果表明 ORCA/FOENEX 网络提供的 PER 性能与其他无线 IP 系统的点到点链路相当，并在某些方面的性能有所提高。

图 9.28 和图 9.29 的实验结果表明，在 FSO 通信链路上使用第 2 层重传和在 RF 通信链路上使用高优先流量和重传请求，可以将 PER 提高几个数量

级。这些实验结果为进一步改进第 2 层重传技术和 LDE 检测机制提供了有用的数据支撑，为后续在原型实验系统上进一步改善 PER 性能提供基础。图 9.30所示为在给定 LDE 百分比的条件下，PER 与延迟的关系。在某些情况下，LDE 可以检测出长中断事件（FSO 通信中的云阻塞），然后阶段 1 混合路由器将数据从混合链路的 FSO 通信端口转移到射频通信端。图 9.31 所示为部分空 - 山测试数据，用于展示由于障碍物导致的故障转移事件。如前所述，在建立混合链路时，射频链路负责携带语音和聊天数据。在故障转移事件期间，由图 9.31 中射频通信数据速率的峰值可知，该链接的最大容量为 123.2Mb/s。

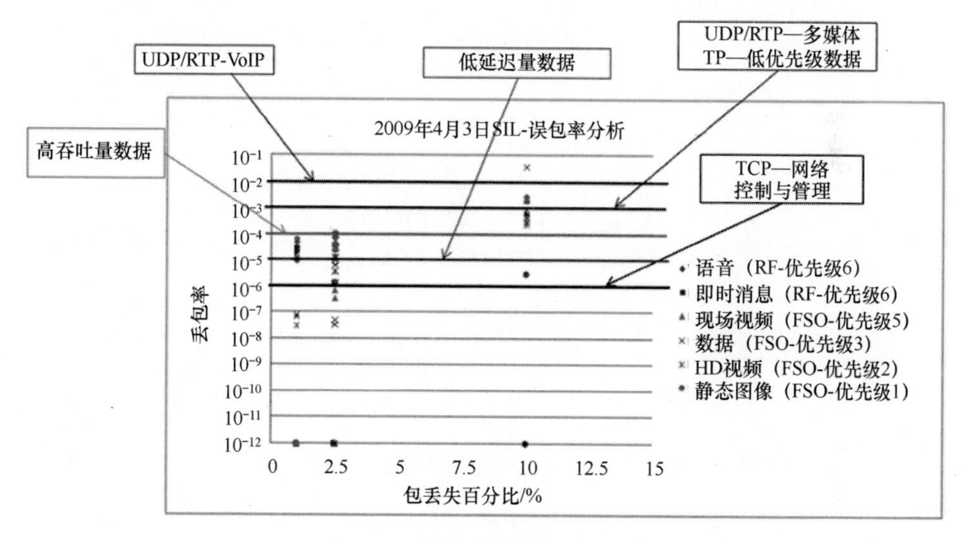

图 9.28　PER 的测量值与估计值

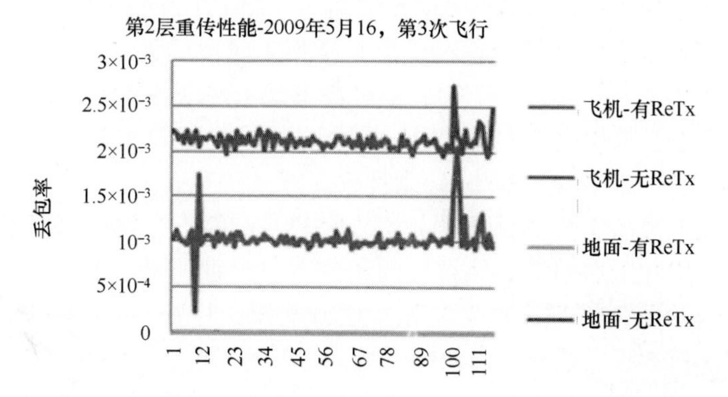

图 9.29　第 3 次飞行——当 LDE <1% 时的第 2 层重传性能

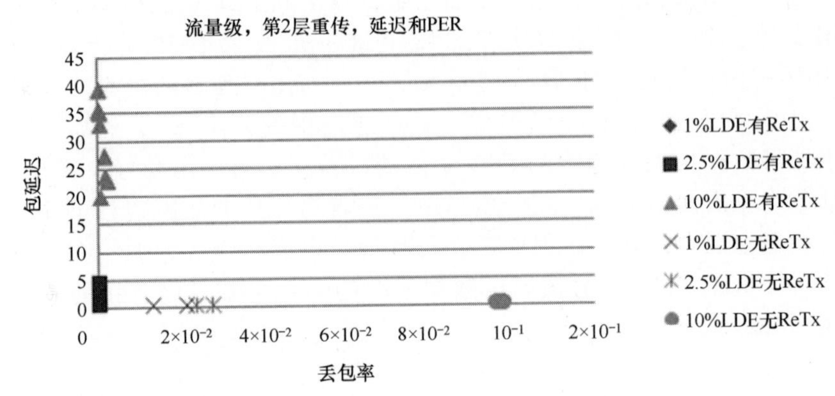

图 9.30 给定 LDE 百分比条件下 PER 与延迟的关系

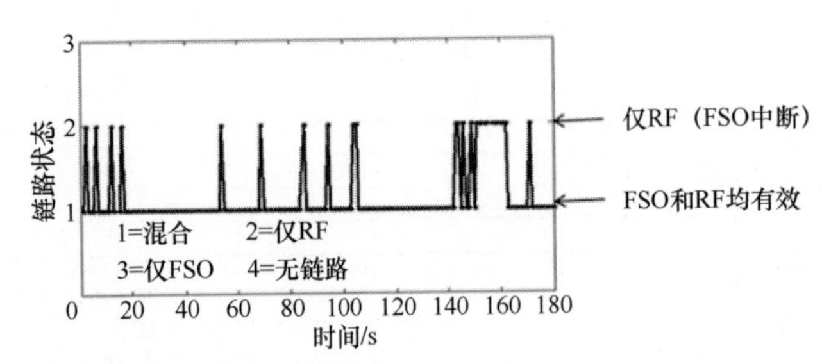

图 9.31 FSO 到 RF 的故障转移事件，5 月 18 日，空 - 山链路

9.5.3 丢包抑制技术及其对包延迟的影响

第 1 阶段系统的包延迟目标使用文献［4］中的方法定义。由于这是一个点对点的通信链路实验，5 跳网络的延迟目标与符合的预测的目标一致。对单跳空 - 地混合链路的实测性能结果表明，端到端（即 IXIA 网络测试仪到 IXIA 网络测试仪）数据包延迟性能符合各种通信系统第一阶段的设计目标。假设平均 IP 传输延迟（IP Transfer Delay，IPTD）的计算考虑了网络各部分贡献（如每一跳）的总和。数学上，采用以下方法：

$$\text{ORCAIPTD} = \text{总跳数} \times \text{平均测量延迟}$$

第一阶段系统的实验是利用夏威夷的 IRON-T2 实测数据来构建闪烁廓线。具体地说，在启用和未启用第 2 层重传的条件下，分别测量了 1%、2.5% 和 10% 闪烁廓线下的 PER 和延迟。表 9.3 列出了 2009 年 5 月 16 日的第 3 次飞行中，所测量的不同通信类型、端口目标和优先级条件下的延迟。当使用重传时，PER 每提高一个数量级（通常从 2 到 3 个数量级），就能达到延迟需求。当 LDE 为 1% 时，该系统在任何情况下都不能避免错误，但通过实验可以发现，能够通过进一步改善重传来实现该目标。

表9.3　2009年5月16日第3次飞行，不同通信类型、端口目标和优先级条件下的延迟

IP优先通信类型/端口	区分服务映射	5跳网络端到端延迟目标/ms	测量的端到端NTTR平均延迟（单跳）/ms
网络控制（110）/RF	网络控制（CS6）	200	0.890
关键/ECP（101）/FSO	电话（EF（CS5））	250	0.297
Flash/（011）/FSO	低延迟数据（AF（CS3））	200	0.350
即时（010）/FSO	高吞吐量数据（AF（CS2））	2000	0.416
优先（001）/FSO	低优先级数据（AF（CS1））	尽力而为	0.326

9.5.4　改进的重传性能

为了确定网络是否能够处理2%或更高的PER流量，在实验室测试中使用改进的ORCA/FOENEX硬件和软件来评估网络性能。测试数据来源于2008年10月在夏威夷的AFRL IRONT2项目的闪烁实测结果。实验结构由两个在各种模式下同时交换数据的网络节点组成，每个节点包含一个相互连接的混合链路。利用该实验装置测试了网络重传的有效性。FSO通信信道的时钟速率为10Gb/s，承载来自IXIA网络测试器的5Gb/s的用户数据。射频信道的时钟速率为274Mb/s，用户信息速率为200Mb/s。表9.4列出了网络性能测试的测试条件。图9.32所示为启用或禁用第2层重传时，5%闪烁廓线条件下的网络性能。从图中可以清楚地看出，在夏威夷的IRON-T2试验期间发生的饱和状态造成了明显的数据包丢失现象，有时超过12%。射频通信链路用于重传请求。图9.32表明，使用了基于混合链路的第2层重传的数据包丢失抑制技术后，就可以无错误地传递数据包。或者说，在测试序列中，既未看到数据完整性的下降，也没有发现丢包现象。

表9.4　网络性能测试的测试条件

测试条件
协议=IPv4/IPv6
数据包大小为1518字节
结构=混合通信模式（FSO上的用户信息速率为5Gb/s，RF的为200Mb/s）
持续时间为每次测试30min
闪烁廓线=5%，硬件闪烁仪，夏威夷，（重复频率为20min）
L2重传——禁用与启用
L2重传超时为1s

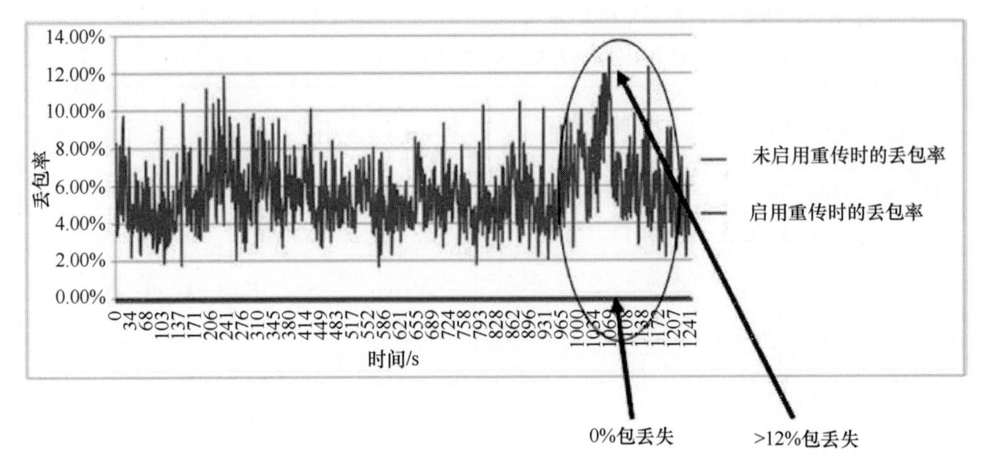

图 9.32　启用和禁用第 2 层重传且大气湍流条件为 5% 时的网络丢包率[2]

参考文献

1. L.B.Stotts, J.Foshee, B.Stadler, D.Young, P.Cherry, W.McIntire, M.Northcott, P.Kolodzy, L.Andrews, R.Phillips, A.Pike, Hybrid optical RF communications. Proc. IEEE 97 (6), 1109 – 1127 (2009)
2. L.B.Stotts PhD, N.D.Plasson, T.W.Martin, D.W.Young, J.C.Juarez, Progress towards reliable free-space optical network. MILCOM 2011, IEEE, Baltimore, 7 – 10 Nov 2011
3. D.Young, J.Sluz, J.Juarez, M.Airola, R.Sova, H.Hurt, M.Northcott, J.Phillips, A.Mc-Claren, D. Driver, D.Abelson, J.Foshee, Demonstration of high data rate wavelength division multiplexed transmission over a 150 km free space optical link, in Proceedings of the SPIE 6578, Defense Transformation and Net-Centric Systems, IEEE, Orlando, 2007
4. M.Northcott, A.McClaren, B.Graves, J.Phillips, D.Driver, D.Abelson, D.Young, J.Sluz, J.Juarez, M.Airola, R.Sova, H.Hurt, J.Foshee, Long distance laser communications demonstration, in Proceedings of the SPIE 6578, Defense Transformation and Net-Centric Systems, SPIE Orlando, 2007
5. D.Young, J.Sluz, J.Juarez, M.Airola, R.Sova, H.Hurt, M.Northcott, J.Phillips, A.Mc-Claren, D. Driver, D.Abelson, J.Foshee, Demonstration of high data rate wavelength division multiplexed transmission over a 150 km free space optical link, MILCOM 2007, Advanced Communications Technologies 4.2, Directional Hybrid Optical/RF Networks, 2007
6. J.Latham, M.Northcott, B.Graves, J.Rozzi, IRON-T2 2008 AOptix Technologies Test Report, Contract FA8750-08-C-0185 (2009)
7. S.Karp, R.M.Gagliardi, S.E.Moran, L.B.Stotts, Optical Channels: Fiber, Atmosphere, Water and Clouds (Plenum Publishing Corporation, New York, 1988), pp.5 – 9
8. L.C.Andrews, R.L.Phillips, Laser Beam Propagation through Random Media, 2nd edn. (SPIE, Bellingham, 2005), pp.407 – 408

9. L.C.Andrews, Field Guide to Atmospheric Optics (SPIE, Bellingham, 2004), p.50
10. W.K.Pratt, Laser Communications Systems (Wiley Series in Pure and Applied Optics, New York, 1969), pp.2 -9
11. L.B.Stotts, G.M.Lee, B.Stadler, Free space optical communications: Coming of age, Proceedings of the SPIE conference on atmospheric propagation V, G.Charmaine Gilbreath, Linda M.Wasiczko, Editors, 69510W, 18 April 2008
12. D.Young, J.Sluz, J.Juarez et al., Demonstration of high data rate wavelength division multiplexed transmission over a 150 km free space optical link, Military Communications Conference, 2007. MILCOM 2007.IEEE, pp.1 -6, 29 -31 Oct.2007
13. M.Northcott, A.McClaren, J.Graves, J.Phillips, et al., Long distance laser communications demonstration, Defense Transformation and Net-Centric Systems 2007.Edited by S.Raja.Proceedings of the SPIE, vol.6578, pp.657805 (2007)
14. F.G.Walther, G.A.Nowak, S.Michael, R.Parenti, J.Roth., J.Taylor, W.Wilcox, R.Murphy, J.Greco, J.Peters, T.Williams, S.Henion, R.Magliocco, T.Miller, A.Volpicelli, Air to ground lasercom systems demonstration, in Proceeding of the MILCOM 2010, IEEE, San Jose, 31 Oct - 3 Nov 2010
15. Z.C.Bagley, D.Hughes, P.Kolodzy, T.Martin, T.G.Moore, H.A.Pike, N.D.Plasson, B.Stadler, L.B.Stotts, D.Young, Hybrid Optical RF Communications, Opt.Eng.51 (5), 055006 (May 25, 2012)
16. J.C.Juarez, D.W.Young, J.E.Sluz, Optical automatic gain controller for high-bandwidth free-space optical communication links.Application of lasers for sensing & free space communication (LS & C), Optical Society of America, Toronto, Ontario, Canada, 10 -14 July 2011
17. J.C.Juarez, D.W.Young, J.E.Sluz, L.B.Stotts, High-sensitivity DPSK receiver for highbandwidth free-space optical communication links.Opt.Express 19 (11) 10789 -10796 (2011)
18. D.L.Walters, K.E.Kunkel, Atmospheric modulation transfer function for desert and mountain locations: The atmospheric effects on r_0.J.Opt.Soc.Am.71, 397 -405 (1981)
19. R.R.Beland, Propagation through atmospheric optical turbulence, in The Infrared and ElectroOptical Systems Handbook, ed.by F.G.Smith, vol.2, chap 2 (SPIE, Bellingham, 1993)
20. L.B.Stotts, B.Stadler, D.Hughes, P.Kolodzy, A.Pike, D.W.Young, J.Sluz, J.Juarez, B.Graves, D.Dougherty, J.Douglass, T.Martin, Optical communications in atmospheric turbulence, in Proceedings of the SPIE Conference on Free-Space Laser Communications IX, San Diego, vol.7091, 2 -6 Aug 2009, ed.by A.K.Majumdar, C.Davis
21. R.G.Walther, Diversity in Air-to-Ground Lasercom: The FOCAL Demonstration, Technical Panel, Session DoD-2: Freespace Optical Communications, 2011 Military Communications Conference (MILCOM 2011), Baltimore, MD, 7 -10 Nov 2011
22. R.E.Hufnagel, Variations of atmospheric turbulence.Digest of technical papers, topical meeting on optical propagation through turbulence, OSA, Washington, D.C., 9 -11 July 1974
23. R.E.Hufnagel, Propagation through atmospheric turbulence, in The Infrared Handbook, Chap.6 (USGPO, Washington, 1974)

24. L.C.Andrews, R.L.Phillips, D.Wayne, T.Leclerc, P.Sauer, R.Crabbs, J.Kiriazes, Nearground vertical profile of refractive-index fluctuations, Proc.SPIE p. 732402 (April 30, 2009)
25. L.C.Andrews, R.L.Phillips, R.Crabbs, D.Wayne, T.Leclerc, P.Sauer, Atmospheric channel characterization for ORCA testing at NTTR, Proc.SPIE p.758809 (February 11, 2010)
26. L.C.Andrews, R.L.Phillips, R.Crabbs, D.Wayne, T.Leclerc, P.Sauer, Creating a Cn2 profile as a function of altitude using scintillation measurements along a slant path.Proc.SPIE p.82380F (February 1, 2012)
27. D.T.Wayne, R.L.Phillips, L.C.Andrews, T Leclerc, P.Sauer, Observation and analysis of aero-optic effects on the ORCA laser communication system, Proc.SPIE p.80380A (May 25, 2011)
28. L.B.Stotts, B.Sadler, D.Hughes, P.Kolodzy, A.Pike, D.W.Young, J.Sluz, J.Juarez, B.Graves, D. Dougherty, J.Douglass, T.Martin, Optical communications in atmospheric turbulence, Proc.SPIE p.746403 (August 21, 2009)

第 10 章　自由空间量子通信

10.1　自由空间量子通信简介

自由空间大气量子信道的量子网络正在成为现实[1,2]。自从被 Feynman 和他的同事提出后[3]，量子信息科学技术（Quantum Information Science，QIS）在世界范围内发展以构建量子网络。基于量子物理学定律（Law）和速度、带宽、网络安全方面的迫切需求，量子网络正在形成，其发展注定会超出我们的想象力。自由空间量子通信将在量子网络的全球化扩展应用过程中发挥关键作用（图 10.1）。量子信息将通过移动信息传输网络被传输，这其中必然会包括卫星传输。量子物理学的最新进展使其具有应用到自由空间大气通信中的能力、能够带来物理层的量子安全、带宽和速度的提升以及超越传统信道的通信能力。具有分布式量子计算能力的量子通信网络的完成首先需要研究相关的理论、实验以及原理验证系统的进展情况。本章主要介绍量子通信的基础理论（10.2 节）和一些具有代表性的自由空间大气量子通信实验（10.3 节）。

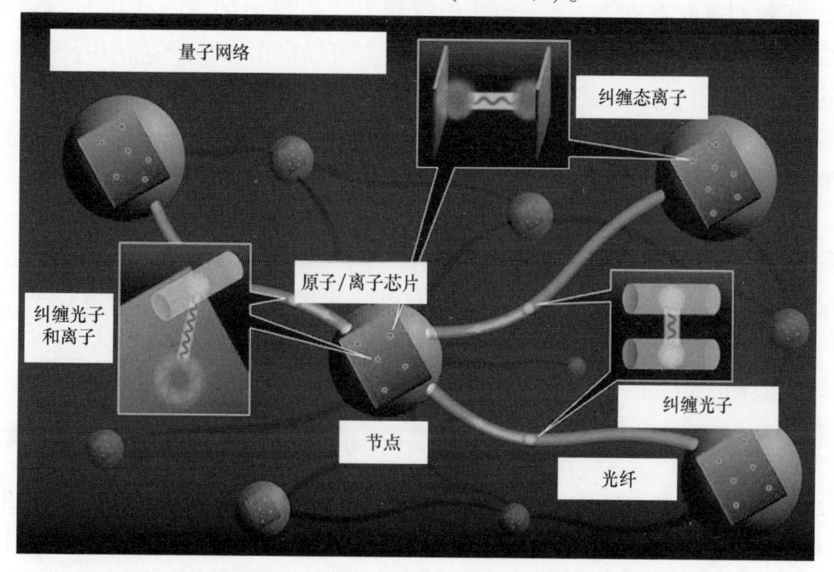

图 10.1　美国陆军研究实验室的 Ronald E. Meyers、Keith S. Deacon 和 Arnold D. Tucick 所描述的量子网络概念[4]

10.2 自由空间量子通信原理

10.2.1 引言

物理学力求描述支配宇宙进化的规则，它的一个主要准则就是任何物理定律的真理必须通过实验检验。所提出的各种假设，在形成能真正能描述自然现象的时空进化理论之前，必须通过实验验证。然而自然是非常复杂的，要用相对较少的物理定律来对其多方面的特征进行描述。爱因斯坦的广义和狭义相对论以及量子物理学在物理定律中都占有重要的地位。相对论已被证实是用来描述大尺度的恒星和行星是如何进化的，而量子物理学是描述粒子和波在原子和亚原子尺度上的行为，协调这些理论的研究成为量子相对论。然而，对于实现有效的自由空间大气量子通信系统而言，运用量子物理学和相对论就足够了。换句话说，尽管我们不明白所有的事情，但仍然会有很多的惊喜和发现。就我们目前所掌握的对世界的认知而言，要在某些重要的条件下，实现比现有的基于经典物理系统更好的系统是可行的。1935 年[5]，爱因斯坦在他著名的 EPR 论文中提出：量子力学是否能够完整地描述宇宙？在该论文中，爱因斯坦将量子力学行为描述为：两个间隔极远的量子粒子，一个粒子会对另一个粒子的状态变化产生响应。爱因斯坦称其为超距作用，后来被称为“EPR 悖论”，该悖论需要通过实验测试来确定其是否正确，并确定其是否与量子力学理论所预测的一致。1970 年以来，实验表明纠缠 EPR 效应确实存在[6,7]，爱因斯坦称其为“鬼魅般的超距作用”。科学家们已经清楚地意识到纠缠和传输等量子力学效应可以应用在量子通信中，从而增强信息的安全性、带宽、压缩率、传输和存储等。接下来，我们将介绍研究自由空间量子通信所需的基本原理。工程师们一开始可能会觉得概念生疏、符号不熟悉，但最终会发现可以利用量子物理学来开发自由空间大气量子通信系统。

10.2.2 基本原理

量子物理学的基本原理描述量子粒子和量子波函数的特性。经典粒子，如棒球，可以用牛顿物理学来描述：每个粒子同时具有精确的位置和动量。然而，类似光子和电子的量子粒子，其位置和动量具有不确定性，这种量子不确定性关系满足 $\frac{\hbar}{2} \leqslant \Delta x \Delta p$，其中 $\hbar$ 为普朗克常数除以 2π [8,9]。位置和动量的实验测量值总是变化的，大量精确的实验已经验证了该关系式。量子粒子具有波粒二重性。当光子探测器响应一次“撞击”时，意味着它正在测量一个以粒子形式存在的光子。当光通过一个双缝干涉时，则显示出其干涉波特性。当一系列单光子通过一个双缝时，可以测量到同样的干涉图样。描述量子特性的方法依赖于波函数 Ψ

的建立，波函数通常是一个复函数，具有实部和虚部。波函数与其复共轭相乘，$\boldsymbol{\Psi}^* \boldsymbol{\Psi}$，形成一个正函数，该函数归一化后描述特定状态下量子粒子的概率。当为单光子时，该概率描述光子可能出现在空间某处的概率。波函数在坐标空间的傅里叶变换是动量空间的波函数，这是量子力学的特有属性。位置和动量被称为共轭变量。在进一步分析之前，先讨论一下量子数学基础和公式。

量子数学基础和公式：量子数学采用的并非人们所熟悉的符号。本节给出用于描述量子物理、量子通信和量子信息的常用符号。狄拉克提出了“bra”和“ket”的物理符号。“bra”记为 $\langle\ |$，可以认为是一个行向量，如 $\langle \boldsymbol{A}| = [\boldsymbol{A}_1\boldsymbol{e}_1 + \boldsymbol{A}_2\boldsymbol{e}_2 + \boldsymbol{A}_3\boldsymbol{e}_3]$，而“ket”记为 $|\ \rangle$，可认为是一个列向量 $|\boldsymbol{B}\rangle = \begin{pmatrix} \boldsymbol{B}_1\boldsymbol{e}_1 \\ \boldsymbol{B}_2\boldsymbol{e}_2 \\ \boldsymbol{B}_3\boldsymbol{e}_3 \end{pmatrix}$，其中，$\boldsymbol{e}_1, \boldsymbol{e}_2, \boldsymbol{e}_3$ 为单位正交向量[8]。bra-ket 符号表示的内积写为 $\langle \boldsymbol{A}|\boldsymbol{B}\rangle = \boldsymbol{A}_1\boldsymbol{B}_1 + \boldsymbol{A}_2\boldsymbol{B}_2 + \boldsymbol{A}_3\boldsymbol{B}_3$。当考虑超过一个粒子的复合系统时，常用的另一个运算符是张量，或直积算符 $\otimes$。对于一个两粒子复合系统，该运算如下：

$$|\boldsymbol{A}\rangle \otimes |\boldsymbol{B}\rangle = \begin{pmatrix} \boldsymbol{A}_1\begin{pmatrix} \boldsymbol{B}_1 \\ \boldsymbol{B}_2 \end{pmatrix} \\ \boldsymbol{A}_2\begin{pmatrix} \boldsymbol{B}_1 \\ \boldsymbol{B}_2 \end{pmatrix} \end{pmatrix} = \begin{pmatrix} \boldsymbol{A}_1\boldsymbol{B}_1 \\ \boldsymbol{A}_1\boldsymbol{B}_2 \\ \boldsymbol{A}_2\boldsymbol{B}_1 \\ \boldsymbol{A}_2\boldsymbol{B}_2 \end{pmatrix} \tag{10-1}$$

无穷维系统也可以用“bra-ke”符号描述，这时内积、外积和直积用函数的积分来代替离散矢量

例 10.1　给定一个水平偏振态光子 $|\boldsymbol{H}\rangle = \begin{pmatrix} 1 \\ 0 \end{pmatrix}$ 和一个垂直偏振态光子 $|\boldsymbol{V}\rangle = \begin{pmatrix} 1 \\ 0 \end{pmatrix}$，计算复合态 $|\boldsymbol{H}\rangle \otimes |\boldsymbol{H}\rangle$、$|\boldsymbol{H}\rangle \otimes |\boldsymbol{V}\rangle$、$|\boldsymbol{V}\rangle \otimes |\boldsymbol{H}\rangle$ 和 $|\boldsymbol{V}\rangle \otimes |\boldsymbol{V}\rangle$[8]。

解 10.1：利用式（10-1）计算

$$|\boldsymbol{H}\rangle \otimes |\boldsymbol{H}\rangle = \left|\begin{pmatrix} 1 \\ 0 \end{pmatrix}\right\rangle \otimes \left|\begin{pmatrix} 1 \\ 0 \end{pmatrix}\right\rangle = \begin{pmatrix} 1\begin{pmatrix} 1 \\ 0 \end{pmatrix} \\ 0\begin{pmatrix} 1 \\ 0 \end{pmatrix} \end{pmatrix} = \begin{pmatrix} 1 \\ 0 \\ 0 \\ 0 \end{pmatrix}$$

$$|\boldsymbol{H}\rangle \otimes |\boldsymbol{V}\rangle = \left|\begin{pmatrix} 1 \\ 0 \end{pmatrix}\right\rangle \otimes \left|\begin{pmatrix} 0 \\ 1 \end{pmatrix}\right\rangle = \begin{pmatrix} 1\begin{pmatrix} 0 \\ 1 \end{pmatrix} \\ 0\begin{pmatrix} 0 \\ 1 \end{pmatrix} \end{pmatrix} = \begin{pmatrix} 0 \\ 1 \\ 0 \\ 0 \end{pmatrix}$$

$$|\boldsymbol{V}\rangle \otimes |\boldsymbol{H}\rangle = \left|\begin{pmatrix}0\\1\end{pmatrix}\right\rangle \otimes \left|\begin{pmatrix}1\\0\end{pmatrix}\right\rangle = \begin{pmatrix}0\begin{pmatrix}1\\0\end{pmatrix}\\1\begin{pmatrix}1\\0\end{pmatrix}\end{pmatrix} = \begin{pmatrix}0\\0\\1\\0\end{pmatrix}$$

$$|\boldsymbol{V}\rangle \otimes |\boldsymbol{V}\rangle = \left|\begin{pmatrix}0\\1\end{pmatrix}\right\rangle \otimes \left|\begin{pmatrix}0\\1\end{pmatrix}\right\rangle = \begin{pmatrix}0\begin{pmatrix}0\\1\end{pmatrix}\\1\begin{pmatrix}0\\1\end{pmatrix}\end{pmatrix} = \begin{pmatrix}0\\0\\0\\1\end{pmatrix}$$

也可以将水平偏振态光子表示为 $|\boldsymbol{H}\rangle = \begin{pmatrix}\boldsymbol{H}\\0\end{pmatrix}$，而垂直偏振光子表示为 $|\boldsymbol{V}\rangle = \begin{pmatrix}0\\\boldsymbol{V}\end{pmatrix}$，因此复合态也可以写为

$$|\boldsymbol{H}\rangle \otimes |\boldsymbol{H}\rangle = \left|\begin{pmatrix}\boldsymbol{H}\\0\end{pmatrix}\right\rangle \otimes \left|\begin{pmatrix}\boldsymbol{H}\\0\end{pmatrix}\right\rangle = \begin{pmatrix}\boldsymbol{H}\begin{pmatrix}\boldsymbol{H}\\0\end{pmatrix}\\0\begin{pmatrix}\boldsymbol{H}\\0\end{pmatrix}\end{pmatrix} = \begin{pmatrix}\boldsymbol{HH}\\0\\0\\0\end{pmatrix}$$

$$|\boldsymbol{H}\rangle \otimes |\boldsymbol{V}\rangle = \left|\begin{pmatrix}\boldsymbol{H}\\0\end{pmatrix}\right\rangle \otimes \left|\begin{pmatrix}0\\\boldsymbol{V}\end{pmatrix}\right\rangle = \begin{pmatrix}\boldsymbol{H}\begin{pmatrix}0\\\boldsymbol{V}\end{pmatrix}\\0\begin{pmatrix}0\\\boldsymbol{V}\end{pmatrix}\end{pmatrix} = \begin{pmatrix}0\\\boldsymbol{HV}\\0\\0\end{pmatrix}$$

$$|\boldsymbol{V}\rangle \otimes |\boldsymbol{H}\rangle = \left|\begin{pmatrix}0\\\boldsymbol{V}\end{pmatrix}\right\rangle \otimes \left|\begin{pmatrix}\boldsymbol{H}\\0\end{pmatrix}\right\rangle = \begin{pmatrix}0\begin{pmatrix}\boldsymbol{H}\\0\end{pmatrix}\\\boldsymbol{V}\begin{pmatrix}\boldsymbol{H}\\0\end{pmatrix}\end{pmatrix} = \begin{pmatrix}0\\0\\\boldsymbol{VH}\\0\end{pmatrix}$$

$$|\boldsymbol{V}\rangle \otimes |\boldsymbol{V}\rangle = \left|\begin{pmatrix}0\\\boldsymbol{V}\end{pmatrix}\right\rangle \otimes \left|\begin{pmatrix}0\\\boldsymbol{V}\end{pmatrix}\right\rangle = \begin{pmatrix}0\begin{pmatrix}0\\\boldsymbol{V}\end{pmatrix}\\\boldsymbol{V}\begin{pmatrix}0\\\boldsymbol{V}\end{pmatrix}\end{pmatrix} = \begin{pmatrix}0\\0\\0\\\boldsymbol{VV}\end{pmatrix}$$

例 10.2 如果一个光子处于任意偏振态 $|\boldsymbol{A}\rangle = \begin{pmatrix}\alpha\\\beta\end{pmatrix}$，求出其复合态 $|\boldsymbol{H}\rangle \otimes |\boldsymbol{A}\rangle$ 和 $|\boldsymbol{A}\rangle \otimes |\boldsymbol{V}\rangle$。

解 10.2：同样，利用式（10-1）计算得

$$|\boldsymbol{H}\rangle \otimes |\boldsymbol{A}\rangle = \left|\begin{pmatrix}1\\0\end{pmatrix}\right\rangle \otimes \left|\begin{pmatrix}\alpha\\\beta\end{pmatrix}\right\rangle = \begin{pmatrix}1\begin{pmatrix}\alpha\\\beta\end{pmatrix}\\0\begin{pmatrix}\alpha\\\beta\end{pmatrix}\end{pmatrix} = \begin{pmatrix}\alpha\\\beta\\0\\0\end{pmatrix} = \begin{pmatrix}\boldsymbol{H}\alpha\\\boldsymbol{H}\beta\\0\\0\end{pmatrix}$$

以及

$$|\boldsymbol{A}\rangle \otimes |\boldsymbol{V}\rangle = \left|\begin{pmatrix}\alpha\\ \beta\end{pmatrix}\right\rangle \otimes \left|\begin{pmatrix}0\\ 1\end{pmatrix}\right\rangle = \begin{pmatrix}\alpha\begin{pmatrix}0\\ 1\end{pmatrix}\\ \beta\begin{pmatrix}0\\ 1\end{pmatrix}\end{pmatrix} = \begin{pmatrix}0\\ \alpha\\ 0\\ \beta\end{pmatrix} = \begin{pmatrix}0\\ \alpha\boldsymbol{V}\\ 0\\ \beta\boldsymbol{V}\end{pmatrix}$$

量子波函数：波函数又称概率幅，用来描述量子粒子的状态。量子粒子是诸如光子、电子、质子和中子的物理实体，常用狄拉克 bra-ket 符号来表示，一个粒子的状态可以描述为

$$|\boldsymbol{\Psi}\rangle = \sum_{i=1}^{N} c_i |\phi_i\rangle$$

式中：c_i 和 ϕ_i 分别为幅度和量子态；c_i 为复数值；ϕ_i 为一个诸如光子或自旋向上/自旋向下的电子的水平或垂直偏振测量态。特定状态下测量的量子粒子概率为

$$P = \boldsymbol{\Psi}^* \boldsymbol{\Psi}$$

波函数求解可以用薛定谔方程描述为

$$i\hbar \frac{\partial}{\partial t}\boldsymbol{\Psi}(\boldsymbol{r},t) = -\frac{\hbar}{2m}\nabla^2 \boldsymbol{\Psi}(\boldsymbol{r},t) \tag{10-2}$$

式中：$\hbar$ 为普朗克常量除以 2π；m 为质量；t 为时间；$\boldsymbol{r}$ 为空间的位置。

用于自由空间量子通信的更加精确的波函数求解方程应该在式（10-2）的基础上，加入吸收、散射和折射率起伏的影响关于空间和时间的函数。需要注意的是，湍流是变化的、非均匀的，是空间和时间的动态函数。

例 10.3　薛定谔方程描述量子波函数在空间和时间上的解，那么解该方程需要多少空间边界条件和时间初始条件呢？

例 10.4　假设薛定谔方程是单一空间因子和单一时间因子的乘积。对于薛定谔方程的周期解，写出一维空间中空间相关解的微分方程。

例 10.5　解有限区域下的空间相关波函数解，有限区域和无限区域的解有什么区别？

量子粒子：量子粒子主要分为两类，即自旋为整数的玻色子和自旋为半数的费米子，自旋数是对量子角动量的度量。多个费米子不能出现在相同量子态中，但允许多个玻色子占有同一量子态。

模型：模型是波函数的基本解，在二维空间和时间中传输的电磁平面波的频率和动量表示为

$$\boldsymbol{E}(k_x,k_y,w) = \mathrm{e}^{\mathrm{j}wt}(\mathrm{e}^{\mathrm{j}k_x x} + \mathrm{e}^{\mathrm{j}k_y y}) \tag{10-3}$$

式中：$k = \frac{w}{c}$；设 $k_x = k\cos\theta$ 和 $k_y = k\sin\theta$，则有 $k^2 = k_x^2 + k_y^2$ [9]。一般情况下，电磁波表现为点源下的球面辐射，但当传输了很长距离后，在小的扇面内就可以用平面波来近似。

共轭变量：量子变量具有相互共轭的特性，当其中一组量的信息和确定性越高时，与其相互共轭的变量的信息和确定性就越少。这种共轭特性关系由海森堡测不准原理 $\frac{\hbar}{2} \leqslant \Delta x \Delta p$ 描述。其他共轭变量对包括能量 - 时间和粒子数 - 相位[10]。

算符：量子算符作用于量子波函数，用来描述位置和动量等特性[11]。量子物理学中的算符常记为 $\hat{A}$，它对应于量子系统的一个可测量量。例如动量算符 $\hat{\boldsymbol{p}} = -i\hbar\nabla$和角动量算符 $\hat{L} = -i\hbar\boldsymbol{r} \times \nabla$。量子力学里另一对著名的算符是产生算符 a^* 和湮灭算符 a，常用来描述对系统一个固定量子能量的加或减。

10.2.3 信息内容和量子信息的概念

量子信息的基本单位是量子比特[12,13]：

$$|\Psi\rangle = \alpha|0\rangle + \beta|1\rangle$$

式中：$|\alpha|^2 + |\beta|^2 = 1$。

与经典比特不同，量子比特具有同一时刻同时取 0 和 1 的特性。该特性使得量子比特可以对同一时刻 $\alpha|0\rangle + \beta|1\rangle$ 的叠加态进行处理。量子比特合并起来可以表示大量的信息量。一个量子比特表示两个经典信息的叠加，两个量子比特表示 4 个经典信息的叠加，而 n 个量子比特表示 2^n 个经典比特信息。尽管如此，量子比特的测量输出值仅可能是单一的 0 或 1。

10.2.4 量子光学

光的波粒二象性具有一定的神秘性。当看作波时，常把光描述为电磁波经发射后的传播和散射。然而，量子光学使用的算符与经典物理学守恒方程中的常用形式明显不同。量子光学还涉及在时空上分离的点的测量，这表明光具有相干性和远距离的纠缠特性。罗伊·格劳伯因其在量子光学相干理论方面的贡献获得 2005 年的诺贝尔奖，他阐明了光的时空量子效应，验证和论述了测量在量子过程中的重要性[14]。Shih 最近的一本书对量子光学当前的研究状态提供了重要的参考依据[15]。下面，我们将列举出几个与自由空间大气量子通信相关的具有代表性的量子光学特性。这个令人兴奋的领域正在迅速发展，在今后几年内将会有更多值得期待的成果。

10.2.5 量子光源

尽管所有的光在任何时间都是量子的，但并不是所有的测量和分析能够直观地显示出光的量子特性。光源有很多种，包括非相干辐射光源、相干辐射光源和非经典辐射光源。我们最为熟悉的是非相干辐射光源，电灯泡、灯和太阳都属于非相干热辐射光源，一般具有较宽的频谱特性。值得注意的是[16,17]，利用激光照射散射媒质（如旋转的毛玻璃平面）而产生的赝热光源的频带宽度比常用的普通热辐射光源窄。相干光源，如激光，具有多种波长，可用于许多量子应用中。非经典光源包括纠缠光子（是通过诸如自发参变量下转换（Spontaneous Parametric Down Conversion，SPDC）的非线性过程和四波混频而产生的）和压缩光源（其相位信息和光子数信息之间要有一个折衷）。常使用 Hanbury-Brown and Twiss（HBT）双光子干涉仪来区分相干光源、热辐射光源和非经典光源[11,14,18]。HBT 测试是通过将光子利用分束器分离到两个探测器上实现的，探测器测量入射光子和进行测试的时间，然后将两个探测器的测试结果进行相关，结果见表 10.1 所列。

表 10.1　Hanbury-Brown Twiss 测试结果

光源	HBT 测试结果
相干（激光器）	不相关[11]
非相干（热辐射）	正相关（峰值）[15]
非经典（纠缠）	负相关（波谷）[15]

非相干光源的每个探测器产生相对于平均强度的一致性偏差，从而形成正相关，而非经典光源则形成负相关（反相关）[15]，相干光源的一致性偏差导致结果不相关。如果达不到标准测试条件的话，结果会有所不同。

10.2.6　量子测量过程

量子测量过程有几个重要的方面。测量量子态的概率为

$$P(n) = \sum_{n} |c_n|^2 |\boldsymbol{\psi}_n\rangle\langle\boldsymbol{\psi}_n|$$

式中：$\boldsymbol{\psi}_n$ 为测量的量子态，如光子的水平或垂直极化；c_n 为量子态波函数的幅度。例如一个对角线极化的光子（↗），在正交基上（⊥）进行一次垂直或水平测量，则 c_n 等于 $\frac{1}{\sqrt{2}}$，测量得到 H 光子或 V 光子的概率均为 50%。当测量由两个态构成的混合系统时，常用 Bell 基测量[8,13]。极化的四种可能的 Bell 基状态为

$$\begin{cases} \psi^+ = \frac{1}{\sqrt{2}}(|\boldsymbol{H}_A\rangle|\boldsymbol{V}_B\rangle + |\boldsymbol{V}_A\rangle|\boldsymbol{H}_B\rangle) \\ \psi^- = \frac{1}{\sqrt{2}}(|\boldsymbol{H}_A\rangle|\boldsymbol{V}_B\rangle - |\boldsymbol{V}_A\rangle|\boldsymbol{H}_B\rangle) \\ \phi^+ = \frac{1}{\sqrt{2}}(|\boldsymbol{H}_A\rangle|\boldsymbol{H}_B\rangle + |\boldsymbol{V}_A\rangle|\boldsymbol{V}_B\rangle) \\ \phi^- = \frac{1}{\sqrt{2}}(|\boldsymbol{H}_A\rangle|\boldsymbol{H}_B\rangle - |\boldsymbol{V}_A\rangle|\boldsymbol{V}_B\rangle) \end{cases} \tag{10-4}$$

Bell 基状态还具有以下特性：

$$\begin{cases} |\boldsymbol{H}_A\rangle|\boldsymbol{H}_B\rangle = \frac{1}{\sqrt{2}}(|\boldsymbol{\phi}^+\rangle + |\boldsymbol{\phi}^-\rangle) \\ |\boldsymbol{H}_A\rangle|\boldsymbol{V}_B\rangle = \frac{1}{\sqrt{2}}(|\boldsymbol{\psi}^+\rangle + |\boldsymbol{\psi}^-\rangle) \\ |\boldsymbol{V}_A\rangle|\boldsymbol{H}_B\rangle = \frac{1}{\sqrt{2}}(|\boldsymbol{\psi}^+\rangle - |\boldsymbol{\psi}^-\rangle) \\ |\boldsymbol{V}_A\rangle|\boldsymbol{V}_B\rangle = \frac{1}{\sqrt{2}}(|\boldsymbol{\phi}^+\rangle - |\boldsymbol{\phi}^-\rangle) \end{cases} \tag{10-5}$$

Bell 测量是一种判别未知双光子偏振态系统实际状态的符合测量。纠缠状态和非纠缠状态的主要区别是纠缠状态不能分解为两个状态的张量积：

$$\frac{1}{\sqrt{2}}(|\boldsymbol{H}_A\rangle|\boldsymbol{V}_B\rangle - |\boldsymbol{V}_A\rangle|\boldsymbol{H}_B\rangle) \neq (|\boldsymbol{H}_A\rangle \pm |\boldsymbol{V}_A\rangle) \otimes (|\boldsymbol{H}_A\rangle \pm |\boldsymbol{V}_B\rangle)$$

这种特性使得纠缠状态在量子通信、量子计算和量子成像方面大有作为[15,19]。在这里讨论具有纠缠偏振态的光子。量子测量的质量通常用“保真度”来表示。当 $F(p,q) = \sqrt{pq}$ 完全接近于 1 时，称量子态是“忠实的”，其中 p 表示制备量子态 $|\boldsymbol{\Psi}\rangle$ 的概率，q 表示测量态 $|\boldsymbol{\Phi}\rangle$ 的概率。也可以反过来说，如果状态 $|\boldsymbol{\Phi}\rangle$ 是被测量的，则可以评估出 $|\boldsymbol{\Psi}\rangle$ 被制备的“保真度”程度[13]。

另一种测量技术是区别于投影测量的正算子取值测量（Positive Operator Valued Measure-ment，POVM）[13,20,21]。POVM 通过使用“ancila”模降低不确定性测量的概率。例如，一个水平偏振（H）或 +45°偏振的光子经过一个 V 偏振片或 -45°偏振片进行传输，那么通过 V 偏振片的一定是 +45°偏振的光子，而通过 -45°偏振片的光子一定是 H 偏振光子。该例中，确定传输光子偏振状态的概率为 25%。光场加入“ancila”模后，POVM 可以以 29.3% 的概率确定该例中传输光子的偏振状态。

10.2.7 量子压缩

当量子系统调整共轭变量对的相对值时，就会发生量子压缩。利用激光和非线性材料改变光子数和相位之间的不确定性，证明了量子压缩光的存在，当光子数的不确定性减小时，相位的不确定性就会增加。量子压缩态常用于量子计量学和连续变量量子秘钥分发中[22]

10.2.8 量子通信协议中的测量基

本节讨论量子协议中使用的测量基。量子通信协议中的测量基包括线性偏振 $|\boldsymbol{\Psi}\rangle = \alpha|\boldsymbol{H}\rangle + \beta|\boldsymbol{V}\rangle$、圆偏振 $|\boldsymbol{\Psi}\rangle = \alpha|\boldsymbol{R}\rangle + \beta|\boldsymbol{L}\rangle$、轨道角动量（其中 L_n 是叠加态表示拉盖尔模）和时间箱叠加 $|\boldsymbol{\Psi}\rangle = \alpha|\boldsymbol{L}_0\rangle + \beta|\boldsymbol{L}_1\rangle$（其中 L 和 S 为

量子粒子通过非平衡马赫－增德尔干涉仪传播的长路径和短路径的叠加）。任何具有至少两个以上可能结果的可测量叠加态的量子基都可以在量子协议中使用。

相干和非相干：相干和非相干可以用下述方式来定义。如果距离 $c\tau_c$ 大于光学系统所遇到的所有光程长度差，则可以说光是时间相干的。相干时间 τ_c 定义为

$$\tau_c = \int_{-\infty}^{\infty} |g(\tau)|^2 \mathrm{d}\tau$$

式中：时间相关的程度为

$$g(\tau) = \frac{G(\tau)}{G(0)} = \frac{\langle U^*(t)U(t+\tau)\rangle}{\langle U^*(t)U(t)\rangle}$$

式中：U 为光的复波函数。

类似地，如果光的相干面积大于光学系统的最大孔径时，则可以认为光是空间相干的。相干面积与复相干度有关：

$$g(\boldsymbol{r}_1,\boldsymbol{r}_2) = \frac{G(\boldsymbol{r}_1,\boldsymbol{r}_2)}{\sqrt{\langle I(\boldsymbol{r}_1)\rangle\langle I(\boldsymbol{r}_2)\rangle}}$$

式中：$G(\boldsymbol{r}_1,\boldsymbol{r}_2)$ 为互强度，等于 $\langle U^*(\boldsymbol{r}_1,t)U(\boldsymbol{r}_2,t)\rangle$；$I$ 为在位置 $\boldsymbol{r}_1$ 和 $\boldsymbol{r}_2$ 处测量的光强值[14,23]。

偏振：光学中的偏振通常与沿 z 方向传播的平面电磁波的 E_x 和 E_y 分量有关。在量子通信中，线偏振仅限于两个正交基：水平－垂直（Horizontal-Vertical，H-V）基和 45°旋转基（A-D）。这些线偏振的特性是，特定的偏振通过与光的偏振方向平行的偏振滤光片进行传播的概率为 100%，而通过与光的偏振垂直的偏振滤光片进行传播的概率为 0%。调整偏振滤光片的方向可以使透射率从 0% 均匀地变化到 100%。例如，垂直偏振的光子在表 10.2 所示的不同偏振滤波片方向下有不同的透射率。

表 10.2　偏振传输

偏振滤光片方向	透射率
H	0%
V	100%
+45	50%
-45	50%

偏振态在量子信息中非常有用，因为它是创建和操作量子比特的一种简单方式，取其中的一种偏振（测量时）为逻辑 0，另一种偏振为逻辑 1。然而，与经典量子比特不同的是，一个量子比特是 0 和 1 的叠加态，必须经过测量才能获得准确结果。例如，将 0 和 1 的等价叠加作为一个偏振量子比特：

$$|\boldsymbol{\Psi}\rangle = \alpha|\boldsymbol{H}\rangle + \beta|\boldsymbol{V}\rangle$$

式中：$|\boldsymbol{H}\rangle = 0$；$|\boldsymbol{V}\rangle = 1$；$\alpha = \beta = \frac{1}{\sqrt{2}}$[13,23]。

能量时间纠缠：能量时间纠缠和时间箱纠缠密切相关。两个粒子可以被制备成量子-时间纠缠态，前面提到光子可以被制备成偏振纠缠态，因此，量子粒子可以被制备成一种或多种纠缠态。利用非脉冲泵浦激光器可以实现能量时间纠缠态的制备，而利用脉冲激光器可以实现时间箱纠缠态的制备[24]。时间箱纠缠是光子在不平衡干涉仪中的长路径和短路径之间的纠缠。也就是说，在量子系统中，不仅可以纠缠量子粒子，还可以纠缠它们的路径。这个量子特性使得科学家和工程师在设计利用纠缠的量子通信系统时有很多工作要做。

量子相干：量子相干是指与光子或其他量子粒子相关的特性。量子相干表示一种理想的量子态，其共轭变量的不确定性最小，并且均匀分布[14]。位置 x 的不确定度为 Δx，动量 p 的不确定度为 Δp，且这两个不确定度均为最小值，并在 Δx 和 Δp 之间均匀分布，例如 $\frac{\hbar}{2} = \Delta x \Delta p$。若某一系统与这个理想的不确定性关系越接近，其相关性就越强，例如，激光通常就是一个极其相干的系统。相反，如果乘积 $\Delta x \Delta p$ 比 $\frac{\hbar}{2}$ 大很多时，系统被认为是极不相干的。例如，太阳或白炽灯泡等热光源会发出非相干的光。激光束通过快速旋转的毛玻璃平面产生的赝热光源也能产生非相干光[16,17]。赝热光源是一种方便的部分相干或非相干的实验用辐射源，具有相对较大的相干时间和空间尺度。

量子退相干和量子存储器：量子存储器需要能够保留足够长的量子状态，以便在该量子态上执行操作。量子退相干是量子态与环境相互作用而丧失量子相干性的效应。量子存储器保存的量子状态越长越好[25,26]。

10.2.9 自发参量下转换（SPDC）和上转换

为了对相干光子对进行更高效的量子检测，提出了自发参量下转换（Spontaneous Parametric Downconversion，SPDC）和上转换方法[15,,27,28]。一般而言，SPDC 过程使用诸如 β 硼酸钡（Barium Borate，BBO）或硼酸锂（Lithium Borate，LBO）等材料的 χ^2 非线性特性，将泵浦光子分裂成一个光子对，满足条件：

$$\nu_P = \nu_s + \nu_i$$

式中：ν_P 为泵浦光子的频率；ν_s 和 ν_i 为分裂成的两个下转换光子的频率。ν_s 和 ν_i 的频率不必相等，这在量子通信中是非常有用的。下标 s 和 i 分别对应信号光和闲置光，“信号光”是指频率较高的反斯托克斯光子，“闲置光”是指频率较低的托克斯光子[29]。同样，上转换利用非线性过程，在探测器效率低且噪声大的电信波长（1300~1500nm）处，光子被上转换为可见光或近红外光，在该波段硅基光子探测器具有更高的效率和较少的噪声。此时的方程为

$$\nu_T + \nu_P = \nu_U$$

式中：ν_T 为电信波长光子的频率；ν_U 为上转换探测器光子的频率。必须对 ν_P 处的

上变频泵浦频率、非线性介质和相位匹配条件都进行合理的选择，从而优化特定探测器上转换到 ν_U 的效率。频率和波长的关系如下[9,30]：

$$\begin{cases} \nu = \dfrac{c}{\lambda} \\ \lambda = \dfrac{c}{\nu} \end{cases} \tag{10-6}$$

有研究为自由空间应用开发了更好的纠缠光子源[31]，该方式产生的偏振纠缠光子的波函数为

$$|\boldsymbol{\Psi}(\phi)\rangle = \frac{1}{\sqrt{2}}\left(|\boldsymbol{V}_{\lambda_s}\boldsymbol{V}_{\lambda_i}\rangle + \mathrm{e}^{\mathrm{i}\phi(\lambda_s,\lambda_i)}|\boldsymbol{H}_{\lambda_s}\boldsymbol{H}_{\lambda_i}\rangle\right)$$

式中：λ_s 和 λ_i 为下转换光子的波长；ϕ 为设备所采用的两个波长之间由双折射引起的相对相位。在实际中，必须考虑相位 ϕ，但在理论研究中为了简化表示而常常被忽略。

10.2.10　量子物理学的随机数产生和经典密码学的伪随机数产生

伪随机数发生器（Pseudo-Random Number Generators，PRNG）在计算环境下常用。蒙特卡罗数值方法常被用于对大自由度问题进行近似求解。典型的 PRNG 使用一个或多个“种子”数，并对该数的二进制表示进行各种移位和“或”运算，从而形成序列中的下一个“随机”数[32]。这种类型的随机数发生器最终将表现出周期性行为，即重复已生成的序列。此外，虽然大多数 PRNG 在到达周期性状态之前，可以表现出统计上有效的“一致性”，但在其他统计检验（χ^2）下，可能会失败。量子随机数发生器（Quantum Random Number Generator，QRNG）取决于对量子系统的量子状态进行测量的固有随机结果，如 10.2.6 节所述。QRNG 不能是周期性的，它们没有经典计算的伪随机数的偏差。

10.2.11　不可克隆定理

量子物理学中的不可克隆定理描述了线性过程在不破坏叠加量子态的情况下，无法测量、复制和重传信息[13]。不可克隆特性利用叠加态的物理特性来建立通信，以防止窃听者（Eve）在未被检测到的情况下“监听”Alice 和 Bob 之间的通信。例如，假设 Eve 试图拦截 Alice 和 Bob 之间基于偏振态的量子通信光子。Eve 尝试对量子通信信道进行所谓的“测量和重发”攻击。在这个例子中，Eve 试图扮演 Bob 的角色，随机选择测量基，然后将她测量的偏振光子重传给 Bob。原则上，如果 Eve 试图拦截光子并复制和重发，那么 Alice 和 Bob 会注意到量子密钥错误的增加，从而指示窃听者。对于 Eve 来说是不幸的，而对于 Alice 和 Bob 来说是幸运的，Eve 将会被发现，因为不可克隆特性禁止创建量子态的精确副本。表 10.3 的 BB84 QKD 协议显示了 Alice、Bob 和 Eve 的四种可能结果的

示例，说明了不可克隆特性的影响[33]。

表 10.3 不可克隆示例

	Alice 传输态	随机基的 Eve 测量	Eve 重传	随机基的 Bob 测量
1	→	↗	↗	↑（错误！）
2	↑	↘	↘	↑
3	↘	↑	↑	↑（错误！）
4	↗	→	→	→（错误！）

表中的每一行都对应 Alice 发射光子的一种偏振，Eve 试图通过随机测量这些光子进行窃听，并给出测量结果。然后，Eve 将一个光子和它测量的偏振态重传给 Bob，并给出 Bob 在随机基上的测量结果。在共享密钥生成的过程中，1、3 和 4 的测量值被标识为错误，并警告 Alice 和 Bob，有人试图窃听他们的量子通信信道。当 Bob 利用与 Alice 协商一致的随机基进行测量时，Eve 基于随机基进行测量并重传给 Bob 的结果就会引入错误，而这种错误超出了 Alice 和 Bob 在 Eve 不存在时通常遇到的错误范围。不可克隆定理适用于线性系统，但不一定适用于非线性克隆过程。显然，不可克隆现象提高了窃听者攻击的门槛。

量子通信的安全性还是会受到其他威胁的。例如，利用非线性过程可以克隆量子态、Alice 和 Bob 之间的有损信道允许 Eve 截获量子态并且保持不被发现、Alice 和 Bob 探测器的量子效率低以及对某些特性信息的截获能够使 Eve 获得整个密钥[34,35,36]。

10.2.12 弱相干性

在量子通信中，弱相干被用来描述平均每个激光脉冲包含小于一个光子的情况。这种弱相干方法下，脉冲中的光子数通常服从泊松分布[11,23]：

$$p(n) = \frac{\langle n\rangle^{n}\mathrm{e}^{-\langle n\rangle}}{n!} \tag{10-7}$$

式中：泊松分布描述了 n 个光子被探测到的概率；$\langle n\rangle$ 为在给定时间间隔 T 内的平均光子数，与光功率 P 有关：

$$\langle n\rangle = \frac{PT}{h\nu}$$

很容易看出，对于给定的光功率，无论强弱，在一个脉冲中光子数超过一个的概率是有限的。这意味着使用弱相干脉冲的 QKD 系统无法完全实现量子物理所允许的安全水平。

例 10.6 假设每个脉冲的平均光子数为：① $\langle n\rangle = 10$；② $\langle n\rangle = 1$；③ $\langle n\rangle = 0.1$ 时，估计脉冲中出现两个光子的概率。讨论当 Eve 可能拦截其中一个多余光子时，QKD 的结果。

解：利用式（10-8），计算每个脉冲探测到 $n=2$ 个光子的概率：

①

$$p(2)=\frac{(10)^2e^{-1}}{2!}=\frac{100e^{-1}}{2}\approx 2.27\times 10^3$$

②

$$p(2)=\frac{(1)^2e^{-1}}{2!}=\frac{1e^{-1}}{2}\approx 1.84\times 10^{-1}$$

③

$$p(2)=\frac{(0.1)^2e^{-1}}{2!}=\frac{0.01e^{-1}}{2}\approx 4.52\times 10^{-3}$$

10.2.13　纠缠光量子通信

1991 年，Ekert 提出了使用纠缠光子的 QKD 协议[37]，该协议在 2000 年得到了实验验证[38]。然而，量子光子在量子通信中的另一种应用是使用光子的量子特性，通过纠缠远程量子存储器，在自由空间或光纤中实现远距离量子信息传输[25,26]。这两个分开的量子存储器用于存储量子信息，并将其由一个位置传送到另一个位置。具有安全协议的隐形传态有时被称为防篡改量子通信，这是由于在量子隐形传态中是利用纠缠本身来传递信息的。通过经典信道传递的信息，实际上应用于测量接收端量子状态以恢复发送的量子信息。隐形传态将在下面讨论。

10.2.14　量子密码学和量子密钥分发

量子密码学和量子密钥分发（Quantum Key Distribution，QKD）是一种利用光和粒子的量子特性来发送和接收具有最高物理安全级别的量子信息技术。在 QKD 中，Alice、Bob、Charlie 和 Eve 分别指发送方、接收方、第三个参与者和窃听者。作为量子密钥生成、加密和传输的一个简单示例，假设 Alice 和 Bob 各自接收到一对纠缠光子的一部分。例如，假设纠缠光子处于 $|\boldsymbol{\Psi}^-\rangle_{AB}=\frac{1}{\sqrt{2}}(|\boldsymbol{H}_A\rangle|\boldsymbol{V}_B\rangle-|\boldsymbol{V}_A\rangle|\boldsymbol{H}_B\rangle)$ 状态。当 Alice 和 Bob 进行测量时，其测量的偏振态相互正交，即当 Alice 测量 $|\boldsymbol{H}\rangle$ 时，Bob 必须测量 $|\boldsymbol{V}\rangle$。还可以用 0 和 1 来标记偏振态，从而有 $|\boldsymbol{H}\rangle=0$ 和 $|\boldsymbol{V}\rangle=1$。在对这些纠缠光子进行多次测量之后，Alice 和 Bob 就各自得到一个随机比特序列（表 10.4）。

表 10.4　QKD 使用纠缠光子的示例

Alice	1	0	1	0	1	1	…	1
Bob	0	0	0	1	0	0	…	0

利用这种共享的随机序列，Alice 可以使用二进制异或（XOR）操作对消息进行编码，然后传输给 Bob，Bob 利用其二进制序列对加密的消息进行解码。一些有用的 QKD 方案为：BB84[33]、B92[39]、Ekert91[37]和 Yuen-Kumar（Alpha-Eta 或 Y00）[40]。

BB84 和 B92 协议： 下面回顾一下两种早期的 QKD 加密协议，即 BB84[33] 和 B92[39]。

B92 QKD[39] 协议的流程如下。

（1）Alice 随机选择一个光子的偏振态，如水平偏振基矢 $|\boldsymbol{H}\rangle = 0°$ 或 45°旋转偏振基矢 $|\boldsymbol{D}\rangle = 1$，并将她发送给 Bob 的 0 和 1 符号记录下来。

（2）Bob 随机选择以 V 基或 -45°基失对光子进行测量，并通过公共信道发布测量结果或"无测量"结果。

（3）当密钥传输完成时，进行密钥筛选、密钥调节和窃听测试。表 10.5 所列为一次测量的概率。

表 10.5　B92 示例

Alice	比特值	0	0	1	1	0	0	1	1
	偏振态	**H**	**H**	45°	45°	**H**	**H**	45°	45°
Bob	基	**V**	-45°	**V**	-45°	**V**	-45°	**V**	-45°
	测量概率	0	0	50%	50%	0	0	50%	50%

例 10.7　使用 B92 协议，Alice 向 Bob 发送一个随机比特序列，Bob 在表 10.6所列的基上进行测量。

表 10.6　B92 示例

Alice	比特值	1	0	1	0	1	0	0	1
	偏振态	**H**	45°	**H**	45°	**H**	45°	45°	**H**
Bob	基	**V**	-45°	**V**	**V**	-45°	-45°	-45°	-45°
	测量	N	N	N	Y/N	Y/N	N	N	Y/N
共享	密钥				0	1			1

本例的筛选密钥 011 假定 Bob 所做的所有基选择都产生一个测量值。在非正交基之间尝试进行的任何测量都有 50% 概率会导致 Bob 宣布产生"无测量（N）"结果。如果 Alice 和 Bob 使用表 10.7 中所列的传输比特和基，假设所有 Bob 的基选择都产生一个测量值，填写出标有"?"筛选密钥。值得注意的是，B92 协议已被证明是不安全的。

表 10.7　B92 示例

Alice	比特值	1	1	0	1	0	0	1	1
	偏振态	**H**	**H**	45°	**H**	45°	45°	**H**	**H**
Bob	基	**V**	-45°	-45°	**V**	**V**	-45°	-45°	**V**
	测量	?	?	?	?	?	?	?	?
共享	密钥	?	?	?	?	?	?	?	?

BB84 QKD[33] 协议的流程如下。

（1）Alice 随机选择一个比特值 0 或 1 和偏振基（直线基或对角基）发送给 Bob，并将其发送给 Bob 的 0 和 1 序列及基记录下来。

（2）Bob 随机选择一组基进行测量，并将测量结果记录为 0 或 1。

（3）然后，Bob 通过一个公共通道公开自己的测量基矢，Alice 返回 Bob 选择的有效基的列表，这个过程称为密钥筛选。不对外公布测量结果或 Alice 发送的值。

（4）密钥传输完成后，进行密钥调节和窃听测试，测量的概率见表 10.8。

表 10.8　BB84 示例

Alice	比特值	0	0	1	1	0	0	1	1
	偏振态	→	→	↑	↑	↗	↗	↘	↘
Bob	基	+	×	+	×	+	×	+	×
	测量	→	↗↘	↑	↗↘	→↑	↗	→↑	↘
	概率	100%	50%	100%	50%	50%	100%	50%	100%

在表 10.8 中，+表示在 H-V 基上测量，×表示在 45°旋转基上的测量，→表示水平偏振光子，↑表示垂直偏振光子，↗表示水平光子在 45°旋转基上的测量，↘表示垂直光子在 45°旋转基上的测量。组合符号，如↗↘或→↑，表示 Alice 发送的光子状态在 Bob 选择的测量基上有两种可能的测量结果。

例 10.8　假设 Alice 和 Bob 选择表 10.9 所列的基和传输比特，对于本例而言，将产生一个共享密钥 011。填写标有“?”的空格。如果 Alice 和 Bob 使用表 10.10 所列的基和传输比特，计算出标记“?”处的共享密钥。

表 10.9　BB84 示例

Alice	比特值	0	1	0	0	0	0	1	1
	基	+	+	×	+	×	×	×	×
Bob	基	×	×	×	×	+	+	×	×
	测量	0/1	0/1	0	0/1	0/1	0/1	1	1
有效	基	N	N	Y	N	N	N	Y	Y
筛选	密钥			0				1	1

表 10.10　BB84 示例

Alice	比特值	0	1	0	0	1	0	0	1
	基	+	+	×	×	×	+	+	+
Bob	基	×	+	+	+	×	×	×	+
有效	基	?	?	?	?	?	?	?	?
筛选	密钥	?	?	?	?	?	?	?	?

解：

Alice	比特值	0	1	0	0	1	0	0	1
	基	+	+	×	×	×	+	+	+
Bob	基	×	+	+	+	×	×	×	+
有效	基	N	Y	N	N	Y	N	N	Y
筛选	密钥		1			1			1

QKD 新趋势：开发抗篡改量子通信的研究引发了新方法和新趋势的发展。抗篡改量子通信的一种观点涉及到使用纠缠的远距离量子存储器。这些纠缠的量子存储器用来完成从 Alice 到 Bob 的消息比特的量子隐形传态。值得注意的是，Alice 发送给 Bob 的 2 比特信息并不包含被传送符号的比特值。目前也在努力开发“无参考帧”量子密码技术[41,42]。Sciarrino 等[42]利用一种名为 q-plate 的液晶器件，将偏振编码的量子比特映射为具有偏振 - OAM 混合态的量子比特（其在传播方向上的任意旋转下是不变的），从实验上证明了量子信息密码技术。Noh[43]提出了另一种 QKD 的新思想，称为“反事实 QKD”，它采用“非传输”信息协议，允许 Alice 和 Bob 生成共享的量子密钥。2012 年，Genovese[44]小组对反事实 QKD 进行了实验性演示并公开，其结论认为，有可能将该概念应用于实际的 QKD 系统。另一个新趋势是“无对准”量子通信[42]。通过使用旋转不变的量子态，Alice 和 Bob 不必花费太多精力来确保他们有一个“共享的参照帧”。这对于星 - 地、星 - 空以及空 - 星量子通信是非常有用的。

可证安全性的概念：可证安全性意味着在给定假设条件下，不存在能够破坏该假设条件下运行的安全方案的“对手”。对于量子安全而言，这些假设通常会包括“不可克隆定理”，即每个时间间隔内存在的光子等于或小于一个，而且对手“Eve”并没有在物理上占领 Alice 和/或 Bob 的台站。

量子加密相比于传统加密的优势：与传统加密相比，量子加密有几个重要优点，包括安全的密钥更新、窃听器检测和基于量子物理定律的随机基等。量子加密的另一个关键优点是，当量子计算机可用时，量子加密方法将为安全信息传输提供重要手段。

量子 Yuen-Kumar（Alpha-Eta）方案：量子 Alpha-Eta 方案[40,45]是在物理通信传输层达到量子级安全的一种手段。Alpha-Eta 涉及在大量的基中使用正交量子态来保证安全性。使用 Yuen-Kumar Alpha-Eta 方案[45]的自由空间量子通信已经实现，并使用偏振态进行了演示[40]。该实现方案如下：在发送方和接收方之间使用预共享密钥的随机基，并用其选择随机旋转基来发送和测量光子，这种基选择编码相当于对传输比特进行编码和恢复：

$$\text{Alice} = \begin{vmatrix} \cos\theta & -\sin\theta \\ \sin\theta & \cos\theta \end{vmatrix} \begin{vmatrix} 0 \\ 1 \end{vmatrix} \Rightarrow \text{Bob} = \begin{vmatrix} \cos\theta & -\sin\theta \\ \sin\theta & \cos\theta \end{vmatrix}^{-1} \begin{vmatrix} \cos\theta & -\sin\theta \\ \sin\theta & \cos\theta \end{vmatrix} \begin{vmatrix} 0 \\ 1 \end{vmatrix}$$

在上例中，Alice 正在向 Bob 发送消息 $\begin{vmatrix} 0 \\ 1 \end{vmatrix}$，并基于随机预共享旋转基 θ 对该消息进行编码。Bob 接收随机编码的消息并使用逆旋转对其进行解码。θ 的取值是使用 Alice 和 Bob 拥有的预共享密钥随机选择的。该方法具有很高的安全性，因为可以选择非常大的基空间，并且该方法与其他 QKD 方法具有相似的窃听识别能力。Alpha-Eta 方案的优点之一是它可以在现有的光纤基础设施上运行。

非视距大气量子通信展望：Meyers 在 2005 年提出利用紫外线中的偏振作为实现非视距（Non-Line-of-Sight，NLOS）自由空间量子通信的一种手段[46,47]。偏振在大气传播中是非常稳健的，紫外线的散射也得到了很好的证明。已经有许多 NLOS 自由空间光通信方面的工作，证明了紫外光在各种障碍物周围的散射能力[48,49]。这种散射能力与 Yuen-Kumar 方案[40]中的偏振编码结合起来，将进一步增加自由空间 NLOS 光通信的物理层安全。

自由空间微波量子通信：近年来，微波一直是自由空间中的经典通信手段[50]。由于其波长在毫米到厘米量级，因此微波光子的能量非常低。微波光子探测器的灵敏度足以测量自由空间中的微波光子。然而，仍存在两个关键问题：第一，宇宙中存在少量的宇宙微波背景[51]；第二，由于全球范围内大量的微波通信传输，使得在地球周围存在着额外的微波辐射。同时，微波光子也会像其他波长的光子一样表现出量子干涉特性。此外，还可以在微波频率上观察到纠缠光子。因此，多光子微波干涉的演示验证为利用微波进行自由空间量子通信提供了一种途径[52,53]。

隐形传态：隐形传态是一种可以进行远距离量子传输的量子过程[54,55]。作为量子隐形传态过程的一个例子，假设 Alice 和 Bob 共享状态为 $|\boldsymbol{\Psi}^-\rangle_{AB} = \frac{1}{\sqrt{2}}(|\boldsymbol{H}_A\rangle|\boldsymbol{V}_B\rangle - |\boldsymbol{V}_A\rangle|\boldsymbol{H}_B\rangle)$ 的纠缠光子对的一半，并且 Alice 要将一个偏振为 $|\boldsymbol{\Omega}_C\rangle = \frac{1}{\sqrt{\alpha^2+\beta^2}}[\alpha|\boldsymbol{H}_C\rangle + \beta|\boldsymbol{V}_C\rangle]$ 的光子传送给 Bob。Alice 将其要传送的光子和纠缠光子对的一半进行联合 Bell 测量。在联合测量之前，三个光子的状态为 $|\boldsymbol{\Psi}\rangle_{AB} \otimes |\boldsymbol{\Omega}_C\rangle = \frac{1}{\sqrt{2}}(|\boldsymbol{H}_A\rangle|\boldsymbol{V}_B\rangle - |\boldsymbol{V}_A\rangle|\boldsymbol{H}_B\rangle) \otimes \frac{1}{\sqrt{\alpha^2+\beta^2}}[\alpha|\boldsymbol{H}_C\rangle + \beta|\boldsymbol{V}_C\rangle]$。隐形传态物理学描述了 Alice 和 Bob 的纠缠对光子以及被隐形传递的光子是如何在 Alice 基底上发生改变的，看起来 Alice 的光子 $|\boldsymbol{\Psi}\rangle_A$ 就像是与 $|\boldsymbol{\Omega}_C\rangle$ 的纠缠态。利用式（10.4）和式（10.5）可以将三个光子态：

$$\frac{1}{\sqrt{2(\alpha^2+\beta^2)}}\{\alpha(|\boldsymbol{H}_A\rangle|\boldsymbol{V}_B\rangle|\boldsymbol{H}_C\rangle - |\boldsymbol{V}_A\rangle|\boldsymbol{H}_B\rangle|\boldsymbol{H}_C\rangle) + \beta(|\boldsymbol{H}_A\rangle|\boldsymbol{V}_B\rangle|\boldsymbol{V}_C\rangle - |\boldsymbol{V}_A\rangle|\boldsymbol{H}_B\rangle|\boldsymbol{V}_C\rangle)\}$$

写为

$$\frac{1}{\sqrt{2(\alpha^2+\beta^2)}}\{|\boldsymbol{\phi}^+\rangle_{AC}\otimes(\alpha|\boldsymbol{V}_B\rangle-\beta|\boldsymbol{H}_B\rangle)+|\boldsymbol{\phi}^-\rangle_{AC}\otimes(\alpha|\boldsymbol{V}_B\rangle+\beta|\boldsymbol{H}_B\rangle)+$$
$$|\boldsymbol{\psi}^+\rangle_{AC}\otimes(-\alpha|\boldsymbol{H}_B\rangle+\beta|\boldsymbol{V}_B\rangle)+|\boldsymbol{\psi}^-\rangle_{AC}\otimes(\alpha|\boldsymbol{H}_B\rangle+\beta|\boldsymbol{V}_B\rangle)\}$$

Alice 关于态 $|\boldsymbol{\Psi}\rangle_{AC}$ 的联合测量有四种可能的结果：

$$\begin{cases}|\boldsymbol{\Psi}^1\rangle=\frac{1}{\sqrt{2}}(|\boldsymbol{H}_A\rangle|\boldsymbol{V}_C\rangle-|\boldsymbol{V}_A\rangle|\boldsymbol{H}_C\rangle)\\|\boldsymbol{\Psi}^2\rangle=\frac{1}{\sqrt{2}}(|\boldsymbol{H}_A\rangle|\boldsymbol{V}_C\rangle+|\boldsymbol{V}_A\rangle|\boldsymbol{H}_C\rangle)\\|\boldsymbol{\Psi}^3\rangle=\frac{1}{\sqrt{2}}(|\boldsymbol{H}_A\rangle|\boldsymbol{H}_C\rangle-|\boldsymbol{V}_A\rangle|\boldsymbol{V}_C\rangle)\\|\boldsymbol{\Psi}^4\rangle=\frac{1}{\sqrt{2}}(|\boldsymbol{H}_A\rangle|\boldsymbol{H}_C\rangle+|\boldsymbol{V}_A\rangle|\boldsymbol{V}_C\rangle)\end{cases}$$

它会向 Bob 传送 2bit 数据，指导他要用哪种 T 变换来对其纠缠对的剩余光子进行操作，以完成隐形传送。这四种情况下的操作为：① $T_1=\begin{vmatrix}1&0\\0&1\end{vmatrix}$；② $T_2=\begin{vmatrix}1&0\\0&-1\end{vmatrix}$；③ $T_3=\begin{vmatrix}0&1\\1&0\end{vmatrix}$；④ $T_4=\begin{vmatrix}0&-1\\1&0\end{vmatrix}$。情况①是恒等运算，表示 Bob 的光子处于 Alice 传送给他的光子的状态，情况②通过对 Bob 光子的 $|\boldsymbol{V}\rangle$ 分量相移 π 来完成隐形传态，情况③将偏振态从 $\alpha|\boldsymbol{H}_B\rangle+\beta|\boldsymbol{V}_B\rangle$ 旋转到 $\alpha|\boldsymbol{V}_B\rangle+\beta|\boldsymbol{H}_B\rangle$，情况④执行与情况 3 类似的操作，对 Bob 光子的 $|\boldsymbol{H}\rangle$ 分量相移 π。

未来的隐形传态：美国陆军的一个最新的基础研究重点领域就是发展移动量子信息隐形传态网络的基础科学。最初的工作是开发一个纠缠光子和原子隐形传态网络试验台，题为“含原子和光子的量子网络（A Quantum Network with Atoms and Photons，QNET-AP）”[56]。这项研究的目的是开发具有量子存储器的远程节点之间的量子通信。美国陆军演示计划的目标之一对在相距数千千米且有一条光纤链路的美国陆军研究实验室（US Army Research Laboratory，ARL）和 NIST 的联合量子研究所（Joint Quantum Institute，JQI）之间的原子存储器进行远距离纠缠。这个距离将进一步允许对 Bell 不等式进行局部无漏洞检验[57,58]。另一个关键目标是发展安全的量子隐形传态架构、方案和协议。这项研究将实现在远程节点之间进行量子信息的隐形传送，并演示“防篡改”量子通信。

近年来，有很多实验都证明了能够利用自由空间光量子通信信道实现量子信息的隐形传送。这些实验是在地面和卫星之间进行量子信息的隐形传送的先驱。第一个实验是在中国开展的[59]，光链路长度为 97km，其指向和跟踪系统将波长为 532nm 和 671nm 的激光器与波长约 788nm 的纠缠光子相耦合。系统用 GPS 来实现远程节点之间 1ns 精度的定时。Alice 和 Bob 使用无线经典通信信道来传送协议。据报道，被测试的隐形传态的保真度在 76% ~89%。据报道，他们的捕获、指向和跟踪（Acquisition，Pointing and Tracking，APT）系统可以应用于任何高精度的运动平台。第二次远距离自由空间实验演示是在特内里费加那利群岛和拉帕尔玛岛之间进行的，距离为143km[60]。该实验使用了类似的指向系统，并使用了1064nm的自由空间光通信链路来协助Bob完成隐形传态协议。利用GPS对两个岛屿进行粗定时，然后使用纠缠辅助时钟同步进行微调[61]以实现节点之间1ns的时间精度，并使用3ns的重合窗进行测量。据报道，纠缠保真度超过了67%的经典极限。这里需要注意一点，在极端恶劣的天气条件下，无法进行相关实验。

大气对量子通信的影响：自由空间量子通信可能会受到各种大气效应的负面影响，如湍流或雾烟等遮蔽物。然而，最近有研究表明，当使用某些纠缠光子态时，湍流引起的到达角起伏会被抵消[62]。这些到达角起伏是造成自由空间量子通信质量下降的主要因素[63]。大气会影响光子吸收、退相干和/或引起相位畸变。这些效应通常会造成光子的丢失，而这些光子本可以被远处的接收器探测到。大气相位畸变也可以改变传输光子的量子态。在许多QKD协议中，这种效应可以解释为潜在的窃听事件。量子通信的保真度可以衡量量子信道保存量子信息的能力，这与量子态保真度的概念直接相关。

大气湍流对光子数起伏、轨道角动量、纠缠、同步精度和量子误比特率的影响：大气湍流会导致相位畸变、退相干和发射接收机的失调，严重限制了量子通信和隐形传态在自由空间的实际应用。一些实验室内和野外的实验（表10.15）已经表明了大气温度起伏和气流波动对纠缠和光学角动量的影响程度。例如，Pors等[64]认为，即使在其实验室产生的湍流条件下，其光子探测曲线的形状是相当稳健的。此外，他们发现OAM叠加态对大气扰动具有最佳的鲁棒性。Heim等表明[65]，对于在1.3km自由空间路径上传播的纠缠光子对，通过在弱湍流中对其光束的散焦和在强湍流中的高度聚焦，其统计特性与其理论预测的对数正态传输概率特性更加符合[66]。早些时候，洛斯阿拉莫斯国家实验室的研究人员[67]将光子计数分布的计算与弱到中等大气湍流条件下水平传播路径上的测量相对比，也发现对数正态分布最能表征单个光子的概率统计特性。Wu等[68]研究了大气对自由空间量子密钥分发（Quantum Key Distribution，QKD）同步精度的影响。他们的实验和计算结果表明，同步误差主要来源于同步光的光强起伏。使用恒定分数判别法，他们发现10km自由空间QKD通道通过湍流大气的同步误差可以控制在300ps以内，这为长距离自由空间QKD，特别是星－地QKD提供了足够的同步精度。

大气与传播量子粒子的耦合：要正确地表示大气中量子态传播的湍流机理，需要使用大气的运动方程。通常会使用具有适当边界和初始条件的Navier-Stokes方程（NSE）来表示地形、城市地区、环境吸收体和散射体（即灰尘、污染）以及天气条件。原则上，可以使用广义薛定谔方程表示大气动力学，它是构成大气的所有量子粒子的复合物。在实际应用中，NSE被用来模拟大气，薛定谔方程被用来控制光子在大气中传播的运动。当然，这个 NSE 模拟环境必须与量子波函数传播器相耦合，其中包括表示散射、吸收和折射率变化的量子算符。

自由空间量子通信可以在水平或倾斜路径光信道中传输，一些研究已经考虑了沿倾斜路径在现实大气中建立量子通信建模的重要问题，如参考文献［69，79］。一些研究人员正在开发使用 Wingner 函数[71]、类 Maxwell 方程[72]和新型波函数[73,74]来表示光子，或提出用湮灭算符来描述接收机处的与吸收和散射相关的光子损失[65,75]，从而对湍流和真实大气条件对自由空间量子信息传输的影响进行建模。这些模型大多采用高斯和 Kolmogorov 型统计量，对非 Kolmogorov 湍流的理论研究较少[69,70]。当然，由于大气是非平稳、非均匀和各向异性的，将不得不对 Kolmogorov 模型进行修改，才能更加合理的描述一般的日变化和季节变化条件下湍流对自由空间量子通信的影响。在 10.3 节中，将介绍自由空间大气量子通信的一些实验，这些实验是验证自由空间量子通信模型的最早的数据基础。

10.3 自由空间量子通信实验

10.3.1 简介

量子通信（Quantum Communications，QC）是一个日益重要的领域，有望在民用和国防建设领域发挥重要作用。在对基于量子通信技术的光纤实现正在进行通信基础设施的测试的同时，还必须考虑自由空间量子通信，自由空间量子通信有望在诸如地 - 星、线路末端连接和国防实现等应用中发挥重要作用。量子通信能够为自由空间通信提供增强的安全性、足够的带宽和更高的传输速度。今天的自由空间量子通信技术可以实现光子的远距离传输和检测。早期的地 - 空激光通信实验表明了这种测量的可行性。例如，Alley 等[76]报道了从 1969 年“阿波罗 11 号”月球激光测距实验获得的初始测量结果，该实验是在月球后向反射器和麦当劳天文台之间进行的。随后，美国和日本分别进行了一系列更加深入的激光通信实验，从而证明从地面建立与低轨道地球卫星间光通信链路的可行性[77-81]。这些后续的实验还搭建了用于测量大气湍流对远距离激光传播的影响的平台。为了研究量子通信技术的发展趋势，本节将重点介绍过去 10 年中进行的有代表性的自由空间量子通信实验，其中包括沿不同距离的水平传播路径实验、地 - 飞机、地 - 空间和实验室内的通信试验。

10.3.2 地 - 地，地 - 空和地 - 星实验

表 10.11 所列为沿不同距离自由空间传播的具有代表性的量子通信实验（表 10.12给出了表 10.11 中使用的缩略语表）。大多数实验是为了在实际大气条件下，对 QKD 的各种实现方法进行测试。文献［65，82-89］报道了在 0.7 ~ 1.6km

表 10.11 具有代表性的自由空间量子通信实验总结

年份	L/km	速率	Tech	λ/nm	LPR	KP	QBER/%	参考文献
2013	0.3	0.93Mb/s	QKD	850	1.5GHz	B92	2.17	García-Martínez[89]
2013	9.3,12.3	—	QC	850	50MHz	BC	1	Liu[107]
2013	7.8	0.42b/s	QKD	811	—	BB84	—	Cao[113]
2012	20,40 96	268159.4 48b/s	QKD	850	100MHz	BB84	2.35,2.73 4.04	Wang[94, 95]
2012	143	—	QTel	808(404)	—	—	—	Ma[112]
2012	97	—	QTel	788(394)	—	—	—	Yin[59]
2011	20	145b/s	QKD	1550	—	BB84	4.8	Nauerth[102, 103]
2011	1.6	—	QKD	809	—	—	—	Heim[88]
2011	1.3	—	QKD	815	—	B92	—	Heim[65]
2010	16	—	QTel	810	—	—	—	Jin[111]
2010	1.2	—	QKD	670	—	BB84	—	Benton[99]
2010	1.305	2.7kb/s	QKD	808	—	B92	2.48	Erven[114]
2010	1.0	—	QKD	809	—	—	—	Heim[116]
2009	1.065	240kb/s	QKD	1500	—	B92	0.57	Toyoshima[87]
2009	20	2.5Gb/s	QE	—	—	A-E	—	NuCrypt[101]
2009	1.5	2.2Mb/s	QKD	850	1.25GHz	BB84	3.1	Bienfang[86]
2009	0.350	385b/s	QKD	813	—	B92	—	Peloso[100]
2009	144	—	QKD	810	—	—	3.85	Fedrizzi[90]
2009	0.08	17kb/s	QKD	850	—	BB84	2.3	Peev[117]
2009	0.1	3.2kb/s	QKD	809	100kHz	C-V	—	Elser[118] Heim[119]

(续)

年份	L/km	速率	Tech	λ /nm	LPR	KP	QBER/%	参考文献
2008	1.5	—	QKD	4600	750kHz	BB84	2.3	Temporao[104]
2007	1.525	85b/s	QKD	815	—	B92	4.92	Erven[82]
								Erven[83]
								Weihs[120]
2006	0.48	50kb/s	QKD	850	—	BB84	3.0~5.0	Weier[121]
2006	1.5	200b/s	QKD	810	—	E91	4.0	Marcikic[84]
								Ling[122]
								Ling[123]
2006	144	12.8b/s	KD	710	249MHz	BB84	6.48	Ursin[91]
								Schmitt[92]
		42b/s			10MHz			Zeilinger[124]
2005	6.5	—	QKD	830	1MHz	—	6.5	Panthong[125]
2004	7.8	—	PE	810	—	—	9.9	Resch[109]
2004	13	10b/s	QKD	702	—	BB84	5.83	Peng[126]
2004	0.730	1Mb/s	QKD	845	10GHz	B92	1.1	Bienfang[85]
2003	0.6	—	PE	810	—	—	8.4	Aspelmeyer[108]
			QTel					Ursin[110]
2002	23.4	—	QKD	—	—	—	—	Kurtsiefer[127]
2002	9.81	—	QKD	772	—	BB84	5.0(d)	Hughes[96,97]
							2.1(n)	
2002	4.0	—	QKD	835	—	—	—	Edwards[128]

的水平距离上进行的几次自由空间QKD实验。还有学者进行了更远距离的实验，最著名的是加那利群岛144km路径上的量子通信实验[90-93]和中国的20km、40km和96km路径上的QKD实验[94,95]。Hughes等报道[96,97]，洛斯阿拉莫斯国家实验室（Los Alamos National Laboratory，LANL）在10km路径的白天和夜间条件下，也进行了自由空间QKD实验。文献［98］给出了当时自由空间QKD研究的表格摘要。由文献［99，100］可知，近期的QKD实验也证明了QKD在日光条件下运行的能力。Garcia-Martinez等报道了另一种自由空间量子密钥分发系统，该系统专为城市地区的日光高速量子密钥传输（1Mb/s）而设计[89]。此外，2009年美国政府赞助的一个项目报告了一个自由空间量子加密（Quantum Encryption，QE）实验，该实验在地面和10000ft高飞行器之间建立了超过20km的链路[101]。该实验采用了Alpha-Eta加密方法[40,15]，并与先进的自由空间光学终端相结合，以量子方式发送信息（预共享密钥），并产生Gb/s的空-地光链路。德国航空航天中心与高校合作于2011年3月进行了20km的地-空自由空间试验[102,103]，在该QKD实验中，Nauerth等[102,103]利用衰减的激光脉冲和偏振编码建立了长达10min的稳定链路，量子密钥筛选速率达到了145b/s，量子误比特率（Quantum Bit Error Rate，QBER）为4.8%。此外，Temporao等[104]报道了在中红外波段下进行的一次1.5km的QKD研究，旨在减轻不利的雾天条件对量子通信的影响（图10.2和图10.3）。

表10.12 缩略语表

缩略语	含义
L/km	距离/km
Tech	核心技术
λ/nm	波长/nm
LPR	激光脉冲速率
QKD	量子密钥分发
CQKD	反事实量子密钥分发
KP	QKD协议
QTel	量子隐形传态
QBER	量子误比特率
PE	偏振态纠缠
NS	无切换
SKE	密钥加密
C-V	连续变量
(d) / (n)	白天/夜间
BC	比特承诺
QE	量子加密
A-E	Alpha-Eta
—	无数据

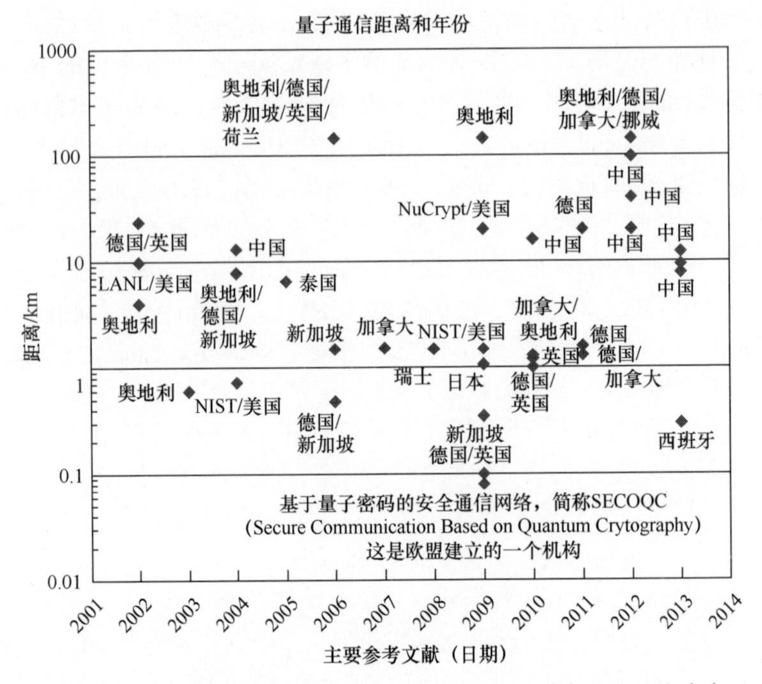

图 10.2　传播距离与进行自由空间量子通信实验的年份之间的关系

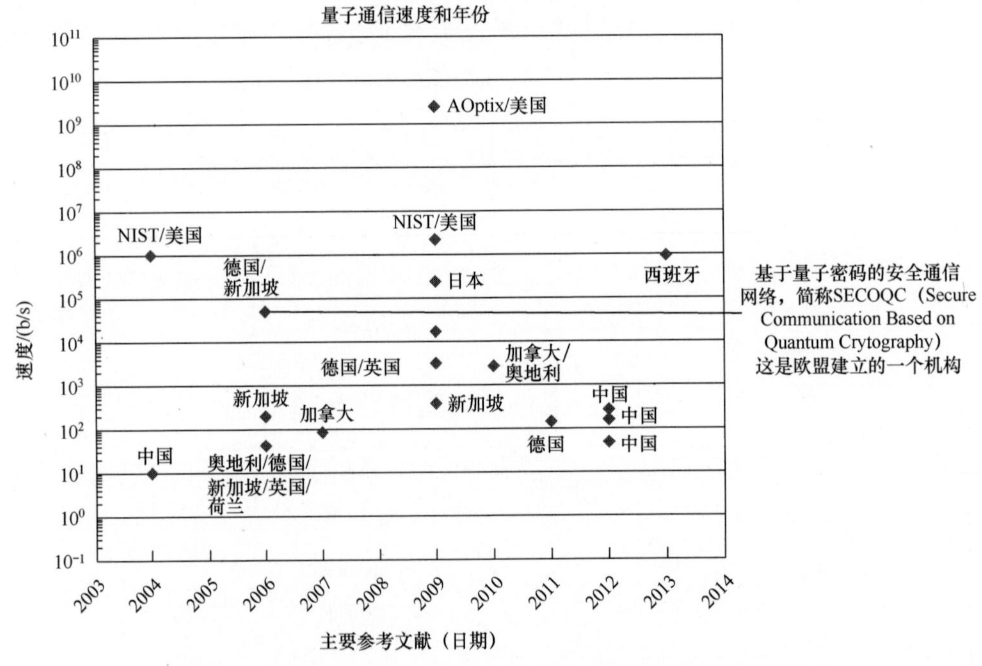

图 10.3　传播速度与进行自由空间量子通信实验的年份之间的关系

图10.2所示为野外实验的传播距离与实验年份之间的定量关系图，其中包括相关国家/赞助商的信息。在表10.11中，还给出了各个实验所采用的量子协议（如BB84、B92、E9C-V、Alpha-Eta）和光源波长（λ为394 ~ 404nm、λ为670 ~ 850nm、$\lambda = 1.5\mu m$和$\lambda = 4.6\mu m$）。图10.3中的数据还表明，量子通信试验可实现的传输速度范围为10b/s ~ 2.5 Gb/s。

关于QKD的新趋势，Liu等[105]提出了一种独立于测量设备的QKD协议，该协议可以在50km光纤链路上生成超过25kb/t的安全密钥。实际上，这是一次安全量子通信的原理性实验演示，对光纤和自由空间量子通信都有影响。与此同时，Gisin等[106]在日内瓦和新加坡之间开展了基于量子通信和狭义相对论的安全“比特承诺”的验证实验。基于比特承诺协议，Bob在给定的瞬间向Alice发送一个秘密信息比特，他可以选择延时显示。此时，Bob的信息比特完全被Alice所掩盖，直到Bob决定打开承诺并将其展示给Alice。文献［107］中报道了在两个相距超过20km的节点之间使用比特承诺（BC）协议进行量子通信（QC）的自由空间演示实验。

表10.11所列的其他自由空间实验与远距离偏振态纠缠实验和量子隐形传态的演示实验有关，详见文献［59，108-113］的相关报道。此外，Erven[114]报道了一种使用改进的纠缠光子源的QKD实际应用，Franson[115]提出了一种使用纠缠光子洞（Entangled Photon Holes，EPH）的量子通信方案，它具有对光子损耗和放大相对不敏感的特性，他认为EPH的这些性质可能会对QKD应用有用。

表10.13对地－空条件下的单光子和光子束交换的演示实验进行了总结[79,81,129,130,131]。在这些地－星实验中，光子测量能够探测轨道高度分别为610km、1485km、1000km和400km的地球低轨道卫星的返回信息。Yin等[131]报道了采用高精度定时设备、高频脉冲产生器和窄视场接收器等光学器件时，量子通信实验的信噪比（SNR）达到16 : 1。相比之下，文献［129］报道的单光子交换实验中的高传输损耗阻碍了QKD协议的成功实施。另外，未来的地－空QKD实验（如基于量子密码学的保密通信和太空量子纠缠实验）是由欧洲航天局（European Space Agency，ESA）及其在奥地利、比利时、德国、英国、加拿大、瑞士、捷克、法国、俄罗斯、瑞典、意大利等国的合作者提出的[132,133]。类似地，Scheidl等[134]报道了一项利用国际空间站在地－空400km的距离上进行量子通信实验的方案。

表10.13 卫星量子通信实验

年份	L/km	速度	Tech	λ/nm	LPR	KP	QBER/%	参考文献
2013	400	—	单光子交换	702	76MHz	—	—	Yin[131]
2009	1000	—	光子束偏振	808 ~ 847	—	—	—	Toyoshima[81]
2008	1485	—	单光子交换	532	17kHz	—	—	Villoresi[129] Bonato[130]
2006	610	—	光子束 APD，CCD	808 ~ 847	—	—	—	Toyoshima[79]

单光子探测器： 量子通信系统的性能取决于检测效率和降噪能力。为进一步推动 QKD 和其他量子技术的应用，世界各国的相关工作人员正致力于开发一系列的新产品。例如，来自国立标准技术研究所（National Institute of Standards and Technology，NIST）的 Ma 等[135]使用 LiNbO3（PPLN）波导开发了一种 1310nm 的低噪声上变频检测器。在他们的产品中，1350nm 信号光子在由 1550nm 激光器泵浦的 PPLN 波导中上变频到 710nm，然后由低噪声 Si-APD 单光子探测器实现检测。NIST 已将上转换 Si-APD 探测器集成到各种 QKD 系统中，并能够对单光子和纠缠光子对进行测量。在文献［135］中，NIST 对主要的单光子探测器（即当前可用的）和他们开发的 Si-APD 上变频探测器的速度及其他特性进行了对比。他们还比较了两类超导单光子探测器（即过渡边缘传感器（Transition Edge Sensor，TES）和超导单光子探测器（Superconducting Single-Photon Detector，SSPD）），它们可以工作于近红外波段范围内。近期，Fejer 等[136]报道了一种上变频和约 2μm 的单光子探测实验。

10.3.2.1 实验室中具有代表性的量子通信实验（QKD 和偏振态纠缠）

表 10.14 所列为在实验室中距离为 0.5～4.0m 的不同桌面传输路径上进行的具有代表性的量子通信实验（QKD 和偏振态纠缠）的信息，这些实验[137-142]的传输速度范围为 3.5kb/s～25Mb/s，光源波长范围从可见光（λ = 632nm）到近红外光（λ = 1550nm）波段。同时，除了文献［143］报道的连续变量（C－V）QKD 实验以外，这些实验大都使用了 BB84 QKD 加密协议。Ralph 和 Lam[22]指出：与单光子方法相比，C－V 方法在诸如实现确定性传输协议等方面具有明显的优势。最后，Genovese 等[44]报道了在实验室进行的反事实量子加密（CQKD）的演示实验，他们指出，即使没有光子或携带信息的其他量子粒子在通信双方之间传输，信息仍可以在 Alice 和 Bob 之间实现安全传输。另外，关于反事实量子通信的其他讨论可参见文献［43，444］。

表 10.14　实验室中的量子通信实验

年份	L/km	速率	Tech	λ/nm	赞助商	KP	QBER/%	参考文献
2012	—	—	CQKD	812	意大利	N09	12.0	Genovese[44]
2010	4.0	—	QKD	670	英国	BB84	4.0	Benton[99]
2009	0.6	—	PE	702	美国	—	—	Humble[145]
2008	3.4	8.13kb/s	QKD	860	日本	BB84	5.5	Toyoshima[138]
2006	0.5	3.5kb/s	QKD	632	英国	BB84	—	Godfrey[139]
2006	0.5	—	QKD	1550	日本	C－V	—	Hirano[143]
2006	0.7	3.8kb/s	QKD	830	俄罗斯	BB84	—	Kurochkin[142]
2005	—	25Mb/s	QKD	1064	澳大利亚	NS	—	Lanc[140] Sharma[141]
2002	—	200kb/s	QKD	670	美国	SKE	—	Barbosa[137]

大气湍流对量子通信影响的有代表性的研究：表10.15所列为大气湍流对量子通信影响的实验，包括对QKD和单光子统计的影响。在最近发表的相关论文，涉及光子数起伏、轨道角动量纠缠、光学涡旋光束、同步精度和量子误比特率等相关技术。在某些量子过程中，湍流的不利影响可以减轻[19,146,147]。

表10.15　大气湍流对量子通信影响的实验

年份	目的	关注重点	参考文献
2012	单光子通过湍流、光束闪烁和到达角起伏传播	大气对远程量子通信的影响	Capraro[93]
2011	纠缠光子通过湍流传播	大气对量子纠缠特性的影响	Heim[65]
2009	量子光通过湍流传播	非传统光子统计特性	Semenov[65, 75]
2009	光子通过湍流传播	轨道角动量纠缠	Pors[64]
2009	光子通过湍流传播	光学涡旋光束	Tyler[148] Boyd[149]
2007	单光子统计特性，通过湍流传播	减轻光子数量的起伏	Berman[150]
2007	QKD通过大气层，650nm	同步精度	Wu[68]
2007	QKD通过湍流	湍流对QBER的影响	Yan[151]
2004	单光子统计，通过湍流传播	理论的实验验证	Milonni[67]

量子中继器和量子存储器：表10.16所列为有关量子中继器和量子存储器的相关研究，其中包括研究机构、研究人员、实验证明的相干时间、原子/离子纠缠距离等信息。例如，Rolston和他在联合量子研究所（Joint Quantum Institute, UMD/NIST）的同事们[152,153]正在使用原子集合来研究量子通信和量子存储器中的有关问题。同样，佐治亚理工学院的Kuzmich等[154,155]正在进行与原子光子纠缠有关的量子通信实验，据报道其量子存储器时间尺度约为1min。值得注意的是，在基于光纤的量子通信信道中[156]，原子和光子的最长纠缠距离是300m。

表10.16　近期与量子中继器和量子存储器相关的研究成果

研究机构	研究人员	参考文献	相干性
Univ of Michigan, Ann Arbor, MI, Joint Quantum Institute (JQI), UMD/NIST College Park, MD	L. Duan, C. Monroe D. Moehring, P. Maunz, S. Olmschenk, K. Younge, D. Matsukevich	Moehring[57] Duan[157, 158]	—
Joint Quantum Institute (JQI), UMD/NIST College Park, MD	R. Willis, F. Becerra, L. Orozco, S. Rolston	Willis[152] Rolston[153]	—

（续）

研究机构	研究人员	参考文献	相干性
Georgia Institute of Technology Atlanta, GA	A. Radnaev, Y. Dudin, R. Zhao, H. Jen, S. Jenkins, A. Kuzmich, T. Kennedy, ARadnaer, J. Blumoff, L. Li	Radnaev[159] Dudin[160] Dudin, Kuzmich[155] Li[154]	0. 1s 10ms 16s
California Institute of Technology (CIT) Pasadena, CA	H. Kimble, K. Choi, H. Deng, J. Laurat	Kimble[2] Choi[161]	8μs
Institut fur Quantenoptik, LeibnizUniversitat, Hannover, Germany; Asrhus U. , Denmark; CNRS, France	G. Buning, J. Will, W. Ertmer, E. Rasel, C. Klempt, J. Arlt, F. Martinez, F. Piechon	Buning[162] (^{87}Rb)	21s
Massachusetts Institute of Technology (MIT), Harvard U. , CIT, Max Planck Institute	T. Peyronel, O. Firstenberg, Q – Y Liang, S. Hofferberth, A. Gorshkov, T. Pohl, M. Lukin, V. Vuletic	Lukin[163]	—
CNRS, France	C. Deutsch, F. Ramirez, C. Lacroute, F. Reinhard, T. Schneider, J. Fuchs, F. Piechon, F. Laloe	Deutsch[164] (^{87}Rb)	58s
CNRS, France; U. Geneva, Switz. ; ICFO, Spain; Hefei Nat'l Lab & USTC, China; Inst. Theor. Phys. , Heidelberg, Germany; U. Innsbruck, Austria; U. Vienna, Austria U. Calgary, Canada; U. Geneva, Switz.	N. Sangouard, C. Simon, H. Riedmatten, N. Gisin,	Sangouard[26] Yuan[156]	距离 300m 纠缠
	B. Zhao, Y – A Chen,	Sangouard[25]	Rb 原子
	J. – W. Pan, Z – S Yuan, S. Chen, J. Schmiedmayer, F. Yang, M. Torston, C. Lutz	Jin[165] Yang[166]	200 ns 28ms
Laboratory Quantum Communication & Computation, Hefei, China; Harvard Univ, Cambridge, MA; Inst. Theor. Phys. , Innsbruck, Austria	L. – M. Duan, M. D. Lukin, J. I. Cirac, P. Zoller B. Zhao, M. Müller, K. Hammerer, P. Zoller	Duan[167] Zhao[168]	DLCZ 方案

（续）

研究机构	研究人员	参考文献	相干性
Niels Bohr Institute, Denmark; Max Planck Institute, Germany; U. Brussels, Belgium; Palacky U., Czech Republic	H. Specht, C. Nolleke, A. Reiserer, M. Uphoff E. Figueroa, S. Ritter, G. Rempe, B. Julsgaard, J. Sherson, I. Cirac, J. Flurasek, E. Polzik	Specht [169]	180μs
		Julsgaard [170]	4ms
Inst. Exper. Phys., U. Innsbruck, Austria	L. Slodčka, G. Hétet, N. Röck, P. Schindler, M. Hennrich, R. Blatt	Slodčka [171]	捕获的原子离子的1m距离的纠缠

10.3.3 小结

本节给出了具有代表性的自由空间量子通信领域的实验，并讨论了量子技术的发展趋势，这对于加强民用和军用领域的安全通信至关重要。自由空间量子通信的实验也证明了自由空间 QKD 系统、量子隐形传态和超长距离单光子交换的可行性与实用性。在白天和夜晚时段分别进行的高速自由空间 QKD 系统实验已经取得了一定的进展，而白天时段，在强背景光条件下，传统的通信链路是比较难实现的。未来的地 – 飞机和地 – 空量子实验将是为实现高速安全的全球通信网络提供基础。纠缠光子源、光子探测系统和加密算法的不断发展，将使得量子隐形传态和 QKD 等自由空间量子通信技术更加高效、实用和安全。例如，美国陆军研究实验室（Army Research Laboratory，ARL）一直在致力于量子通信技术的研究（详见参考文献［56，172，173，174］），预计将进行更多的与自由空间量子通信应用相关的先进技术。

近期，进行了两次著名的自由空间大气量子通信实验。Jennewein 等[175]的量子非定域实验实现了三个量子通信节点的连接。节点通过自由空间链路共享纠缠，即将信息从一个节点分配到另外两个远程节点，相应的链路长度分别为772m 和 686m。该实验首次实现了多方量子密钥共享和多方隐形传态；另一项实验由 Vallone 等[176]展开，他们使用安装在 5 个低地球轨道卫星上的后向反射器，对卫星的量子密钥分发过程进行了模拟。该结论是，QBER 在适用于 QKD 的范围内。他们还进一步提出了另一种对卫星有效载荷的影响较小的 QKD 方案。此外，Jennewein 等[177]在量子通信卫星方面的研究也取得了进展。

10.3.4 练习

1. 量子传输

例 10.9　假设 Alice 和 Bob 共享一个纠缠光子对的 1/2，并且 Alice 想要将一

个水平光 $|\boldsymbol{H}\rangle$ 传送给 Bob。当 Alice 将她那 1/2 纠缠光子对与传送的光子进行联合 Bell 测量时，就能够实现量子隐形传送。请解释。

2. 大气对量子通信的影响

例 10.10 实验已经证明了有些方法有助于减轻单光子传输损失和由于大气湍流或雾霾天气的负面影响而造成的纠缠光子退相干现象。请至少举出 5 个例子。

例 10.11 在确定自由空间量子通信实验的激光波长时，大气的影响是否是最重要的考虑因素？请解释。

致谢：感谢美国陆军研究实验室（ARL）的支持，感谢其博士后研究员 Sanjit Karmakar 博士对本稿提出的宝贵意见。

参考文献

1. P.Hemmer, Closer to a quantum internet.Physics 6, 6 – 2 (2013)
2. H.J.Kimble, The quantum internet.Nature 453, 1023 – 1030 (2008)
3. R.P.Feynman, Quantum mechanical computers.Found.Phys.17 (6), 507 – 531 (1986)
4. R.E.Meyers, K.S.Deacon, A.D.Tunick, Quantum internet concept depiction.US Army Research Laboratory (2011)
5. A.Einstein, B.Podolsky, N.Rosen, Can quantum-mechanical description of physical reality be considered complete? Phys.Rev.47, 77 – 7 (1935)
6. J.Bell, On the Einstein Podolsky Rosen paradox.Physics 1 (3), 195 – 200 (1964)
7. A.Aspect, P.Grangier, G.Roger, Experimental realization of Einstein-Podolsky-Rosen-Bohm Gedanken-experiment: A new violation of Bell' s inequalities.Phys.Rev.Lett.49 (1982)
8. V.Scarani, C.Lynn, L.S.Yang, Six quantum pieces: A first course in quantum physics.(World Scientific, 2010)
9. R.P.Feynman, R.B.Leighton, M.Sands, The Feynman Lectures on Physics vol.I – III (Addison Wesley, 1997)
10. A.Lindner, D.Reisz, G.Wassiliadis, H.Freese, The uncertainty relation between particle number and phase.Phys.Lett.A 218, 1 – 4 (1996)
11. M.O.Scully, M.S.Zubairy, Quantum Optics, 1 ed.(Cambridge University Press, Cambridge, 1997)
12. C.P.Williams, Explorations in Quantum Computing [AQ1] (Springer, 2011)
13. M.A.Nielsen, I.L.Chuang, Quantum Computation and Quantum Information (Cambridge University Press, 2000)
14. R.J.Glauber, Coherent and incoherent sates of the radiation field.Phys.Rev.131, 2766 – 2788 (1963)
15. Y.H.Shih, An Introduction to Quantum Optics: Photon and Biphoton Physics, 1, ed.(CRC press, Taylor & Francis, 2011)

16. W. Martienssen, E. Spiller, Coherence and fluctuations in light beams. Am. J. Phys. 32, 91 – 9 (1964)

17. L.Estes, L.Narducci, R.Tuft, Scattering of light from a rotating ground glass. J. Opt. Soc. Am. 61, 130 – 1 (1971)

18. R.Hanbury Brown, Intensity Interferometer (Taylor & Francis, London, 1974)

19. R.E.Meyers, K.S.Deacon, Y.H.Shih, Turbulence-free ghost imaging. Appl.Phys.Lett.98, 11111 – 5 (2011)

20. T.Amri, J.Laurat, C.Fabre, Characterizing quantum properties of a measurement apparatus: Insights from the retrodictive approach. Phys.Rev.Lett.106, 02050 – 2 (2011)

21. T.Amri, Quantum behavior of measurement apparatus. arXiv: 1001.3032 (2010)

22. T.C.Ralph, P.K.Lam, A bright future for quantum communications. Nat. Photonics 3, 671 – 673 (2009)

23. B.E.A.Saleh, M.C.Teich, Fundamentals of Photonics (Wiley, 1991)

24. A.Cabello, A.Rossi, G.Vallone, F.De Martini, P.Mataloni, Proposed Bell experiment with genuine energy-time entanglement. Phys.Rev.Lett.102, 04040 – 1 (2009)

25. N.Sangouard, C.Simon, B Zhao, Y-A Chen, H.de Riedmatten, J-W Pan, N.Gisin, Robust and efficient quantum repeaters with atomic ensembles and linear optics. Phys. Rev. A 77, 06230 – 1 (2008)

26. N.Sangouard, C.Simon, H.de Riedmatten, N.Gisin, Quantum repeaters based on atomic ensembles and linear optics. Rev.Mod.Phys.83, 33 – 80 (2011)

27. D.N.Klyshko, Photons and Nonlinear Optics (CRC press, Gordon & Breach, New York, 1998)

28. P.Kuo, J.Pelc, O.Slattery, M.Fejer, X.Tang, Dual-channel, single-photon upconversion detector near 1300 nm Proc.SPIE 8518, 8518 – 8528 (2012)

29. H.Tu, Z.Jiang, D.Marks, S.Boppart, Intermodal four-wave mixing from femtosecond pulse-pumped photonic crystal fiber. Appl.Phys.Lett.94, 10110 – 9 (2009)

30. D.Halliday, R.Resnick, J.Walker, Fundamentals of Physics Extended, 10 ed. (Wiley, 2013)

31. F. Steinlechner, S. Ramelow, M. Jofre, M. Gilaberte, T. Jennewein, J.P. Torres, M.W. Mitchell, V. Pruneri, Phase-stable source of polarization-entangled photons in a linear double-pass configuration. Opt.Express 21, 11943 – 11951 (2013) /P.Kwiat, K.Mattle, H.Weinfurter, A.Zeilinger, A. Sergienko, Y.Shih, High Intensity Source of Polarization Entangled Photon Pairs. Phys.Rev.Lett.75 (24), 4337 – 4340 (1995)

32. D.Knuth, The Art of Computer Programming, Volume 2: Seminumerical Algorithms, 3 ed. (Addison-Wesley, 1997)

33. C.Bennett, G.Brassard, Quantum Cryptography: Public key distribution and coin tossing, Proceedings IEEE International Conference on Computers, Systems and Signal Processing (Institute of Electrical and Electronics Engineers, Bangalore, India, 175 1984)

34. A.L.Linares, C.Kurtsiefer, Breaking a quantum key distribution system through a timing side channel. Opt.Express 15, 9388 – 9392 (2007)

35. V.Scarani, C.Kurtsiefer, The black paper of quantum cryptography: real implementation problems.

[quant-ph] arXiv: 0906.4547v2 (2012)

36. I.Gerhardt, Q.Liu, A.L.Linares, J.Skaar, C.Kurtsiefer, V.Makarov, Full-field implementation of a perfect eavesdropper on a quantum cryptography system.[quant-ph] arXiv: 1011.0105v2 (2012)
37. A.Ekert, Quantum cryptography based on Bell' s theorem.Phys.Rev.Lett.67, 661 – 663 (1991)
38. W.Tittel, J.Brendel, H.Zbinden, N.Gisin, Quantum cryptography using entangled photons in energy-time Bell states.Phys.Rev.Lett.84, 4737 – 4740 (2000)
39. C.Bennet, Quantum cryptography using any two nonorthogonal states. Phys. Rev. Lett.68, 3121 – 3124 (1992)
40. G.Barbosa, E.Corndorf, P.Kumar, H.Yuen, Quantum cryptography in free space with coherent-state light.Proc.SPIE 4821, 409 – 420 (2002)
41. G.Tabia, B.G.Englert, Efficient quantum key distribution with trines of reference-frame-free qubits.[quant-ph] arXiv: 0910.5375v1 (2009)
42. V.D' Ambrosio, E.Nagali, S.P.Walborn, L.Aolita, S.Slussarenko, L.Marrucci, F.Sciarrino, Complete experimental toolbox for alignment-free quantum communication. Nat. Commun.3, 96 – 1 (2012)
43. T.Noh, Counterfactual quantum cryptography.Phys.Rev.Lett.103, 23050 – 1 (2009)
44. G.Brida, A.Cavanna, I.P.Degiovanni, M.Genovese, P.Traina, Experimental realization of counterfactual quantum cryptography.Laser Phys.Lett.9, 247 – 252 (2012)
45. H.P.Yuen in Quantum Communications and Measurements II, ed.by P.Kumar et al.Quantum versus classical noise cryptography (Plenum Press, 2000), p.399 – 404
46. R.Meyers, K.Deacon, Entangled and non-line-of-sight (NLOS) free-space photon quantum communication [Invited] .J.Opt.Netw.5 (2005)
47. R.E.Meyers, K.S.Deacon, Free-space quantum communications system and process operative absent line of sight, US Patent 7, 945, 168 (17 May 11)
48. J. Yen, P. Poirier, M. O' Brien, Intentionally short-range communications (ISRC) 1993 Report.Tech.Rep.1649, SPAWAR, U.S.Navy, February (1994)
49. DARPA SUVOS Semiconductor Ultraviolet Optical Sources
50. W.C.Brown, The history of power transmission by radio waves.IEEE Trans.Microw.Theory Tech.32 (9), 1230 – 1242 (1984)
51. P.D. Naselsky, D.I. Novikov, I.D. Novikov, The Physics of the Cosmic Microwave Background (Cambridge University Press, 2006)
52. C.Weedbrook, S.Pirandola, T.C.Ralph, Continuous-variable quantum key distribution using thermal states.Phys.Rev.A 86, 02231 – 8 (2012)
53. C.Lang, C.Eichler, L.Steffen, J.M.Fink, M.J.Woolley, A.Blais, A.Wallraff, Correlations, indistinguishability and entanglement in Hong-Ou-Mandel experiments at microwave frequencies.Nat. Phys.9, 345 – 348 (2013)
54. C.H.Bennett, G.Brassard, C.Crepeau, R.Jozsa, A.Peres, W.K.Wooters, Teleporting an unknown quantum state via dual classical and Einstein-Podolsky-Rosen channels.Phys.Rev.Lett.70, 1895 – 1899 (1993)

55. D.Bouwmeester, J.-W.Pan, K.Mattle, M.Eibl, H.Weinfurter, A.Zeilinger, Experimental quantum teleportation.Nature 390, 575 – 579 (1997)
56. R.E.Meyers, P.Lee, K.S.Deacon, A.Tunick, Q.Quraishi, D.Stack, A quantum network with atoms and photons.Proc.SPIE 8518, 8518 – 8514 (2012)
57. D.L.Moehring, P.Maunz, S.Olmschenk, K.C.Younge, D.N.Matsukevich, L.-M.Duan, C.Monroe, Entanglement of single-atom quantum bits at a distance.Nature 449, 68 – 71 (2007)
58. D.N.Matsukevich, P.Maunz, D.L.Moehring, S.Olmschenk, C.Monroe, Bell inequality violation with two remote atomic qubits.Phys.Rev.Lett.100, 15040 – 4 (2008)
59. J.Yin, J.-G.Ren, H.Lu, Y.Cao, H.-L.Yong, Y.-P.Wu, C.Liu, S.-K.Liao, F.Zhou, Y.Jiang, X.-D. Cai, P.Xu, G.-S.Pan, J.-J.Jia, Y.-M.Huang, H.Yin, J.-Y.Wang, Y.-A.Chen, C.-Z.Peng, J.-W. Pan, Quantum teleportation and entanglement distribution over 100-kilometre free-space channels. Nature 488, 185 – 188 (2012)
60. X.Ma, T.Herbst, T.Scheidl, D.Wang, S.Kropatschek, W.Naylor, A.Mech, B.Wittmann, J.Kofler, E.Anisimova, V.Makarov, T.Jennewein, R.Ursin, A.Zeilinger, Quantum teleportation using active feed-forward between two Canary Islands.Nature 489, 269 (2012) /T.Herbst, T.Scheidl, M.Fink, J.Handsteiner, B.Wittmann, R.Ursin, A.Zeilinger, Teleportation of entanglement over 143 km. arXiv: 1403.0009v3 (2014)
61. T.Scheidl, R.Ursin, A.Fedrizzi1, S.Ramelow, X.Ma, T.Herbst, R.Prevedel, L.Ratschbacher, J. Kofler, T.Jennewein, A.Zeilinger Feasibility of 300 km quantum key distribution with entangled states.New J.Phys.11, 08500 – 2 (2009)
62. M.Pereira, L.Filpi, C.Monken, Cancellation of atmospheric turbulence angle-of-arrival fluctuations.arXiv: 1202.3195v1 [quant-ph] (2012)
63. D.Fried, Statistics of a geometric representation of wavefront distortion.J.Opt.Soc.Am.55, 142 – 7 (1965)
64. B.-J.Pors, C.H.Monken, E.R.Eliel, J.P.Woerdman, Transport of orbital-angular-momentum entanglement through a turbulent atmosphere.Opt.Express 19, 6671 – 6683 (2011)
65. B.Heim, C.Erven, R.Laflamme, G.Weihs, T.Jennewein, Improving entangled free-space quantum key distribution in the turbulent atmosphere, 12th European Quantum Electronics Conference (May 2011)
66. A.A.Semenov, W.Vogel, Quantum light in the turbulent atmosphere.Phys.Rev.A 80, 021802 (R) (2009)
67. P.W.Milonni, J.H.Carter, C.G.Peterson, R.J.Hughes, Effects of propagation through atmospheric turbulence on photon statistics.J.Opt.B Quantum Semiclassical Opt.6, S742 – S745 (2004)
68. Q.-L.Wu, Z.-F.Han, E.-L.Miao, Y.Liu, Y.-M.Dai, G.C.Guo, Synchronization of free-space quantum key distribution.Opt.Commun.275, 486 – 490 (2007)
69. A.Zilberman, E.Golbraikh, N.S.Kopeika, Some limitations on optical communication reliability through Kolmogorov and non-Kolmogorov turbulence.Opt.Commun.283, 1229 – 1235 (2010)
70. Y.-X.Zhang, Y.-G.Wang, J.-C.Xu, J.-Y.Wang, J.-J.Jia, Orbital angular momentum crosstalk of single photons propagation in a slant non-Kolmogorov turbulence channel. Opt. Commun.284,

1132 – 1138 (2011)

71. M.G.Raymer, C.C.Cheng, Propagation of the optical Wigner function in random multiplescattering media.Proc.SPIE 3927, 156 – 164 (2000)
72. M.G.Raymer, B.J.Smith, The Maxwell wave function of the photon.Proc.SPIE 5866, 29 – 3 (2005)
73. M.Hawton, Photon position measure.Phys.Rev.A 82, 01211 – 7 (2010)
74. M.Hawton, Photon location in spacetime.Phys.Scr.2012, 01401 – 4 (2012)
75. A.A.Semenov, W.Vogel, Entanglement transfer through the turbulent atmosphere.Phys.Rev.A 81, 02383-5 (2010); A.A.Semenov, W.Vogel, Erratum: entanglement transfer through the turbulent atmosphere.Phys.Rev.A 85, 019908 (E) (2012)
76. C.O. Alley, R.F. Chang, D.G. Curri, J. Mullendore, S.K. Poultney, J.D. Rayner, E.C. Silverberg, C.A.Steggerda, H.H. Plotkin, W. Williams, B. Warner, H. Richardson, B. Bopp, Apollo 11 laser ranging retro-reflector: initial measurements from the McDonald observatory. Science 167, 368 – 370 (1970)
77. K.E. Wilson, An overview of the GOLD experiment between the ETS-VI satellite and the table mountain facility.TDA Progress Report 42 – 124, February 15 (1996)
78. K.E.Wilson, J.R.Lesh, K.Araki, Y.Arimoto, Overview of the ground-to-orbit lasercom demonstration (GOLD) .Proc.SPIE 2990, 2 – 3 (1997)
79. M.Toyoshima, Y.Takayama, T.Takahashi, K.Suzuki, S.Kimura, K.Takizawa, T.Kuri, W.Klaus, M.Toyoda, H.Kunimori, T.Jono, K.Arai, Ground-to-satellite laser communication experiments. IEEE A&E Systems Magazine (August 2008)
80. Y.Arimoto, M.Toyoshima, M.Toyoda, T.Takahashi, M.Shikalani, K.Araki, Preliminary result on laser communication experiment using Engineering Test Satellite-VI (ETS – VI) .Proc.SPIE 2381, 151 – 158 (1995)
81. M.Toyoshima, H.Takenaka, Y.Shoji, Y.Takayama, Y.Koyama, H.Kunimori, Polarization measurements through space-to-ground atmospheric propagation paths by using a highly polarized laser source in space.Opt.Express 17, 22333-22340 (2009)
82. C.Erven, C.Couteau, R.Laflamme, G.Weihs, Entangled quantum key distribution over two free-space optical links.Opt.Express 16, 16840 – 16853 (2008)
83. C.Erven, C.Couteau, R.Laflamme, G.Weihs, Entanglement based free – space quantum key distribution.Proc.SPIE 7099, 70991 – 6 (2008)
84. I.Marcikic, A.Lamas-Linares, C.Kurtsiefer, Free-space quantum key distribution with entangled photons.Appl.Phys.Lett.89, 10112 – 2 (2006)
85. J.C.Bienfang, A.J.Gross, A.Mink, B.J.Hershman, A.Nakassis, X.Tang, R.Lu, D.H.Su, C.W. Clark, C.J.Williams, E.W.Hagley, J.Wen, Quantum key distribution with 1.25 Gbps clock synchronization.Opt.Express 12, 2011 – 2016 (2004)
86. A.Restellia, J.C.Bienfang, A.Mink, C.W.Clark, Quantum key distribution at GHz transmission rates.Proc.SPIE 7236, 72360 – L (2009)
87. M.Toyoshima, H.Takenaka, Y.Shoji, Y.Takayama, M.Takeoka, M.Fujiwara, M.Sasaki, Polarization-basis tracking scheme in satellite quantum key distribution.Int.J.Opt.25415 – 4 (2011)

88. B.Heim, C.Peuntinger, C.Wittmann, C.Marquardt, G.Leuchs, Free Space Quantum Communication using Continuous Polarization Variables in Applications of Lasers for Sensing and Free Space Communications, paper LWD3, Optical Society of America (2011)

89. M.J.Garcia-Martinez, N.Denisenko, D.Soto, D.Arroyo, A.B.Orue, V.Fernandez, Highspeed free-space quantum key distribution system for urban daylight applications.Appl.Opt.52 (14), 3311 - 3317 (2013)

90. A.Fedrizzi, R.Ursin, T.Herbst, M.Nespoli, R.Prevedel, T.Scheidl, F.Tiefenbacher, T.Jennewein, A.Zeilinger, High-fidelity transmission of entanglement over a high - loss freespace channel.Nat. Phys.5, 389 - 392 (2009)

91. R. Ursin, F. Tiefenbacher, T. Schmitt-Manderbach, H. Weier, T. Scheidl, M. Lindenthal, B.Blauensteiner, T.Jennewein, J.Perdigues, P.Trojek, B.Ömer, M.Fürst, M.Meyenburg, J.Rarity, Z.Sodnik, C.Barbieri, H.Weinfurter, A.Zeilinger, Entanglement based quantum communication over 144 km.Nat.Phys.3, 481 - 486 (2007)

92. T.Schmitt-Manderbach, H.Weier, M.Fürst, R.Ursin, F.Tiefenbacher, T.Scheidl, J. Perdigues, Z. Sodnik, J.G.Rarity, A.Zeilinger, H.Weinfurter, Experimental demonstration of free-space decoy-state quantum key distribution over 144 km.Phys.Rev.Lett.98, 01050 - 4 (2007)

93. I.Capraro, A.Tomaello, A.Dall' Arche, F.Gerlin, R.Ursin, G.Vallone, P.Villoresi, Impact of turbulence in long range quantum and classical communications. Phys. Rev. Lett. 109, 20050 - 2 (2012)

94. J.-Y.Wang, B.Yang, S.-K.Liao, L.Zhang, Q.Shen, X.-F.Hu, J.-C.Wu, S.-J.Yang, Y.-L.Tang, B. Zhong, H.Liang, W.-Y.Liu, Y.-H.Hu, Y.-M.Huang, J.-G.Ren, G.-S.Pan, J.Yin, J.-J.Jia, K. Chen, C-Z Peng, J-W Pan, Direct and full-scale experimental verifications towards ground-satellite quantum key distribution.arXiv: 1210.7556 [quant-ph] (29 October 2012)

95. J.-Y.Wang, B.Yang, S.-K.Liao, L.Zhang, Q.Shen, X.-F.Hu, J.-C.Wu, S.-J.Yang, H.Jiang, Y.-L. Tang, B.Zhong, H.Liang, W.-Y.Liu, Y.-H.Hu, Y.-M.Huang, B.Qi, J.-G.Ren, G.-S.Pan, J.Yin, J.-J.Jia, Y.-A.Chen, K.Chen, C-Z Peng, J-W Pan, Direct and fullscale experimental verifications towards ground-satellite quantum key distribution.Nat.Photonics 7, 387 - 393 (2013) /M.Zhang, L.Zhang, J.Wu, S.Yang, X.Wan, Z.He, J.Jia, D.S.Citrin, J.Wang, Detection and compensation of basis deviation in satellite-to-ground quantum communications.Optics Express 22 (8), 9871 - 9886 (2014)

96. R.J.Hughes, J.E.Nordholt, D.Derkacs, G.C.Peterson, Free-space Quantum Key Distribution over 10km in Daylight and at Night.Los Alamos Report LA-UR-02-449.[arXiv: quantph/0206092v1] (2002)

97. R.J.Hughes, J.E.Nordholt, D.Derkacs, C.G.Peterson, Practical free-space quantum key distribution over 10 km in daylight and at night.New J.Phys.4, 43.1 - 43.14 (2002)

98. R.Hughes, J.Nordholt, J.Rarity, Summary of Implementation Schemes for Quantum Key Distribution and Quantum Cryptography—A Quantum Information Science and Technology Roadmap; Part 2: Quantum Cryptography; Section 6.2: Weak Laser Pulses through Free Space (2004)

99. D.M.Benton, P.M.Gorman, P.R.Tapster, D.M.Taylor, A compact free space quantum key distribu-

tion system capable of daylight operation.Opt.Commun.283, 2465 - 2471 (2010)

100. M.P. Peloso, I. Gerhardt, C. Ho, A. Lamas-Linares, C. Kurtsiefer, Daylight operation of a free space, entanglement-based quantum key distribution system.New J.Phys.11, 04500 - 7 (2009)

101. NuCrypt, AOptix, Press Release: AOptix Technologies and NuCrypt Demonstrate Physical-Layer Quantum Encryption for the Air Force Research Laboratory. (AOptix Technologies, Campbell, 2009)

102. S.Nauerth, F.Moll, M.Rau, C.Fuchs, J.Horwath, H.Weinfurter, Air to ground quantum key distribution.2nd Annual Conference on Quantum Cryptography (QCRYPT), Singapore, 2012/S. Nauerth, F.Moll, M.Rau, C.Fuchs, J.Horwath, S.Frick, H.Weinfurter, Air-to-ground quantum communication.Nature Photonics 7, 382 - 386 (2013)

103. S.Nauerth, F.Moll, M.Rau, J.Horwath, C.Fuchs, H.Weinfurter, Experimental aircraft to ground BB84 quantum key distribution.[AQ2] Proc SPIE.8518, (2012)

104. G.Temporao, H.Zbinden, S.Tanzilli, N.Gisin, T.Aellen, M.Giovannini, J.Faist, J.P.Von Der Weid, Feasibility study of free-space quantum key distribution in the mid-infrared.Quantum Inf. Comput.8, 1 - 11 (2008)

105. Y.Liu, T.-Y.Chen, L.-J.Wang, H.Liang, G.-L.Shentu, J.Wang, K.Cui, H.-L.Yin, N.-L.Liu, L. Li, X.Ma, J.S.Pelc, M.M.Fejer, C.-Z.Peng, Q.Zhang, J.-W.Pan, Experimental measurement-device-independent quantum key distribution.Phys.Rev.Lett.111, 13050 - 2 (2013)

106. T. Lunghi, J. Kaniewski, F. Bussières, R. Houlmann, M. Tomamichel, A. Kent, N. Gisin, S.Wehner, H.Zbinden, Experimental bit commitment based on quantum communication and special relativity.Phys.Rev.Lett.111, 18050 - 4 (2013)

107. Y.Liu, Y.Cao, M.Curty, S.-K.Liao, J.Wang, K.Cui, Y.-H.Li, Z.-H.Lin, Q.-C.Sun, D.-D.Li, H.-F.Zhang, Y.Zhao, T.-Y.Chen, C.-Z.Peng, Q.Zhang, A.Cabello, J.-W.Pan, Experimental unconditionally secure bit commitment.arXiv: 1306.4413v2 [quant-ph] (25 June 2013)

108. M.Aspelmeyer, H.R.Bohm, T.Gyatso, T.Jennewein, R.Kaltenbaek, M.Lindenthal, G.Molina-Terriza, A.Poppe, K.Resch, M.Taraba, R.Ursin, P.Walther, A.Zeilinger, Longdistance free-space distribution of quantum entanglement.Science 301, 621 - 623 (2003)

109. K.J.Resch, M.Lindenthal, B.Blauensteiner, H.R.Böhm, A.Fedrizzi, C.Kurtsiefer, A.Poppel, T. Schmitt-Manderbach, M.Taraba, R.Ursin, P.Walther, H.Weier, H.Weinfurter, A. Zeilinger, Distributing entanglement and single photons through an intra-city, free-space quantum channel. Opt.Express 13, 20 - 2 (2005)

110. R.Ursin, T.Jennewein, M.Aspelmeyer, R.Kaltenbaek, M.Lindenthal, P.Walther, A.Zeilinger, Quantum teleportation across the Danube.Nature 430, 849 - 849 (2004)

111. X-M Jin, J-G Ren, B.Yang, Z-H Yi, F.Xhou, X-F Xu, S-K Wang, D.Yang, Y.F.Hu, S.Jiang, T.Yang, H.Yin, K.Chen, C-Z Peng, J-W Pan, Experimental free-space quantum teleportation. Nat.Photonics 4, 376 - 381 (2010)

112. X.-S.Ma, T.Herbst, T.Scheidl, D.Wang, S.Kropatschek, W.Naylor, A.Mech, B.Wittmann, J. Kofler, E.Anisimova, V.Makarov, T.Jennewein, R.Ursin, A.Zeilinger, Quantum teleportation using active feed-forward between two Canary Islands. arXiv 1205.3909v1 [quant-ph] (17 May

2012)

113. Y.Cao, H.Liang, J.Yin, H.-L.Yong, F.Zhou, Y.-P.Wu, J.-G.Ren, Y.-H.Li, G.-S.Pan, T.Yang, X.Ma, C.-Z. Peng, J.-W. Pan, Entanglement-based quantum key distribution with biased basis choice via free space.Opt.Express 21, 27260 – 27268 (2013)
114. C.Erven, D.Hamel, K.Resch, R.Laflamme, G.Weihs, Entanglement Based Quantum Key Distribution Using a Bright Sagnac Entangled Photon Source.First International Conference, Quantum-Comm 2009, Naples, Italy (2010)
115. J.D.Franson, Quantum communication using entangled photon holes.Conference-Frontiers in Optics, Rochester, NY, October 14 – 18 (2012)
116. B.Heim, D.Elser, T.Bartley, M.Sabuncu, C.Wittmann, D.Sych, C.Marquardt, G.Leuchs, Atmospheric channel characteristics for quantum communication with continuous polarization variables.Appl.Phys.B 98, 635 – 640 (2010)
117. M. Peev et al., The SECOQC quantum key distribution network in Vienna. New J. Phys. 11, 07500 – 1 (2009)
118. D.Elser, T.Bartley, B.Heim, C.Wittmann, D.Sych, G.Leuchs, Feasibility of free space quantum key distribution with coherent polarization states.New J.Phys.11, 04501 – 4 (2009)
119. B.Heim, D.Elser, T.Bartley, M.Sabuncu, C.Wittmann, D.Sych, C.Marquardt, G.Leuchs, Atmospheric channel characteristics for quantum communication with continuous polarization variables.Appl.Phys.B 98, 635 – 640 (2010)
120. G.Weihs, C.Erven, Entangled free-space quantum key distribution.Proc.SPIE 6780, 67801 – 3 (2007)
121. H.Weier, T.Schmitt-Manderbach, N.Regner, C.Kurtsiefer, H.Weinfurter, Free space quantum key distribution: towards a real life application.Prog.Phys.54, 840 – 845 (2006)
122. A.Ling, M.P.Peloso, I.Marcikic, V.Scarani, A.Lamas-Linares, C.Kurtsiefer, Experimental quantum key distribution based on a Bell test.Phys.Rev.A 78, 020301 (R) (2008)
123. A.Ling, M.Peloso, I.Marcikic, A.Lamas-Linares, C.Kurtsiefer, Experimental E91 quantum key distribution.Proc.SPIE 6903, 69030 – U (2008)
124. A. Zeilinger, Long-distance quantum cryptography with entangled photons. Proc. SPIE 6780, 67800 – B (2007)
125. P.Panthong, S.Chiangga, K.Sripimanwat, T.Sanguankotchakorn, C.Li, L.Liang, Experimental free space quantum key distribution.Fourth International Conference on Optical Communications and Networks (ICOCN 2005), 159 – 162 (2005)
126. C.-Z.Peng, T.Yang, X.-H.Bao, J.Zhang, X.-M.Jin, F.-Y.Feng, B.Yang, J.Yang, J.Yin, Q. Zhang, N.Li, B.L.Tian, J.-W Pan, Experimental free-space distribution of entangled photon pairs over 13 km: towards satellite-based global quantum communication.Phys.Rev.Lett.94, 15050 – 1 (2005)
127. C.Kurtsiefer, P.Zarda, M.Halder, H.Weinfurter, P.M.Gorman, P.R.Tapster, J.G.Rarity, Quantum cryptography: a step towards global key distribution.Nature 419, (2002)
128. P.J.Edwards, P.Lynam, The University of Canberra-Telstra Tower Free-Space Quantum Key Dis-

tribution Testbed.ITEE Society Monitor (March 2002)

129. P.Villoresi, T.Jennewein, F.Tamburini, M.Aspelmeyer, C.Bonato, R.Ursin, C.Pernechele, V.Luceri, G.Bianco, A.Zeilinger, C.Barbieri, Single-photon exchange advances Earth-to-space quantum link.New J.Phys.10, 03303 – 8 (2008)

130. C.Bonato, A.Tomaello, V.Da Deppo, G.Naletto, P.Villoresi, Study of the Quantum Channel between Earth and Space for Satellite Quantum Communications, ed.by K.Sithamparanathan.Psats 2009, LNICST 15, 37 – 40 (2009)

131. J.Yin, Y.Cao, S.-B.Liu, G.-S.Pan, J.-H.Wang, T.Yang, Z.-P.Zhang, F.-M.Yang, Y.-A.Chen, C.-Z.Peng, J.-W Pan, Experimental quasi-single-photon transmission from satellite to earth.Opt. Express 21, 20032 – 20040 (2013)

132. J.M.Perdigues Armengol, B.Furch, C.J.de Matos, O.Minster, L.Cacciapuoti, M.Pfennigbauer, M.Aspelmeyer, T.Jennewein, R.Ursin, T.Schmitt-Manderbach, G.Baister, J.Rarity, W.Leeb, C. Barbieri, H.Weinfurter, A.Zeilinger, Quantum communications at ESA: towards a space experiment on the ISS.Acta Astronaut.63, 165 – 178 (2008)

133. R.Ursin, T.Jennewein, A.Zeilinger, Space-QUEST: quantum physics and quantum communication in space.Proc.SPIE 7236, 72360 – 9 (2009)

134. T.Scheidl, E.Wille, R.Ursin, Quantum optics experiments using the international space station: a proposal.New J.Phys.15, 04300 – 8 (2013)

135. L.Ma, O.Slattery, A.Mink, X.Tang, Low noise up-conversion single photon detector and its applications in quantum information systems.Proc.SPIE 7465, 74650-W (2009)

136. G.-L.Shentu, X.-X.Xia, Q.-C.Sun, J.S.Pelc, M.M.Fejer, Q.Zhang, J.-W.Pan, Upconversion single photon detection near 2 um.Opt.Lett.38, 498 – 5 (2013)

137. G.A.Barbosa, E.Corndorf, P.Kumar, H.P Yuen, Quantum cryptography in free space with coherent-state light.Proc.SPIE 4821, 40 – 9 (2002)

138. M.Toyoshima, Y.Takayama, W.Klaus, H.Kunimori, M.Fujiwara, M.Sasaki, Free-space quantum cryptography with quantum and telecom communication channels. Acta Astronaut.63, 1 – 4 (2008)

139. M.S.Godfrey, A.M.Lynch, J.L.Duligall, W.J.Munro, K.J.Harrison, J.G.Rarity, Freespace secure key exchange from 1 m to 1000 km.Proc.SPIE 6399, 63990 – E (2006)

140. A.M.Lance, T.Symul, V.Sharma, C.Weedbrook, T.C.Ralph, P.K.Lam, No-switching quantum key distribution using broadband modulated coherent light.Phys.Rev.Lett.95, 18050 – 3 (2005)

141. V.Sharma, A.M.Lance, T.Symul, C.Weedbrook, T.C.Ralph, P.K.Lam, A complete quantum cryptographic system using a continuous wave laser.Proc.SPIE 6038, 60380 – 3 (2005)

142. V.L.Kurochkin, I.I.Ryabtsev, I.G.Neizvestny, Quantum cryptography and quantum-key distribution with single photons.Russ.Microlectron.35, 31-36 (2006)

143. T.Hirano, A.Shimoguchi, K.Shirasaki, S.Tokunaga, A.Furuki, Y.Kawamoto, R.Namiki, Practical implementation of continuous-variable quantum key distribution.Proc.SPIE 6244, 62440 – O (2006)

144. H.Salih, Z.-H.Li, M.Al-Amri, M.S.Zubairy, Protocol for direct counterfactual quantum communi-

cation.Phys.Rev.Lett.110, 17050 – 2 (2013)

145. T.S.Humble, R.S.Bennink, W.P.Grice, I.J.Owens, Sensing intruders using entanglement: a photonic quantum fence.Proc.SPIE 7342, 73420 – H (2009)

146. R.E.Meyers, K.S.Deacon, Y.H.Shih, Ghost-imaging experiment by measuring reflected photons. Phys.Rev.A 77, 041801 (R) (2008)

147. R.E.Meyers, K.S.Deacon, Y.H.Shih, Positive-negative turbulence-free ghost imaging.Appl.Phys. Lett.100, 13111 – 4 (2012)

148. G.A.Tyler, R.W.Boyd, Influence of atmospheric turbulence on the propagation of quantum states of light carrying orbital angular momentum.Opt.Lett.34, 142 – 144 (2009)

149. R.W.Boyd, B.Rodenberg, M.Mirhosseini, S.Barnett, Influence of atmospheric turbulence on the propagation of quantum states of light using plane-wave encoding.Opt.Express 19, 18310 – 18317 (2011)

150. G.P.Berman, A.A.Chumak, Quantum effects of a partially coherent beam propagating through the atmosphere.Proc.SPIE 6710, 67100 – M (2007)

151. C.Yan, H.Yu, Effect of turbulent atmosphere on quantum key distribution systems.Acta Optica. Sinica 27, 21 – 25 (2007)

152. R.T.Willis, F.E.Becerra, L.A.Orozco, S.L.Rolston, Correlated photon pairs generated from a warm atomic ensemble.Phys.Rev.A 82, 05384 – 2 (2010)

153. J.Lee, D.H.Park, S.Mittal, M.Dagenais, S.L.Rolston, Integrated optical dipole trap for cold neutral atoms with an optical waveguide coupler.New J.Phys.15, 04301 – 0 (2013)

154. L. Li, Y.O. Dudin, A. Kuzmich, Entanglement between light and an optical atomic excitation.Nature 498, 466 – 469 (2013)

155. Y.O.Dudin, L.Li, A.Kuzmich, Light storage on the minute scale.Phys.Rev.A 87, 031801 (R) (2013)

156. Z.-S.Yuan, Y.-A.Chen, B.Zhao, S.Chen, J.Schmiedmayer, J.-W.Pan, Experimental demonstration of a BDCZ quantum repeater node.Nature 454, 1098 – 1101 (Aug 2008)

157. L.-M.Duan, C.Monroe, Robust quantum information processing with atoms, photons and atomic ensembles.Adv.At.Mol.Opt.Phys.55, 419 – 464 (2008)

158. L.-M. Duan, C. Monroe, Colloquium: quantum networks with trapped ions. Rev. Mod.Phys. 82, 1209 – 1224 (2010)

159. A.G.Radnaev, Y.O.Dudin, R.Zhao, H.H.Jen, S.D.Jenkins, A.Kuzmich, T.A.B.Kennedy, A quantum memory with telecom-wavelength conversion.Nat.Phys.6, 894 – 899 (2010)

160. Y.O.Dudin, A.G.Radnaev, R.Zhao, J.Z.Blumoff, T.A.B.Kennedy, A.Kuzmich, Entanglement of light-shift compensated atomic spin waves with telecom light, arXiv: 1009.4180v1 [quant-ph] (21 Sept 2010)

161. S.Choi, H.Deng, J.Laurat, H.J.Kimble, Mapping photonic entanglement into and out of a quantum memory.Nature 452, 67 – 72 (2008)

162. G.Kleine Buning, J.Will, W.Ertmer, E.Rasel, J.Arlt, C.Klempt, F.Ramirez-Martinez, F.Piechon, P.Rosenbusch, Extended coherence time on the clock transition of optically trapped rubidi-

um.Phys.Rev.Lett.106, 24080 - 1 (2011)

163. T.Peyronel, O.Firstenberg, Q.-Y.Liang, S.Hofferberth, A.V.Gorshkov, T.Pohl, M.D.Lukin, V. Vuletic, Quantum nonlinear optics with single photons enabled by strongly interacting atoms.Nature 488, 57 - 60 (2012)
164. C.Deutsch, F.Ramirez-Martinez, C.Lacroute, F.Reinhard, T.Schneider, J.N.Fuchs, F.Piechon, F.Laloe, J. Reichel, P. Rosenbusch, Spin self-rephasing and very long coherence times in a trapped atomic ensemble.Phys.Rev.Lett.105, 02040 - 1 (2010)
165. X.-M.Jin, J.Yang, H.Zhang, H.-N.Dai, S.-J.Yang, T.-M.Zhao, J.Rui, Y.He, X.Jiang, F.Yang, G.-S.Pan, Z.-S.Yuan, Y.Deng, Z.-B.Chen, X.-H.Bao, B.Zhao, S.Chen, J.-W.Pan, Quantum interface between frequency-uncorrelated down-converted entanglement and atomic-ensemble quantum memory.arXiv: 1004.4691v1 [quant-ph] (April 2010)
166. F.Yang, T.Mandel, C.Lutz, Z-S Yuan, J-W Pan, Transverse Mode Revival of a Light-Compensated Quantum Memory.arXiv: 1012.2361v2 [quant-ph] (December 2010)
167. L.-M.Duan, M.D.Lukin, J.I.Cirac, P.Zoller, Long-distance quantum communication with atomic ensembles and linear optics.Nature 414, 413 - 418 (November 2001)
168. B.Zhao, M.Muller, K.Hammerer, P.Zoller, Efficient quantum repeater based on deterministic Rydberg gates.Phys.Rev.A 81, 05232 - 9 (2010)
169. H.P.Specht, C.Nolleke, A.Reiserer, M.Uphoff, E.Figueroa, S.Ritter, G.Rempe, A singleatom quantum memory.Nature 473, 190 - 193 (2011)
170. B.Julsgaard, J.Sherson, J.I.Cirac, J.Fiuraek, E.S.Polzik, Experimental demonstration of quantum memory for light.Nature 432, 482 - 486 (2004)
171. L.Slodicka, G.Hetet, N.Rock, P.Schindler, M.Hennrich, R.Blatt, Atom-atom entanglement by single-photon detection.arXiv: 1207.5468v1 [quant-ph] (2012)
172. R.E.Meyers, K.S.Deacon, Entangled quantum communications and quantum imaging.Proc.SPIE 5161, 28 - 0 (2004)
173. R.E.Meyers, K.S.Deacon, D.L.Rosen, Entangled Quantum Communications and Quantum Imaging, US Patent 7, 536, 012 (May 19, 2009)
174. R.E.Meyers, K.S.Deacon, Quantum Fourier Transform Based Information Transmission System and Method, US Patent 7, 660, 553 (February 9, 2010)
175. C.Erven, E.Meyer-Scott, K.Fisher, J.Lavoie, B.Higgins, Z.Yan, C.Pugh, J.Bourgoin, R. Prevedel, L.Shalm, L.Richards, N.Gigov, R.LaFlamme, G.Weighs, T.Jennewein, K.Resch, Experimental three-photon quantum nonlocality under strict locality conditions, Nat.Photonics 8, 292 - 296 (2014)
176. G.Vallone, D.Bacco, D.Dequall, S.Gaiarin, V.Luceri, G.Biano, P.Valloresi, Experimental Satellite Quantum Communications, arXiv: 1406.4051v1 [quant - ph] (2014)
177. T.Jennewein, B.Higgins, E.Choi, Progress toward a quantum communication satellite.SPIE Newsroom, 10.1117/2.1201404.005453 (01 May 2014)

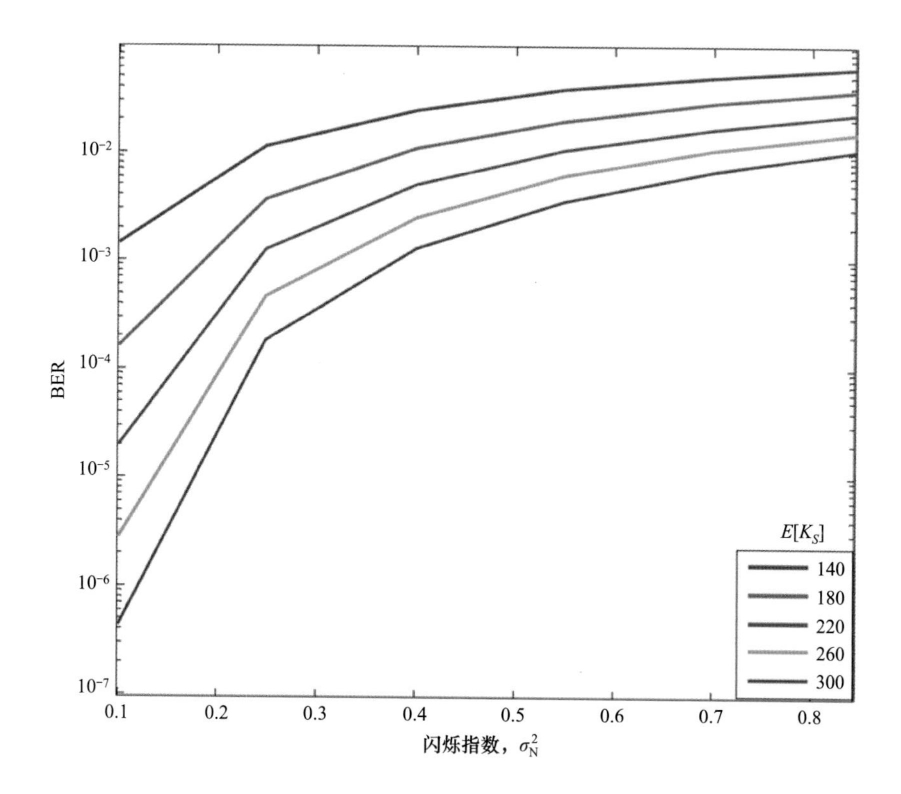

图 4.4　不同信号级下，误比特率与光强起伏方差（闪烁指数）的关系
（转载自 Wasiu Popoola, Intechopen,Fig.15, page 385, 2010, doi:10.5772/7698）

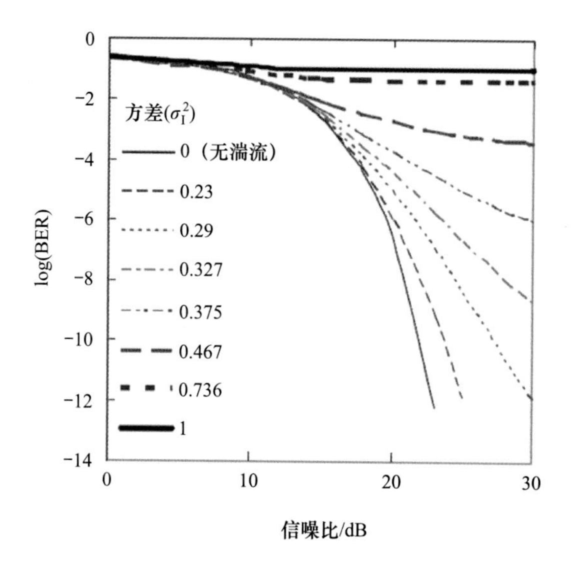

图 4.5　不同光强方差下误比特率与信噪比的关系
（转载自 The Optical Society of America, OSA, 2005[8]）

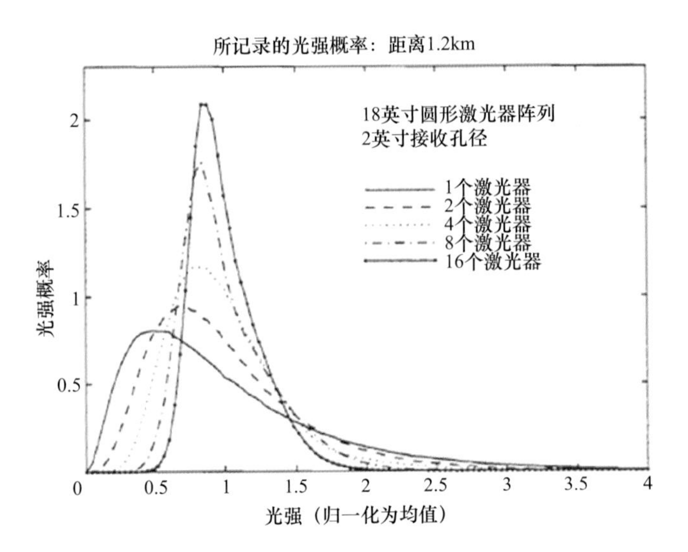

图 4.10　当激光器个数分别为 1、2、4、8 和 16 时，记录的光强概率相对于光强的直方图（转载自 SPIE，1997[23]）

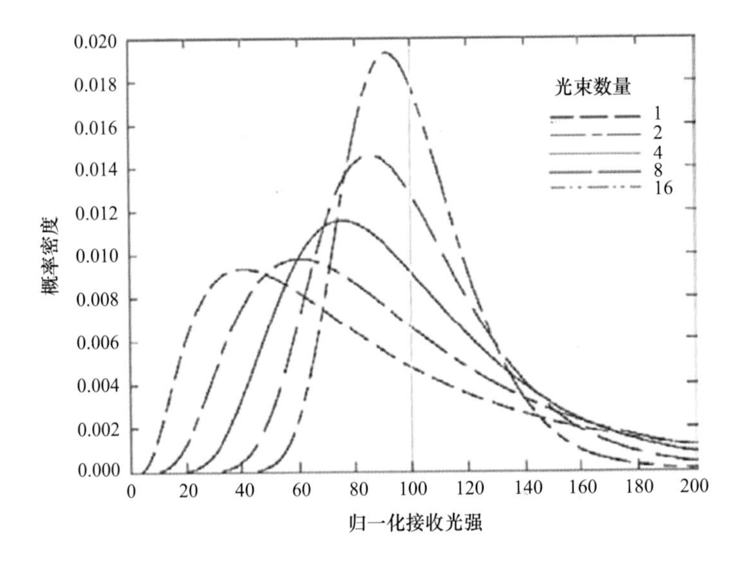

图 4.11　当激光器个数分别为 1、2、4、8 和 16 时，光强概率密度函数相对于归一化光强的曲线（转载自 SpringerScience+Business Media B.V.［第 104 页图 24］[1]）

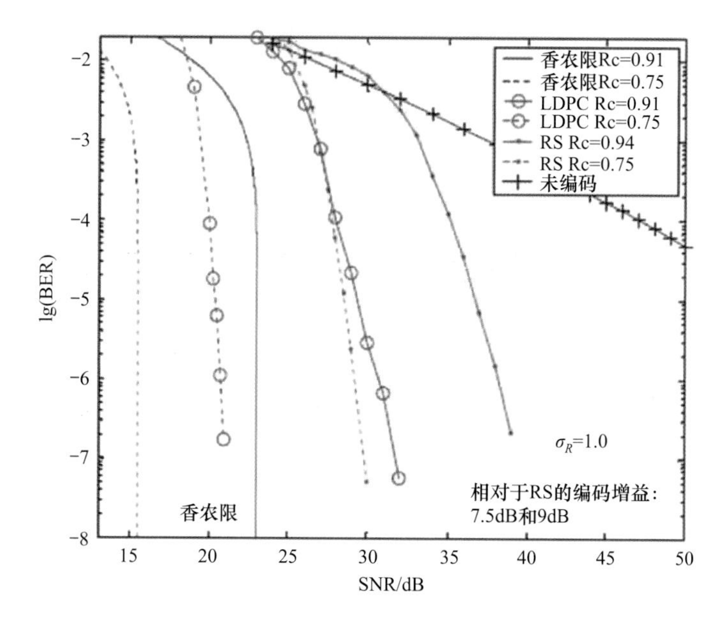

图 4.27　中等湍流条件下（$\sigma_R = 1.0$），LDPC 和 RS 码的误比特率曲线（转载自 The Optical Society of America, OSA [53]）

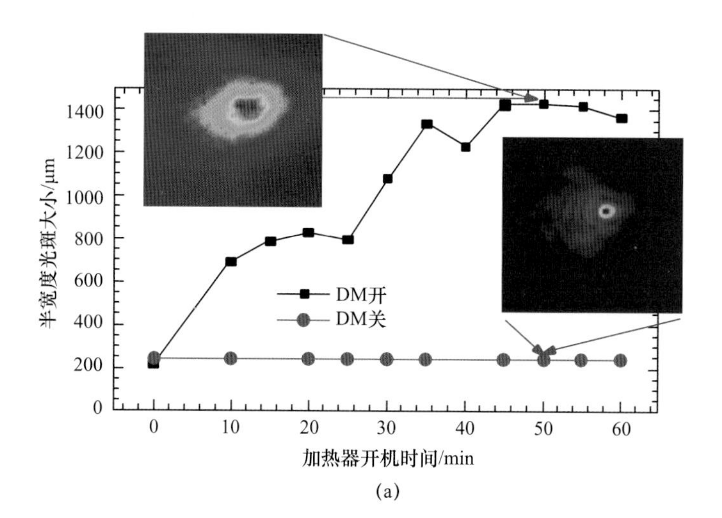

(a)

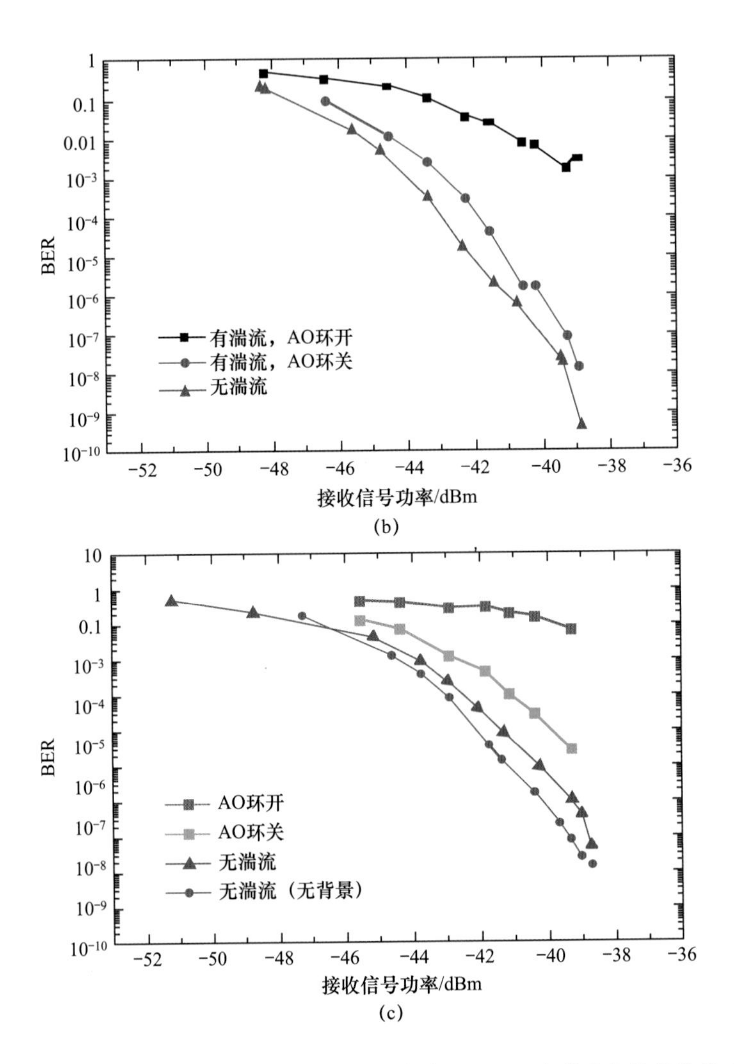

图 4.31 （a）湍流光斑大小与加热器开启时间的关系；（b）误比特率与接收信号功率的函数关系；（c）有湍流（AO 环开）、有湍流（AO 环关）、无湍流以及无湍流（无背景）4 种条件下，误比特率与接收信号功率的关系（转载自 JPL/CalTech, JPL IPN Progress Report,2005[64]）

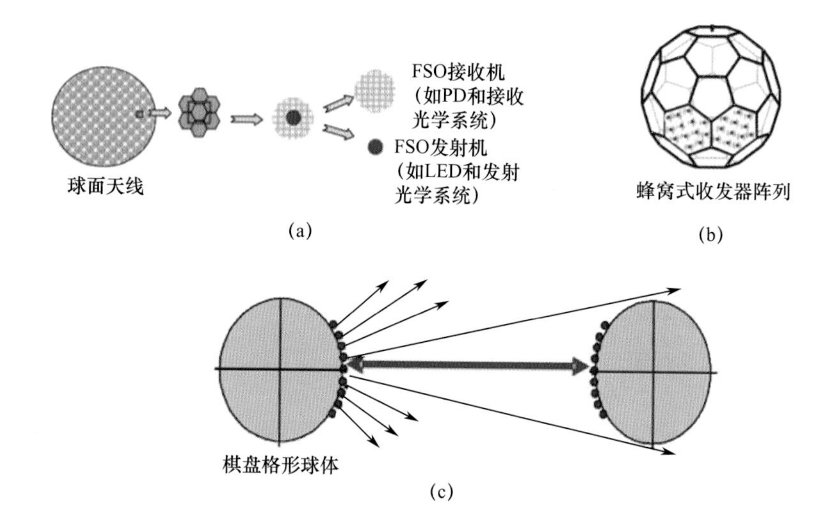

图 6.6 带有光学收发机的三维球面 FSO 通信系统
（a）球面结构；（b）蜂窝式收发器阵列；（c）保持视距链路的三维球面 FSO 通信节点示意图
（转载自 Springer Science+Business Media B.V., 2007, 图 1（a），1（b）和（3）[26]）。

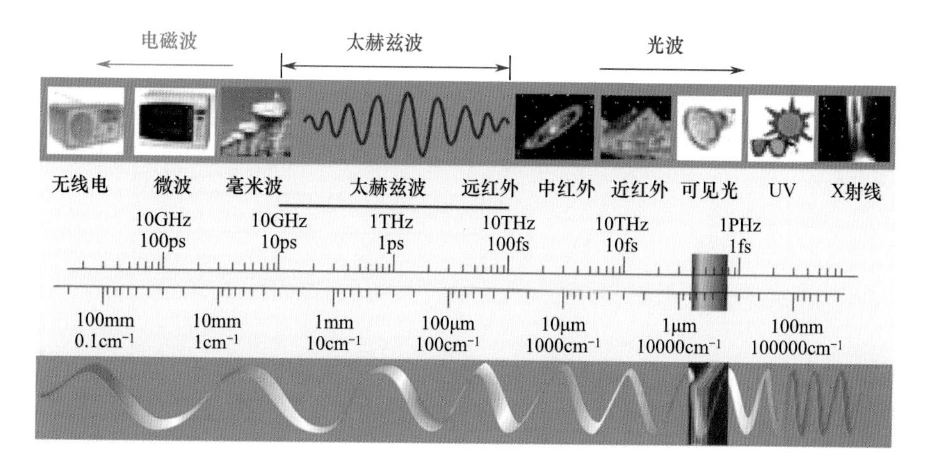

图 7.6 电磁频谱中的太赫兹区域示意图（转载自 Springer Science+Business Media B.V., 2011，图 1[15]）

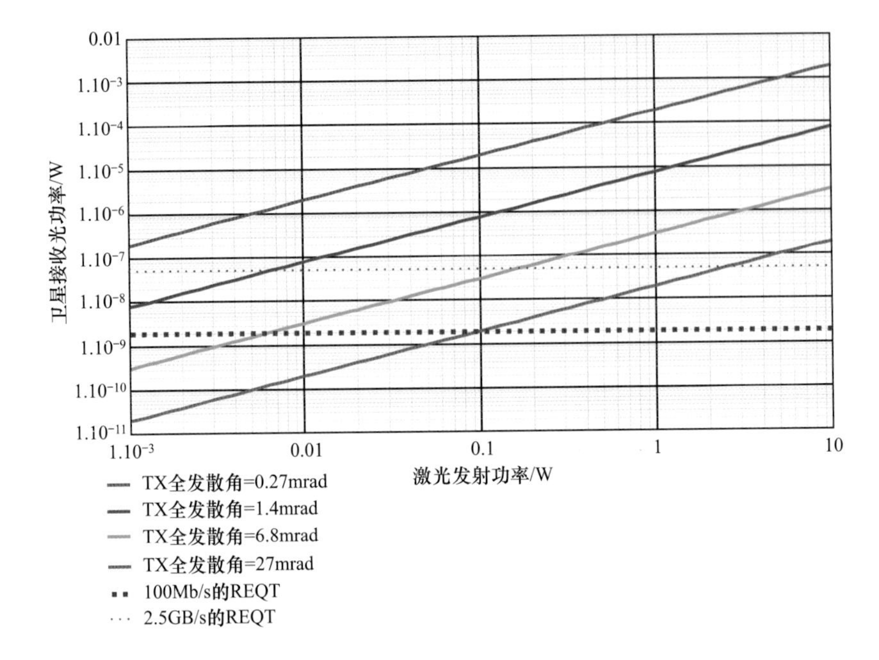

图 8.13　接收功率与所需激光器发射功率的关系图：以卫星激光问询器和使用光纤阵列的地基“光纤逆向调制器”系统为例

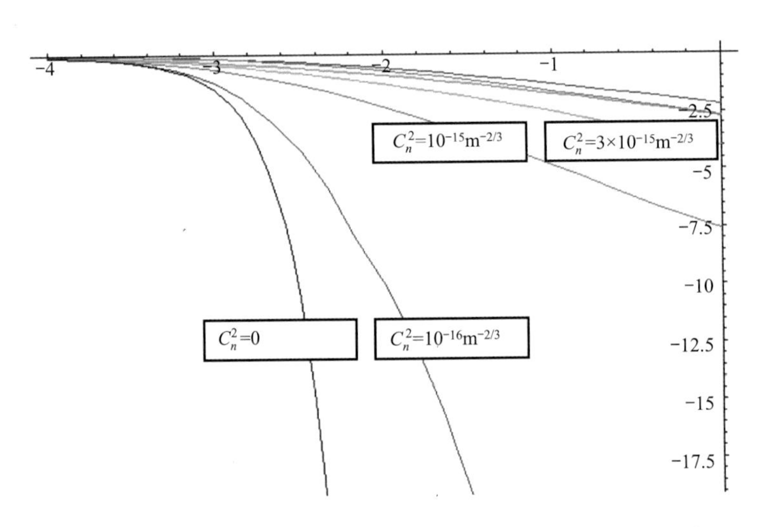

图 8.15　不同湍流强度 C_n^2 条件下，误比特率（对数尺度）与系统参数 G_R（对数尺度）的关系（转载自 SPIE，2004[32]）

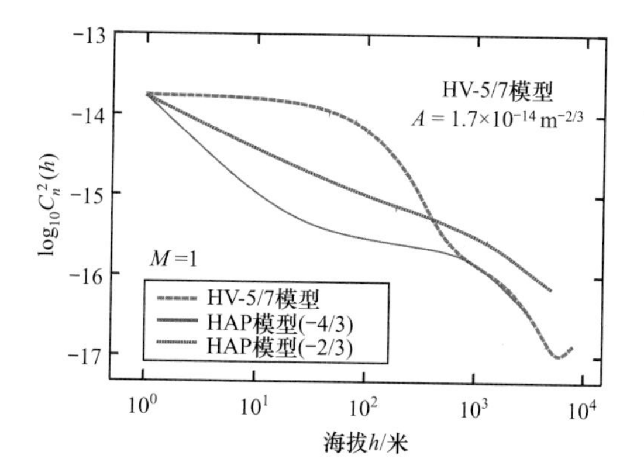

图 9.3　HV 模型（1）和 HAP 模型（2）在海拔 1 ～ 3100m 范围内的比较

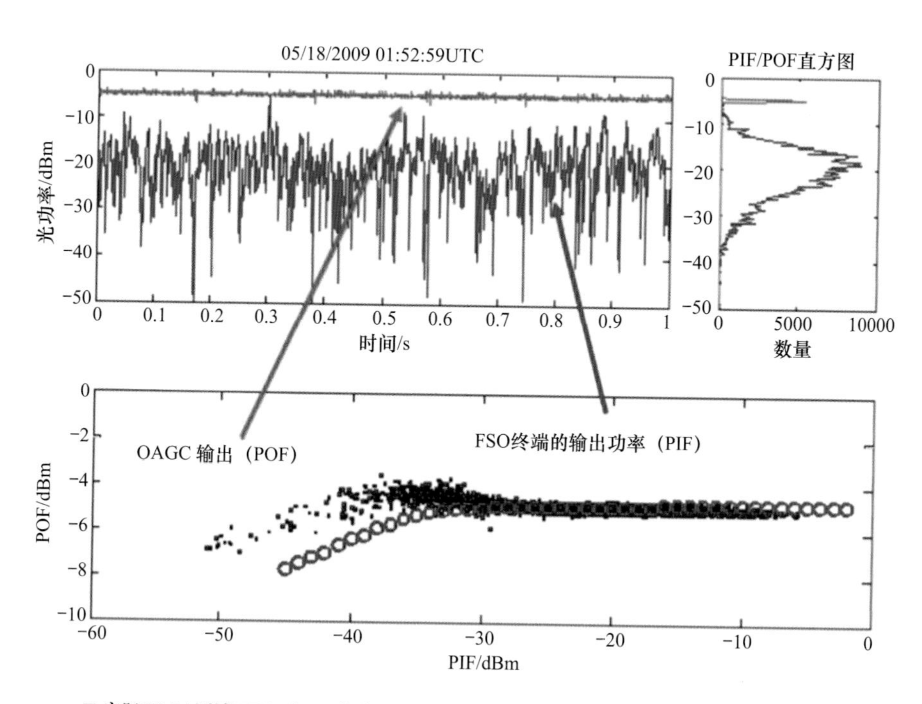

图 9.7　5 月 18 日在内华达州的 OAGC 实测数据性能与实验室测试性能的对比

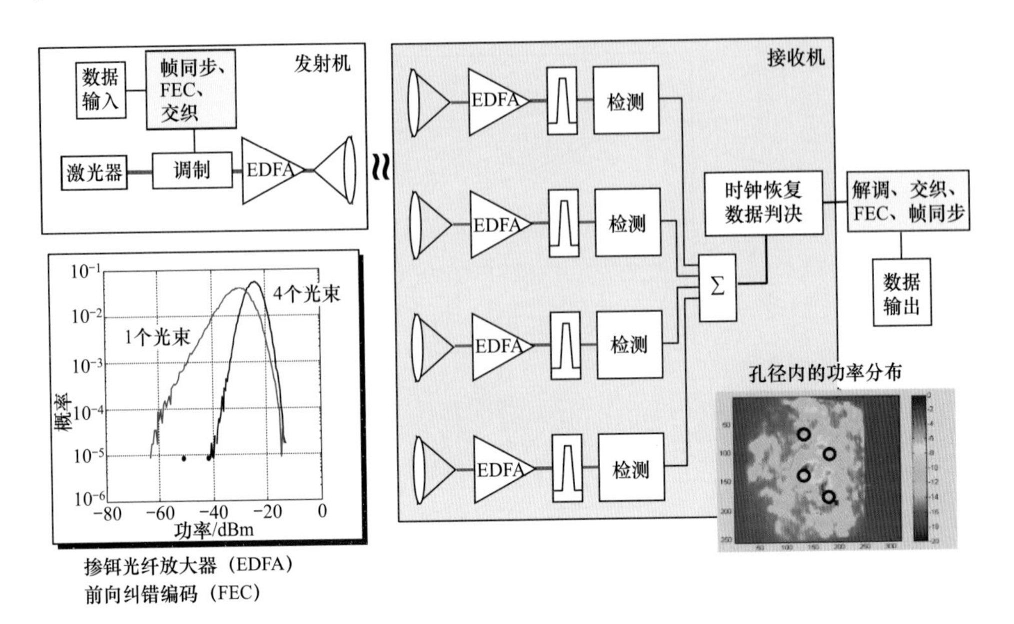

图 9.8　FOCAL 实验的下行链路采用在飞机上安装单个发射机，在地面上安装 4 个独立的接收探测器的结构。接收机输出进行非相干叠加，图中左下角的概率分布图展示了改进的效果，右下角给出了探测器的布局和闪烁图像[5]